地震灾害比较学

Earthquake Disaster Comparatology

叶耀先　岡田憲夫　著

中国建筑工业出版社

图书在版编目（CIP）数据

地震灾害比较学/叶耀先，岡田憲夫著．—北京：中国建筑工业出版社，2007

ISBN 978-7-112-09697-8

Ⅰ．地…　Ⅱ．①叶…②岡…　Ⅲ．地震灾害-对比研究-世界　Ⅳ．P315.9

中国版本图书馆 CIP 数据核字（2007）第 150751 号

本书侧重地震灾害的比较研究。除比较方法以外，主要从地震和地质，建筑物和生命线系统以及非结构的地震性状，减轻地震灾害风险，灾后恢复重建，建设抗灾城市，以及防灾和灾害应急管理等方面进行比较。比较研究主要针对 1976 年中国唐山地震和 1995 年日本阪神－淡路地震，20 世纪 90 年代前后发生在美国、土耳其、印度、墨西哥和我国台湾的破坏性地震也列入了比较的范围。

本书可供从事地震减灾、工程抗震和地震工程的科研、教学、规划、设计、施工和管理人员以及有关政府部门官员参考。

责任编辑：唐　旭
责任设计：董建平
责任校对：王　爽　兰曼利

地震灾害比较学
Earthquake Disaster Comparatology
叶耀先　岡田憲夫　著
*
中国建筑工业出版社出版、发行（北京西郊百万庄）
各地新华书店、建筑书店经销
北京永峥排版公司制版
北京市彩桥印刷有限责任公司印刷
*
开本：880×1230 毫米　1/16　印张：14¾　字数：472 千字
2008 年 4 月第一版　2008 年 4 月第一次印刷
印数：1—2000 册　定价：48.00 元
ISBN 978-7-112-09697-8
（16361）

前言

本书是在中日合作研究成果的基础上撰写的。合作研究项目为“亚太地区减轻地震和海啸灾害技术开发及其整合”（Development cf Earthquake and Tsunami Disaster Mitigation Technologies and their Integration for the Asia-Pacific Region，简称 EqTAP)。这是日本政府资助的大型科研项目，亚太地区有14个国家和地区参与研究。该项目在经过一年的准备以后，于日本1999财政年度正式启动。项目的总负责人是京都大学防灾研究所教授、减轻地震灾害研究中心主任亀田弘行（Hiroyuki Kameda）先生。本书著者叶耀先（Ye Yaoxian）自1999年起就参与该项目的研究，应亀田弘行教授邀请，担任该项目的国际顾问，并根据中国建筑技术研究院（现中国建筑设计研究院）和京都大学防灾研究所签订的合作协议，和本书著者京都大学防灾研究所岡田憲夫（Norio Okada）教授在项目的第一阶段（1999~2001财政年度）共同负责子项目2（1）“城市灾害风险管理”研究，在项目的第二阶段（2002~2003财政年度）共同负责子项目3“城市和系统规划”研究。

2000年6月至9月，应亀田弘行教授、岡田憲夫教授和铃木祥之教授的邀请，本书著者叶耀先作为京都大学防灾研究所的客座教授，在该研究所与本书著者岡田憲夫教授进行合作研究。2002年9月至12月，应本书著者岡田憲夫教授邀请，本书著者叶耀先作为京都大学防灾研究所客座教授，再次到该研究所与岡田憲夫教授进行合作研究。在合作研究期间，用英文撰写了《Integrated Earthquake Disaster Risk Management—Comparative Study between Tangshan（China）and Hanshin-Awaji（Japan）Earthquakes》（《整合地震灾害风险管理—中国唐山地震和日本阪神-淡路地震比较研究》）书稿。

本书由叶耀先主持并参与将英文书稿译成中文，并在中文译稿的基础上，做了较多的补充。一是增加了3章：即第2章灾害比较的数学方法、第9章中国-日本防灾和灾害应急管理比较以及第10章非结构地震性状。二是把房屋建筑和生命线系统的地震性状一章分成了两章。这样，本书共分为10章。第1章导论；第2章灾害比较的数学方法；第3章地震和地质；第4章地基、基础和房屋建筑的地震性状；第5章生命线系统的地震性状；第6章降低地震风险；第7章灾后恢复重建；第8章建设抗灾城市；第9章中国-日本防灾和灾害应急管理比较以及第10章非结构地震性状。

本书著者叶耀先感谢京都大学防灾研究所，特别是亀田弘行教授、岡田憲夫教授和铃木祥之教授为他提供的在日本合作研究的机会和由此而引发的本书的诞生。本书著者岡田憲夫感谢中国建筑设计研究院，特别是叶耀先教授为他提供的在中国进行合作研究的机会。著者感谢中国科学院院士胡聿贤教授、中国工程院院士陈厚群教授和中国科学院院士周锡元教授对本书撰写的鼓励，感谢胡聿贤教授为本书撰写序言，感谢中国建筑工业出版社唐旭编辑对本书出版给予的多方面的支持，感谢周林洁、贾岚、叶红、叶宁和刘慧梅等在把英文书稿翻译成中文方面付出的辛勤劳动。两次去日本合作研究，本书著者叶耀先的夫人钮泽蓁教授都随同前往，对于她在富于挑战的日本生活和工作环境中给予的支持，表示衷心感谢。

本书著者叶耀先感谢日本滋贺县立大学（The University of Shiga Prefecture）教授藤原悌三（Teizo Fujiwara）先生。20 世纪 90 年代，他在京都大学防灾研究所担任教授期间，作为中日合作项目“减轻城市地震风险”的日方负责人，曾经邀请叶耀先参加 1997 年 10 月在中国西安召开的项目期中研讨会和 1998 年 11 月在日本彦根滋贺县立大学召开的项目总结研讨会。在 1997 年的西安研讨会期间，藤原悌三教授邀请叶耀先参加了与会日本专家的晚间聚会，叶耀先是与会的惟一的非日本专家。在他下榻的不大的标准房间里，近 20 个人随机坐立。叶耀先和亀田弘行教授并肩席地而坐，通过交谈，使他们回忆起 20 世纪 70 年代末在美国的初次见面。在 1998 年的总结会上，叶耀先和亀田弘行教授分别被邀为主旨报告人。藤原悌三教授唤醒了叶耀先和亀田弘行教授的友谊，并使他们在 EqTAP 研究项目中结下了不解之缘，从而为本书的问世播下了种子。

本书著者叶耀先还感谢京都大学防灾研究所教授多多纳裕一（Hirokaza Tatano）先生在两次去日本合作研究期间给予的诸多帮助。

叶耀先　冈田憲夫

2007 年 4 月 28 日

序　言

我和本书著者叶耀先教授的相识，始于1965年新疆乌鲁木齐博克多山地震调查。以后，曾有过多次合作。时间最长的是1974年颁发的《工业与民用建筑抗震设计规范》TJ 11-74（试行）编制期间，我们两个人，在建设部代代红幼儿园的大房间里，住了一个多月。

叶耀先教授自20世纪60年代以来一直从事地震工程研究和抗震防灾工作。1970年代以后，曾和美国斯坦福大学John A. Blume、地震工程研究中心主任Haresh S. Shah、加州大学伯克利分校Henry Lagorio教授，日本京都大学防灾研究所藤原悌三教授、岡田憲夫教授，日本京都大学防灾研究所教授兼地震减灾研究中心主任亀田弘行教授等从事地震减灾合作研究，曾在国内外发表中、外文论文百余篇，编著和翻译书籍8册。曾在前联合国救灾署（UNDRO）和国际地震工程学会（IAEE）组织编写的书籍和美国Louisville大学Mario Paz教授主编的书中撰写专章。1975年辽宁海城地震以后，从中国建筑科学研究院调到当时的国家基本建设委员会任抗震办公室副主任。1976年唐山地震以后，组织全国抗震科技人员赴唐山调查，以后负责全国的抗震减灾工作，特别是既有建筑物的抗震鉴定和加固工作，直至1985年，调到中国建筑技术研究院任院长。

认识源于实践。中国唐山和日本神户都是对发生大地震没有准备的城市，因而在地震中蒙受了巨大的灾难。人们从一次又一次的地震灾害中，获得了如何抗御地震灾害的知识，验证了抗御地震灾害的发现。从这个意义上来说，地震灾害催生了地震工程学和工程地震学，并且不断地推动着有关抗御地震灾害科学的发展。因此，从地震灾害的实践、研究、总结和吸取经验教训是减轻地震灾害科学发展的基本源泉。

地震灾害属于巨灾类型。灾害性地震在同一个地点的发生概率很低。生活在地震危险地区的居民，终生都可能遇不上一次强烈地震，甚至几代人也感受不到地震的威力。因而，地震灾害的血的教训常常被灾害发生地的人们淡忘，其他地震区的人们也难以共享。正因为如此，对发生在不同国度的地震灾害，进行分析比较，总结经验教训，供全球地震危险地区的居民分享，从而增加他们对如何抗御地震灾害的认识，确实是减轻地震灾害的一项最为基础性的工作。本书就是在这方面做出的又一次努力。

本书是在“亚太地区减轻地震和海啸灾害技术开发及其整合”（EqTAP）研究成果的基础上撰写的。著者认为，在减轻地震灾害方面，我们面临的严重挑战是：灾害经验教训不断重现，灾害损失与年俱增，防灾技术与实际脱节。为此，书中提出了灾害比较学、灾害分担技术和实施技术等新的减轻地震灾害的前沿技术；提出了灾害比较的数学方法，应用拓扑指数、图论和生态位等方法对唐山和阪神-淡路地区生命线系统的地震性状做了比较；根据1976年中国唐山地震和1995年日本阪神-淡路地震，以及20世纪70年代以后发生在美国、土耳其、印度、墨西哥和我国台湾的破坏性地震震害，从地震和地质，建筑物和生命线系统的地震表现，非结构地震性状，减轻地震灾害风险，灾后恢复重建，建设抗灾城市，以及防灾和灾害应急管理等方面进行了系统的比较研究；试图填补现有技术和知识同实际应用之间的空缺，建立地震灾害比较学。

本书收集了大量的数据，并做了科学的分析，内容紧密联系实际，从案例分析上升到理性认识，具有较好的应用和科学价值，对促进减轻地震灾害科学的发展具有重要意义。希望本书能对从事地震减灾工作的同行有所裨益。

胡聿贤（中国科学院院士）

2007年5月6日

《地震灾害比较学》作者简介

叶耀先（Ye Yaoxian）**教授**

中国建筑设计研究院顾问总工程师，教授，1935年生，主要从事抗震减灾和可持续建筑研究，曾在前苏联列宁格勒工学院实习1年，北京大学进修2年。他是国家减灾委员会专家，建设部城市建设防灾减灾专家委员会委员，北京师范大学兼职教授，中国建筑学会和中国土地学会顾问。曾任国家建委抗震办公室副主任，中国建筑技术研究院院长，美国威斯康星大学灾害管理中心国际顾问，联合国救灾署国际专家组成员，联合国开发计划署、世界银行和亚洲开发银行咨询顾问，日本“亚太地区减轻地震和海啸灾害技术开发及其整合”（EqTAP）大型研究项目国际顾问，京都大学客座教授，同美国斯坦福大学和加州伯克利大学，以及日本京都大学做过合作研究。

岡田憲夫（Norio Okada）**教授**

日本京都大学防灾研究所教授，1947年生，主要从事灾害风险管理和实施科学研究，曾在奥地利国际应用系统分析研究院（IIASA）从事2年研究，在美国檀香山东西中心作过1年访问学者。他是日本灾害学会会长，中国北京师范大学、长春师范大学、重庆交通学院和加拿大滑铁卢大学客座教授，曾任鸟取大学教授。他是经济合作和开发网络委员会顾问组成员，通过国际风险管理协会科技委员会和国际应用系统分析研究院参与多个国际合作研究项目。

目 录

第1章 导论

1976年中国唐山地震和1995年日本阪神-淡路地震，以及本书比较研究所涉及的地震，都给人类和其他生物种群，以及我们的生存环境带来了巨大的灾难，夺走了数十万人的生命，使我们失去了许多无可替代的宝贵的东西，我们不得不为大自然的威力所震撼。通过研究和比较这些大地震灾害，我们发现我们有许多值得反省的地方，我们也从中领悟了许多宝贵的经验和教训。我们深信，只有谦逊地向大自然学习，我们才有可能同大自然和谐共生。

随着世界经济的发展，城市地区的规模正在迅速扩大，人口正在快速增加，在发展中国家尤其如此。对于这些正在发展中的城市，城市发展决策，需要特别慎重。因为这些决策，可能会在很大程度上影响到这些城市抗御未来地震灾害的能力。为了成功地实施城市发展规划，城市的政府必须要评估地震灾害风险，预测未来采取减灾措施和不采取减灾措施的风险情况，注重减灾措施的长远成效。

如何管理好一座现代城市，特别是一座大型城市和城镇群，是我们面临的一项紧迫的任务。我们必须通过协调发展和可持续管理，使我们的城市能抵御地震灾害，保证城市安全。本书是在“亚太地区减轻地震和海啸灾害技术开发及其整合”（Development of Earthquake and Tsunami Disaster Mitigation Technologies and their Integration for the Asia-Pacific Region，简称EqTAP）大型科研项目研究成果的基础上写成的，试图从地震灾害比较研究中引证和总结出重要的经验教训，以用于城市防灾风险管理，减轻未来地震对现代城镇地区可能造成的灾难性后果。本书着重对1976年中国唐山和1995年日本阪神-淡路地震的灾害进行比较研究，但为了拓展视野，对20世纪70年代以后发生在美国、土耳其、印度、墨西哥和中国台湾地区的破坏性地震引发的灾害也进行了比较和思考，试图从中得出一些有启示的经验教训。

我们希望用这种方法来共享减轻地震灾害风险方面的经验，这不仅有助于中国和日本防范地震灾害，而且使世界上的其他国家，尤其是亚太地区的国家也能从中受益。本书重点研究多层次城市系统的交叉科技问题，比如地震灾害风险识别和评估、减轻风险、综合风险管理、灾后恢复重建以及建设抗灾的城市等。

1.1 地震和地震成因[1]

地震（earthquake）是地球表层的突然而强烈的快速振动，又称为地动，它是地球上经常发生的一种自然现象。全世界每年大约发生500万次地震，其中，人能够感觉到的地震只有5万次左右。据统计，全世界平均每年发生18次能造成严重破坏的大地震，而特大的地震平均每年只有一次。中国地震烈度为7度以上的地震区面积达312万km^2，占全国国土面积的三分之一。近90多年来，中国已经发生过600余次6级以上破坏性地震，平均每年约为5次多。日本的国土面积虽然仅为全球面积的0.25%，但发生的地震次数占全球的比重却很高。例如，1994~1998年，全世界发生6级以上地震454次，其中95次发生在日本，占全球总数的20.9%。[2]

许多现象都可以引起地震。根据引起地震的现象不同，地震可以分为以下4类：

（1）火山地震，系指火山爆发时，由于岩浆猛烈喷出而引发的地震；

（2）陷落地震，系指岩石（如石灰岩）被地下水溶解或由于其他原因形成洞穴，其顶部岩层陷落而引发的地震；

（3）爆破地震，系指地下爆炸所引发的地震；

(4) 构造地震，系指由于地壳的构造运动所引发的地震。这种地震与地壳中的大规模应变有着密切的联系。由于它发生频度高，释放能量大，影响范围广，所以对工程建设的影响最大。可以说，迄今为止，累次给人类带来灾难的正是这种构造地震。我们常说的抗震，也是指抗御构造地震。

关于构造地震的成因，目前有许多种学说，尚无定论。造成这种情况的主要原因是，当今科学水平尚处在“上天有路，入地无门”的阶段。人们已经能够通过卫星登上其他星球，但地下能够直接探测的深度，却只有十多公里。而地震的震源深度，即使是浅源地震，也在 10～30km 之间。在震源深度的范围，目前我们还只能通过地震波去了解。所谓“地震是照亮地球内部的一盏明灯”就是这个意思。

目前流行最广的地震成因学说大体有两个：一个是断层学说，一个是岩体相变学说。

断层学说认为，地震是由断层滑动引起的。它的主要依据是 1910 年美国约翰斯-霍普金斯（Johns Hopkins）大学的莱德（Henry Feilding Reid）教授根据 1906 年旧金山地震圣-安德烈斯（San Andreas）断层地表位移提出的“弹性回跳理论”（elastic rebound theory）。他指出：“岩石在弹性应变没有超过其极限应变时，发生破裂是不可能的。由此可见，在地球的很多部位，地壳在缓慢地移动，而邻近地区位移之差就形成了弹性应变，这种应变可能超过岩体能够承受的应变值。这时，岩体就会发生破裂，并且受到应变的岩体在其本身的弹性应力作用下回跳，直至应变大大减少或完全消失。在大多数情况下，断层两侧的弹性回跳方向相反”。断层首先发生破裂的那一点就是震源。破裂以某个速度迅速沿断层向相对方向移动，遂形成地震。[3],[4]

岩体相变学说认为，地震是由于伴随地壳较小体积内的体积变化的岩体相变所引起。[5],[6] 岩体达到平衡的体积变化可能是由于岩石静压力的显著变化所致。这种静压力的变化来自物质向地球表面转移或离开地球表面的迁徙运动。或者也可能由于冰川或水库蓄水等巨大荷载的存在或移走所造成。

目前还缺乏有说服力的资料来证实上述两种学说。但是，也许可以设想，不同的构造地震有不同的产生机理。支持岩体相变学说的人们认为，断层学说是站不住的。理由是，在地下几百公里深处，由于高温及高压，几乎不可能有地质断层。实际情况是，有些地震的震源深度可达 600～800km。他们由此认为，至少有些地震是同断层无关的。但是，另一方面，1934～1963 年发生在美国南加州的地震则有力地说明，至少这些地震大部分是由于地质断层的滑动所产生。此外，近些年来对地震记录的精确分析证明，断层滑动确是一种发震机理。[7]

根据断层滑动引起地震的学说，1965 年，美国豪斯纳尔（Housner，G. W.）教授在对岩石的力学性质采取某些假定之后，曾经断言，地震引起的最大可能的地表加速度为 0.5g（这里 g 为重力加速度）。[8] 按照岩体相变学说，地面加速度上限不好确定，但最大地面运动速度却要受岩石破裂应变和剪切波速度的限制。1968 年，美国纽马克（Newmark N. M.）教授根据一般岩石力学性质算出的最大水平方向地面运动速度为 1～3m/s。[9] 安布拉西斯教授（Ambraseys N. N.）则认为，这个上限在 1.0～1.5m/s 之间。[10]

1.2 地震的宏观现象

地震时，强烈的运动常常造成地面破坏，建筑物倒毁，生命线系统失去功能，有时还会间接引发火灾，并使人员无法行动。发生在海中的地震可能引发海啸。人们对地震的认识就是从这些宏观现象开始建立的。

1.2.1 地面破坏

强烈地震震中区的地面，在几十到几百公里的长度上，会沿断层发生相对的水平或竖向错动。例如 1970 年 1 月 5 日中国云南通海地震（震级为 7.7 级），震后沿曲江形成了全长 54km，断距为 2m 的新断层。

强烈地震时，地面会发生强烈变形，例如 1970 年通海地震时造成的地面塌陷有的宽达 20～30m，长达 200 多米，下沉深度达 6.5m。

地震时，在非岩质高山峡谷地区往往会引起山崩地滑。1933 年 8 月 25 日，中国四川省迭溪地震后，巨大的山崩在峡谷中筑成了一个天然的堤坝，堵塞了岷山河道，形成了一个“地震湖”，45 天后（10 月 9 日），河水漫过堤坝，使堤坝突然崩溃，洪水倾泻而下，造成严重水灾。又如 1970 年通海地震时，由于地面滑移，使河坎村 16 户人家的房屋推移了大约 100m。

1965 年 11 月 22 日中国云南棣劝发生巨大的山崩，1.7 亿立方米的岩石土块滚下，滑行了数公里，崩塌的最大高差达 1 800m，堆积物高达 180m，底面积达 2.6km^2。根据仪器记录，这次山崩相当于一次

3.5级地震。

地震往往会形成地面裂缝，有时地裂缝区可达几十万平方公里，在河岸附近特别发育。地震时，人、畜掉进裂缝的几率极小。那种地震时地面裂开，人、畜掉进后，裂缝又合拢的说法是缺乏根据的。

地震时，在地下有饱和砂土或饱和含黏粒砂土的地区，常常会出现喷水冒砂现象，即饱和土液化现象，冒出来的砂常会毁坏农田和机井。

1.2.2 建筑物破坏

地震最主要的危害是由于地动和其他原因造成建筑物和工程设施的破坏和倒毁，这是地震造成人员伤亡和经济损失的主要原因。例如1976年7月28日中国河北唐山7.8级地震，使3 000多万m^2房屋遭到破坏或倒塌。唐山市区地震烈度为Ⅹ度和Ⅺ度，全市1 346万m^2房屋中，倒塌和严重破坏的有1 147万m^2，约占85%。其中，生产用房共842万m^2，倒塌和严重破坏的有671万m^2，占80%；生活用房共503万m^2，倒塌和严重破坏的有476万m^2，占94%。极震区房屋建筑尽皆倒塌，几乎成了一片瓦砾。天津市区和塘沽地震烈度为Ⅷ度，汉沽为Ⅸ度，全市有4 300多万m^2房屋，倒塌和严重破坏的达1 100万m^2，占40%，主要是解放前的旧楼房。北京市地震烈度为Ⅵ～Ⅶ度，全市有840万m^2房屋被震坏，占市区房屋总数的10%左右，主要是解放前建造的旧平房的墙壁倒塌。我国农村房屋抗震能力普遍较差，有些房屋，如土拱窑，遇到Ⅶ度地震影响就要倒塌。

1.2.3 海啸

在海中或沿海岸发生的大地震，有时会在海面上形成长周期的波，周期可达数十分钟，甚至一小时以上。当这种海浪袭击岸边时，就会形成海啸。高达数米至十余米的海浪席卷海岸，常常将沿岸洗劫一空。例如，从1900年到1970年的70年间，在太平洋就发生过180次海啸，其中有35次在附近海岸酿成灾害。

2004年12月26日当地时间上午7时58分53秒，在印度尼西亚北苏门答腊岛西海岸发生8.2～9.0级地震，震中位于北纬3.32°，东经95.85°海中。这是自1900年以来全世界发生的第4个最大的地震。地震引发的海啸影响到东南亚、南亚和东非地区10多个国家，印度尼西亚、斯里兰卡、印度、泰国等国灾情最为严重。[11]截止2005年2月22日，受灾国家政府和联合国的资料显示：海啸夺走了287 046人的生命，其中：169 752人死亡，127 294人失踪。[12]

当海浪袭击海岸时，特别是冲入海湾、河口及狭窄的堤岸内时，海浪高度将进一步增高。在夏威夷，曾见到高达16.8m的海啸。然而，在浅海区形成的巨大海浪，由于水中形成的旋涡及海底的摩阻力，使能量逐渐消耗，因此，浅海区越宽，对削弱海啸就越有利。我国沿海浅海大陆架广阔，形成了防止太平洋方向来的海啸的天然屏障。1960年智利大地震，在智利、夏威夷和日本海岸都形成了巨大的海啸，而对我国却影响不大，可能就是这个缘故。

1.2.4 火灾

地震时由于没有熄灭的火源、燃气泄漏及易燃、易爆物品的诱发可能造成火灾。例如，1906年美国旧金山地震造成40亿美元损失，其中80%以上是由于火灾所致。又如，1923年日本关东地震，烧毁房屋47万7千栋，许多人死于火灾。中国1976年唐山地震，震后引起多处起火，幸震后降雨，未酿成火灾。1995年日本阪神-淡路地震后的4天内，神户市共发生148起火灾，烧毁面积达660 000m^2，6 900栋房屋化为灰烬。

1.2.5 人感不适

强烈地震时，往往先听到低沉的轰隆声，如闻远处闷雷。随后地动山摇，人感头晕，站立不稳，开始摇晃，甚至跌倒。有些心脏病患者，因惊吓而死亡。

1.3 地震灾害

地震灾害取决于它所袭击的是什么样的地区，假如地震发生在人烟稀少的地区，生命财产损失极少，或者完全没有。但是，如果地震所袭击的是一个现代化的大城市，则会造成生命财产的巨大损失。

强烈地震通过上述宏观现象给人类带来巨大的灾难。据联合国救灾署的一个资料中说，自公元1 000年以来，地震夺走了500多万人的生命。从1926年到1950年的25年间，因地震而死亡的人数为35万人，即大约每年15 200人。1949年至1968年间因地震而死亡的人数有所下降，约为7万5千人，即大约每年震亡4 000人。许多次强震所造成的灾难使人触目惊心。1970年5月31日秘鲁地震，5万4千人死亡，15万人受伤，170万人无家可归。1923年9月1日日本关东地震，14万人死亡。1966年4月25日前苏联塔什干地震，虽然只有 10 人死亡，但却有 1 000 人受伤，2 万 8 千栋楼房破坏，25 万人无家可归。自 20 世纪以来，平均每年因地震而死亡的人数约 2 万 4 千人。然而，自 1975 年以来，地震灾难特别严重，因为破坏性地震袭击了危地马拉、印度尼西亚、意大利、土耳其、罗马尼亚和中国的人口密集的地区。表 1.1 为一些大地震所造成的死亡人数。

大地震死亡人数统计表　　　　表 1.1

发震年代	发震地点	国别或地区	死亡人数
1556	陕西华县	中国	830 000
1693	西西里	意大利	60 000
1730		日本	137 000
1737	卡尔寇塔	印度	300 000
1755	里斯本	葡萄牙	60 000
1783	卡拉伯瑞	意大利	50 000
1797		秘鲁，厄瓜多尔	40 000
1868		秘鲁，厄瓜多尔	40 000
1908	西西里岛	意大利	83 000
1920	宁夏海原	中国	200 000
1923	东京	日本	140 000
1970	钦保特	秘鲁	54 000
1971	圣-费尔南多	美国	65
1976	河北唐山	中国	242 769
1976	危地马拉	尼地马拉	22 778
1977	布加勒斯特	罗马尼亚	1 570
1989	洛马-普里埃塔	美国	63
1994	北岭	美国	51
1995	阪神-淡路	日本	6 348
1995	曼扎尼咯	墨西哥	56
1999	伊兹米特	土耳其	15 851
1999	台湾集集	中国	2 405
2001	古加拉邦	印度	20 023

至于地震所造成的经济损失，由于缺乏准确的统计资料，很难以精确的数字表示。表 1.2 为已发表的 1960 年代以来发生的强震所造成的经济损失的统计。

大地震经济损失统计表　　　　表 1.2

发震日期	发震地点	经济损失（百万美元）
1963.7.26	斯考比亚（南斯拉夫）	500
1964.3.28	阿拉斯加（美国）	538
1967.7.29	加拉加斯（瑞内委拉）	50
1967.8.13	爱瑞特（法国）	4
1968.1.15	西西里（意大利）	320
1969.9.29	南　非	24
1970.3.31	秘　鲁	507
1971.2.9	圣-费尔南多（美国）	500
1972.12.23	马拿瓜（尼加拉瓜）	800
1976.7.28	唐山（中国）	15 000
1989.10.17	洛马-普里埃塔（美国）	16 800
1994.1.17	北岭（美国）	44 000
1995.1.17	阪神-淡路（日本）	112 000
1999.8.17	伊兹米特（土耳其）	16 000
1999.9.21	台湾集集（中国）	10 700

除了纯物质损失的经济价值之外，尚应考虑由于地震而造成的直接和间接经济后果，如城市和村庄的迁移，生产的中断，卫生及其他社会服务不能及时提供等。

可见，地震的危害主要有三：人员伤亡、直接和间接的物质损失和社会经济影响。

1.4 地震灾害的特点和减轻地震灾害面临的问题

地震灾害属于巨大灾害，其特点主要有四：

（1）发生频率低。灾害性大地震在同一个地点，可能上百年，甚至数百年，才可能发生一次。生活在地震危险区的居民，终生都可能遇不上一次强烈地震，甚至几代人也感受不到地震的残酷和威力。因而，一个地震区的人们经受的地震灾害的血的教训常常会被淡忘，后代人因无亲身经历，很难引起重视，其他地震区的人们则更难从离他们遥远的地震灾难中吸取教训。所以，就任何一个国家而言，地震灾害风险管理的经验都是有限的。通常的情况是，每一次巨大的地震灾害都会给政府和公众以极大的刺激，使他们觉醒到一定要付出努力，减轻未来的灾害风险，使类似的灾难今后不再重演。然而，一旦灾害过去，政府和公众的减轻灾害风险的劲头就一落千丈。不消几年，就又回到地震以前那样，对减轻灾害表现越来越淡漠。

（2）破坏范围大。大地震对建成环境、社会环境和自然环境都会产生重大的破坏和影响，从而引起巨大的损失。这种破坏，不但会直接影响到一个国家的广大地区，而且可能会波及全国，甚至全球。因而，全面防御这种破坏范围广大的灾害，不但需要巨大的人力和物力，更需要有科学的决策支持。

（3）不确定性高。现在，科学技术的进步，使我们上天“有路”，可以进入太空，可以登上月球。但入地却仍然无门，钻探深度最多才十多公里，而一次浅源地震的震源深度也大多在这个深度以下。至今，我们对于地震发生的机理还不甚清楚，我们还不能准确地同时预测未来地震发生的时间、地点和震级等三个要素。显然，在这种情况下，要想用有限的人力和物力去应对高度不确定性的灾害，几乎是不可能的。

（4）相互作用强。地震灾害不仅是一种自然现象，而且还是社会、经济和环境现象。地震灾害同多层次社会系统相互作用。这就是说，地震灾害的后果，同该地区的社会、经济和建成环境密切相关。一次大地震如果发生在没有人烟的未开发地区，虽有险情，但不会形成灾害；但是，如果发生在一个现代化的国际大都会，则全球都会受到影响和冲击。

应当说，在减轻自然灾害方面，人类尽了最大的努力，比如，联合国把20世纪的最后10年定为“国际减轻自然灾害十年”（International Decade for Natural Disaster Reduction，IDNDR），在这个期间，世界各个国家，从政府到民间，都制定了规划并采取各种措施来减轻自然灾害；又如，为了帮助发展中国家减轻地震灾害，发达国家和发展中国家之间启动并完成了许多援助合作项目。但是，所有这些努力和行动，都没有达到我们预期的效果。

现在我们面临的实际情况是：

（1）地震灾害的经验教训不断重演。地震灾害调查报告经常这样说：“经验、教训同过去发生的地震雷同，新的经验教训极少。”“在地震影响区所观察到的破坏现象，基本上是以往地震中已经发生过的，很少看到新的破坏现象。”这就是说，不同地区的人们，在重复其他地区人们曾经犯过的错误。

（2）类似的地震灾难不断发生，发生次数和它们所造成的生命和财产的损失两者都没有减少，反而与年俱增。过去的经验是，在发达国家发生一次大地震，死亡人数不会超过上百人，而1995年日本阪神-淡路地震却夺走了6千多人的生命。

（3）地震所带来的绝大部分灾难，运用我们已有的技术和知识，本来是有可能避免的。但是，已经有的技术和知识却没有能完全用于实际，科技成果与实际应用之间总是有那么一小段的距离。

我们究竟错在那里？有三个困难的问题一直使我们迷惘，那就是：①如何使人们对地震风险保持清醒的认识，不忘吸取地震灾害的教训，并见诸行动；②如何使已有的防灾、减灾和备灾技术和知识真正得到运用，走完现有技术同实际应用之间的那一小段距离，解决科技成果和应用的脱节问题；③如何使地震危险区的新的建成区不再蒙受地震灾难，使地震区的人们从地震灾害的惩罚中逐步解脱出来。

1.5 解决减轻地震灾害面临问题的构想

联合国前秘书长安南（Koffie Annan）在1999年曾经说过：“更有效的防御对策不仅可以减少数百亿美元的损失，而且可以挽救数万人的生命。现在花在干预和灾后救援上的资金，如果用于均衡和可持续发展，则将会进一步减少战争和灾害的风险。建设一个防御文化是不容易的。因为，防御的费用必须在今天支付，而其得益却是在遥远的将来。加之，这种得益是看不见的；因为，得益是还没有发生的灾害。”[13]由此可见，我们所面对的是长期而又复杂的问题。然而，政府、社区和个人都特别不善于长期规划，更不善于投资减少长期风险。所有各级政府都习惯于在地震灾害发生以后采取应急应对行动，而不习惯于在灾前就有所作为。

为了解决上述3个困难的问题，我们提出了如下的构想。

第一，要改变观念。我们必须认识到地震不仅是一种自然现象，而且还是社会、经济和环境现象。因此，为了减轻地震损失，我们不仅需要技术层面的措施，而且需要非技术层面，即社会和经济层面的措施。过去我们对在地震发生以前采取行动关注和研究较多，而对地震发生以后如何减轻灾害，包括震后应急救援、恢复重建和灾后决策等则注意和研究不够。为了减轻地震灾害，我们必须把震前减灾行动和灾后反应放在同等的地位。现在我们关心较多的是个体建筑物和个人以及某些个别系统的安全。中国和日本以及其他国家的抗震设计规范几乎都着重于保护上述个体结构物和系统。但是今后，我们不仅要保护个体结构物和系统的地震安全，而且要注意保护整个社会网络和整个建成环境的安全。[14]

第二，要对发生在不同国度的地震灾害，进行分析比较，总结经验教训，供全球地震危险区分享，从而增加他们对如何抗御地震灾害的认识，这是减轻地震灾害的一项最为基础性的工作。

第三，要开发以技术为导向的整合的风险管理技术（图1.1），主要包括以下4个方面的技术。

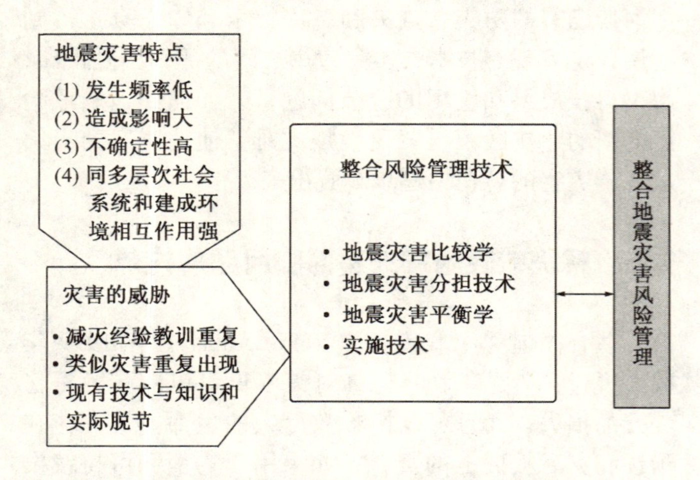

图1.1　地震灾害特点和以技术为导向的整合地震灾害风险管理

（1）地震灾害比较学（Earthquake Disaster Comparatology），包括：

—地震灾害描述、分析和分类；

—地震灾害比较方法和工具；

—地震灾害发生机理、规律和特征；以及

—地震灾害数据库等。

（2）地震灾害分担技术（Earthquake Disaster Share Technology），包括：

—政府、社团、公司、企业、有关责任人（stakeholders）、非政府组织（NGOs）、非赢利组织（NPOs）以及公民等之间的责任分担；

—风险分担，诸如风险控制、风险金融、风险转换、贷款和补贴等；

—知识和信息共享，比如知情公众、建筑规范的编制和修订、法律和规章的制定、减轻灾害规划、加固措施、总结地震灾害经验教训、建设安全而可持续的社区；以及

—数据库等。

（3）地震灾害平衡学（Earthquake Disaster Balance Methodology），包括：

—结构物的地震性状（Performance）和造价之间的平衡方法；

—地震情景（Scenario）和可接受的后果之间的平衡方法；

—加固、规划和防备所需的费用和已有资金之间的平衡方法。

（4）实施技术（Implementation Technology），包括：

—实施计划；

—有关责任人（stakeholder）的正确识别；

—通过监控和评审对过程进行控制；

—先进技术的应用；

—案例研究；以及

—项目影响（Project impacts）分析等等。

灾害机理、风险管理和城市多层次系统之间的概念和关系如图1.2所示，他们是整合地震灾害风险管理的基础。

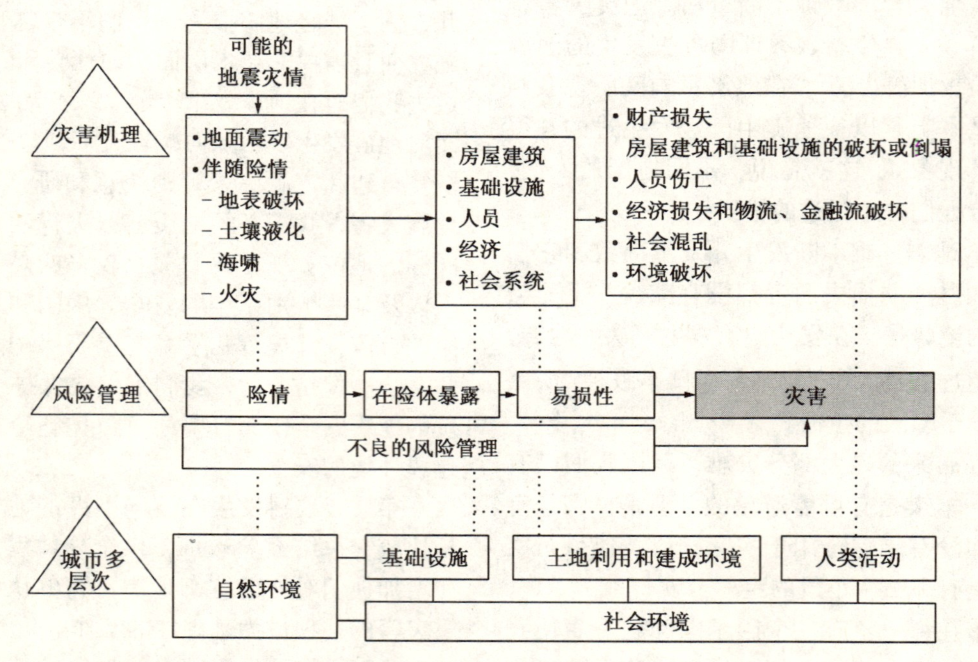

图1.2　灾害机理、风险管理和城市多层次的概念以及他们之间的关系

城市是一个多层次的系统。这个系统包括自然环境（Natural Environment，NE）、社会环境（Social Environment，SE）、基础设施（InfraStructure，IS）、土地利用和建成环境（Land - use and Built environment，LB）以及人类活动（Human Activities，HA）等5个层次。城市的所有功能就是由这5个变化速度不同的层次构成。它们的变化速度从最慢到最快的顺序依次是自然环境，社会环境，基础设施，土地利用和建成环境以及人类活动。图1.3为多层次城市系统示意图。[15]

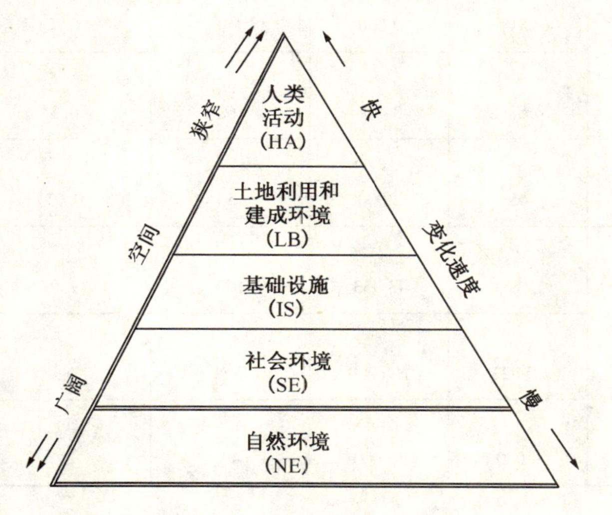

图1.3 多层次城市系统

城市地震灾害就是地震袭击整个城市的所有这些系统，使城市的多层次系统质量和功能下降，从而使城市潜在的最脆弱的和功能不良的部位经受不住地震的考验而遭到破坏。这样，未来地震灾害可能造成的破坏就在很大程度上取决于城市的每一个层次和所有层次之间的相互作用方式和功能。特别是，如果对整个城市系统的发展管理不善，则很可能造成城市灾害潜在的风险增加，一旦巨大的自然灾害袭击这座城市，这些薄弱环节最终就会暴露出来。所谓城市诊断（Urban diagnosis）就是用系统的方法查明城市的多层次实体的脆弱和功能损坏部分，并对解决这个系统存在问题和减轻灾害的有效措施做出分析和评价。

如何管理好一座现代城市，特别是一座巨型城市（mega - city）和都市连绵区，是我们面临的一个紧迫问题。我们必须通过和谐的发展和可持续的管理，使我们的城市能够经得起地震灾害的袭击。

1.6 地震灾害比较学的内涵

地震灾害比较学是对发生在不同国度的地震灾害进行比较，研究地震灾害的比较方法，揭示地震灾害规律和特征的科学。它对共享全球地震灾害经验教训和研究成果，减轻地震灾害风险具有重要意义。地震灾害比较学还能为地震灾害发生机理提供基础科学知识。比较是分析的最基本方法，没有比较，分析就无法展开。

地震灾害比较学以发生在不同国度的地震灾害为研究对象。在研究中侧重于不同地震灾害的比较分析，而且这种比较在原则上并不把人排除在外，其目的在于更好地了解人与地震灾害的关系。

地震灾害比较学是一门崭新的科学，正处在萌芽阶段。其主要任务有三：一是对地震灾害进行描述、分析和分类，并详细地比较不同地震灾害的特征，确定和阐明它们之间的关系，描述地震灾害应该尽可能参阅各种资料，做到客观、忠实；二是研究和开发比较方法和比较工具；三是揭示地震灾害的规律和特征，提出减轻地震灾害风险的措施和建议。

如前所述，本书是著者在日本政府资助的“亚太地区减轻地震和海啸灾害技术开发及其整合”（简称EqTAP）大型科研项目合作研究成果的基础上写成的，着重对中国1976年唐山地震和日本1995年阪神-淡路地震两次地震灾害进行比较研究。这些极为重要的经验和教训可用于城市地震灾害风险管理，可用来避免未来地震对现代城市社区和发展中的社会可能造成的悲剧。为了开阔我们的视野和有更多的参照，把20世纪70年代以后发生在美国、土耳其、印度、墨西哥和中国台湾地区的破坏性地震的灾害也纳入了比较的范围。这些地震及其发生的年份如图1.4所示。表1.3列出了这9次地震的有关参数和造成的损失。

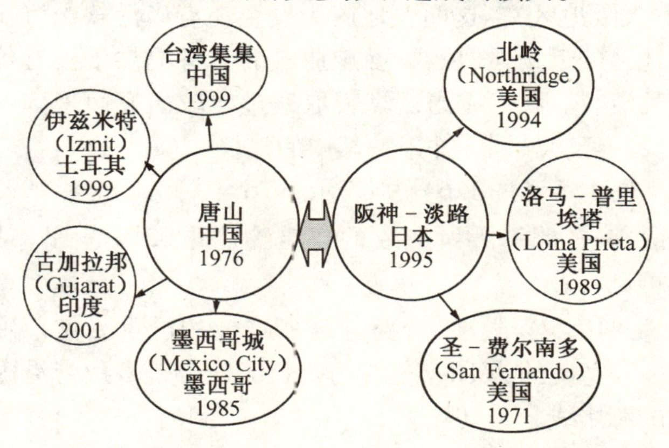

图1.4 比较研究的地震

比较研究地震的参数及其造成的损失[16]　　表 1.3

地震发生地点	发震日期 年月/日	发震时间 *	震级 M	死亡人数	受伤人数	直接经济损失（亿美元）	直接经济损失 GDP（%）
河北唐山 中国[17]	1976 7/28	3:42 上午	7.8	242 769	164 851	150	10
阪神-淡路 日本[18]	1995 1/17	5:46 上午	7.3	6 348	43 177	1 120	2.3
台湾集集 中国[19]	1999 9/21	1:47 上午	7.5	2 405	11 306	107	3.3
北岭（Northridge） 美国[20]	1994 1/17	4:31 上午	6.8	51	9 000	440	0.7
洛马-普里埃塔（Loma Prieta） 美国[21],[22]	1989 10/17	5:04 下午	7.1	63	3 757	168	0.3
圣-费尔南多（San Fernando） 美国[23]	1971 2/9	6:01 上午	6.6	65	2 000	5	0.01
伊兹米特（Izmit） 土耳其[24],[25],[26]	1999 8/17	3:02 上午	7.4	15 851	43 953	160	7.0
古加拉邦（Gujarat） 印度[27]	2001 1/26	8:46 上午	7.9	20 023	166 000	18	
墨西哥城（Mexico City） 墨西哥[28],[29]	1965 9/19	7:19 上午	8.1	9 000	30 000	40	

*时间为当地时间。

1.7 比较研究地震的基本情况

1976 年 7 月 28 日，在中国华北人口最为密集的地区之一的唐山、天津地区发生强烈地震。19 年后，1995 年 1 月 17 日，阪神-淡路地震袭击了日本人口最为密集的地区之一的兵库县南部地区（阪神地区或神户-大阪地区）。这两次地震为发生在有广泛软土沉积的地区的近场强烈地震可能造成的灾害提供了极有价值的资料。我们应当认真吸取通过比较研究而得到的重要的经验教训，并采纳其中的建议。

图 1.5 和图 1.6 分别表示 1976 年唐山地震和 1995 年阪神-淡路地震所造成的建筑物严重破坏范围。从图可见：

• 1995 年阪神-淡路地震所造成的严重受灾范围是一条宽度约为 1km 左右的狭长的地带，该地带沿内海的海岸线分布（图 1.5）；

• 1976 年唐山地震所造成的严重受灾范围呈椭圆形地区，分布在唐山市中心及其周围的县（图 1.6）；

• 在图 1.6 中，可以明显地看出，1976 年唐山地震受灾区内有地震烈度异常区。就是在大范围高烈度区内有小范围的低烈度区，在大范围低烈度区内有小范围高烈度区。例如，在唐山市区内的大成山和凤凰山周围，地震烈度明显低于其附近的地区；玉田县和丰润县也有类似的情况。与此相反，在北京市和天津市的某些地区，地震烈度则明显高于其周围的地区。研究表明，地震烈度异常同当地的土质条件密切相关。

• 显然，在地震发生以前，弄清建筑物可能严重破坏的受灾范围是减少人员伤亡和财产损失的一个有效途径。

1976 年中国唐山地震和 1995 年日本阪神-淡路地震的地震参数和有关损失如表 1.4 所示。[30],[31],[32],[33]

从表 1.4 可以看出：

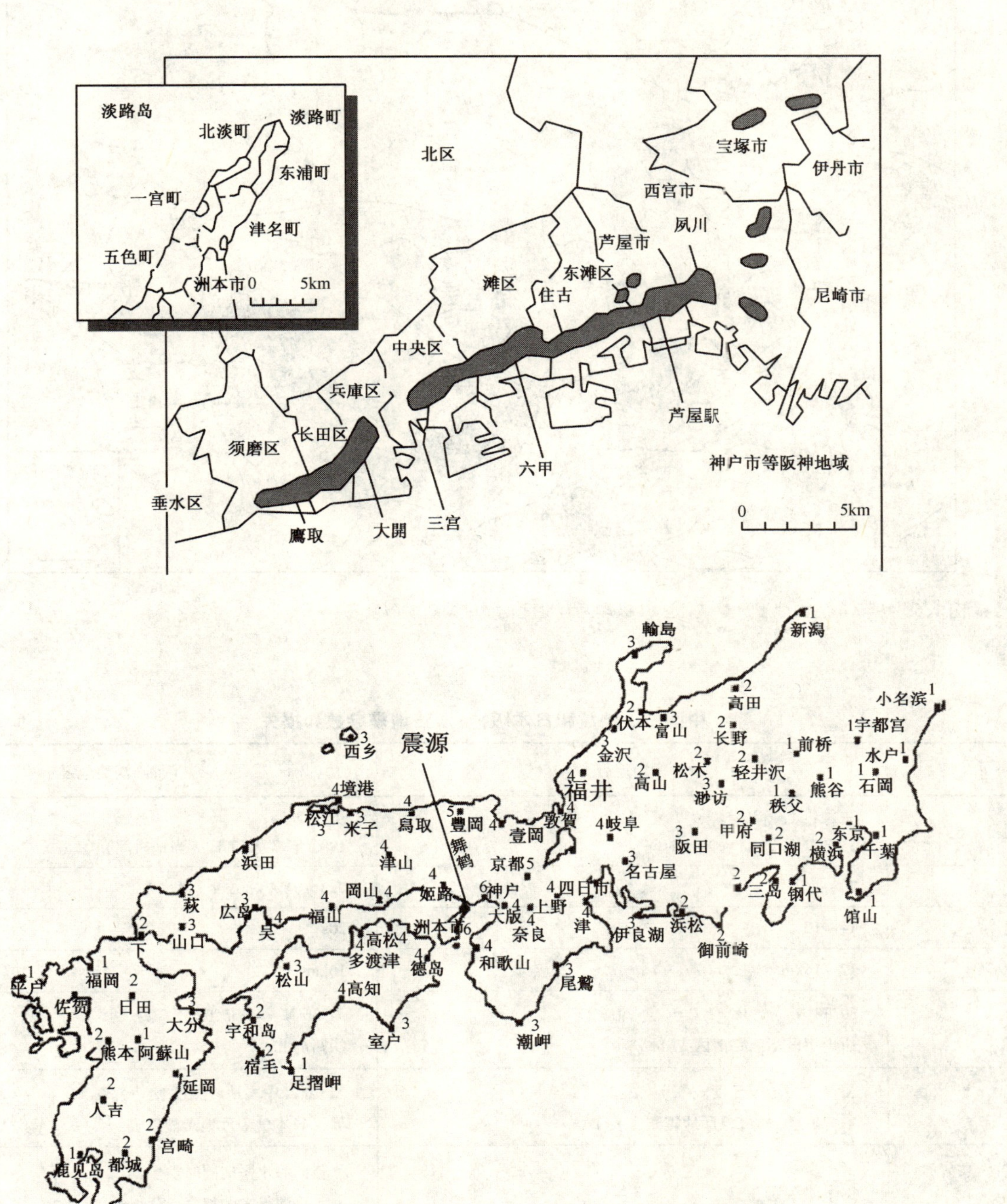

图1.5 1995年阪神-淡路地震严重破坏区和各地震度（1995年2月7日日本气象厅发布的地震烈度为Ⅶ度的地区，按日本气象厅地震烈度表）

资料来源：http：//www. city. kobe. jp/cityoffice/48/quake/gaiyo. html

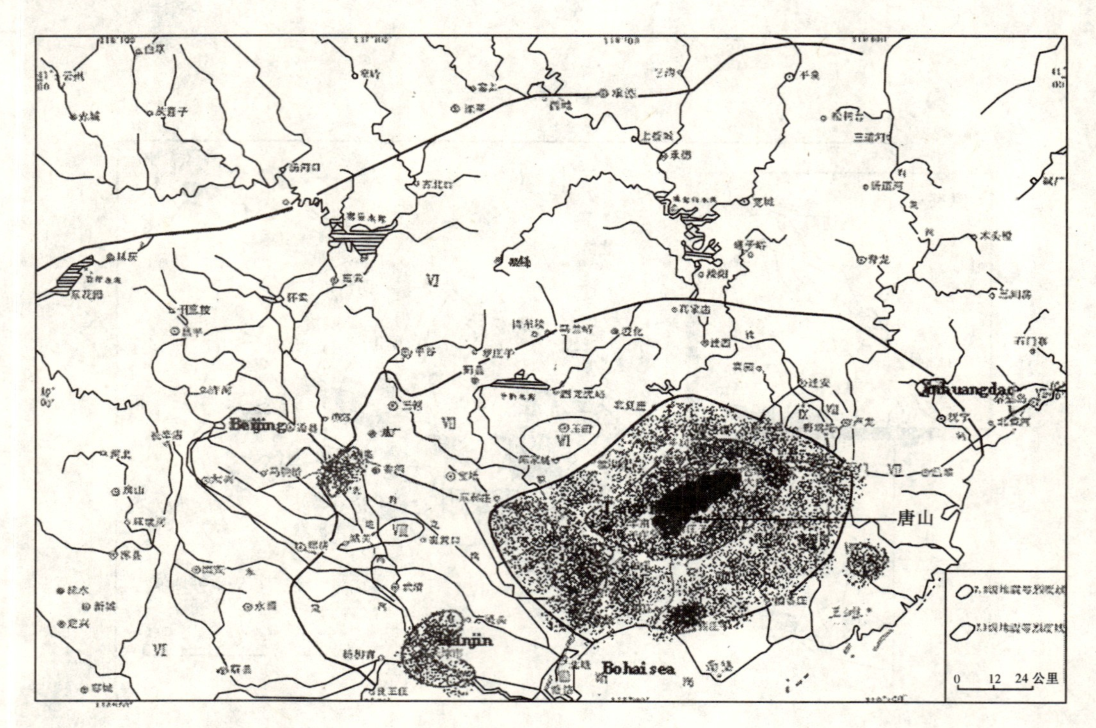

图 1.6　1976 年唐山地震严重破坏区（极震区为Ⅺ度，按中国地震烈度表）

中国唐山地震和日本阪神-淡路地震参数和损失　　　**表 1.4**

	唐山地震	阪神-淡路地震
发震时间	主震：上午 3:42，余震 M7.1：上午 6:45 1976 年 7 月 28 日（当地时间）	上午 5:46 1995 年 1 月 17 日（当地时间）
震级	7.8	7.3（JMA），6.9（*Mw**）
持续时间	14～16s	20s
震源深度	12～16km	16km
震中位置	39°38′N　　118°11′E 唐山市区东南路南区吉祥路	34°36′N　　135°02′E 淡路岛北
烈度峰值	Ⅺ（中国地震烈度表**） Ⅵ-Ⅶ（日本气象厅地震烈度表 JMA***）	Ⅺ-Ⅻ（中国地震烈度表**） Ⅶ（日本气象厅地震烈度表***）
地面运动	震中区无记录	• 竖向和水平向同时发生 • 水平向最大加速度：817cm/s^2 • 水平向最大速度：150cm/s
死亡人数	242 769	6 348
受伤人数	164 851（重伤）	43 177
经济损失 唐山地震： 1976 年价格 阪神-淡路地震： 1995 年价格	• 直接经济损失 50 亿美元 • 基本功能恢复 50 亿美元 • 间接经济损失 100 亿美元	• 破坏损失 1 120 亿美元（2.3% GDP） • 私人财产损失 500 亿美元 • 基本功能恢复 1 000 亿美元 • 经济混乱和业务中断损失 500 亿美元

续表

	唐山地震	阪神-淡路地震
房屋破坏	• 全部倒塌 32 219 186 间	• 全部倒塌 100 302 栋 • 部分倒塌 108 741 栋 • 破坏 227 373 栋 • 火烧 7 456 栋 • 无家可归 300 000 人 （底部剪力系数 = 0.2）
基础设施破坏	• 煤矿全部停产，地下通道被淹 • 电力、交通和通信系统破坏 • 通向唐山的公路和铁路交通大多中断	• 整个神户港国际运输业务中断 • 集装箱装载码头破坏 • 所有通向神户的公路和铁路交通中断
震后火灾	• 主震后不久曾降雨，震后未发生火灾	• 震后火灾烧毁相当于美国 70 个城市街区
严重程度	• 1556 年陕西华县地震以来最严重的地震灾害	• 1923 年关东大地震以来最严重的地震灾害
城市地震经验	• 中国历史上首次发生在城市的地震灾害	• 1923 年关东大地震以来第三次发生在城市的地震灾害

注：

* *Mw*-力矩震级。

* * 中国地震烈度表根据人的感觉、地面和房屋破坏等分为 12 度，Ⅰ度人没有感觉，Ⅻ度完全毁坏，类似于修正的麦卡尼地震烈度表（Modified Mercalli Intensity Scale）。

* * * 日本气象厅地震烈度表（JMA scale）根据人的感觉、地面和房屋破坏等分为 7 度，Ⅰ度没有影响，Ⅶ度完全毁坏，相当于中国地震烈度表的Ⅻ度。

• 两次地震都发生在凌晨。这就是说，人们能否逃过劫难，关键在于住房能否经受得住地震的袭击。

• 两次地震的烈度峰值几乎相同，这就是说，地震灾害的严重程度差不多是一样的。

• 两次地震都属于浅源地震。

• 两次地震发生的地区特点类似，都是发生在城市和海滨地区，人口密集，有大面积软土和重要的基础设施。

• 两次地震都可归类为巨大灾害。在中国历史上，唐山地震是首次发生在城市的地震，是仅次于 1556 年陕西华县地震的巨大灾难，那次地震夺走了 83 万人的生命。在日本历史上，阪神-淡路地震是第三次发生在城市地区的地震，是仅次于 1923 年关东大地震的巨大地震灾难，那次地震使 10 万多人丧生。

• 中国唐山地震的死亡和受伤人数分别是阪神-淡路地震的 38.47 倍和 3.8 倍。这就是说，在抗御地震灾害方面，发展中国家的城市比发达国家的城市要脆弱得多。

• 1995 年阪神-淡路地震造成的直接和间接经济损失的绝对值比 1976 年唐山地震的经济损失高得多，但 1995 年阪神-淡路地震经济损失所占日本的 GDP 份额却比 1976 年唐山地震经济损失所占中国的 GDP 份额低得多。这就是说，在地震灾害面前，发展中国家遭受的损失要比发达国家严重得多。同时也说明，城市现代化程度越高，遭受地震的损失也越大。地震充分揭示了现代化城市在地震灾害面前的脆弱性。

1.8　灾害风险管理名词术语

在国际上，灾害风险管理学科所用的名词术语仍在不断地演变之中。对于同样的过程或事物，不同的机构和单位使用不同的术语。甚至在某些情况下，同一个术语被用来表示不同的过程或事物。下面是在灾害风险管理方面本书所用的术语的含义。

险情（或致灾险情，或致灾因子，Hazard）：对人员伤亡、财产损失和系统或功能破坏造成威胁的频度和严重程度。自然灾害险情（Natural Hazard）是指那些人不能控制的灾害险情，比如地震、飓风、龙卷风、洪水、森林火灾等。

易损性（或脆弱性，Vulnerability）：对暴露或处在险情之下的人员、财产和系统或功能等的损失的敏感程度（Susceptibility）。

在险体暴露（或在险体的价值，Exposure）：暴露或处在险情之下，且有部分或全部损失风险的人员、财产和系统或功能等。这里的在险体，亦称承灾体，是指人员、财产，系统或功能。

风险（Risk）：风险是在险体暴露、险情和易损性的卷积或结合（convolution），如图 1.7 所示。那么，究竟风险是什么意思呢？风险有很多种说法，在字典里，风险被解释为“在险人和物的伤亡或损失概率”或“遭遇危险或伤害、损失等的概率”。澳大利亚/新西兰风险管理标准（AS/NZS 4360:1999）把风险定义为“对客观事物产生影响的某事件的发生概率，用后果和可能性来度量”。而国际大地测量和地球物理联合会（International Union of Geodesy and Geophys：cs，简称 IUGG）地球物理风险与可持续性委员会（Commission on Gephysical Risk and Sustainability，简称为 GeoRisk 委员会）则认为风险是“在险物暴露、险情和易损性的卷积。对于自然灾害险情，我们不能减少险情，只能想办法去降低风险，或者控制处于险情的在险人和物或减少它们的易损性”。保险公司对风险的定义是“损失的险情或概率”。卡普兰（Kaplan）和加瑞克（Garrick）则把风险 R 定义为“情景描述 S_i，该情景概率 P_i，和衡量破坏的该情景后果或评价 X_i 三位一体的集合：$R = \{(S_i, P_i, X_i)\}$”。虽然关于风险定义本身存有争议，但都认为风险总是具有以下三个特点。

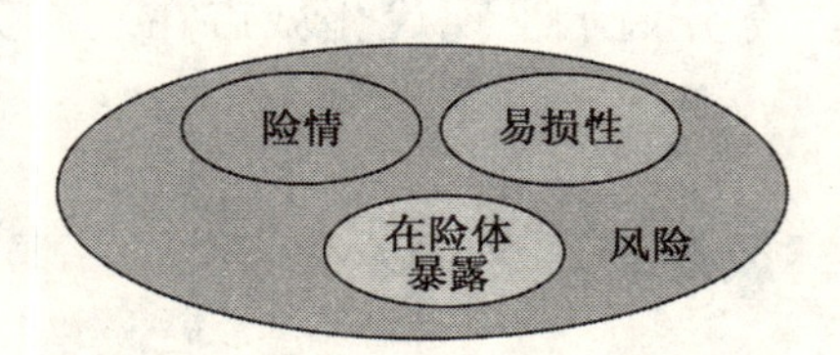

图 1.7　风险是在险体暴露、险情和易损性的卷积

（1）风险具有不确定性。有风险特征的事件，可能发生，也可能不发生。

（2）风险可能会造成损失。如果风险成为现实，则损失必然发生。

（3）风险可以改变和选择。对于可能发生的风险，我们可以采取措施来减少它，或者选择我们能够接受的风险。

灾害（Disaster）：引起生命、财产毁坏和巨大损失的事件。一个有险情的地方，只有在三个条件同时具备的情况下才会形成灾害，即：①有人和财产等在险体暴露；②险情发生；③在险体脆弱、易受损害。如图 1.8 所示。

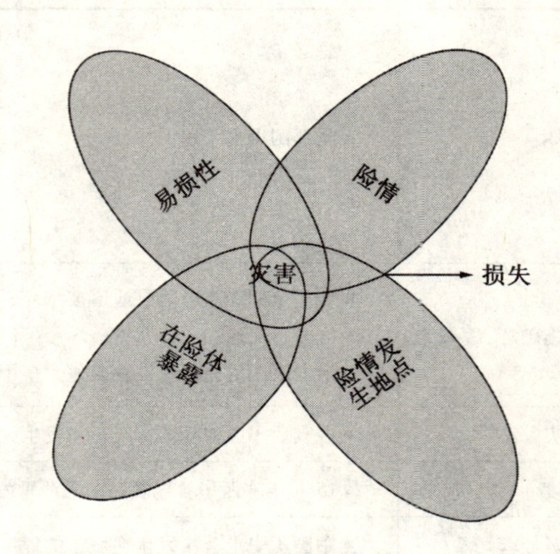

图 1.8　一个有险情的地方的灾害是险情、在险体暴露和在险体易损性和险情发生的组合

风险管理（Risk Management）：风险管理包括的环节有：查明可能发生的险情，了解人和财产等在险体的易损性，弄清在险体暴露概率．估计事件发生的后果，弄清可供选择的方案，对折中方案做出评估，选择合适的风险水平，以及在必要时采取措施减少风险等。风险管理的重要工作之一是弄清相关责任人员（stakeholders）以及他们的需要，并在决策过程中予以充分考虑。风险控制（Risk Control）和风险金融（Risk Financing）是风险管理的两个非常重要的概念。风险控制是减轻和防备灾害的措施，是按行业采取措施降低灾害的风险。而风险金融则是转换风险的一种工具，是通过行业和个人分散灾害风险。图 1.9 是

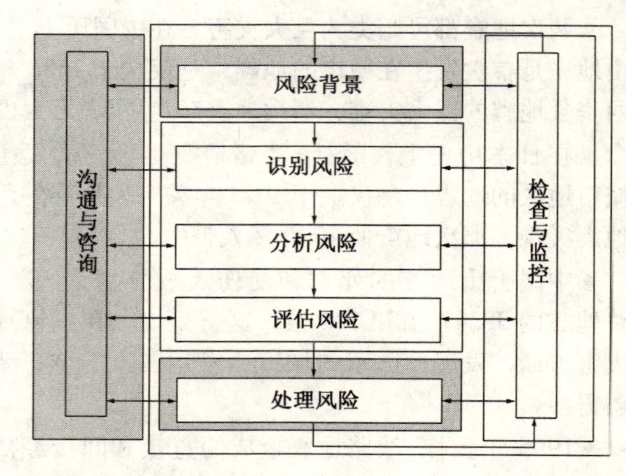

图 1.9　风险管理方法

“亚太地区减轻地震和海啸灾害技术开发及其整合”（EqTAP）项目总体规划所用的风险管理方法，该方法系取自澳大利亚和新西兰风险管理标准（The Australia and New Zealand Risk Management Standard）。

1.9 唐山地震和阪神-淡路地震的经验教训

从多层次城市系统和整合灾害风险管理的角度，唐山地震和阪神-淡路地震的主要经验教训可综述如下（参见表1.5）。

1. 开发地震灾害风险估计系统

无论是中国的唐山和天津地区，还是日本的兵库县南部地区，对破坏性地震都没有准备或者准备不足。地震以前，唐山市的地震基本烈度被定为Ⅵ度，过分低估了地震险情，按照当时的建筑抗震设计规范，所有建筑都没有、也不需要抗震设防，地震时唐山市区的极震区内的建筑物荡然无存就不难理解了。日本的兵库县南部地区，同样是低估了险情，地震以前没有对现有缺乏抗震能力的建筑进行鉴定和加固，地震时，大量的老旧木结构住宅，以及一部分高架公路路段和港口等交通设施遭受严重破坏或倒塌。两次地震灾难都源于在地震发生以前过低地估计了地震影响区的地震风险，包括险情、易损性和在险体暴露。因此，要保障地震安全，必须开发一个国家的地震灾害风险估计系统，因为地震风险估计是减轻风险和风险管理的基础。

唐山和阪神-淡路大地震的经验教训　表1.5

城市系统层次	经验教训	中国唐山地震	日本阪神-淡路地震
自然和社会环境（NS）	风险估计是减轻风险和风险管理的基础，开发国家地震灾害风险估计系统是减轻国家地震灾害的基础 整合减灾极为重要。整合减灾包括在社区一级风险管理的规划起步阶段的公众教育、舆论导向、信息通达和恢复能力建设，因为科学、技术、预测、模型和预警等只有在社区人员知晓和认可，而且在险房屋和结构物已被识别并已被列入优先减灾计划的情况下，才有价值，才会起作用	地震发生以前对风险（包括险情、易损性和在险体暴露）缺乏正确的估计 地震影响地区数百年没有发生过大地震，对巨大地震灾害准备不足	地震发生以前对风险（包括险情、易损性和在险体暴露）缺乏正确的估计 地震影响地区数百年没有发生过大地震，对巨大地震灾害准备不足
基础设施（IF）	现有生命线系统的房屋和结构物的抗震鉴定和加固必须列入日程。所有新建生命线系统的房屋和结构物必须遵循抗震设计规范，重要的生命线系统的房屋和结构物要确保地震时仍能正常运行	生命线系统，特别是桥梁、发电厂和地下管线没有按照设计规范进行抗震设防。唐山市开滦煤矿的地下通道因电力中断被地下水淹没，致使矿区停产达数月之久	大型城市交通系统和神户港遭到严重破坏
土地利用和建成环境（LB）	对现有缺乏抗震能力的房屋和结构物应做出抗震鉴定和加固规划，新建房屋和结构物均应严格按照抗震设计规范设计，并采取相应的抗震措施 保持地震后应急车辆行经的道路和桥梁畅通，保持震后消防供水系统仍能正常工作	在唐山和天津地区，几乎所有未配筋的多层砖结构房屋和单层预制钢筋混凝土结构工业厂房都遭受破坏或倒塌 震后没有发生火灾	在神户和大阪地区，几乎所有有重瓦屋盖的老旧木结构住房都遭受到严重破坏或倒塌 震后神户市发生175起火灾，有54起火灾在震后紧接着同时发生
人类活动（HA）	今后发展规划必须细心考虑同自然的和谐。除了关注单体房屋和结构物以外，要对社区，特别是大城市和都市连绵区的多层次城市系统防灾能力做出综合评估，分析采用不同政策时所需费用和效益的平衡 建立经过培训的应急反应队伍	有准备、有信息的社区救援对减少震后伤亡最为有效	从山上取土填海造地，比如六甲岛和人工岛港就是这样造出来的。并在这些土地上建设基础设施和住宅区

2. 现有老旧建筑和非抗震建筑物的鉴定和加固

在中国的唐山和天津地区，未配筋的多层砖结构住房和单层预制钢筋混凝土结构工业厂房倒塌，是造成大量人员伤亡和财产损失的主要原因。而在日本的神户和大阪地区，有重瓦屋盖的老旧木结构住房和一些在现代抗震设计规范颁布实施以前建造的房屋的倒塌，则是造成大量人员伤亡和财产损失的元凶。因此，必须有计划地对现有老旧房屋、未采取抗震措施的房屋、现代抗震设计规范颁布实施以前建造的房屋，以及抗震能力不足的生命线系统等进行抗震鉴定和加固。对于重要的建筑物，必须提高设防标准，确保地震时仍能正常工作。

3. 确保重要生命线系统的地震安全

在中国唐山和日本阪神地区，生命线系统，特别是电力系统、通信系统、公路、铁路、港口设施以及地下管线和地下结构物等的破坏，都使灾情更为加重，给震后救援和恢复重建工作带来了很大的困难，延误了救援和恢复重建时间。因此，要把确保重要生命线系统的安全放在首要地位。

4. 防止和控制震后火灾

日本阪神-淡路地震以后，神户市发生了175起火灾，其中有54起是地震后紧接着同时发生的。火灾烧毁面积达819 108m^2。由于街道被倒塌的建筑物废墟堵塞、交通拥堵和供水系统的破坏，消防人员难以扑灭火灾。唐山地震以后没有发生火灾，可能是因为震后下过雨和当时的城市还不够现代化的关系。影响震后火灾严重程度的因素很多，其中主要的有：火源、燃料的种类和密度，天气情况，供水系统是否能正常工作，以及消防人员能否进入火灾发生地点。因此，保持地震后应急车辆行经的道路和桥梁畅通，保持震后消防供水系统仍能正常工作至关重要。

5. 整合的地震灾害管理

大震级地震发生了，但事前人们并没有预计到，中国的唐山地震和日本的阪神-淡路地震都正是这种情况。这两次地震重要的经验教训之一是要重视整合的地震灾害风险管理。许多事例值得深省。比如：地震以前，在制度建设、信息传递和医药物资供应等方面都存在很多问题；震后地震破坏信息的采集和传递耽误了好多个小时，丧失了大好的营救时间；唐山地震以后当时还没有非政府组织（NGO）、非盈利组织（NPO）和志愿者活动，阪神-淡路地震以后非政府组织、非盈利组织和志愿者活动虽很活跃，但却没有很好地协调。在这两次地震的影响区，都没有经过培训和授权的灾害管理社区，都没有培养社区的自救能力。因此，发展整合的地震灾害风险管理方法十分重要。整合的地震灾害风险管理方法包括公众教育、舆论建设、经过培训的有准备的应急反应队伍建设、信息通达和恢复能力建设等。

1.10 比较研究地区的特点

1.10.1 地震以前的唐山市[34]

唐山市是河北省的大型工业城市，是煤矿和能源生产中心，位于北京东160km，如图1.10所示。唐山地区采用一般交通系统，包括铁路和公路。给水、污水处理、电力、煤气和通信均为一般市政公用系统。唐山市的工业包括煤炭、钢铁、机械、机车车辆、纺织、陶瓷和化工等。1975年底，唐山市的工业总产值为22.4亿元（1970年价格），为河北省工业总产值的1/3，为全国工业总产值的1%，分解到各个行业的总产值如图1.11所示。

唐山开滦煤矿矿务局系1877年设立。1881年秋开始出煤。煤矿带动了交通运输和相关工业的发展，比如铁路和公路交通、机械制造业、水泥工业、纺织工业、陶瓷工业、建筑材料工业、钢铁工业以及电力工业等。从那时候起，唐山逐步从农村地区演变成为中国北方的一个重工业城市。

唐山地震以前，唐山市建成区面积为660km^2，总人口为1 061 926人，其中，城市人口为698 014人，人口密度为每平方公里1 058人，人口密度最大的路南区，高达每平方公里15 400人。

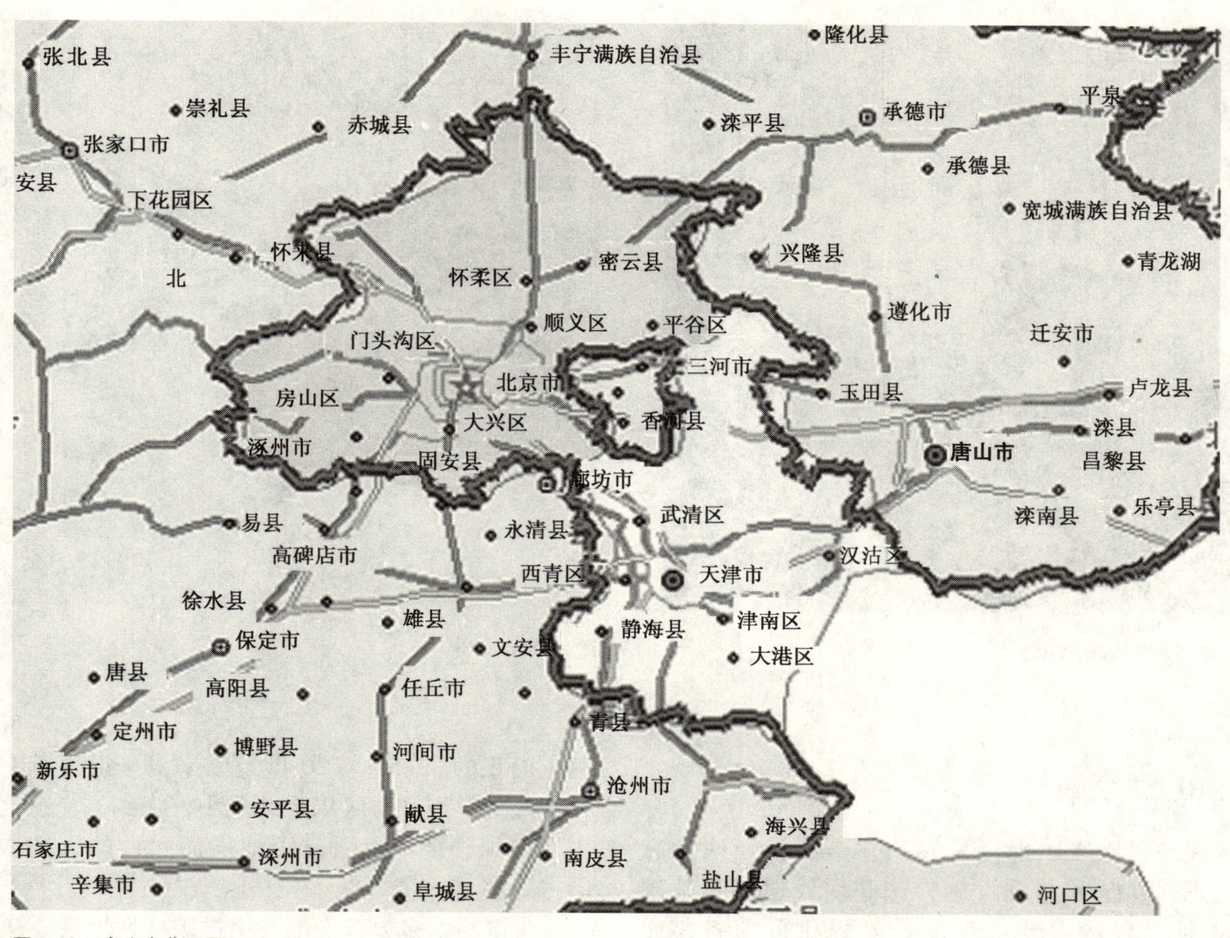

图 1.10 唐山市位置图

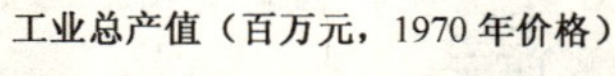

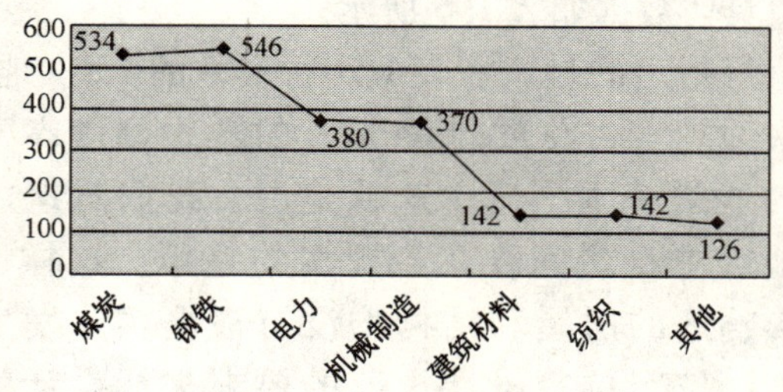

图 1.11 唐山市1975年底工业总产值

1.10.2 地震以前的阪神地区

“兵库县南部地震”和“阪神-淡路地震”是现在日本用的官方名称，前者主要是用来表示灾害发生的地区，而后者则是地震的名称。

神户及其周边地区东西长约50km，南北宽约1.5~6km，图1.12和图1.13所示分别为兵库县南部地区和神户市。六甲（Rokko）山高约1 000m，位于该地区的北面，大阪湾则在该地区的南面。现代城市就是建设在这样狭长的滨海平原上，人口高达1 500万人，为日本总人口的15%。神户港是世界上第三大港，贸易额为日本总贸易额的20%。神户港大部分土地是人工填成的小岛。阪神地区拥有现代化的交通系统，比如：新干线高速火车、快速铁路、高速公路和高架公路、新型有轨电车、渡船以及快速转乘系统。阪神地区还拥有现代生命线系统，包括给水系统、下水道系统、电力系统、煤气系统和通信系统等。[35]

图 1.12　兵库县南部地区

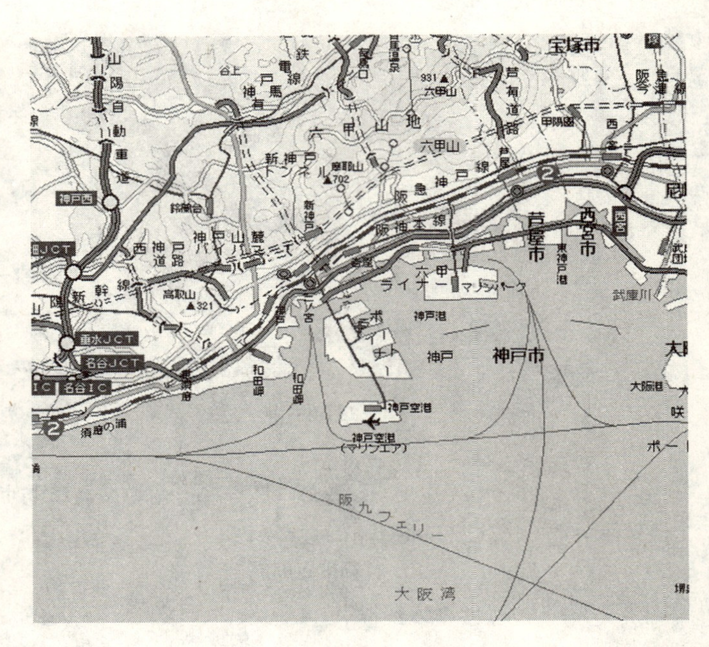

图 1.13　神户市

1.10.3　比较

阪神地区比唐山地区发达得多。阪神地区拥有大量的现代建筑和基础设施，这些现代建筑和基础设施都拥有高技术装备和高技术提供的服务，而1976 年的唐山地区则没有这些建筑和设施。阪神-淡路地震的极有价值的经验对中国现在的特大和巨型城市，以及都市连绵区地区提供了很多非常有益的启示。

同中国 1976 年的唐山市相比，日本神户市的人口密度要大得多。地震以前，唐山市和神户市的人口分别为 1 061 926 人和 1 518 982 人，唐山市的人口密度为 每平方公里 1 058 人（平均）到 15 400 人（路南区），而神户市的人口密度则为每平方公里 2 783.9 人。

1.11　中国、日本和美国的大地震灾害

1.11.1　中国的大地震灾害[36]

中国是一个多地震国家，早在公元前 2597 年就有地震记载。中华人民共和国约有一半人口居住在地震烈度为Ⅶ度和Ⅶ度以上的地震区。地震烈度为Ⅶ度和Ⅶ度以上的地震区面积为 312 万 km^2，为全国国土面积的 32.5%。20 世纪以来，全世界所有发生在大陆的 7 级和 7 级以上地震中，大约有三分之一发生在中国；全世界所有因地震而死亡的人数中，中国占 50%。

中国绝大多数省份都发生过破坏性地震。从 1950 年到 1999 年的 50 年间，地震至少夺走了 281 706 人的生命，造成了 20 223 989 间房屋倒塌，直接经济损失达 1 076.27 亿元。在这 50 年中，14 次大地震使 275 022 人丧生，217 670 人伤残，毁坏了 8 323 026 间房屋，具体数据如表 1.6 所示。

值得指出的是，在表 1.6 所列举的 15 次地震中，有 9 次地震（占总数的 64%）的震中烈度高于震前估计的地震基本烈度。这就是说，我们对地震的认知和地震本身之间存在着很大的差距。这样，建在地震影响区的房屋和结构物没有根据实际发生的地震烈度，按照抗震设计规范的要求进行设计就很容易理解了。

中国 1950 ~ 1999 年巨大地震灾害如表 1.7 所示。从表可以看出，地震损失的大部分是这 8 次大地震灾害造成的。表 1.7 所列的 8 次大地震灾害所引发的死亡人数、破坏房屋间数和直接经济损失分别为中国 1950 ~ 1999 年地震灾害所造成的总数的 95%、73% 和 84%。

20 世纪后 50 年中国大陆发生的大地震及其灾害 **表 1.6**

地震发生地点	发震日期	震级	估计的地震基本烈度	实际地震的震中烈度	破坏区面积（km^2）	死亡人数	伤残人数	倒塌房屋间数
西藏，察隅	1950 年 8 月 15 日	8.6	—	12	—	2 486	—	4 500
四川，康定	1955 年 4 月 14 日	7.5	10	9	5 000	84	224	636
新疆，乌恰	1955 年 4 月 15 日	7.0	9	9	16 000	18	—	200
河北，邢台	1966 年 3 月 8 日，3 月 22 日	6.8 7.2	6	10	23 000	7 938	8 613	1 191 643
内蒙古，包头	1969 年 7 月 18 日	7.4	—	—	—	9	300	16 290
云南，通海	1970 年 1 月 5 日	7.7	9	10	1 777	15 621	26 783	338 456
四川，炉霍	1973 年 2 月 6 日	7.9	9	10	6 000	2 199	2 743	47 100
云南，永善、大关	1974 年 5 月 11 日	7.1	8	9	2 300	1 641	1 600	66 000
辽宁，海城	1975 年 2 月 4 日	7.3	6	9	920	1 328	4 292	1 113 515
云南，龙陵	1976 年 5 月 29 日	7.6	8	9	—	73	279	48 700
河北，唐山	1976 年 7 月 28 日	7.8	6	11	32 000	242 769	164 851	3 219 186
四川，松潘、平武	1976 年 8 月 16 日	7.2	6 ~ 9	8	5 000	38	34	5 000
新疆，乌恰	1985 年 8 月 23 日	7.4	9	9	526	70	200	30 000
云南，澜仓、耿马	1988 年 11 月 6 日	7.6，7.2	8	9	91 732	748	7 751	2 242 800
台湾，集集	1999 年 9 月 21 日	73				2 295		116 379
总　计					184 255	277 317	217 670	8 349 405

中国 1950 ~ 1999 年巨大地震灾害
（死亡人数超过 1000 人） **表 1.7**

序号	发震时间	发震地点	主震震级	死亡人数	倒塌房屋间数	直接经济损失（百万元）
1	1950 年 8 月 15 日	西藏，察隅	8.6	2 486	4 500	5
2	1966 年 3 月 22 日	河北，邢台	7.2	8 064	1 191 643	2 103
3	1970 年 1 月 5 日	云南，通海	7.7	15 621	338 456	644
4	1973 年 2 月 6 日	四川，炉霍	7.9	2 199	47 100	195
5	1974 年 11 月 5 日	云南，永善、大关	7.1	1 641	66 000	193
6	1975 年 2 月 4 日	辽宁，海城	3.4	1 328	1 113 515	1 733
7	1976 年 7 月 28 日	河北，唐山	7.8	242 769	3 219 186	28 316
8	1999 年 9 月 21 日	台湾，集集	7.3	2 295	116 379	57 610
8 次巨大地震灾害总计（a）				276 403	6 096 779	90 799
1950 ~ 1999 年地震灾害总计（b）				277 317	8 349 405	107 627
a/b（%）				95	73	84

中国 1950 ~ 1999 年间地震灾害引起的房屋破坏、直接经济损失和死亡人数分别如图 1.14、图 1.15 和图 1.16 所示。这些图表明，在 20 世纪的后 50 年中：

- 总的来说，直接经济损失每隔 10 年都在增长，特别是 20 世纪的最后 10 年增长更快。
- 20 世纪的后 20 年，地震造成的死亡人数有所下降，但 20 世纪 90 年代同 80 年代相比，仍有上升。
- 鉴于经济损失的增长势头，减少经济损失应当给予更多的关注。

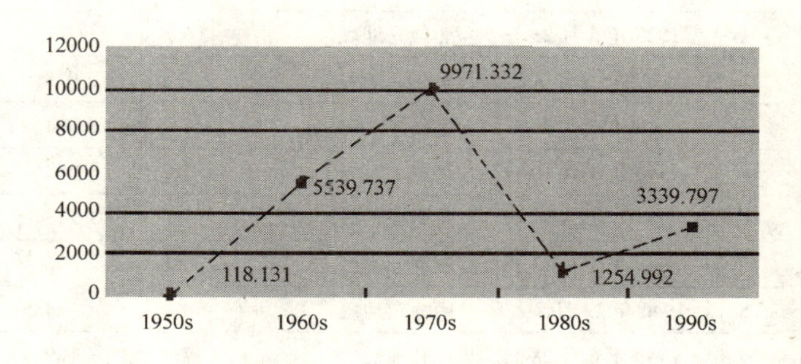

图 1.14 1950 ~ 1999 年中国地震造成的房屋破坏

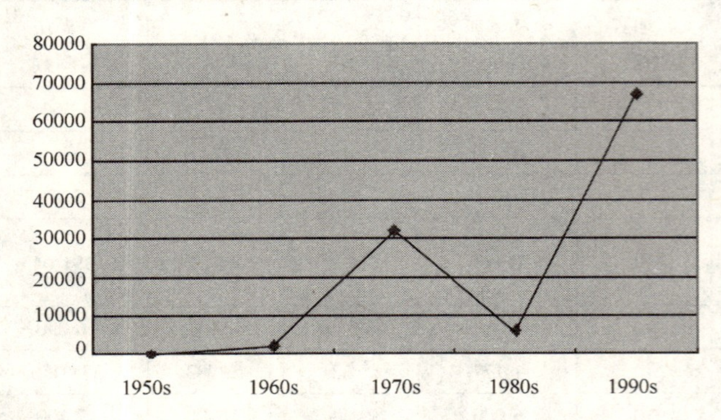

图 1.15 1950～1999 年中国地震引起的直接经济损失

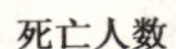

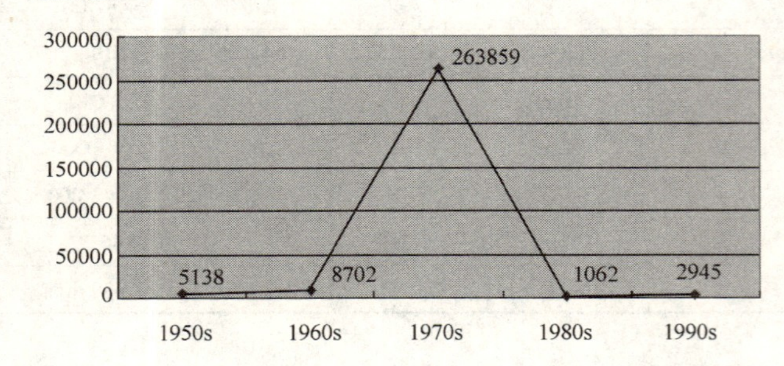

图 1.16 1950～1999 年地震引起的死亡人数

1.11.2 日本的大地震灾害

日本是地震高发的国家，平均每年大约要发生1 300次有感地震。20 世纪日本发生的大地震灾害如表 1.8 所示。[37],[38] 由表可见，地震引发的死亡人数比中国地震死亡人数少得多。

20 世纪日本发生的大地震　　表 1.8

	发震时间	地震名称	震级	死亡人数
1	1923 年 9 月 1 日	关东大地震	7.9	142 807
2	1925 年 5 月 23 日	北但马地震	6.8	428
3	1927 年 3 月 7 日	奥丹后地震	7.5	2 925
4	1933 年 3 月 3 日	本州东北海岸地震*	8.3	3 064
5	1943 年 9 月 10 日	鸟取地震	7.2	1 083
6	1944 年 12 月 7 日	东南海地震	7.9	1 223
7	1945 年 1 月 13 日	三河地震	6.8	2 306
8	1946 年 12 月 21 日	南海道地震	8.0	1 443
9	1948 年 6 月 28 日	福井地震	7.1	3 769
10	1952 年 3 月 4 日	十胜冲地震	8.2	33
11	1964 年 6 月 16 日	新潟地震	7.5	26

续表

	发震时间	地震名称	震级	死亡人数
12	1968 年 5 月 16 日	十胜冲地震	7.9	52
13	1974 年 5 月 9 日	伊豆半岛冲地震	6.9	30
14	1978 年 1 月 14 日	伊豆大岛近海地震	7.0	25
15	1978 年 6 月 12 日	宫城县冲地震	7.4	28
16	1983 年 5 月 26 日	日本海中部地震	7.7	104
17	1984 年 9 月 14 日	长野地震	6.8	29
18	1987 年 12 月 17 日	千叶地震	6.7	2
19	1993 年 1 月 15 日	釧路冲地震	7.8	2
20	1993 年 7 月 1 日	北海道南西冲地震**	7.8	230
21	1994 年 10 月 4 日	北海道东方冲地震	8.1	8
22	1994 年 12 月 28 日	三陆遥冲地震	7.5	2
23	1995 年 1 月 17 日	阪神-淡路地震	7.3	6 435
	总　计			166 193

注：*地震引发了海啸。
　　**一些滨海的人和财物遭到地震引发的海啸洗劫。

1.11.3 美国的大地震灾害[39],[40]

美国的地震灾害如表 1.9 所示。从表中可以看出，同中国、日本、印度、土耳其、墨西哥相比，美国在历史上因地震而死亡的人数是比较少的，但财产损失却相当可观。从 1900 年以来，美国有 1 230 人在地震中丧生，直接经济损失高达 392.3 亿美元（折算为 1994 年价格）。

表 1.9 中所列的美国大多数地震发生在当时人口比较稀少的地区，所以 1900 年到 1950 年期间发生的地震，死亡人数较少是不足为怪的。1950 年以后，许多地震发生在人口稠密的加利福尼亚州，地震造成的死亡人数也不是很多，这主要是因为很多房屋建筑和工程结构都是按照抗震规范设计和建造的，能够在地震时不致倒塌。当然也不排除幸运因素，比如，1989 年的洛马-普里埃塔地震发生时，正值世界棒球运动会期间，道路上车辆很少。如果地震发生在一般的周末时间，则至少有上百人，甚至更多人死亡。至于今后再发生地震，会造成多少人死亡，很难做出准确的估计。在美国的加利福尼亚州，今后地震造成人员死亡的主要因素是老旧的房屋和抗震性能很差的工程结构在地震时倒塌。有人估计，如果 1906 年的旧金山地震再次发生，可能会有 2 000～6 000 人死亡。在美国的东部和太平洋西北地区，未来地震造成的死亡人数可能会比加利福尼亚州多。虽然一次大地震的发生概率比较低，但是仍然有相当多的高易损性的既有房屋

建筑和工程设施，甚至新建的房屋建筑和工程设施也难免有抗震能力差的情况。有一项研究说，假如今后有一次大地震袭击美国中部的新马德里地区，可能造成7 000～23 000人死亡。

美国的大地震灾害 表1.9

年份	地震发生地点	死亡人数	直接经济损失（百万美元，1994年价格）
1906	加利福尼亚州，旧金山（San Fransico, California）	700	6 000
1925	加利福尼亚州，圣塔-巴尔巴拉（Santa Barbara，Califonia）	13	60
1933	加利福尼亚州，长滩（Long Beach，Califonia）	120	540
1935	蒙大拿州，海伦那（Helena，Montana）	4	40
1940	加利福尼亚州，帝国谷（Imperial Valley，Califonia）	8	70
1946	阿拉斯加州，阿勒滕岛（Aleutain Islands，Alaska）		200
1949	华盛顿州，普格特-松德（Puget Sound，Washington）	8	220
1952	加利福尼亚州，科恩郡（Kern County，Califonia）	12	350
1952	加利福尼亚州，巴克尔斯费尔德（Bakersfield, Califonia）	2	60
1959	蒙大拿州，海伯根湖（Hebgen Lake，Montana）	28	
1964	阿拉斯加州，安克雷季（Anchorage，Alaska）	131	2 280
1965	华盛顿州，普格特-松德（Puget Sound，Washington）	8	70
1971	加利福尼亚州，圣-费尔南多（San Fernando，Califonia）	65	1 700
1979	加利福尼亚州，帝国谷（Imperial Valley，Califonia）		60
1980	加利福尼亚州，利维尔莫尔（Livermore，Califonia）		
1983	加利福尼亚州，科林伽（Coalinga，Califonia）	0	50
1987	加利福尼亚州，瓦替尔-奈若斯（Whittier Narrows，Califonia）	8	450
1989	加利福尼亚州，洛马-普里埃塔（Loma Prieta，Califonia）	63	6 870
1991	加利福尼亚州，圣-加伯瑞尔山（San Gabriel Mountains，Califonia）		
1992	加利福尼亚州，佩屈利阿（Petrolia，Califonia）	0	70
1992	加利福尼亚州，兰德尔斯（Landers，Califonia）	1	100
1993	俄勒冈州，斯各兹-密尔斯（Scootts Mills，Oregon）		30
1993	俄勒冈州，可拉马斯-福尔斯（Klamath Falls，Oregon）	2	10
1994	加利福尼亚州，北岭（Northridge，Califonia）	57	20 000
1999	加利福尼亚州，莫哈维沙漠（Mojave Desert, Hector Mine, Califonia）		
2001	华盛顿州，西雅图西南（Southwest of Seattle, Washington）		
总计		1 230	39 230

地震时人员的死亡主要是由于房屋建筑和工程结构的倒塌。在美国，地震时死亡的大多数人是被倒塌的钢筋混凝土房屋砸死的。但在1989年的洛马-普里埃塔地震时，工程结构破坏夺走了一些人的生命。其他国家的地震造成人员死亡的原因也大体类似。归纳起来，地震造成人员死亡主要有两个原因：一是房屋建筑和工程结构倒塌；二是地震以后的次生灾害，特别是火灾。因此，减少地震时人员伤亡的最有效的办法主要有四个：一是新建房屋建筑和工程结构严格按照抗震规范设计；二是对既有不符合抗震要求的房屋建筑和工程结构分期分批地进行抗震鉴定和加固；三是地震发生以后消防系统能够工作；四是震前制定应急救援预案。

1.12 结语

唐山地震和阪神-淡路地震以及本书涉及的其他案例研究相关地震难以置信地说明，现代城市地区的地震破坏是可以预估的，所发生的大多数现象是可以预报的，其中的许多损失是可以防止的。根据比较研究，对综合城市地震灾害管理可以得出下列一些有价值的结论。

1. 震级很大的地震确实会发生。本书比较研究所涉及的地震都是这种情况。现代城市在强烈地震时都是非常脆弱的。从唐山地震和阪神-淡路地震我们可能获得的新的经验教训极少。最重要的经验教训可能是，我们必须推动我们的社会改进综合地震灾害风险管理，包括：对缺乏抗震能力的房屋、结构物和生命线系统进行改造或加固，改进我们的抗震防灾规划和备震工作。我们必须对现代城市和都市连绵区的抗震能力给予极大的关注，特别是要关注地震发生以后，应急反应系统、建筑物、生命线系统和消防系统是否能够继续使用和正常工作。

2. 应对破坏性地震，最重要的是要争分夺秒，时间是根本。了解灾情越早，到达受灾地区越快，可能挽救的人就越多。震后应急管理的负责人需要尽早获得有关震中位置、震级以及强地面运动的严重程度和地理分布等信息，以便确定所需动员的等级和需要向灾区运送的救援物资的种类和数量。因此，应该制定合适的震后应急反应制度，建立灾害信息采集和传送系统，并列入地震区日常工作议程。本书比较研究涉及的地震还表明，当地人员自救和互相救助最为重要，应该很好地加以组织。知晓灾情的自救和互相救助，以及年轻人和老年人混合居住对减轻地震灾害最为有利。重要的是自救和互相救助要及时和就近。

3. 所有本书比较研究所涉及的地震的影响区，地震以前对于破坏性地震的到来都没有准备或者没有很好的准备。在中国的唐山市，几乎所有的房屋和结构物地震后都破坏或倒塌了，多层无筋砖结构住宅楼房和单层预制钢筋混凝土厂房倒塌最为普遍。这些建筑都没有按抗震要求进行设防，因为地震前唐山市的地震基本烈度被定为Ⅵ度，过低估计了地震险情。按照当时的建筑抗震设计规范，房屋和结构物都不需要采取抗震措施。在日本兵库县南部地区，大量的老旧木结构房屋和交通系统的一些区段，特别是高速公路和港口，遭到了破坏，有些甚至倒塌，因为地震前没有对它们进行检测和加固，原因也是低估了地震灾害的风险。唐山地震和阪神-淡路地震这两次地震犯了同样的错误，都是在地震前低估了地震灾害风险，包括受灾地区的险情、易损性和在险体暴露情况。因此，保护既有易损房屋和结构物，使它们免遭地震破坏，应该列入工作日程。实现这个要求的办法是，对既有的老旧房屋、抗震能力不足的房屋和在现行先进的抗震设计规范颁布实施以前建造的房屋等地震时易损的房屋，地震前要进行抗震能力评估和必要的抗震加固。对于重要的建筑物，应该提高抗震设防烈度，确保地震时仍保留功能，继续使用。特别要注意的是，没有政府的支持和公众的理解，所有上述工作都不可能进行。

4. 阪神-淡路地震时，神户市消防人员不能及时扑灭火灾的原因是：同时、集中发生的火灾起数多，街道被倒塌建筑物的废墟堵塞，交通拥堵，主要精力用在人员营救，供水管网破坏，消防站和灭火用贮水池损坏和消防人员伤亡等。地震后影响火灾严重程度的因素包括：火源、燃料的类型和密度，天气状况，供水系统的完好程度，以及消防人员灭火能力和能否进入现场。因此，地震以后，保持应急车辆行经的道路桥梁畅通和保证供水系统能为震后灭火提供水源都是非常重要的。阪神-淡路地震还表明，采用钢丝网玻璃的外窗能有效地抑制火灾的蔓延，开发备用输水系统很有必要。

5. 本书比较研究所涉及的地震表明，为了减轻地震灾害，必须进行综合灾害风险管理，具体内容包括：改进灾情有关数据和信息的管理；制定综合的社区灾后行动计划；及时而高效地调动部队力量；确保国家重要设施、通讯网络以及其他与应急相关系统和资源不受破坏，并能继续运行和使用。

6. 综合灾害风险管理的手段，包括公众教育、舆论建设、组建经过培训并要参与灾后应急行动的应急反应队伍、信息畅通以及建筑物能经受地震考验等，在运用风险管理建设社区的最初的规划阶段至关重要，因为科学、技术、预报、模拟和预警等只有在它们被社区居民接受，而且在险的房屋和结构物等已经调查清楚并已优先安排减灾措施时，才有价值。

7. “实施”是一门综合的技术。它包括技术基础、经济实力、管理、教育、法规、公众知情以及犯罪、社会和文化因素等多个方面。这就是说，“实施”需要有一个全面整合的风险管理策略。现在的实际情况是，地震灾害的经验教训重复再现，类似的灾害一再重演。如何填补现有知识与实际情况之间的空缺，这个难题一直在困扰着我们。为了填补这个空缺，我们需要开发以技术为导向的综合灾害风险管理技术，比如地震灾害比较学、地震灾害分担技术、地震灾害平衡方法学和实施技术等。

8. 对于一个国家和地区，建筑抗震设计规范颁布得越早，修订得越及时，地震时的损失就越小。但是，建筑抗震设计规范颁布了，如果实施不力，仍然不能奏效。一些国家和地区震后房屋倒塌，并不是因为没有建筑抗震设计规范，而是因为没有严格按照规范执行。因此，必须采取严格的、科学的、铁面无私的实施手段，才能确保建筑物的抗震设计和施工的质量符合规范的要求。

9. 减轻灾害的最有效措施是：土地利用控制和改进城市规划；加固既有的危险房屋和重要的结构物和设施；改进设计和施工技术，并通过设计规范和标准予以实施；开发预报技术和预警系统；让公众知情、并接受教育和培训；全面的备震计划和全面的重建计划。

10. 地震后的恢复和重建是关系到社会、经济和技术层面的复杂的问题。然而，对于欠发达国家和地区而言，它又是改变原来的经济发展模式，推动城市更新和农村发展的一个良好的机遇。因此，合理的决策是加快重建进程和改善人居环境的关键。震后重建模型是评价重建活动和政策效果的一个有效的工具。

11. 国际合作对于从有限的经验中相互学习是很必要的，因为无论在哪个国家，自然灾害都不是经常发生，积累的经验都有局限性。

12. 地震保险是一种大灾保险。因此，政府的支持、工程界的帮助和全球再保险业的发展是引导地震保险行业获得成功的重要途径。

参考文献

[1] N. M. 纽马克和E. 罗森布卢斯著．地震工程学原理[M]．叶耀先、蓝倜恩、钮泽蓁等译．北京：中国建筑工业出版社，1986：161-162.

[2] 日本内阁府根据日本气象厅数据和 USGS 提供的世界数据所作的统计．

[3] Reid's Elastic Rebound Theory, http://earthquake.usgs.gov/regional/nca/1906/18april/reid.php

[4] Reid, H. F., The Mechanics of the Earthquake, The California Earthquake of April 18, 1906, Report of the State Investigation Commission, Vol. 2, Carnegie Institution of Washington, Washington, D. C. 1910

[5] Evison F. F., 1963, Earthquakes and faults, Bull. Seism. Soc. Amer., 53: 873-891

[6] Evison F F., 1967, On the occurrence of volume change at the earthquake source, Bull. Seism. Soc. Amer., 57: 9-25

[7] 地震成因，http://www.wiki.cn/wiki/%E5%9C%B0%E9%9C%87%E6%88%90%E5%9B%A0

[8] Housner G. W., 1965, Intensity of Earthquake Ground Shaking Near the Causative Fault, Proc. Third World Conf. Earthq. Engrg., Auckland and Wellington, New Zealand, 3: 94-115

[9] Newmark N. M., 1968, Problems in Wave Propagation in Soil and Rock, Symp. Wave Propagation and Dynamic Properties of Earth Materials, University of New Mexico, Albuquerque, 7-26

[10] Ambraseys, N. N. 1969, Maximum Intensity of Ground Movements Caused by Faulting, Proc. Fourth World Conf. Earthq. Engrg., Santiago, Chile, A-2, 154-171

[11] http://www.crisp.nus.edu.sg/tsunami/

[12] Tsunami death toll, http://www.cnn.com/2004/WORLD/asiapcf/12/28/tsunami.deaths/index.html

[13] Kofi Annan, 1999, Facing the Humanitarian Challenge: Towards a Culture of Prevention, UN General Assembly, A/54/1

[14] Ye, Yaoxian. 1998. Research Needs on Mitigation of Seismic Risk in Urban Region Toward the 21st Century, Keynote Address on the Second Japan-China Joint Workshop on Prediction and Engineering, Hikone, Japan

[15] Okada, Norio and et al. 2001. Modeling, Urban Diagnosis and Policy Analysis for Integrated Disaster Risk Management-Illustrations by Use DiMSIS, Niche Analysis and Topological Index. Proceedings of Japan-US Workshop on Disaster Risk Management for Urban Infrastructure Systems. May 15-16, 2001, campus Plaza Kyoto, Japan

[16] Ye Yaoxian, 2005, Urbanization and Earthquake Disaster Reduction, Fifth Annual IIASA-DPRI Forum, Integrated Disaster Risk Management: Innovations in Science and Policy, International Academic Exchange Center, Beijing Normal University, Beijing, China, 14-18 September 2005, http://ires.cn/DPRI2005/PDF/16_Ye%20Yaoxian.pdf

[17] 陈寿梁和魏琏主编．抗震防灾对策［M］．郑州：河南科学技术出版社，1998：4.

[18] The Hanshin-Awaji Earthquake Reconstruction Fund, Hyogo Prefecture, Kobe City, 1997, Reconstruction from the Great Hanshin-Awaji Earthquake, PHOENIX HYOGO, For Hyogo in the 21st Century

[19] 台湾当局主计处秘书处．2006.《主计处办理九二一震灾灾后抢救与重建工作纪实》，台湾集集地震工程震害概况，http://smsd-iem.net/info/news_view.asp?newsid=4 系列震灾档案（四），http://www.js-seism.gov.cn/zt/quakes/jj_quakes.htm

[20] Northridge Earthquake, DIS Your Partner in Earthquake Pro-

tection, http: //www. dis-inc. com/northrid. htm

[21] Loma Prieta Earthquake, 2006, http: //www. answers. com/topic/loma-prieta-earthquake

[22] David R. Montgomery, 1990, Effects of the Loma Prieta Earthquake, October 17, 1989, San Francisco Bay Area, California Geology, January 1990, Vol. 43, No. 1. http: //www. johnmartin. com/earthquakes/eqpapers/00000080. htm

[23] San Fernando Earthquake, Southern California Earthquake Data Center, http: //www. data. scec. org/chrono_ index/sanfer. html

[24] USDI (U. S. Department of the Interior) and USGS (U. S. Geological Survey), November 22, 1999, Implications for Earthquake Risk Reduction in the United States from the Kocaeli, Turkey, Earthquake of August 17, 1999, U. S. Geological Survey Circular 1193

[25] Vasile I. Marza, On the Death Toll of the 1999 Izmit (Turjey) Major Earthquake, http: //www. esc. bgs. ac. uk/papers/potsdam_ 2004/ss_ 1_ marza. pdf

[26] Erdik M., 2001, Report on 1999 Kocaeli and Düzce (Turkey) earthquakes, http: //www. koeri. boun. edu. tr/earthqk/Kocaelireport. pdf, 38 pp

[27] 26 January 2001 Bhuj earthquake, Gujarat, India, http: //cires. colorado. edu/ ~bilham/Gujarat2001. html

[28] M 8.1 Earthquake - September 1985, Mexico, http: //www. interragate. info/notable-past-event/3906

[29] Christine Regalla, Historic World Earthquakes, http: //www. leo. lehigh. edu/projects/seismic/summary. html

[30] 刘恢先主编．中国大地震灾害．北京：地震出版社，1986.

[31] http: //www. dis-inc. com/kobe. htm

[32] AIJ (Architectural Institute of Japan) and et al. 2000. Report on Hanshin-Awaji Earthquake Disaster. Tokyo: Showa Information Process press

[33] City of Kobe. 2002. The Great Hanshin-Awaji Earthquake Statistics and Restoration Progress. http: //www. city. kobe. jp/cityoffice/06/013/report/1-1. html

[34] 叶耀先等．震后重建技术和政策．中国建筑技术研究院研究报告，1993.

[35] NIST (National Institute of Standards and Technology). 1996. The January 17, 1995 Hyogoken - Nanbu (Kobe) earthquake, Performance of Structures, Lifelines, and Fire Protection Systems. NIST Special Publications 901 (ICSSC TR16). It can be downloaded at http: //fire. nist. gov/bfrl-pubs/build96/art002. html

[36] Ye, Yaoxian. 2001. First Annual IIASA - DPRI Meeting. Integrated Disaster Risk Management Reducing Socio-Economic Vulnerability. IIASA. Laxenburg, Austria

[37] http://rattle. iis. u-tokyo. ac. jp/kobenet/report/HanshinEq. html

[38] Cabinet Office Government of Japan, Disaster Management in Japan, 2002

[39] Chaoter 3 The Built Environment,《Reducing EarthquakeLosses》, http://www. princeton. edu/chi-bin/buteserv. prl/ota/disk1/1995/9536/953606. pdf

[40] Scientists from the U. S. Geological Survey, Southern California Earthquake Center, and California Division of Mines and Geology, Preliminary Report on the 10/16/1999 M7. 1 Hector Mine, California Earthquake, http: //earthquake. usgs. gov/regional/sca/hector/hector_ srl. html

第2章 灾害比较的数学方法

2.1 拓扑指数法

本节阐述用拓扑指数（Topological index）度量都市区公路系统的分散性（或集中性）和赘余性，用于对城市地区公路网络在近场地震作用下的灾情进行分析和比较。[1]

2.1.1 用图模拟公路网络

我们用节点（代表城镇）和连线（代表两城镇之间的连接公路）组成的图（Graph）来模拟都市区的公路网络，图 G 的定义如下：

$$G=(X,A) \tag{2.1}$$

式中，X 为节点的集合，A 为连线的集合（$A=X\times X$）。设 $a_{ij}\in A$ 代表一对节点（X_i，X_j）之间的连线数，n 和 l 分别为节点数和连线数，则有：

$$n=|X| \quad l=0.5\left(\sum_{i=1}^{n}\sum_{j=1}^{n}a_{ij}\right) \tag{2.2}$$

如每对节点均有通路，即两城镇均有公路连接，则称图 G 所代表的公路网络是“相邻连线公路网络”（图2.1）。因此，对相连的网络增加连线总是意味着增加网络的赘余度。这种增加连线而形成的赘余度有两种情况：一种是在已经有连线的节点之间增加连线，即使网络对节点而言更加“局部集中”；另一种是在尚无连线的节点之间增加连线，即使网络对节点而言更为“局部分散”。一个公路网络越集中，则在近场地震作用下，越容易损坏。这就是说，增加公路网络的集中度，在近场地震作用下，就相当于使一些节点增加陷入孤岛的可能性，因为这些节点之间的多道连线可能同时遭到毁坏。

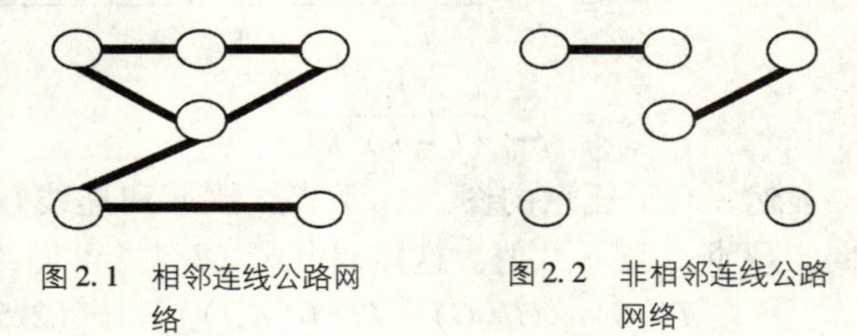

图2.1 相邻连线公路网络　　图2.2 非相邻连线公路网络

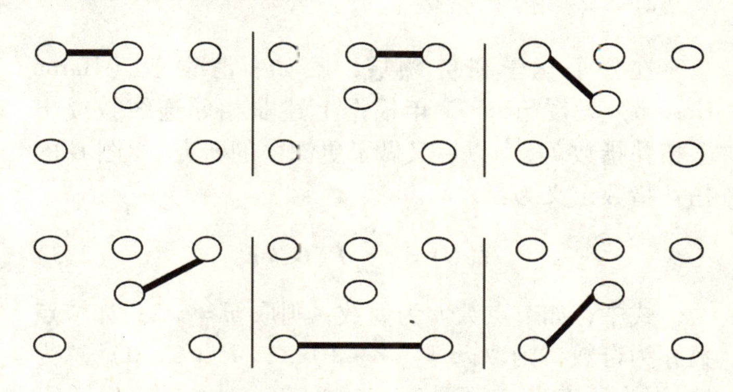

图2.3 1级非相邻连线公路网（$k=1$，$P(G,1)=6$）

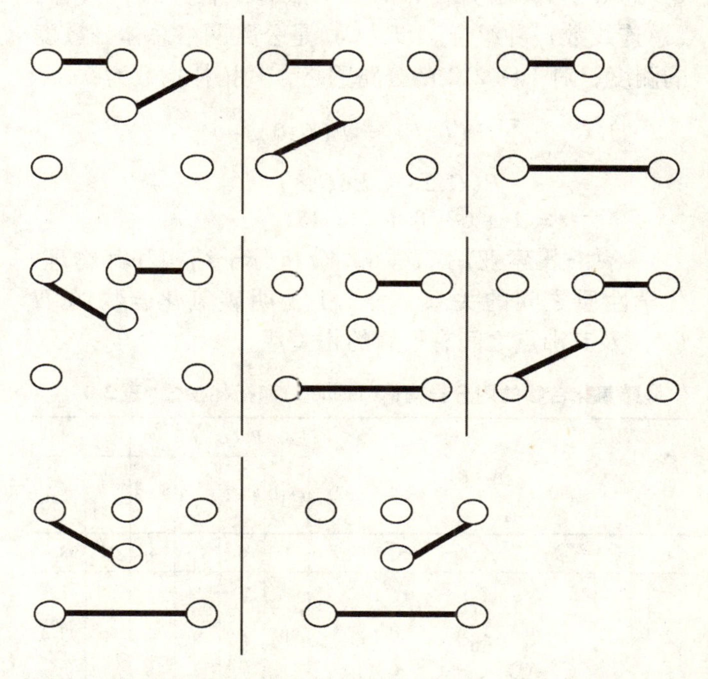

图2.4 2级非相邻连线公路网（$k=2$，$P(G,2)=8$）

当没有两个或两个以上的连线连在同一点（即一个节点只与一条线相连）时，称这些连线为“非相邻连线公路网络”（图2.2）。设$P(G,k)$是A的由k个非相邻连线组成的子集合数，则称$P(G,k)$为“k级非相邻连线数”，可用来度量“局部分散度”。图2.3、图2.4和图2.5分别为5个城镇的1级、2级和3级非相邻连线公路网络的示例，其$P(G,k)$分别为：$P(G,0)=1$，$P(G,1)=6$，$P(G,2)=8$和$P(G,3)=2$。

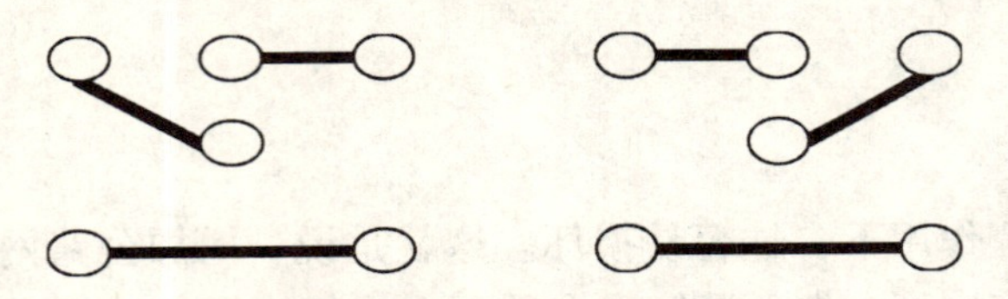

图2.5　3级非相邻连线公路网络（$k=3$，$P(G,3)=2$）

2.1.2　拓扑指数

在分子化学研究领域，哈如-霍索亚（Haruo Hosoya）教授于1971年根据上述非相邻连线数提出了拓扑指数TI，[2] 以后又做了更深入的研究。[3] 图G的拓扑指数定义为：

$$TI(G)=\sum_{k=0}^{m}P(G,k) \tag{2.3}$$

式中，如节点数n为偶数，则取$m=n/2$；如节点数n为奇数，则取$m=(n-1)/2$。$P(G,0)$总为1，因为所有节点都没有连线只有一种组合。$P(G,1)$总等于l，因为相邻两个节点有一根连线，只有l（总连线数）种组合。$TI(G)$是公路网络总体分散度的测度，对于图2.2的公路网络，其拓扑指数为：

$$\begin{aligned}TI(G)&=\sum_{k=0}^{m}P(G,k)=P(G,0)+P(G,1)\\&\quad+P(G,2)+P(G,3)\\&=1+6+8+2=17\end{aligned}$$

哈如-霍索亚用$TI(G)$分析分子结构和其物理-化学性质之间的关系。表2.1说明碳氢化合物的$TI(G)$及其沸点之间有很好的相关性。

碳氢化合物的同分异构体（Isomers）和拓扑指数　表2.1

序号	图（G）	$P(G,k)$				TI	沸点
		$k=0$	$k=1$	$k=2$	$k=3$	(G)	
1	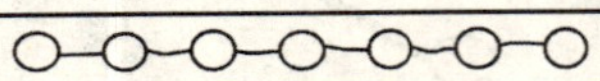	1	6	10	4	21	98.4
2	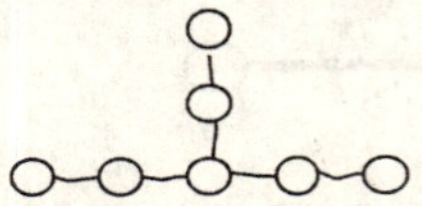	1	6	9	4	20	93.4
3	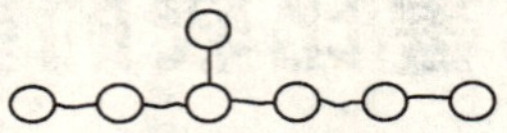	1	6	9	3	19	91.9
4		1	6	9	2	18	90.0
5	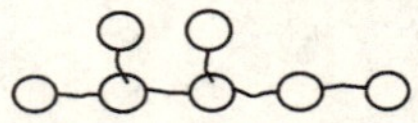	1	6	8	2	17	89.7
6	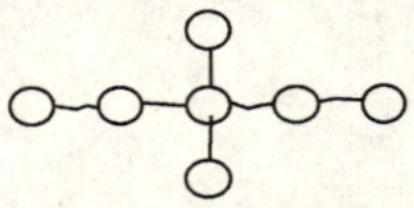	1	6	7	2	16	86.0
7	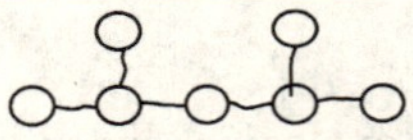	1	6	8	8	23	80.5
8	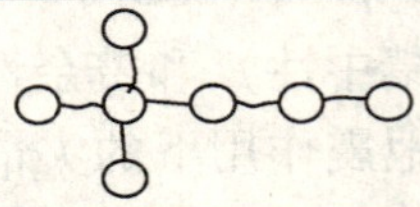	1	6	7	7	21	79.2
9	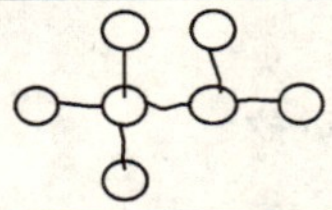	1	6	6	0	13	80.9

2.1.3　拓扑逆指数

TI是描述图的局部分散度的性能指数。虽然它也可以间接用来度量图的局部集中属性，但是，用下式表示的拓扑逆指数（Topological Inverse Index，$TII(G)$）[4] 来描述图的局部集中属性，更为直接。

$$TII(G)=\sum_{k=0}^{m}\{{}_lC_k-P(G,k)\}=\sum_{k=0}^{m}{}_lC_k-TI(G) \tag{2.4}$$

式中，$TII(G)$是有n个节点，l条连线中有k（$k=0,1,\cdots,m$）个相邻连线的图G的子集合。$\sum_{k=0}^{m}{}_lC_k$为总拓扑指数TT（Total Topological Index）。

$$\begin{aligned}TT(G(n,l))&=\sum_{k=0}^{m}{}_lC_k\\&=\sum_{k=0}^{m}\frac{l(l-1)(l-2)\cdots[l-(k-1)]}{k!}\\&=\sum_{k=0}^{m}\frac{l!}{(l-k)!k!}\end{aligned}$$

显然，对于任意的图，只要节点数n和连线数l相同，TT恒为同一数值。这样，由式（2.4）可得：

$$TI(G)+TII(G)=TT(G(n,l)) \tag{2.5}$$

可见，图的局部分散性越高，则其局部集中性越低。

2.1.4 节点孤立指数

对于有 n 个节点和 l 个连线的图 G，所有图 G 的带 n 个节点的子图数为 2^l。n 个节点，l 条连线中有 k（$k=0$，1，…，m）个相邻连线的图 G 的子图数同这个子图数的比值为：

$$w=\frac{TT(G(n,l))}{2^l} \tag{2.6}$$

于是，n 个节点，非相邻连线的子图数和 n 个节点，l 条连线的子图数之比为：

$$NSI=w\times\frac{TII(G)}{TT(G(n,l))}=\frac{TII(G)}{2^l} \tag{2.7}$$

式（2.7）就是节点孤立指标（Node Solitude Index，NSI）的定义。对于不同连线数的图，可通过节点孤立属性，用 NSI 来比较公路网络的易损性。

2.1.5 在日本阪神地区公路网络系统的应用

1995 年阪神-淡路大地震，使位于狭窄地带的、公路密布的神户市城市公路网络遭到了严重的破坏，成为全国交通的瓶颈，使日本东西交通陷入瘫痪。从这次地震灾害中得到的一条深刻的教训是，必须重新规划城市公路网络结构，减少网络总体的易损性，使城市公路网络在强烈近场地面运动作用下，仍能保持应有的功能。

图 2.6 为阪神地区神户都市区的震前公路网络系统，包括神户及其邻接的城市。在阪神地区，沿海岸和六甲山南部城市化已经完全形成。北边的西区，北区和阪神北和南边的其他城区之间是山区。由于沿海岸的快速发展和山区地形条件的限制，南北两边只有 4 条公路相连，显然缺乏公路通道。1995 年阪神-淡路大地震表明，这种城市交通网络由于南北交通不畅而成为易损系统。因此计划兴建南北向公路，同时在南部兴建东西向公路。这样可增加城市公路网的赘余度，但从分散和集中的角度来看，却有不同的效果。增加南北向公路可提高公路网的分散性，而增加东西向公路则可增加赘余度，但同时也提高了公路网的集中性。

下面我们来看一下改变公路网络结构时，拓扑指数的变化。

图 2.6 的拓扑指数为：$TI=583$，$TII(G)=1203$，$NSI(G)=0.0459$。图 2.7 为阪神地区震后改进的公路网络方案 1，即共增加 5 条公路（以点虚线表示），在南北向增加 3 条（北区-长田，北区-滩，阪神北-阪神南），在东西向增加两条（阪神南-滩，滩-中央）。此时，TI 由 583 增加到 1222，这表示公路网的分散性提高了。

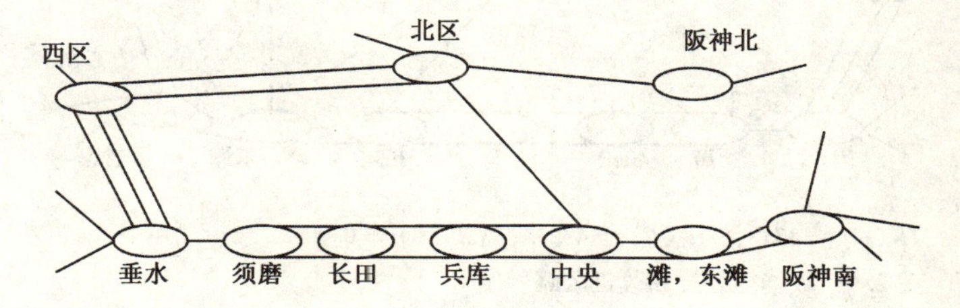

TI（G）=583，TII（G）=1203，NSI（G）=0.0459

图 2.6 阪神地区震前公路网

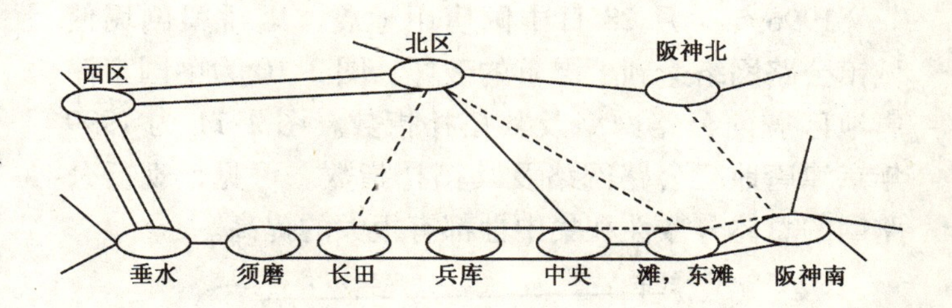

TI（G）=1222，TII（G）=43329，NSI（G）=0.0052

图 2.7 阪神地区震后改进公路网络（1）

图 2.8 为阪神地区震后改进公路网络方案 2，总共也是增加 5 条公路（以点虚线表示），但全部在南边，即在阪神南和滩之间增加 2 条，在滩和中央之间，增加 2 条，在中央和兵庫之间增加 1 条。此时 TI 为 1183，比方案 1 低，但是 TII 为 43368，高于方案 1，说明此方案在总体上比方案 1 更为集中。

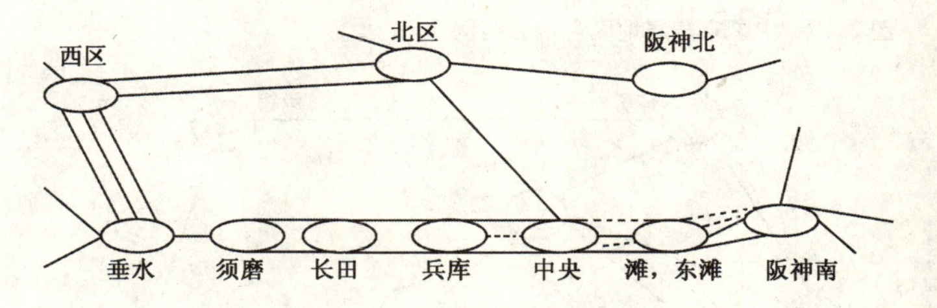

TI（G）=1183，TII（G）=43368，NSI（G）=0.0052

图 2.8 阪神地区震后改进公路网络（2）

图 2.9 为阪神地区震后改进公路网络方案 3，总共也是增加 5 条公路（以点虚线表示），但全部为连接南部和北部的，即在阪神北和阪神南之间增加 2 条，在阪神北和滩、北区和滩以及北区和长田之间各增加 1 条。此时 TI 为 1318，是所有方案中最高的，说明此方案在总体上最为分散。

改进方案的节点孤立指标 NSI 数值相同，这是因

为其分母 2^l 同分子 *TII*（*G*）相比太大的缘故。这表明对于大型公路网，*NSI* 并不很敏感。

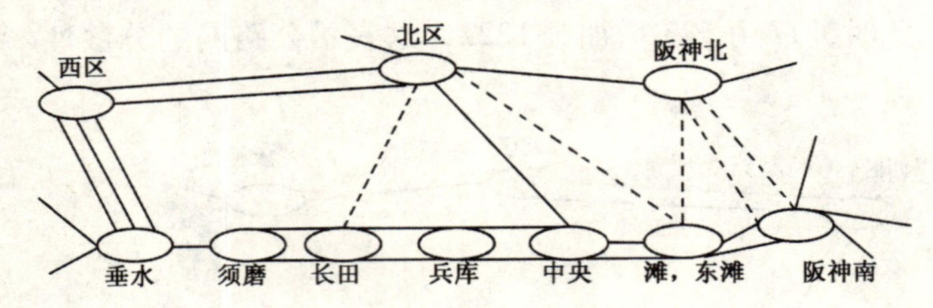

TI（*G*）=1318，*TII*（*G*）=43233，*NSI*（*G*）=0.0052

图 2.9 阪神地区震后改进公路网络（3）

2.1.6 在中国京津唐地区公路网络的应用

1996 年 7 月 28 日中国唐山地震，因桥梁倒塌使城镇公路网络遭到了严重的破坏。图 2.10 为中国京津唐地区震前公路网络及其拓扑指数。图 2.11 为 1999 年京津唐地区公路网络及其拓扑指数。可见，现行公路网的总体分散性和集中性都有很大的提高。

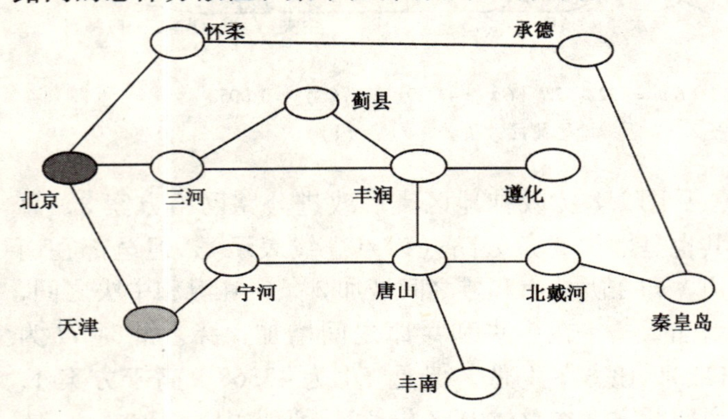

TI（*G*）=502，*TII*（*G*）=9447，*NSI*（*G*）=0.0015

图 2.10 中国京津唐地区震前公路网

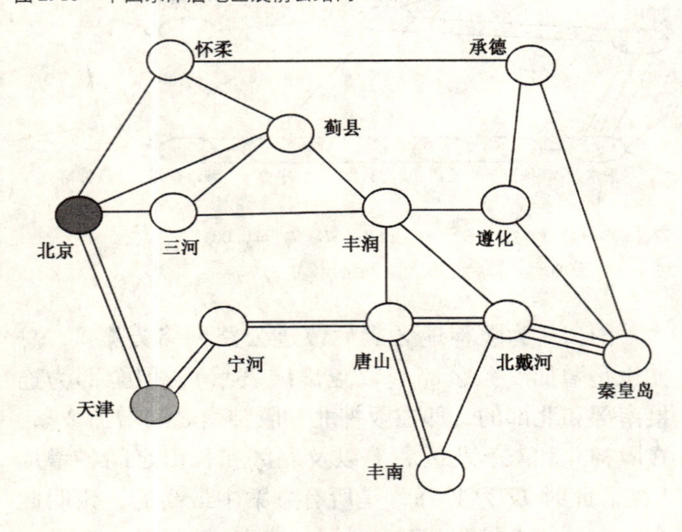

TI（*G*）=10577，*TII*（*G*）=1381265，*NSI*（*G*）=0.00016

图 2.11 中国京津唐地区 1999 年公路网络

2.1.7 进一步的研究[5]

从上述分析可以看出：

（1）同现有的交通网络可靠性分析方法不同，这里所提出的模型及其变量可以作为度量和易损性有关的拓扑特性的性能标准，以应对都市近场地震风险。

（2）公路网络系统的分散性或集中性及其赘余度是评价地震风险管理的重要结构特性。

（3）日本神户都市区和中国唐山城镇区的案例分析说明，本节所提出方法是适用的、有效的。今后需要进一步研究的是：如何从理论上把此类拓扑方法和网络可靠性分析方法联系起来，以及开发更为适用的性能指数，可用其处理范围更大的网络系统。

诚然，拓扑指数 *TI*（*G*）可以作为公路网络系统抗震性能的评价标准，但是，从原则上来说，随着图 *G* 的 *TI* 增大，子图的形态将会增多。对于节点数不同的网络系统，同样的 *TI* 值可能对应不同的分散形态。因此，为了能对不同城市的不同网络系统进行比较，需要将指数格式化。一种解决方案是对于所有可能的网络形态（节点数和连线数已选定），计算 *TI* 值的分布，并检验在 *TI* 值分布中，目标网络所处的位置。此外，还必须考虑每一个城市 *TI* 值分布都不相同，因为由于地理和景观条件的差异，每一个城市都要受到网络自身拓扑形状的约束。这就是说，即使两个城市的 *TI* 值和节点数相同，在 *TI* 值分布中，它们的 *TI* 值也不可能落在同一位置。

图 2.12 为 1999 年神户高速公路网络系统，其 *TI* 值为 165。但是，仅从这个数字很难估计神户高速公路网络系统的性状。图 2.13 为所有可连接的成对节点都连接起来的神户公路网络系统。此图设想为神户市一种可能的公路网络结构。图 2.14 为神户市 *TI* 值的分布，是根据图 2.13 用蒙特卡罗（Monte Carlo）模拟方法算出的。这里，我们设每一个可连接的节点都用最多 2 根连线连接起来，每一条连线都是随机产生的。

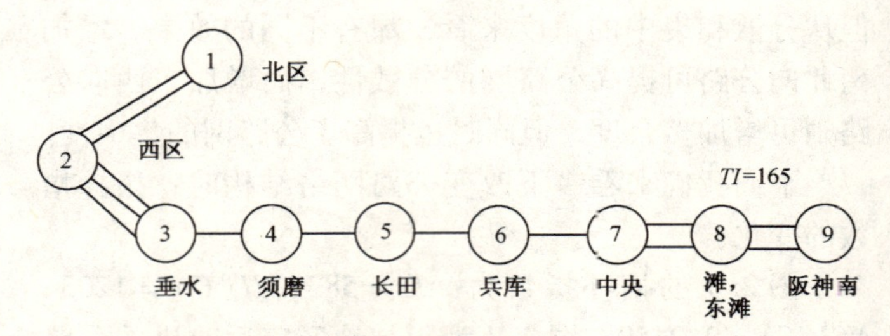

图 2.12 1999 年日本神户高速公路网络系统

TI 值 165 落在 54% 分位数[①]，差不多落在 *TI* 值分布的中点，如图 2. 14 所示。

图 2. 15 为中国唐山地震以前（1974 年）和地震以后（1998 年）唐山城镇地区公路网络系统。地震以前，公路网络系统的 *TI* 值为 83，地震以后，*TI* 值增加到 282，比神户高速公路网络系统的 165 还要大。这就是说，1998 年唐山城镇地区公路网络系统比神户高速公路网络系统更加分散，这可能是在这两个网络系统中，节点数都设定为 9 的缘故。

图 2. 16 为所有可连接的成对节点都连接起来的唐山公路网络系统。根据图 2. 16，用和神户市相同的方法算出的 *TI* 值分布如图 2. 17 所示。从此图可见，1974 年唐山城镇地区公路网络系统的 *TI* 值落在低于 7. 9% 的尾部，而 1998 年唐山城镇地区公路网络系统的 *TI* 值则落在 63. 6% 分位数。1998 年唐山城镇地区公路网络系统同神户高速公路网络系统相比，具有更为分散的特点，除了上面所说的原因以外，地形的影响也不可忽视。唐山城镇地区多为平原地区，可能连接的成对节点较多，在这里有 17 对；而神户市处于滨海地区，可能连接的成对节点只有 15 对。可见，地形会影响到公路网络系统的形状。

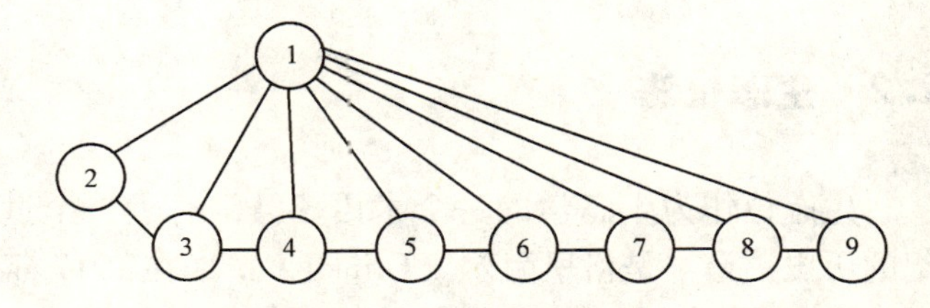

图 2. 13　所有可连接的成对节点都连接起来的日本神户高速公路网络系统

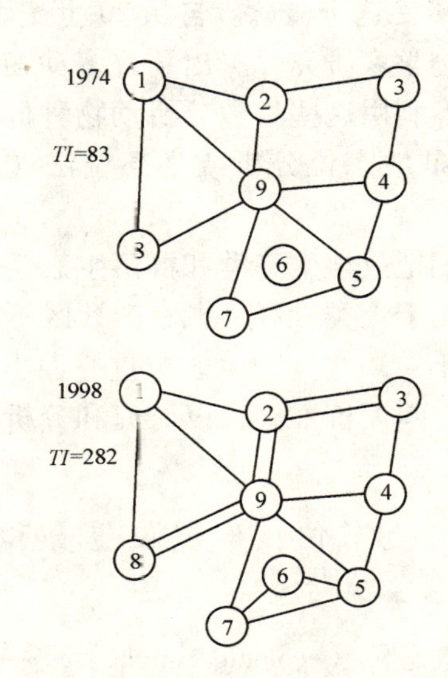

图 2. 15　中国唐山地震前(1974 年)和地震后(1998 年)唐山城镇地区公路网络系统

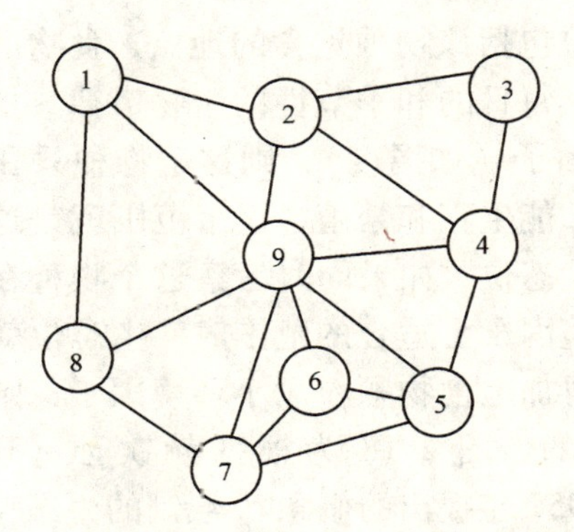

图 2. 16　所有可连接的成对节点都连接起来的唐山城镇地区公路网络系统

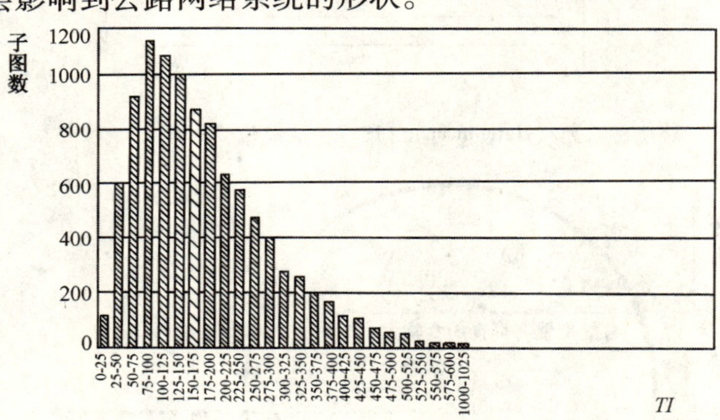

图 2. 14　神户市高速公路网络系统 *TI* 值分布

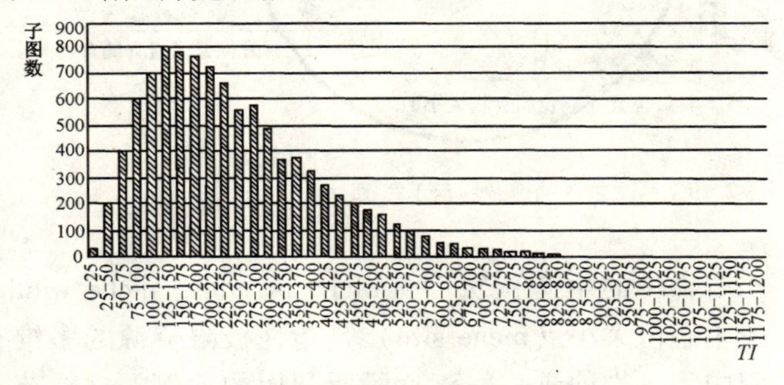

图 2. 17　唐山城镇地区公路网络系统 *TI* 值分布

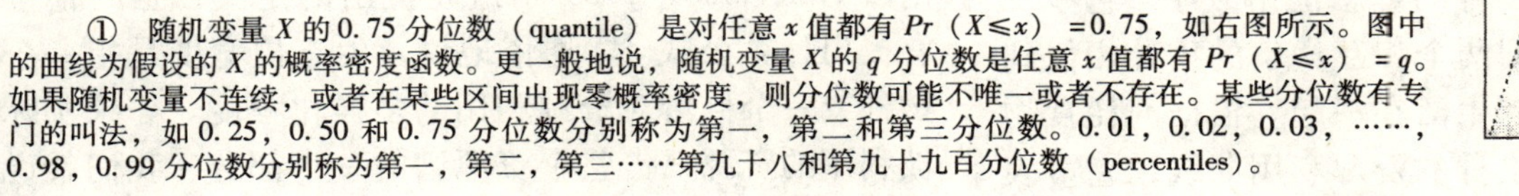
① 随机变量 X 的 0. 75 分位数（quantile）是对任意 x 值都有 $Pr\ (X \leqslant x)\ = 0.75$，如右图所示。图中的曲线为假设的 X 的概率密度函数。更一般地说，随机变量 X 的 q 分位数是任意 x 值都有 $Pr\ (X \leqslant x)\ = q$。如果随机变量不连续，或者在某些区间出现零概率密度，则分位数可能不唯一或者不存在。某些分位数有专门的叫法，如 0. 25，0. 50 和 0. 75 分位数分别称为第一，第二和第三分位数。0. 01，0. 02，0. 03，……，0. 98，0. 99 分位数分别称为第一，第二，第三……第九十八和第九十九百分位数（percentiles）。

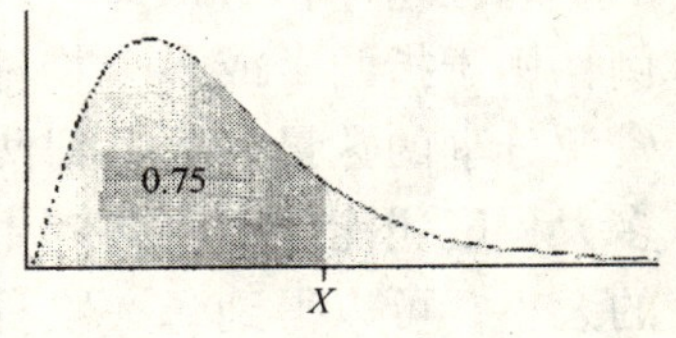

2.2 生态位法

生态位作为生态学的一个术语，已经有近一个世纪的历史，最早是格里耐尔（Grinell，J.）在1917年用来表示对栖息地（Habitat）再划分的空间单位[6]。但是，长期以来，物种生态位的研究还主要停留在动物学界。近年来，植物群落（plant community）的研究人员开始接受这个概念。自从20世纪50年代后半期以来，生物学家研究并提出了许多动物种群空间重叠测算指数。利用这些指数分析动物种群的共存和竞争的方法就是生态位分析或生态位法（Niche analysis）。

本节我们把数学生态学和群落生态学中的生态位概念和方法用于人类社区，把一个社区不同人群（如年轻人和老年人）之间的生态位重叠大小作为抗御灾害风险势的空间评价准则，以研究和分析城市地震灾害风险。

2.2.1 生态位、生态位重叠和生态位宽度[7],[8],[9]

物种的生态位（ecological niche）是一个物种所处的环境以及其自身生活习性的总称，又称生态龛位。每个物种都有自己独特的生态位。1927年，埃尔顿（Elton，C.）把生态位（niche）定义为物种在生物群落中的地位和角色。[10]

生态位包括该物种觅食的地点，食物的种类和大小，还有其每日的和季节性的生物节律。如果只考察单一环境因子（如温度），则这个物种只在一定的温度范围内才能生存和繁殖，这个范围就是这个物种在一维上的生态位；如果同时考察这个物种在温度和湿度两个环境因子上适合的范围时，生态位就成了二维的；如果再加上食物颗粒大小环境因子，则生态位就成了三维的。图2.18为根据赫钦孙（Hutchinson，G.. E.）1957年提出的概念[11]绘制的生态位模式。由于有许多生物和非生物因子影响到物种的适合度，所以生态位一般将是大于三维的。

物种的生态位重叠（niche overlap）是指两个物种的生态位超体积（hypervolume）重叠或相交部分的比例，用于指两个或多个物种的生态位相似性，它涉及资源分享的数量，关系到两个相互竞争的物种相似到多大程度还能稳定地共同生活在一起。根据消耗食物的大小，可以得到每一物种的资源利用曲线，它可表示物种的喜好位置，即喜食的食物大小和散布在喜好位置周围的变异度。如果两条资源利用曲线完全分隔（图2.19a），则必有某些食物资源未被利用；此时，一个或两个物种将从取食未利用的食物中得到利益，摄食将向中间发展，两个物种的资源利用曲线开始重叠（图2.19b）；随着曲线重叠的加大（图2.19c），由于两个物种取食同样食物，竞争越来越激烈，最后导致一个物种被消灭，或者食性或栖息地分离，以避免竞争，经过多代继续，又进化到图2.19a所示的两条资源利用曲线完全分隔的状态。

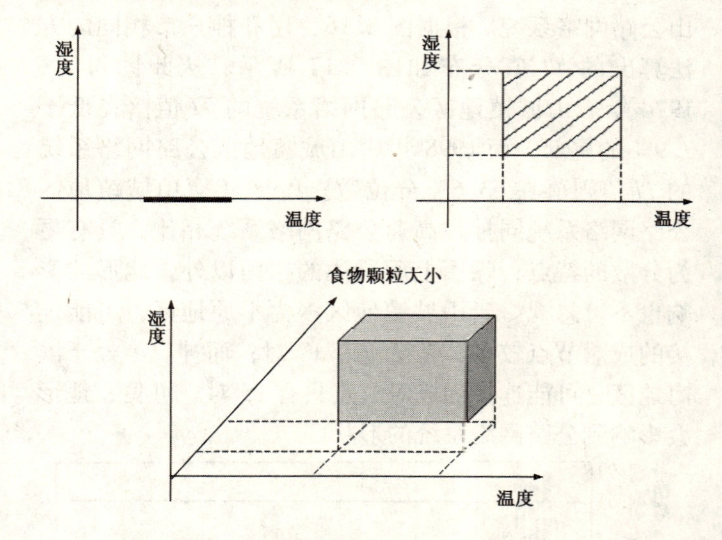

图2.18 赫钦孙（Hutchinson）（1957）生态位模式

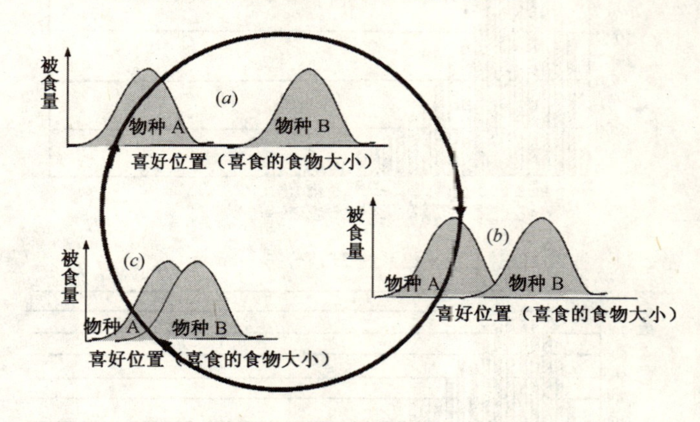

图2.19 两个物种的资源利用示意图

物种的生态位宽度（niche breadth，niche width）或生态位大小（niche size）是指在极限资源的多维空间中为一物种或一群落片段所利用的比例。这是范瓦伦（Van Valen）1965年最先提出的定义，当时他没有提出计算公式。[12]通俗地说，生态位宽度是指一个物种或一个群落对资源利用的多样化程度。如果实际被利用的资源只占整个资源谱的一小部分，我们就说此物种或群落具有较狭窄的生态位；如果一个物种或一个群落在连续的资源序列上，可以利用多种资源，我们就说此物种或群落具有较宽的生态位。

2.2.2 生态位分析

生态位分析就是运用生态位指数对动物种群的共存和竞争所做的分析。

运用生态位分析可以对“城市灾害风险势”（Urban Disaster Risk Potential，UDRP）做出评估。城市灾害风险势是指“人类活动风险”（Human activity risk）和“场地风险”（Field Risk）空间分布的重叠程度（图2.20）。“人类活动风险”用按年龄的人口分布、按职业的人口分布和产业分布等来表示。“场地风险”则用环境变化而造成的风险和自然灾害发生而造成的风险来表示。城市灾害风险势由人类活动风险和场地风险重叠形态确定。重叠形态可以说明不同的年龄组“活动共生”（Symbiosis of Activity）的程度，即老人和小孩等易受灾害的脆弱人群的分布。重叠形态还可解释为人类活动风险和场地风险的集合程度，表明导致重大损失的风险势水平。

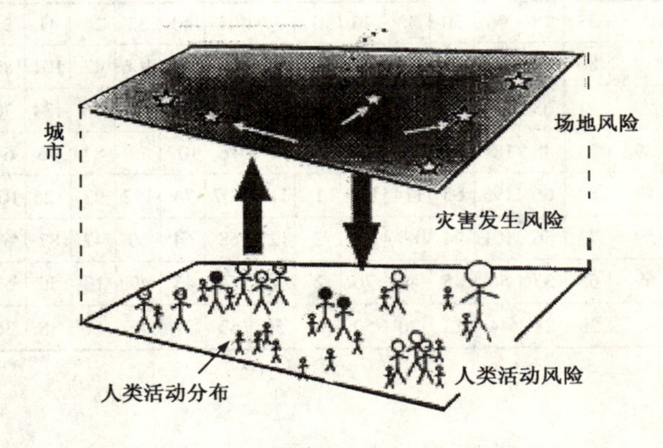

图2.20 城市综合灾害风险结构

城市灾害风险势和在空间上互相同在的或互相不分开的具体物种的生态风险势雷同。这就是说，城市灾害风险势与空间上生态位重叠程度雷同。因此，我们可以用生态位分析来估计城市灾害风险势。

2.2.3 生态位重叠指数计算

物种生态位重叠常与种群空间竞争测定相联系，所以众多学者关注生态位重叠指数（Niche overlap indices）的测定。自20世纪50年代后期以来，生态学家提出了许多动物种群空间重叠指数的测算公式。现在已经有多种公式测定生态位重叠[13],[14]，大多数是通过测定物种在利用总资源谱的相似程度来确定，常见的生态位重叠计算公式列举如下。

（1）肖奈尔（Schoener，T. W.）测度式

1958年，惠特克（Whittaker，R. H.）和费尔班克斯（Fairbanks，C. W.）[15]首先提出。1970年，肖奈尔（Schoener）[16]将资源j划分为r个资源状态，把生态学中最常用的相似百分率指数（percentage of similarity）用于物种的生态位重叠值测定。1997年岡田憲夫（Okada）Norio等[17]将其用于城市灾害风险估计。按此测度式，物种h和物种i之间的生态位重叠指数计算公式如下：

$$C_{hi}=1-0.5\sum_{j=1}^{r}|p_{hj}-p_{ij}| \qquad j=1,\cdots,r \quad (2.8)$$

式中，$p_{hj}=n_{hj}/\sum_{j}n_{hj}$—物种$h$对资源状态$j$的利用率；或在要分析的地区$j$的物种$h$的相对丰裕度；

$p_{ij}=n_{ij}/\sum_{j}n_{ij}$—物种$i$对资源状态$j$的利用率；或在要分析的地区$j$的物种$i$的相对丰裕度。

n_{hj}和n_{ij}分别为利用资源状态j或在要分析的地区j的物种h和物种i的数目。

（2）皮思卡（Pianka，E. R.）测度式[18]

1973年，皮思卡（Pianka）提出下列对称的生态位重叠测度式：

$$C_{hi}=\sum_{j=1}^{r}p_{hj}p_{ij}\Bigg/\sqrt{\sum_{j=1}^{r}p_{hj}^{2}+\sum_{j=1}^{r}p_{ij}^{2}} \quad (2.9)$$

（3）莱文斯（Levins，R.）测度式[19]

1968年，莱文斯（Levins）将资源j划分为r个资源状态或要分析的一个城市的地区，且有

$$\sum_{j=1}^{r}p_{hj}=\sum_{j=1}^{r}p_{ij}=1 \qquad j=1,\cdots,r \quad (2.10)$$

则物种h和物种i之间的生态位重叠指数为：

$$C_{hi}=\frac{\sum_{j=1}^{r}p_{hi}p_{ij}}{\sum_{j=1}^{r}p_{hj}^{2}} \quad (2.11)$$

显然，这个计算公式是不对称的，即$C_{hi}\neq C_{ih}$，它测定的是物种h的资源利用曲线在多大程度上重叠于物种i的资源利用。

（4）莫里西塔（Morisita，M.）测度式

1966年，霍思（Horn，H. S.）提出采用莫里西塔（Morisita）指数来测度物种生态位重叠值，计算公式为：

$$C_{hi}=\frac{2\sum_{j=1}^{r}p_{hj}p_{ij}}{\sum_{j=1}^{r}p_{hj}^{2}+\sum_{j=1}^{r}p_{ij}^{2}}\qquad j=1,\cdots,r \tag{2.12}$$

（5）霍思（Horn，H. S.）测度式[20]

1966 年，霍思提出采用下列公式测度物种生态位重叠值：

$$C_{hi}=\frac{\sum_{j=1}^{r}\left[(p_{hj}+p_{ij})\lg(p_{hj}+p_{ij})\right]-\sum_{j=1}^{r}p_{hj}\lg p_{hj}-\sum_{j=1}^{r}p_{ij}\lg p_{ij}}{(p_{h}+p_{i})\lg(p_{h}+p_{i})-p_{h}\lg p_{h}-p_{i}\lg p_{i}}$$

$$j=1,\cdots,r \tag{2.13}$$

式中，p_h = 物种 h 对所有资源状态的利用率 j，或在所有地区 j 的物种 h 的相对丰裕度；

p_i = 物种 i 对所有资源状态的利用率 j；或在所有地区 j 的物种 i 的相对丰裕度。

物种 h 和物种 i 之间的生态位重叠指数 C_{hi} 趋近于 1 表示物种 h 和物种 i 空间分布重叠较多，C_{hi} 趋近于 0 表示物种 h 和物种 i 在空间上隔离较多。

（6）赫尔伯特（Hulbert，S. L.）测度式[21]

1978 年，赫尔伯特提出的测度式，比较充分地考虑了现有每个资源量上的种群密度。设相遇率为：

$$E=\sum_{j}\left(\frac{n_{hj}}{a_j}\right)\left(\frac{n_{ij}}{a_j}\right)a_j=\sum_{j}\frac{n_{hj}n_{ij}}{a_j}$$

式中，a_j 为要分析地区 j 的资源量；n_{hj} 和 n_{ij} 分别为在要分析地区 j，物种 h 和物种 i 的数量。如果在要分析的地区，物种分布均匀，则相遇率的期望值为：

$$E_u=N_hN_i/A$$

式中，$N_h=\sum_j n_{hj}$，$N_i=\sum_j n_{ij}$，$A=\sum_j a_j$。于是，考虑资源量分布的赫尔伯特（Hulbert）生态位重叠指数测度式 LO 为：

$$LO=E/E_u=\frac{A}{N_hN_i}\sum_j n_{hj}n_{ij}/a_j \tag{2.14}$$

一般来说，$LO=1$ 表示在每一个地域，物种的生态位重叠雷同，$LO>1$ 表示物种聚集和重叠在一个小的地域。

2.2.4 生态位重叠指数计算案例和比较[22],[23],[24],[25],[26]

大阪地区案例分析

日本大阪县豊中市（Toyonaka city）中午 12 时和下午 4 时按年龄分组的人口分布，分别如表 2.2 和表 2.3 所示。这两张表是从日本京阪神（Keihanshin）都市交通规划协会所进行的人员出行调查资料得到的。图 2.21 和图 2.22 分别为按肖奈尔（Schoener）和赫尔伯特（Hulbert）测度式算出的结果。从图可见：

日本大阪县豊中市（Toyonaka city）中午 12 时人口分布
（按年龄分组）　　表 2.2

年龄分组	地区编号													
	11	12	13	14	15	16	17	21	22	23	24	25	26	27
<10	59	16	100	37	30	25	0	26	22	42	20	23	42	25
10~19	78	81	200	53	79	137	3	100	32	103	60	97	67	19
20~29	84	129	53	107	27	47	31	95	49	71	66	48	53	43
30~39	86	58	97	81	38	49	19	73	79	89	75	53	77	43
40~49	102	66	83	91	50	69	14	115	107	88	102	50	73	72
50~59	71	53	44	78	39	61	8	121	67	69	59	25	54	65
60~69	54	33	40	40	17	46	4	66	53	39	38	15	44	55
≥70	38	22	36	25	13	42	0	55	42	24	44	9	38	34

日本大阪县豊中市（Toyonaka city）下午 4 时人口分布
（按年龄分组）　　表 2.3

年龄分组	地区编号													
	11	12	13	14	15	16	17	21	22	23	24	25	26	27
<10	33	18	96	30	38	46	0	27	25	40	33	26	41	25
10~19	86	60	176	65	101	137	0	78	60	68	106	42	101	80
20~29	91	63	130	68	63	149	1	104	82	99	87	66	134	70
30~39	75	48	181	61	88	113	1	78	76	107	75	87	96	64
40~49	83	66	195	65	114	166	1	111	107	74	102	97	126	105
50~59	72	56	101	94	86	115	2	127	68	64	60	47	87	67
60~69	65	35	58	45	41	76	2	72	54	43	47	13	59	59
≥70	38	28	44	23	20	50	0	56	43	27	43	11	38	36

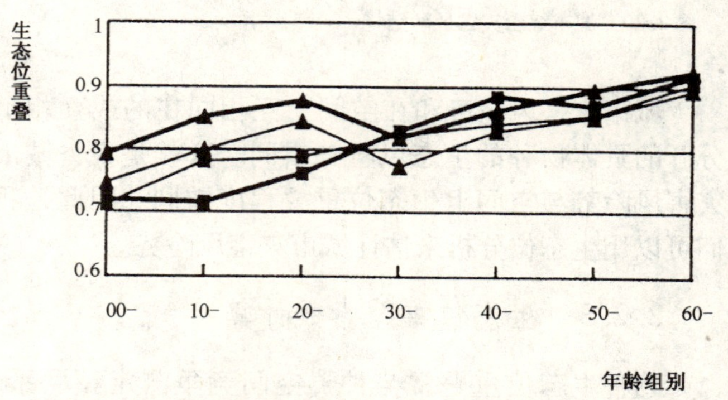

图 2.21　70 岁以上年龄组与其他年龄组生态位重叠指数

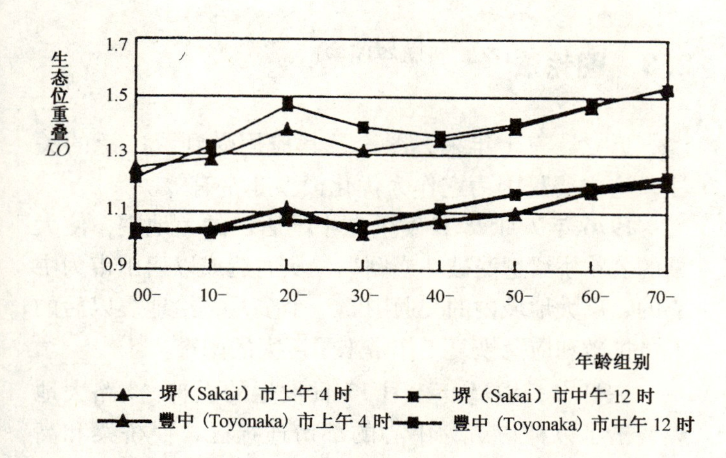

图2.22　建筑面积大的木屋各年龄组的生态位重叠指数

1. 较低的生态位重叠指数 C_{hi} 值表示的"非同时栖息"（unsynchronized habitation）说明灾害脆弱人群（disaster-poor people，包括老年人和儿童）有更高的灾害风险势，遇到严重的城市灾害最容易受到伤害。

2. 中午和凌晨的生态位重叠指数 C_{hi} 值有明显的差异。由于同凌晨相比，中午的同时栖息水平较低（灾害脆弱人群同其他人群分隔），地震风险势较高。

3. 上述特点，豊中市比堺市表现尤为明显。

4. 堺市的 *LO* 值比豊中市高得多，说明堺市的城市灾害势比豊中市的要大得多，主要是抗震能力差的木结构房屋的破坏和倒塌会造成灾害脆弱人群的丧亡。

生态位重叠指数测度式比较

运用日本大阪县豊中市（Toyonaka city）中午12时人口分布（按年龄分组）数据（表2.2），按照不同测度式算出的70岁及以上年龄组同其他年龄组生态位重叠指数 C_{hi} 和30～39岁年龄组同其他年龄组生态位重叠指数 C_{hi} 如表2.4和表2.5所示。图2.23和图2.24则是分别按表2.4和表2.5的数据绘出。

用不同测度式算出的70岁及以上年龄组同其他年龄组生态位重叠指数 C_{hi} 的比较　表2.4

测度式	≤9	10～19	20～29	30～39	40～49	50～59	60～69
1. 肖奈尔（Schoener, T. W.）	0.7215	0.7140	0.7595	0.8275	0.8665	0.8665	0.9190
2. 皮思卡（Pianka, E. R.）	0.178	0.179	0.180	0.191	0.195	0.200	0.205
3. 莱文斯（Levins, R.）	0.743	0.794	0.882	0.987	1.000	0.976	1.000
4. 莫里西塔（Morisita, M.）	0.808	0.832	0.867	0.934	0.963	0.960	0.988
5. 霍思（Horn, H. S.）	0.929	0.920	0.938	0.964	0.982	0.980	0.990

用不同测度式算出的30～39岁年龄组同其他年龄组生态位重叠指数 C_{hi} 的比较　表2.5

测度式	≤9	10～19	20～29	40～49	50～59	60～69	≥70
1. 肖奈尔（Schoener, T. W.）	0.823	0.778	0.847	0.913	0.859	0.858	0.828
2. 皮思卡（Pianka, E. R.）	0.193	0.231	0.188	0.198	0.190	0.208	0.191
3. 莱文斯（Levins, R.）	0.79	0.804	0.894	1.026	0.906	0.917	0.886
4. 莫里西塔（Morisita, M.）	0.902	0.886	0.926	1.006	0.94	0.944	0.934
5. 霍思（Horn, H. S.）	0.961	0.946	1.072	0.992	0.976	0.976	0.964

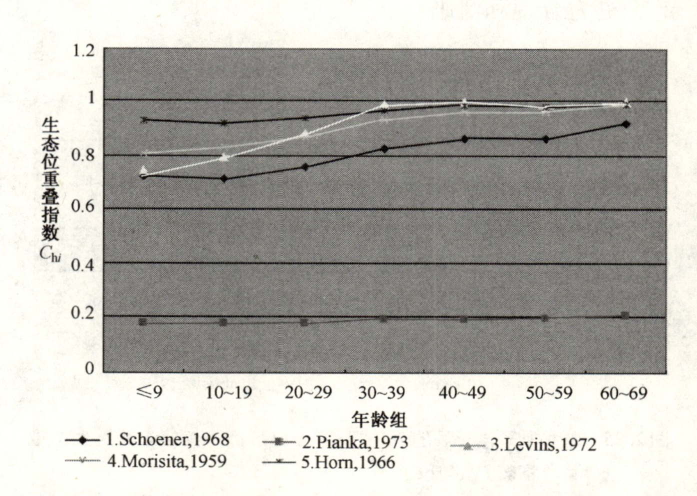

图2.23　70岁及以上年龄组同其他年龄组生态位重叠指数 C_{hi} 的比较

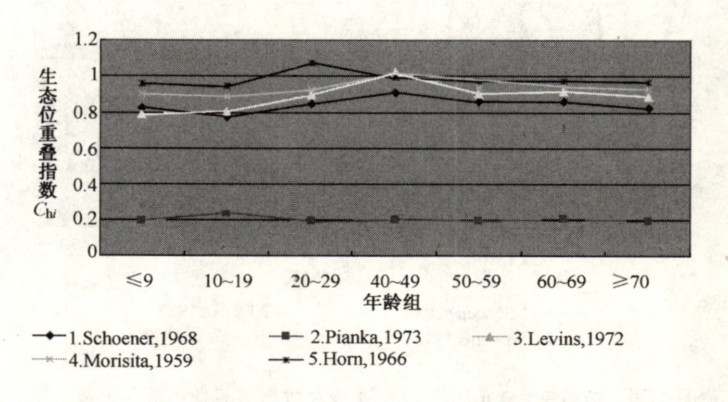

图2.24　30～39岁年龄组同其他年龄组生态位重叠指数 C_{hi} 的比较

从表2.4、表2.5和图2.22、图2.23可以看出，所有5个生态位重叠指数测度式走势雷同，都显示在城市灾害发生时，老年人和儿童都是易受伤害的脆弱人群。

在表2.4和表2.5所列出的测度式中，前4个都只考虑相对值，所以对于下列两种情况A和B，按这些测度式算出的生态位重叠指数是相同的。

情况 A	地区 1	地区 2	情况 B	地区 1	地区 2
种群Ⅰ	20	80	种群Ⅰ	200	800
种群Ⅱ	200	800	种群Ⅱ	20	80

为了克服这个缺陷，我们建议在表2.4和表2.5所列出的前4个测度式中增加下列乘子：

$$\sum_{j=1}^{L}\frac{N_{hj}}{N}$$

这里，N 是物种的总数。对这4个测度式，增加乘子修正后的结果如图2.25和图2.26所示。可见，走势更为合理和清晰。

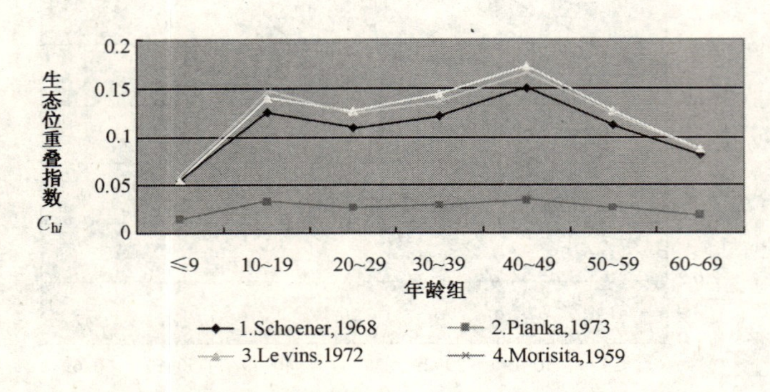

图2.25 增加乘子修正后的70岁及以上年龄组同其他年龄组生态位重叠指数 C_{hi} 的比较

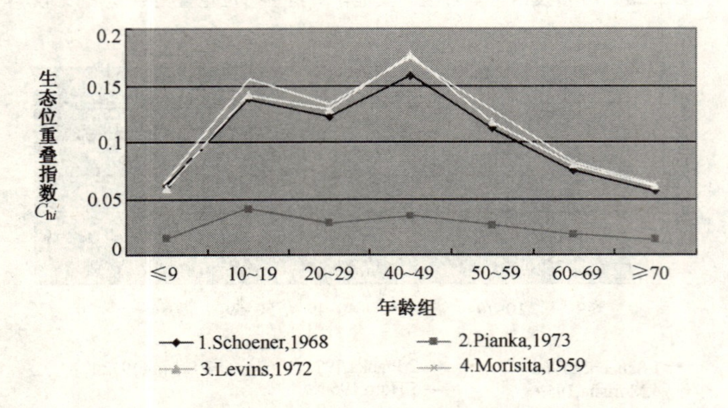

图2.26 增加乘子修正后的30~39岁年龄组同其他年龄组生态位重叠指数 C_{hi} 的比较

2.3 图论法[27],[28],[29],[30]

近二、三十年来，图论及其应用受到了广泛的关注，这主要是因为它作为优化模型非常有效。

1976年7月28日发生在中国唐山的大地震，使大量的公路桥梁遭受破坏或倒塌，从而造成以唐山市为中心的、广大地域内的交通中断一个多月，给地震以后的人员抢救和应急恢复工作带来了巨大的困难。[31]

在日本，1995年1月17日发生的阪神-淡路大地震袭击了以神户市为中心的都市连绵区，使桥梁和高架高速公路系统遭到严重的破坏。由此给地震以后的人员抢救、应急恢复和上下班带来了严重的阻碍。有些公路线段中断高达209天。

唐山大地震和阪神-淡路大地震都表明，在近场地震作用下公路系统的脆弱性。因此，公路系统的地震风险分析成为地震灾害管理中的一个极为重要的问题。本节运用图论（Graph Theory）中的点（或顶点）连通度（vertex-connectivity）和边连通度（edge-connectivity）分析以唐山市为中心的地区和以神户市为中心的地区在近场地震作用下公路系统的连通度，以比较这两个地区公路系统的抗震能力。这里的“点”为城镇，“边”为城镇之间的连接公路。

2.3.1 连通度（connectivity）

连通度是评价公路系统性状的一个很好的指标。有些连通的公路系统比另一些公路系统更为连通。比如，有些连通的公路系统，只要移去一个顶点或者一条边就不连通了；而另一些连通的公路系统移去一个顶点或者一条边之后，仍然连通，除非再移去更多的顶点或边。因此，顶点连通度和边连通度对于度量道路系统的连通性是非常有用的。

对于一个连通的公路系统，计算出把它变成非连通系统所必须移去的顶点数和/或边数，就可以直接分析公路系统的易损性（vulnerability）。

点连通度

一个连通图 G 的顶点连通度 $k_v(G)$ 定义为使 G 不连通或缩减为孤立顶点图所必须移去的最少顶点数。这样，如果 G 至少有一对非相邻顶点，则 $k_v(G)$ 即为最少割顶点（vertex-cut）尺度。

边连通度

一个连通图 G 的边连通度 k_e（G）定义为使 G 不连通所必须移去的最少边数。这样，如果 G 是一个连通图，则边连通度 k_e（G）就是最少割边（edge-cut）的尺度。

2.3.2　连通度的判定

明格尔定理（Menger's theorem）揭示了图的连通性与结点之间不相交道路数目的关系。利用网络最大流的方法，可以得到图的点连通度和边连通度的算法，分别如图 2.27 和图 2.28 所示。

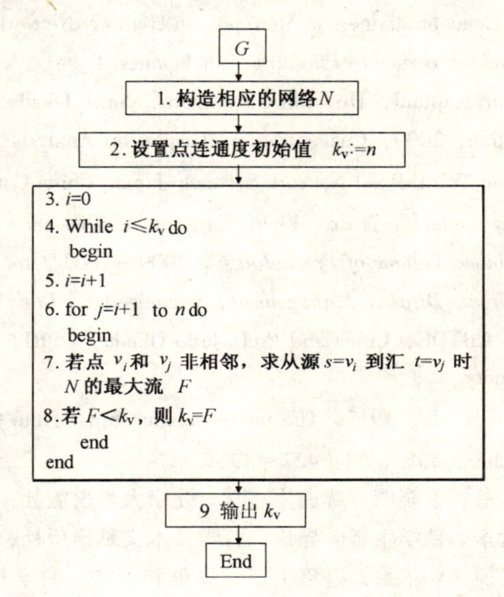

图 2.27　图 G 的结点连通度算法框图

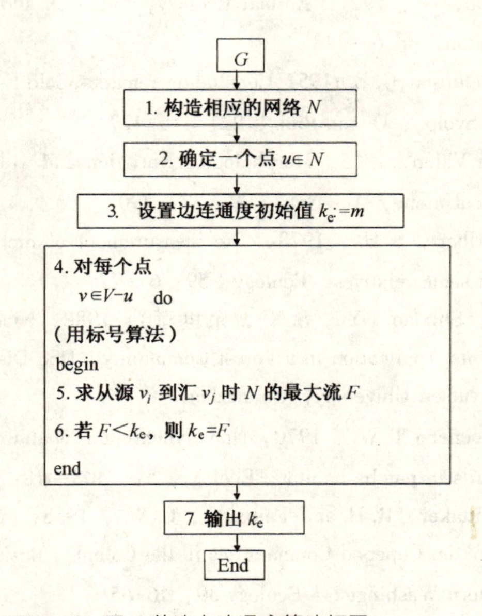

图 2.28　图 G 的边点连通度算法框图

2.3.3　临界点和边的判定

临界点和边可按图 2.27 和图 2.28 算出的割点和割边得到，对应于图 2.29～图 2.32，结果如表 2.6 所示。

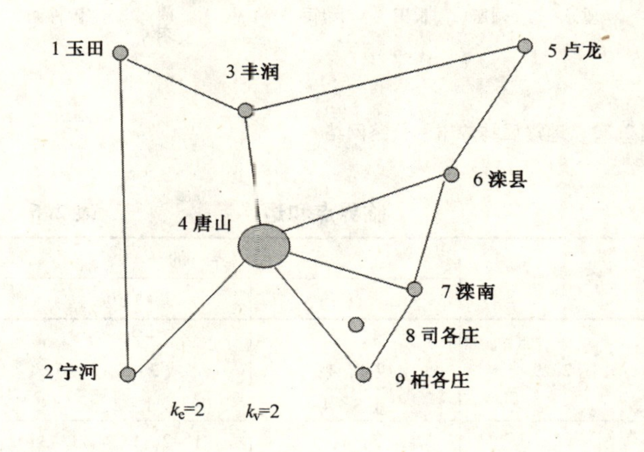

图 2.29　地震前唐山市的公路网络

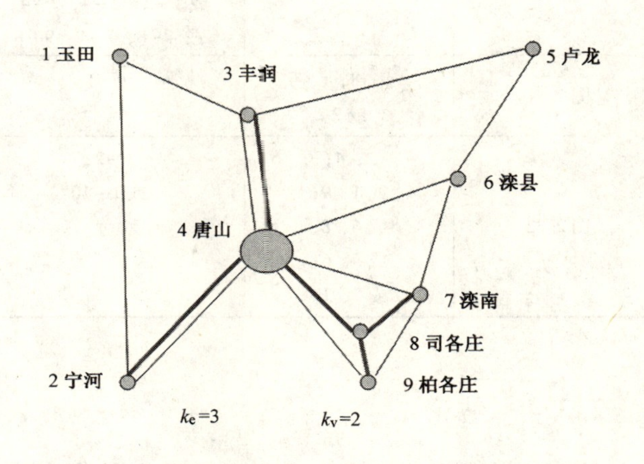

图 2.30　地震后唐山市的公路网络（1998）

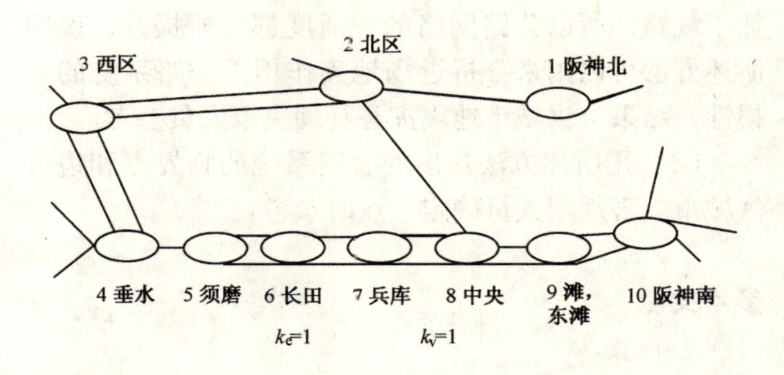

图 2.31　地震前神户市的公路网络

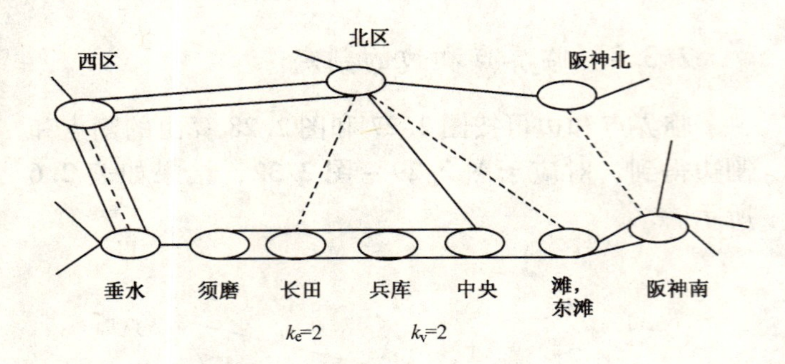

图 2.32　地震后神户市的公路网络

临界点和边　　　　　　　表 2.6

情　形	临界的	
	点	边
图 2.29	4, 5; 或 1, 4; 或 3, 4	7-9, 4-9; 或 3-5, 5-6; 或 1-2, 2-4
图 2.30	3, 4; 或 1, 4; 或 4, 5	1-2, 1-4, 1-3; 或 4-9, 8-9, 7-9; 或 4-6, 5-6; 7-6; 或 6-7, 6-7, 5-6; 或 1-2, 2-4, 2-4; 或 4-8, 7-8, 9-8
图 2.31	8; 或 2	1-2
图 2.32	2, 4; 或 1, 9; 或 6, 8; 或 3, 6; 或 2, 10	1-2; 或 1-10

2.3.4　结论

从上述对以唐山市为中心的地区和以神户市为中心的地区的公路网的连通度的分析可以看出：

（1）地震以后，唐山和神户地区的公路网络都增加了线路，所以公路网络的连通度都有所提升，说明所述方法可以用来分析近场地震作用下公路系统的易损性，结果可供城市地震灾害管理决策人员参考。

（2）用所述方法找出的公路系统的临界点和边可供城市灾害规划人员确定重点时参考。

参考文献

[1] Yoshio Kajitani, Norio Okada, Ye Yaoxian, Hirokazu Tatano, and Hu Tianbing, 2000, Analysis of redundancy Features of Metropolitan Trunk Road Network Systems Under a Near-Field Earthquake Disaster-By use of Topological Index, *Joint Research Paper*

[2] Haruo Hosoya, 1971, Topological Index. A newly Proposed Quantity Characterizing the Topological Nature of Structural Isomers of Saturated Hydrocarbons, *Bulletin of the Chemical Society of Japan*, Vol. 44, No. 9, pp. 2332-2339

[3] Haruo Hosoya and Kikuko Hosoi, 1976, Topological Index as Applied to π-electronic Systems. III. Mathematical Relations among Various Bond Orders, *The Journal of Chemical Physics*, Vol. 64, No. 3, pp. 1065-1073

[4] Okada N., Kajitani, Y., Sakakibara, H. and Tatano, H., 1998, Modeling of Performance Criteria for Measuring Dispersity / Concentratedness of Metropolitan Highway Networks, *Journal of Infrastructure Planning* (in Japanese)

[5] Yoshio Kajitani, Hiroyuki Sakakibara, Norio Okada, and Ye Yaoxian, 2000, Concentration /Dispersion Analysis of Metropolitan Trunk Road Network Systems-Japan-China Comparative Study under a Near-Field Earthquake Disaster, EQTAP, *Combined Volume of Proceedings of* 2000 ~ 2003 *Joint Seminars on Urban Disaster Management*, Organized by Prof. Ye Yaoxian, CBTDC, China and Prof. Norio Okada, DPRI, Kyoto University

[6] Grinnell, J., 1917, The niche-relationships of the California thrasher, *Auk.*, 34: 427-433

[7] 尚玉昌、蔡晓明．普通生态学．北京大学出版社，1992.

[8] 余世孝．数学生态学导论．科学技术文献出版社，1995.

[9] 赵志摸、郭依泉．群落生态学原理和方法．科学技术文献出版社重庆分社，1989.

[10] Elton, C., 1927, Animal Ecology, Sidgwick and Jackson, London, pp. 63-111

[11] Hutchinson, G. E., 1957, Concluding remarks, Cold Spring Harbor Symp., Quant. Biol., 22: 415-427

[12] Van Valen, 1965, Morphological variation and width of ecological niche, Am. Nat., 99: 377-390

[13] Hurlbert, S. H., 1978, The measurement of niche overlap and some relatives, Ecology, 59: 67-77

[14] Yu, Shixiao (Yu, S. X., 余世孝), 1988, Niche Theory and its Application in a Forest Community, DSc Dissertation, Sunyutsen University, Guangzhou

[15] Schoener, T. W., 1970, Non-synchronous spatial overlap of lizurds in patchy habitat, Ecology, 51: 408-418

[16] Whittaker, R. H. and Faibanks, C. W., 1958, A Study of Plankton Copepod Communities in the Cohmbia Basin, Southeastern Washington, Ecology 39, 46-65

[17] Okada, N. and Maekawa, K., 1997, Niche Analysis Ap-

plied to Assessment of Urban Disaster Risk - A Basic Approach, Annual Report of Disaster Prevention Research Institute 40 (B-2): 1-18 (In Japanese)

[18] Pianka, E. R., 1974, Niche overlap and diffuse competition. Proc. Nat. Sci. USA, 71: 2140-2145

[19] Levins, R. 1968, Evolution in Changing Environments: Some Theoretical Exploration, Princeton University Press

[20] Horn, H. S., 1966, The Measurement of Niche Overlap in Coparative Ecological Studies, Am., Nat., 100: 419-424

[21] Hurlbert, S. L., 1978, The measurement of niche overlap and some relatives, Ecology 39: 67-77

[22] Norio Okada, Hirokazu Tatano, and Yoshio Kajitani, 2000, Evaluation of Human Behavior Related Seismic Disaster Risks by Niche Analysis, *Proceedings of* 2000 *Joint Seminar on Urban Disaster Management*, Beijing, China

[23] Ye Yaoxian, Wu Yanyan, Li Xiaoming, and Hu Tianbing, 2000, Analysis of Niche Overlap Indices in Use of Urban Disaster Risk Evaluation, *Proceedings of* 2000 *Joint Seminar on Urban Disaster Management*, Beijing, China

[24] Yoshio Kajitani, Norio Okada and Hirokazu Tatano, 2000, Interpretation of Niche Analysis by Spatial Statistics and its Application to Evaluation of Human Behavior Related Seismoc Risks, *Proceedings of* 2000 *Joint Seminar on Urban Disaster Management*, Beijing, China

[25] Yoshio Kajitani, Norio Okada and Hirokazu Tatano, 2002, Spatial-Temporal Analysis of Human Community Viability by Niche Indices - A Case Study of Disaster Affected Region, *Proceedings of* 2002 *Joint Seminar on Urban Disaster Management*, Beijing, China

[26] Wu Yanyan and Ye Yaoxian, 2002, Evaluation of Urban Disaster Risk Potential by Niche Analysis for Tangshan and Kobe, *Proceedings of* 2002 *Joint Seminar on Urban Disaster Management*, Beijing, China

[27] Jonathan Gross & Jay Yellen (1998). Graph Theory and Its Application, CRC Press

[28] 戴一奇、胡冠章、陈卫. 图论与代数结构. 清华大学出版社, 2000.

[29] Ye Yaoxian, Yuan Wenping, Li Xiaoming, Wu Yanyan, Hu Tianbing, December, 2000, Risk Analysis of Road System Under a Near-Field Earthquake by Connectivity of Graph Theory. *Proceedings of Second Joint Seminar on Urban Disaster Management*, pp. 43-46

[30] Yaoxian Ye, Norio Okada and Wenping Yuan, 2002, Risk Analysis of Highway System by Connetivity of Graph Theory, *Proceedings of the Fourth China-Japan-USA Trilateral Symposium on Lifeline Earthquake Engineering*, Edited by Yuxian Hu, Shiro Takada and Anne S. Kiremidhian, October, Qindao, China, pp. 295-300

[31] Ye Yaoxian, 1980, Damage to Lifeline Systems and Other Urban Vital Facilities from the Tangshan, China Earthquake of July 28, 1976, *Proceedings of the Seventh World Conference on Earthquake Engineering*, Vol. 8, pp. 169-176, September 8-13, Istanbul, Turkey

第3章　地震和地质

任何一次地震的灾害后果都涉及很多因素，但是，这些因素归结起来不外乎以下三类：[1]

（1）地震固有的因素，如地震震级、地震类型、发震地点以及震源深度等；

（2）地质条件，如震中距离、地震波传播路径、土壤类型、土壤的水饱和程度以及地质构造等；

（3）社会条件，如建筑物的质量，平民准备的情况，地震发生在一天的时间等。

地震时，断裂始于震源，产生地震波，其特性同震源地点、震级和断裂模式密切相关；然后，地震波向地面传播，在行进过程中，受到包括传播速度、衰减、土壤密度等在内的地壳结构的影响；在进入建筑物所在的场地时，包括地质、构造、地形和土的非线性性状等在内的场地效应对地面运动有着很大的影响（参见图3.1）。

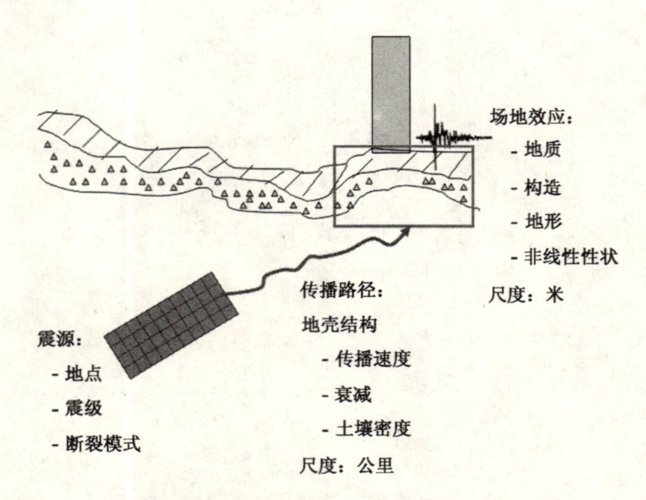

图3.1　地震波的传播和地面运动

本章主要就前两个因素进行地震灾害的比较。

3.1　地震

在中国唐山、中国台湾集集和日本阪神-淡路及其周围地区都曾经发生过一些地震，但是，对唐山市、台湾南头一带和神户市都没有什么大的影响。因此，无论是唐山市和南头县，还是神户市的居民，都没有意识到，大地震会在他们那儿发生。

自1485年以来，在中国唐山及其周围地区曾经发生过23次$M_s \geq 4.75$的地震，地震有关数据如表3.1所示。[2]所有这些地震对唐山市的影响地震烈度都没有超过Ⅵ度。这是唐山市的地震基本烈度被定为Ⅵ度的一个很重要的依据。根据1974年《建筑抗震设计规范》（试行），建在地震基本烈度为Ⅵ度地区的建筑不需要进行抗震设防。所以，唐山市几乎所有房屋和结构物都没有考虑抗震要求。没有人预料到在唐山地区可能会发生大地震。

中国唐山地区历史地震目录（$M_s \geq 4.75$）　　表3.1

序号	发震日期	发震地点	震中位置	震级 M	震中烈度
1	1485年5月27日	遵化	40°12′N，118°00′E	5	Ⅵ
2	1527年	丰润	39°48′N，118°06′E	5.5	Ⅶ
3	1532年11月6日	三河、夏垫	39°54′N，116°54′E	5.5	Ⅶ
4	1536年10月22日	通县	39°48′N，116°48′E	6	Ⅶ-Ⅷ
5	1562年6月6日	滦县	39°42′N，118°42′E	5	Ⅵ
6	1567年5月6日	昌黎	39°42′N，119°12′E	4.75	Ⅵ
7	1568年4月25日	渤海	39°00′N，119°00′E	6	
8	1624年4月17日	滦县	39°42′N，118°42′E	6.25	Ⅷ
9	1665年4月16日	通县	39°54′N，116°36′E	6.5	Ⅷ
10	1679年9月2日	三河、平谷	40°00′N，117°00′E	8	Ⅺ
11	1795年8月5日	滦县	39°42′N，118°42′E	5.25	Ⅶ
12	1805年8月5日	昌黎	39°42′N，119°12′E	5.5	Ⅶ
13	1815年8月6日	天津	39°00′N，117°30′E	5	Ⅵ

续表

序号	发震日期	发震地点	震中位置	震级 M	震中烈度
14	1880年9月30日	滦县	39°42′N，118°42′E	5	Ⅵ
15	1934年10月27日	抚宁	39°54′N，119°12′E	5	Ⅵ
16	1935年1月19日	唐山	39°54′N，118°18′E	4.75	Ⅵ
17	1936年2月13日	迁西	40°24′N，118°18′E	4.75	Ⅵ
18	1945年9月23日	滦县	39°42′N，118°42′E	6.25	Ⅷ
19	1970年2月12日	秦皇岛东	39°26′N，120°14′E	4.75	Ⅵ
20	1970年5月25日	丰南	39°30′N，118°00′E	4.75	Ⅵ
21	1973年12月31日	大城	38°28′N，116°33′E	5.25	Ⅶ
22	1974年5月7日	昌黎东南	39°36′N，118°18′E	4.75	Ⅵ
23	1974年5月7日	昌黎东南	39°36′N，118°18′E	4.75	Ⅵ

中国台湾自1900～1994年曾发生83次5.0级以上地震，地震有关数据如表3.2所示[3]。从表可见，在南头附近发生的地震都没有超过6.0级。

在日本兵库县南部地区，自从1923年关东大地震以来，公众没有人相信这个地区会发生大地震，虽然历史数据显示在这个地区曾经发生过一些强烈的地震。兵库县历史上发生过的破坏性地震如表3.3所示。从表可见，神户市历史上发生过的地震震级只有6级左右[4]。

中国台湾震级5.0级以上历史地震目录 **表3.2**

序号	年	月	日	时	分	纬度	经度	地　点	震源深度（km）	震级
1	1901	6	7	8	5	24.7	121.8	宜兰附近		5.6
2	1904	4	24	14	39	23.5	120.3	嘉义附近		6.1
3	1904	11	6	4	25	23.5	120.3	嘉义附近		6.3
4	1905	8	28	0	22	24.2	121.7	立雾溪附近		
5	1906	3	17	6	42	23.6	120.5	嘉义县民雄	浅	7.1
6	1906	3	26	11	29	23.7	120.5	云林斗六地方		5.0
7	1906	4	4	20	42	23.7	120.5	云林斗六地方		
8	1906	4	7	0	52	23.4	120.4	盐水港		
9	1906	4	14	3	18	23.4	120.4	盐水港	20	6.6
10	1908	1	11	11	35	23.7	121.4	花莲万荣附近		
11	1909	4	15	3	54	25.0	121.5	台北附近	80	7.3
12	1909	5	23	6	44	24.0	120.9	南投埔里附近		5.9
13	1909	11	21	15	36	24.4	121.8	大南澳附近		
14	1910	4	12	8	22	25.1	122.9	基隆东方近海	200	8.3
15	1913	1	8	6	50	24.0	121.6	花莲附近		6.4
16	1916	8	28	15	27	23.7	120.9	浊水溪上流		6.4
17	1916	11	15	6	31	24.2	120.8	台中东南约20km		5.7
18	1917	1	5	0	55	23.9	120.9	埔里附近		5.8
19	1917	1	7	2	8	23.9	120.9	埔里附近		5.6
20	1918	3	27	11	52	24.6	121.9	苏澳附近		6.2
21	1920	6	5	12	22	24.0	122.0	花莲东方近海		8.3
22	1922	9	2	3	16	24.5	122.2	苏澳近海	浅	7.6
23	1922	9	15	3	32	24.6	122.3	苏澳近海	浅	7.2
24	1922	9	17	6	44	23.9	122.5	花莲东方近海		6.0
25	1922	10	15	7	47	24.6	122.3	苏澳近海		5.9
26	1922	12	2	11	46	24.6	122.0	苏澳近海		6.0
27	1922	12	13	19	26	24.6	122.1	苏澳近海		5.5
28	1923	2	28	18	12	24.6	122.0	苏澳近海		
29	1923	3	5	8	10	24.5	121.8	苏澳近海		

续表

序号	年	月	日	时	分	纬度	经度	地点	震源深度（km）	震级
30	1923	5	4	18	41	23.3	120.3	台南乌山头附近		5.7
31	1923	9	29	14	51	22.8	121.1	台东附近		5.5
32	1925	6	14	13	38	24.1	121.8	立雾河口		5.6
33	1927	8	25	2	9	23.3	120.3	台南新营附近		6.5
34	1930	12	8	16	01	23.3	120.4	台南新营附近		6.1
35	1930	12	22	8	08	23.3	120.4	台南新营附近		6.5
36	1931	1	24	23	02	23.4	120.1	八掌溪中流		5.6
37	1934	8	11	6	18	24.8	120.8	宜兰浊水河口	浅	6.5
38	1935	4	21	6	02	24.3	120.8	竹县关刀山附近	10	7.1
39	1935	5	5	7	02	24.5	120.8	后龙溪中流公馆附近	浅	6.0
40	1935	5	30	3	43	24.1	120.8	大肚溪中流内横屏山	浅	5.6
41	1935	6	7	10	51	24.2	120.5	梧棲附近	浅	5.7
42	1935	7	17	0	19	24.6	120.7	后龙溪河口	30	6.2
43	1935	9	4	9	38	22.5	121.5	台东东南50公里绿岛附近	浅	7.2
44	1936	8	22	14	51	22.0	121.2	恒春东方50公里	浅	7.1
45	1939	11	7	11	53	24.4	120.8	竹县卓兰附近	浅	5.8
46	1941	12	17	4	19	23.4	120.5	嘉义市东南10公里中埔附近	10	7.1
47	1943	10	23	0	01	23.8	121.5	花莲西南15km	5	6.2
48	1943	11	3	0	51	24.0	121.8	花莲东方10km		5.0
49	1943	11	24	5	51	24.0	121.7	花莲东方5km	0	5.7
50	1943	12	2	13	9	22.5	121.5	绿岛南方20km	40	6.1
51	1944	2	6	1	20	23.8	121.4	花莲凤林附近	5	6.4
52	1946	12	5	6	47	23.1	120.2	台南新化附近	0	6.3
53	1951	10	22	5	34	23.8	121.7	花莲东南东15km	0	7.3
54	1951	10	22	11	29	24.1	121.8	花莲东北东30km	20	7.1
55	1951	11	25	2	47	23.0	120.9	台东北方30km	5	7.3
56	1955	4	4	19	11	21.8	120.9	恒春	5	6.8
57	1957	2	24	4	26	23.8	121.8	花莲	30	7.3
58	1957	10	20			23.7	121.5	花莲	10	6.6
59	1959	4	27	4	41	24.1	123.0	与那国	30	7.7
60	1959	8	15	16	57	21.8	121.3	恒春	20	6.8
61	1959	8	17	16	25	22.3	121.2	大武东偏南35km	40	5.6
62	1959	8	18	8	34	22.1	121.7	恒春东98km	15	6.1
63	1959	9	25	10	37	22.1	121.2	恒春东50km	10	6.5
64	1963	2	13	16	50	24.4	122.1	宜兰东南方50km	10	7.3
65	1963	3	4	21	38	24.6	121.8	宜兰东南偏南16km	5	6.4
66	1963	3	10	10	53	24.5	121.9	宜兰东南偏南19km	5	6.1
67	1964	1	18	20	4	23.2	120.6	台南东北东43km	20	6.5
68	1964	2	17	13	50	23.2	120.6	台南东北50km	10	5.9
69	1965	5	18	1	19	22.5	120.8	大武西北偏北26km	21	6.5
70	1967	10	25	8	59	24.4	122.1	宜兰东南58km	20	6.1
71	1972	1	25	10	07	22.5	122.3	台东东偏南120km	70	7.3

续表

序号	年	月	日	时	分	纬度	经度	地点	震源深度(km)	震级
72	1972	4	24	17	57	23.5	121.4	花莲瑞穗东北东4km	3	6.9
73	1978	12	23	19	23	23.3	122.1	成功东偏北81km	38	6.8
74	1982	1	23	22	11	24.0	121.6	花莲东南12km	15	6.5
75	1986	5	20	13	25	24.1	121.6	花莲北偏西15km	9.4	6.2
76	1986	11	15	5	20	23.9	121.7	花莲东偏南10km	0.1	6.8
77	1990	12	13	11	1	23.9	121.5	花莲南方10km	3	6.5
78	1990	12	14	3	49	23.9	121.8	花莲东南方30km	1	6.7
79	1991	3	12	14	4	23.2	120.1	台南佳里附近	11.8	5.9
80	1992	4	20	2	32	23.8	121.6	花莲南偏西15.1km	2.3	5.6
81	1992	5	29	7	19	23.1	121.4	成功北方5.0km	13.7	5.4
82	1993	12	16	5	49	23.2	120.5	大埔西南西10.0km	10.9	5.9
83	1994	6	5	9	9	24.4	121.8	宜兰南方34.8km	5.3	6.2

日本兵库县历史上发生过的破坏性地震目录　表3.3

序号	发震日期	发震地点	震中位置	震级
1	868年8月3日	播磨山城		≥7.0
2	887年8月26日	基江半岛冲	33.0°，135.0°	8.0~8.5
3	1361年8月3日	基江半岛冲	33.0°，135.0°	8.25~8.5
4	1586年1月18日	岐阜县	36.0°，136.9°	7.8~8.1
5	1596年9月5日	大阪县	33.65°，135.6°	7.5~8.25
6	1662年6月16日	滋贺县西	35.2°，135.95°	7.25~7.6
7	1707年10月28日	基江半岛冲	33.2°，135.9°	8.4
8	1802年11月18日	三重县	35.2°，136.5°	6.5~7.0
9	1804年7月20日	生野银山		
10	1819年8月2日	滋贺县东	35.2°，136.3°	7.25~8.25
11	1830年8月19日	京都县南	35.1°，135.6°	6.5~7.2
12	1854年7月9日	京都县南	34.75°，136.0°	7.25~8.25
13	1854年12月23日	远州滩	34.0°，137.8°	8.4
14	1854年12月24日	基江半岛冲	33.0°，135.0°	8.4
15	1865年2月24日	兵库县中部		6.25
16	1869年4月9日	六甲		
17	1891年19月28日	爱知县，岐阜县	35.6°，136.6°	8.0
18	1899年3月7日	基江半岛东南	34.1°，136.1°	7.0
19	1909年8月14日	滋贺县姉川附近	35.4°，136.3°	6.8
20	1916年11月26日	神户	34.6°，135.0°	6.1
21	1925年5月23日	兵库县北	35.6°，134.8°	6.8
22	1927年3月7日	京都县西北	35.53°，135.15°	7.3
23	1938年1月12日	田边湾冲	33.58°，135.07°	6.8
24	1943年9月10日	鸟取附近	35.52°，134.08°	7.2
25	1944年12月7日	东海道冲	33.80°，136.62°	7.9
26	1946年12月21日	南海道冲	33.03°，135.62°	8.0

续表

序号	发震日期	发震地点	震中位置	震级
27	1949年1月20日	兵库县北	35.62°，134.53°	6.3
28	1952年7月18日	奈良县北	34.45°，135.78°	6.8
29	1960年5月23日	智利冲	38.17°，72.57°	9.5
30	1961年5月7日	兵库县西南	35.06°，134.25°	5.9
31	1963年3月27日	福井县冲	35.47°，135.46°	6.9
32	1983年5月26日	秋日县冲	40°21.4′N，139°04.6′E	7.7
33	1984年5月30日	兵库县西南	34°57.6′N，134°35.6′E	5.6

3.2 地质

中国唐山市位于我国华北板块的北部边界上，是华北近东西向的阴山—燕山地震带与华北平原地震带的交汇处。唐山市被其周围的4条深断裂所包围。东界是滦县—乐亭深断裂，南界是宁河—昌黎深断裂，西界是蓟运河深断裂，北界是丰台—野鸡坨深断裂。由唐山—古冶断裂和陡河断裂构成的唐山断裂从唐山市区穿过。唐山断裂是一条连通性不好的断裂，它与隐伏深断裂之间没有完全断开，而且又被东西向的丰台—丰南断裂穿插。唐山地震就是4条活动断裂围限的、结构上复杂的闭锁区突然破裂而引发。图3.2为唐山地区地质构造简图。

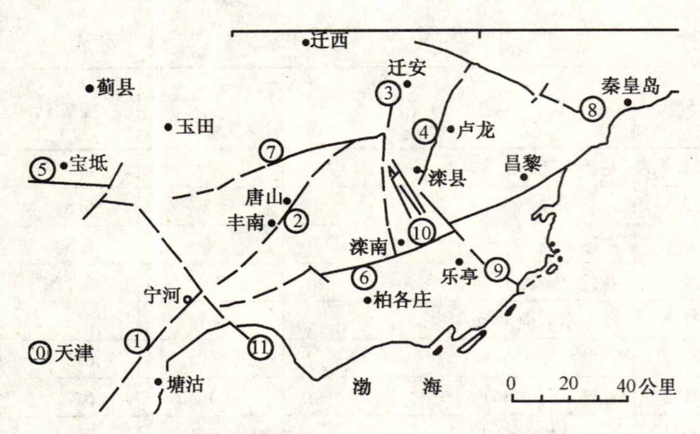

图 3.2 中国唐山地区地质构造简图

①沧东断裂；②唐山断裂；③迁安—滦南断裂；④桃园断裂；⑤宝坻断裂；⑥宁河—昌黎断裂；⑦丰台—野鸡坨深断裂；⑧长城断裂；⑨滦县—乐亭断裂；⑩坨子头断裂；⑪蓟运河断裂

1999 年 9 月 21 日凌晨 1 时 47 分 16 秒（当地时间），在中国台湾南投县集集镇与中察乡之间的九份二山发生震级为 7.3(M_L,CWB)或 7.7(M_s,USGS)的强烈地震。震中位置为 23.86°N 和120.82°E，即日月潭西偏南 12.5km，离台北市 150km。震中地震烈度为Ⅸ～Ⅹ度。地震影响区有两条接近平行的断层，一条是车笼埔断层，另一条是大茅埔-双冬断层，其间相距约 10km。震源就在集集镇地下 8km 处，非常靠近大茅埔-双冬断层，离大茅埔-双冬断层和车笼埔断层交汇处不远，如图 3.3 所示。这两条断层都是东倾高角逆断层（east - dipping high - angle reverse faults），有明显的左侧冲击滑动分量（left-lateral strike-slip component）。集集地震使沿车笼埔断层的某些地段发生 7～8m 的地面位移。

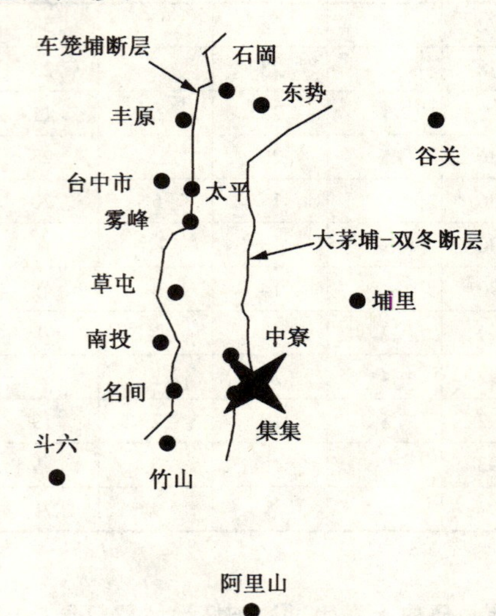

图 3.3 台湾集集地震震中及周围断层和城镇

日本阪神-淡路地震的地震断层由神户断层段和淡路断层段组成。这两条断层段被明石海峡下面的明显的右阶岩桥（right stepping jog）分开，这里正是此次地震的震中所在（参见图 3.4 和图 3.5）。淡路岛上的野岛断层（Nojima fault）引起地表断裂，水平断错达 1.0～2.5m，而六甲断层系（Rokko fault system）的

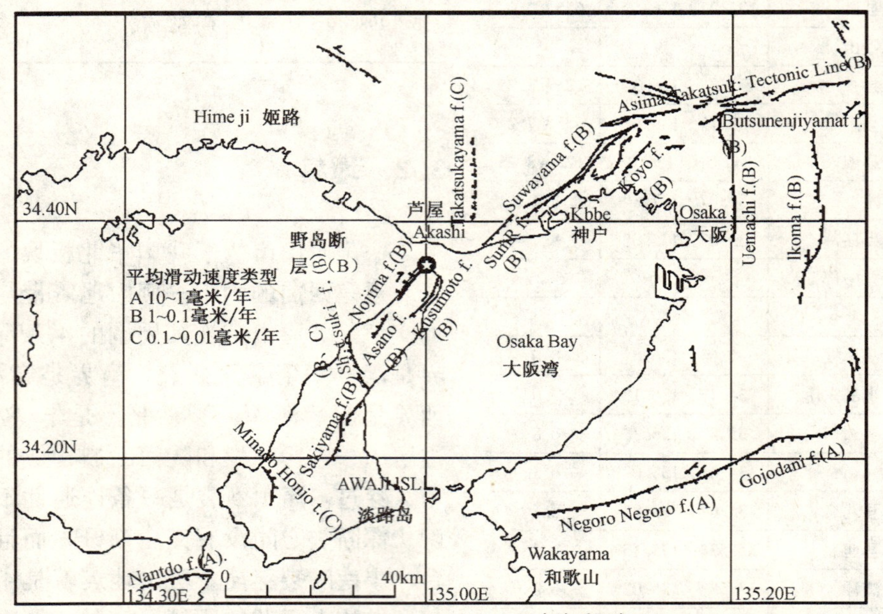

图 3.4 日本神户及其周围的活动断层分布

注：图的比例尺为 1:500 000。图中的地表位移是沿原有活动断层－淡路岛西北海岸的野岛断层观测的。

深部或近似平行的隐伏断层在神户下面滑动。淡路断层段与先前已知的野岛断层相重合。野岛断层是一条高角东倾逆向断层（high - angle east - dipping reverse fault），它与花岗岩基岩的早更新世（Early Pleistocene）沉积毗连（Juxtapose）。野岛断层晚更新世活动表现为河成阶地（Fluvial terrace），断距为20m的右侧向断错和断距为9m的东侧向上断错。（图3.6）[5]

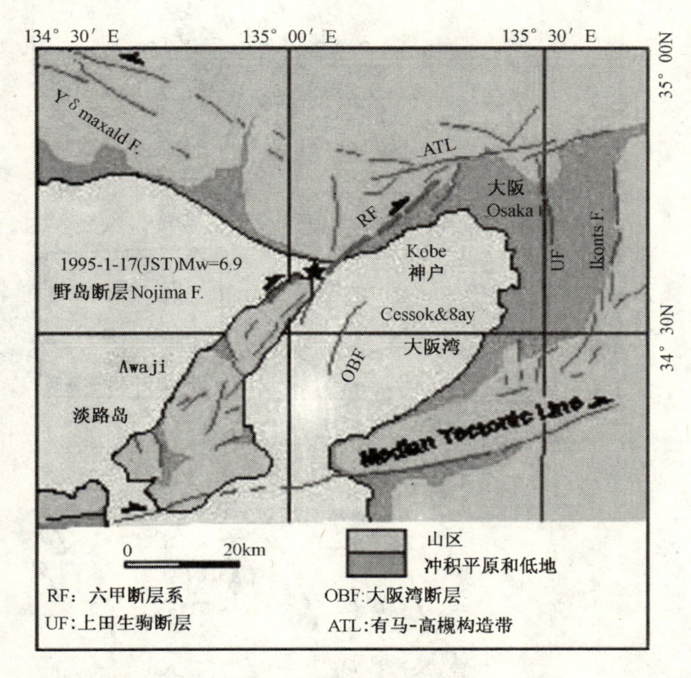

图3.5　日本阪神-淡路地震发震断层周围的活动断层

图3.6　淡路岛上的断层断错

然而，野岛断层并没有引起地震学家的更多的关注，因为它是穿越农村地区的极为普通的断层。1995年1月17日，野岛断层的滑动释放了M_w 6.9地震总地震矩的70%以上，因而造成了淡路岛和神户市的严重破坏。上述穿入点（piercing point）同震断错（co-seismic offset）的断距为右侧2.1m，东侧向上1.2m。因此，平均再现时间间隔大约为2 000年。离东北终点的7公里段地表断层说明右侧横向挤压特征同1.5～2m的净滑移相一致。两个海滨之间的地域表明为中性到张力应力场。在明石海峡的东北端，滑移仍然大于1.4m。然后，断层进入海底下面，但是在明石海峡的对面，断层并未出露。

从余震分布判定，断层的神户段从震源向东北延伸20～30km，但是，在神户地区并没有相一致的地表构造断裂。根据水准测量和合成孔径雷达（Synthetic Aperture Radar，SAR）干涉测量技术测量的结果，神户地区的地壳形变的强烈程度和大小比淡路岛的小得多。到目前为止，观测到的最大地表形变，在靠近神户段西南端1km水准测量段，大约为东南向下20cm。在神户市后面，沿六甲山脚，有非常明显的活动断层。但是，在阪神-淡路地震发生时，沿六甲断层系没有任何地表形变。其间，震后地球物理勘探显示，在神户市滨海平原有近似平行于六甲断层系的多条隐伏活动断层。现在发现，在神户段可能有两条发震断层。一条是六甲断层系的深部，另一条是神户市下面的隐伏断层[6]。

3.3　余震

图3.7为震后前两天内阪神-淡路地震的余震震中分布。数十年来的观测表明，确定地震破裂断层位置最可靠的方法是对震后作余震观测，余震震中集中分布的地方就是地震时破裂的断层所在地。图3.5表明，地震断层斜切淡路岛北侧，横穿海湾，沿本州海岸直插入神户市地下。可能这一巨大的断层活动对神户市

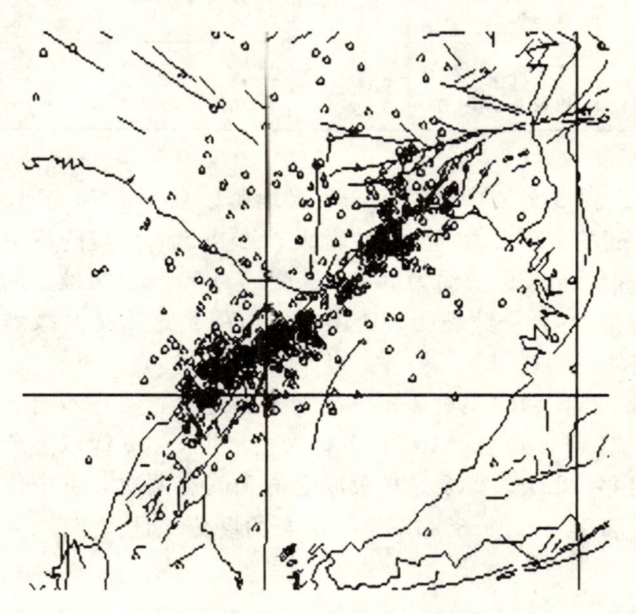

图3.7　日本阪神-淡路地震震后前两天内的余震震中分布

的这个“直接撞击”（direct hit）是造成人员大量伤亡的最为重要的因素。这里没有减少地震作用的缓冲距离（intervening distance）。1994 年 1 月 17 日美国洛杉矶北岭地震，北岭地区（Northridge area）遭受很大损失也是这个原因。

1976 年中国唐山 7.8 级地震主震发生以后，曾经发生过 4 次震级为 6 级以上的强余震，其有关参数如表 3.4 所示。在这 4 次强余震中，发生在主震当天傍晚（18:45）的震级为 7.1 级的强余震和 1976 年 11 月 15 日发生的震级为 6.9 级的强余震危害最大，摧毁了不少主震后幸存的建筑物。例如，跨越滦河的长为 800m 的滦河公路桥，主震以后虽有损害，但仍可通车，但是 7.1 级的强余震使桥面板坠入河中。

中国唐山地震及其强余震（$M_s>6.0$）的震源参数

表 3.4

序号	发震时间	地点	震源深度（km）	震中位置	M_s
1	1976 年 7 月 28 日 03 时 42 分 56 秒	唐山市	11	39°38′N，118°11′E	7.8
2	1976 年 7 月 28 日 07 时 17 分 32 秒	宁河镇	19	39°27′N，117°47′E	6.2
3	1976 年 7 月 28 日 18 时 45 分 37 秒	滦县商家林	10	39°50′N，118°39′E	7.1
4	1976 年 11 月 15 日 21 时 53 分 01 秒	芦台南	17	39°17′N，117°50′E	6.9
5	1977 年 5 月 12 日 19 时 17 分 54 秒	宁河尖子沽	18	39°23′N，117°48′E	6.2

图 3.8 为中国唐山 7.8 级地震以后到 1976 年 12 月底的 156 天内观测到的震级 $M_s\geqslant4.5$ 的余震的震中分布。余震区长约为 140km，宽约为 50km，长轴走向为北东 47°。这表明，唐山断裂可能是这次 7.8 级地震的主断裂。

中国台湾集集 7.3 级地震的主震发生在 1999 年 9 月 21 日，到当年 10 月 21 日为止，共发生 5 级以上余震 14428 次，震级为 6 级以上的余震有两次。震中位置都在北纬 23.6°和东经 120.4°的嘉义-南投之间。一次余震为 6.4 级，发震时间是 1999 年 10 月 22 日 10 时 18 分（北京时间）；另一次余震为 6.1 级，发震时间是 10 月 22 日 11 时 10 分（北京时间）。余震造成 324 人受伤，倒塌房屋 12 间，火灾 12 起。图 3.9 为 1999 年中国台湾集集地震的余震震中分布。

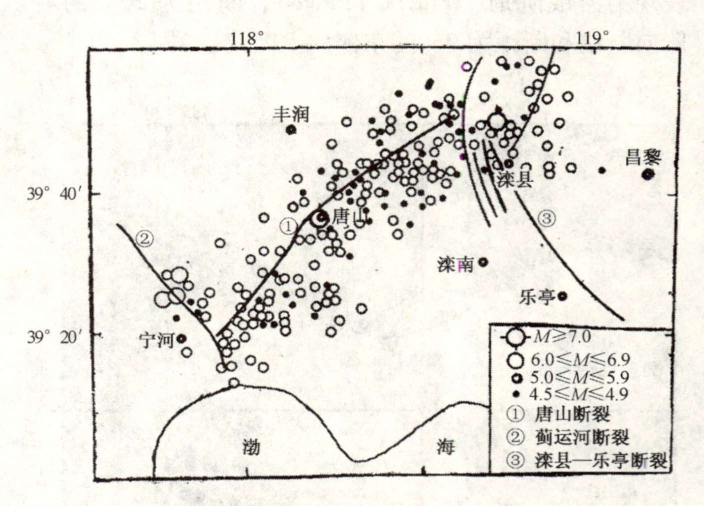

图 3.8 中国唐山地震后 156 天内余震震中分布

图 3.9 1999 年中国台湾集集地震余震震中分布

(a) 滑坡造成土层滑动　(b) 冒砂

(c) 堤岸滑动下沉　(d) 房屋倾斜

图 3.10　日本阪神-淡路地震后土的液化引起的地表和房屋的破坏

3.4　地面破坏

唐山地震和阪神-淡路地震都造成了大面积的地表破坏，对房屋、地面和地下结构物、港口、公路和铁路桥梁、各类建在软土或填土上的其他设施以及震后恢复和重建工作都有很大的影响。

地表破坏主要是由于软弱土的液化所致。软弱土和水饱和土地区之所以危险，主要是因为，在强地震作用下，这种类型的土可能会发生液化。振动会使浸满水的土中的砂粒浮起，从而使土颗粒之间接触不良和失去摩擦，形成液化状态。处于液化状态的土没有强度，不能承受任何荷载。

3.4.1　日本阪神-淡路地震

1995 年日本阪神-淡路地震时，在数平方公里的广大范围，包括神户、芦屋、西宫、尼崎、大阪、堺、泉大津、岸和田以及大阪湾一带的其他地方，都发生了土的液化。图 3.10 ~ 图 3.12 为阪神-淡路地震后，由于土的液化和断错引起的地表和房屋的破坏。(Lunie, J. 1996)。

土的液化喷出的物质覆盖的土地面积高达 17km^2 以上。喷在墙上和其他结构物上的印记表明，喷射高度一般可达 0.5m，有些地方甚至高达 2m。在两处人工填土上记录到了地面运动：一处没有任何液化情况报告，另一处有明显的液化发生。位于靠近海岸线的神户港建设办公室处的台站，土地开垦以前就已经存在，没有液化现象，在自由场地面记录到的水平加速度峰值为 0.51g。然而，在位于建设办公室台站以南 1860m 的台站，地震时发生喷砂冒水，尽管在砂质填土的底部，水平加速度峰值为 0.58g，地表的水平加速度峰值仅为 0.35g。这就是说，土的液化降低了神户港岛地表的振动强度[7]。

图 3.11　日本阪神-淡路地震后港岛地面沉降

(*a*) 淡路岛上野岛断层北端伊崎灯塔处阶梯断错

(*b*) 梨本（Nashimoto）处围墙和葱列断错

图 3.12　1995 年日本阪神-淡路地震引起的断层断错

3.4.2　中国唐山地震

1976 年中国唐山地震时，穿过地面断裂带的公路、铁路、树列、电线杆以及围护墙等，常常在地面断裂带处发生断错。水平断错的错距从几十厘米到 1.53m 不等。在有些地方，除水平断错外，还伴有竖向位移，位移的幅度最大达 0.5m 到 0.8m。图 3.13 所示为唐山市吉祥路与复兴路交汇处，行道树错动，水平位移达 1.1m。除断错和破裂以外，在地面破坏沿线，有些地方出现明显的水平地面变形，但未见破裂。在北东-南西延展的地震断裂带上形成了一系列的裂缝，该地震断裂带总长约 10km，其北东头始于唐山市，然后有间断地向南西方向延伸到丰南县。图 3.14 所示为天津市宁河县芦台镇西关张性地裂缝，走向 N30°E，最宽 1.3m，长 300 余米。

唐山地区土的液化现象十分突出，而且分布的范围很广，包括唐山市、丰南县南部以及天津沿海地带。土的液化主要发生在沿河地段、沿古河道地段以及近地表为松散砂土层且地下水位高的地段。土的液化加重了地震灾情，造成的灾害有：桥墩断裂、桥梁坠毁、土坝坍裂、房屋沉陷倾倒、砂土掩盖农田以及灌溉系统淤塞等。喷水冒砂是土的液化的典型表现。图 3.15 所示为唐山市雷庄公路旁的喷水冒砂坑。

图 3.13　唐山市吉祥路与复兴路交汇处，行道树错动，水平位移 1.1m

图 3.14　天津市宁河县芦台镇西关张性地裂缝，走向 N30°E，最宽 1.3m，长 300 余米

图 3.15　唐山市雷庄公路旁的喷水冒砂坑

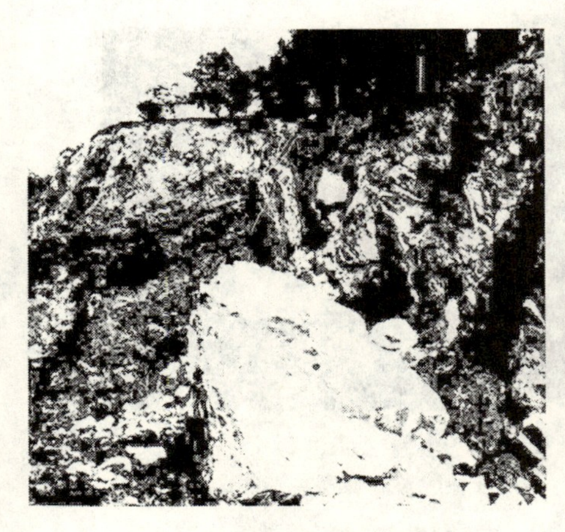

图 3.16 丰润县车轴山西山脚滑坡

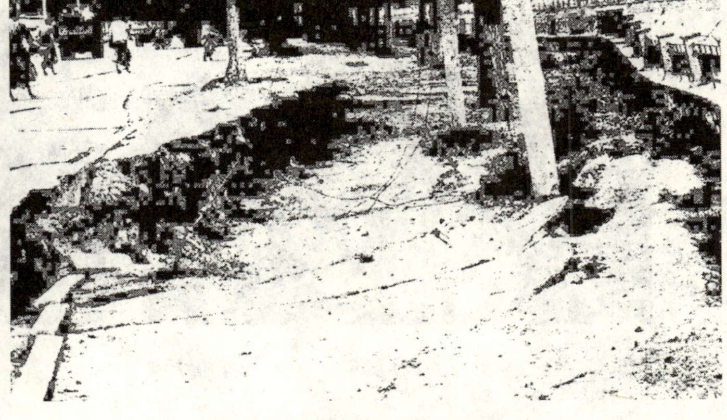

图 3.17 唐山钢铁公司附近公路因陡河岸坡滑移而下陷

唐山地震时滑坡范围不大。图 3.16 所示为丰润县车轴山西山脚滑坡。地面沉降通常发生在有松散土层或软弱土层的地段。唐山 7.8 级地震时，在天津市地震烈度为 IX 度的地区，有一栋 4 层砖房，沉陷达 30cm。图 3.17 所示为唐山钢铁公司附近公路因陡河岸坡滑移而下陷。[8],[9]

3.4.3 中国台湾集集地震

这次地震造成的地表破坏为历次地震所罕见。地震后发现51条断层，其中，车笼埔断层长80km，离震中大约 5km；记录到的地面运动加速度达 1*g* 或以上；地面竖向位移最大达 6～9m；最大横向位移达 10m；原有的 9 个山头只留下了 2 个；上次地震形成的一个湖被填没，又形成下面的新湖；台中县雾峰乡光复国中学操场的东部形成 2.5m 的隆起，决定留作博物馆；云林、樟化地区液化严重，喷水冒砂高达 3m；石岗水坝两边分别破坏 4.5m 和 9m；有的桥梁一边的河道隆起形成瀑布；山坡地震前后变化体积改变达 3.5 亿 m^3。图 3.18 为南投县名间乡新街国小台站取得的地动加速度记录。图 3.19～图 3.27 为集集地震发生的地面破坏现象。

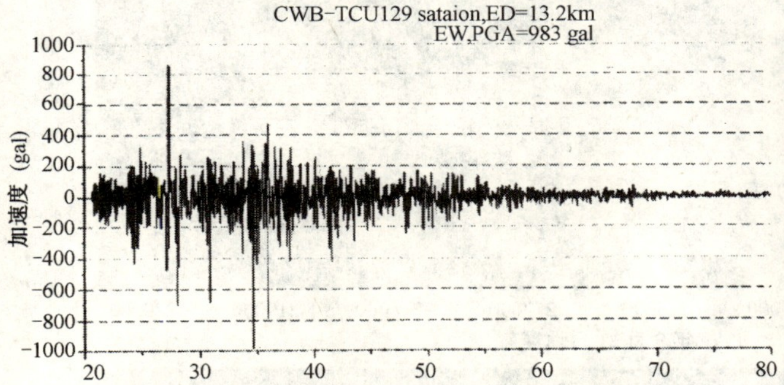

CWB-TCU129 sataion,ED=13.2km
EW,PGA=983 gal
加速度 (gal)
1000
800
600
400
200
0
-200
-400
-600
-800
-1000
20
30
40
50
60
70
80

图 3.18 南投县名间乡新街国小台站取得的地动加速度记录

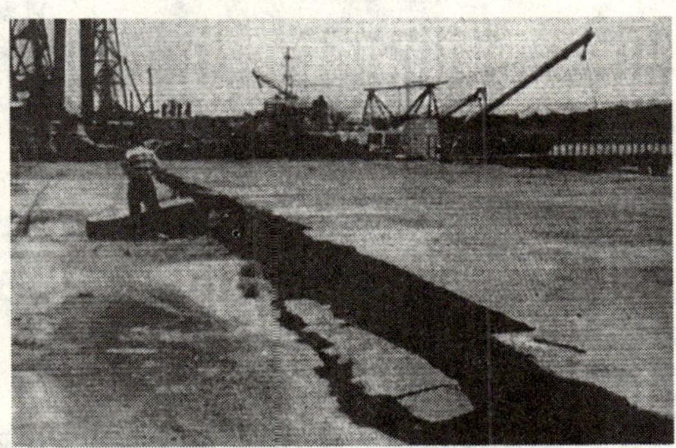

图 3.19 台中港地面破坏

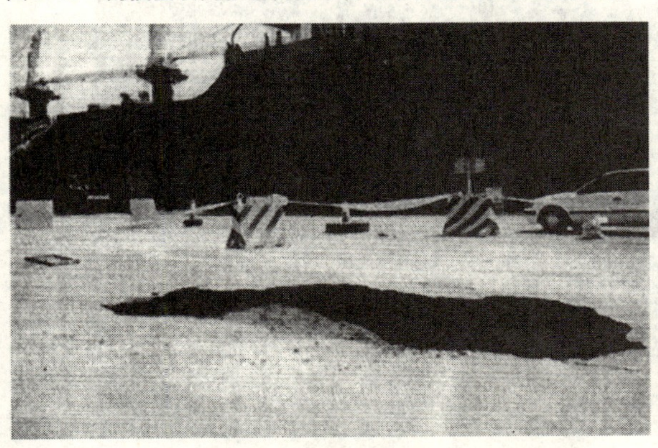

图 3.20 台中港土壤液化

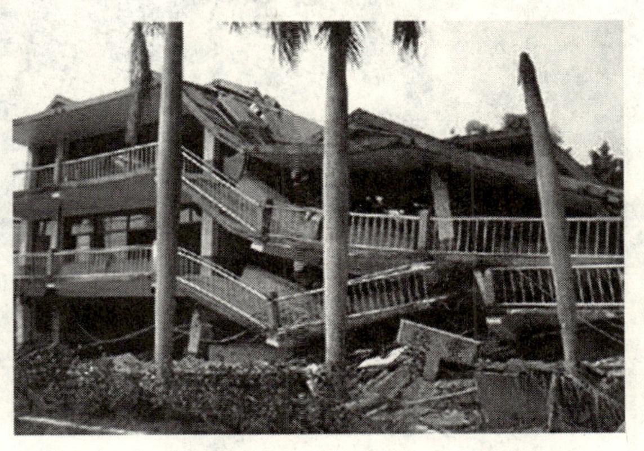

图 3.21 台中县雾峰乡光复国中学校房屋因地面隆起而破坏

图 3.22　台中县雾峰乡光复国中学校校园地面隆起破坏

图 3.23　冲断层隆起形成横跨大佳河的新瀑布，右侧可见隆起的桩和塌落的桥跨

图 3.24　台中县，丰原市郊区道路地面上升 4m，图中间房屋因断层位移倒塌

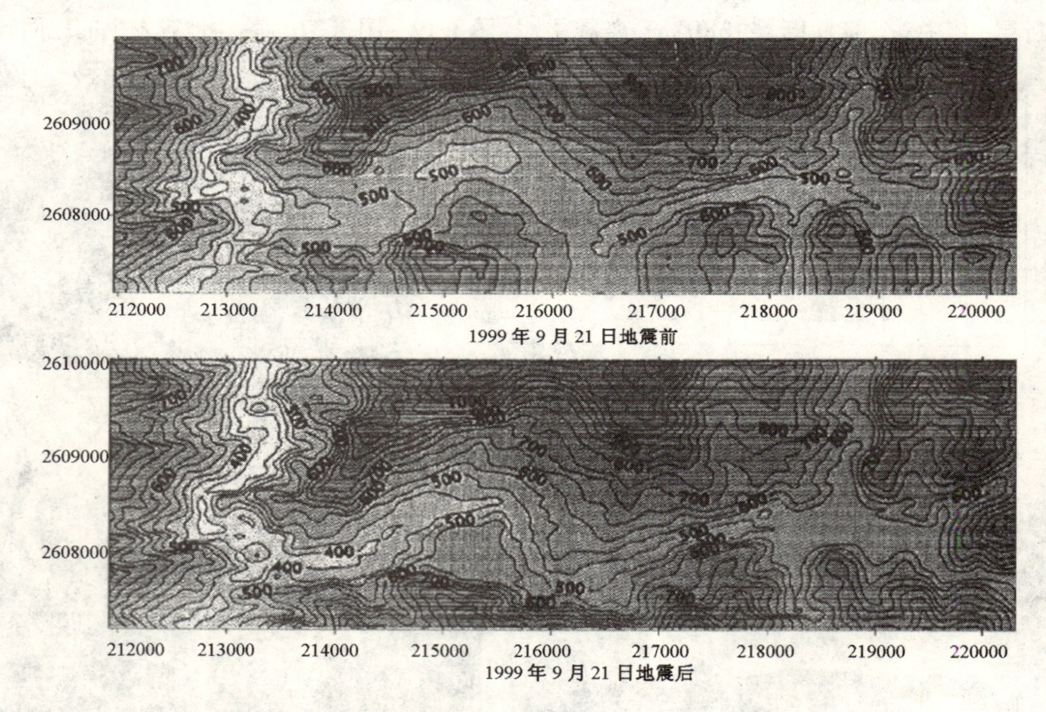

图 3.25　台湾山坡地震前后变化体积改变达 3.5 亿 m^3

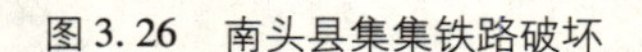

图 3.26 南头县集集铁路破坏

图 3.27 台中县石岗水坝因两侧竖向地面运动差异而毁坏

3.5 强地面运动

1976 年中国唐山地震时，没有取得近场强地面运动加速度记录。表 3.5 中所示的 58 条加速度记录数据是从震中距为 148km 到 385.5km 的 7 个台站取得的，其中有 17 条是地面运动加速度记录，41 条是房屋上的结构反应加速度记录。图 3.28 为 1976 年唐山地震时呼家楼台站取得的加速度记录（未经校正）。从图中的地面运动加速度峰值和房屋上的结构反应加速度峰值可见，其竖向分量较大，在震中距为 400km 处，竖向加速度峰值约为水平加速度峰值的 50%。[10]

1976 年中国唐山 7.8 级地震时取得的加速度记录

表 3.5

台站	记录条数		地面最大加速度（gal）				记录持续时间（s）	震中距（km）
	地面	房屋	地点	东西	南北	竖向		
北京饭店	3	16	地下室地面	64.1	53.0	36.2	150	154
呼家楼	1	5	1 层地面	55.3			135	149.5
密云水库	3	9	地表土层	95.3	56.6	48.7	114	148
三里河	3	0	地下室地面	102.5	112.5	36.3	34.7	160.5
官厅水库	1	4	坝脚			5.0	130	229
冯村桥	3	7	地表土层	13.8	16.7	10.2	138	397.5
红山	3	0	地表基岩	14.1	7.0	4.6	250	385.5
合计	17	41						

资料来源：刘恢先主编．唐山大地震震害（第一册）．北京：地震出版社，1985：218.

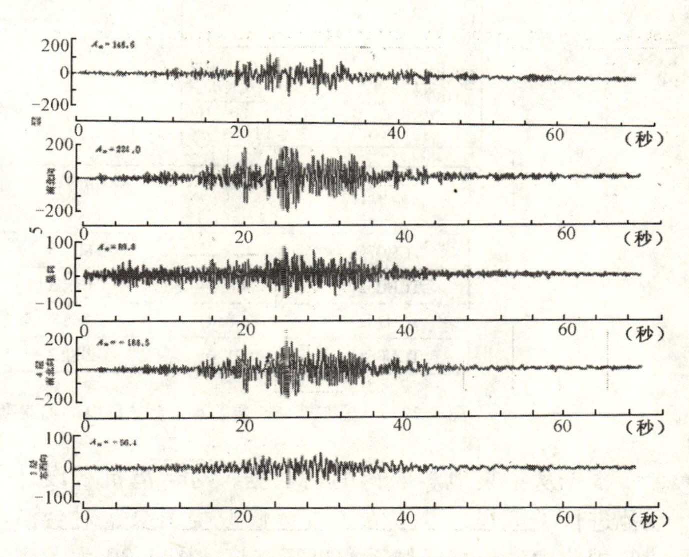

图 3.28 1976 年中国唐山 7.8 级地震时呼家楼台站加速度记录

根据台湾强震观测计划，台湾气象和交通通信部门管理的强震观测台站就有 650 多个，其中，70% 在地震时触发，取得了很多近场地面运动纪录。台湾学者对地面运动资料做了 5 个方面的分析：（1）地动加速度峰值（PGA）、地动速度峰值（PGV）和地动位移峰值（PGD）的衰减形式；（2）谱振幅衰减形式；（3）线性反应谱分析；（4）近场地面运动特性（速度波形中的类似脉冲波）；（5）沿车笼埔断层和地震影响区的 PGA 、PGV 和谱加速度（S_A）的分布。从靠近断层的观测台站的纪录中，发现大振幅、长周期的类似脉冲的速度波，如图 3.29 所示。

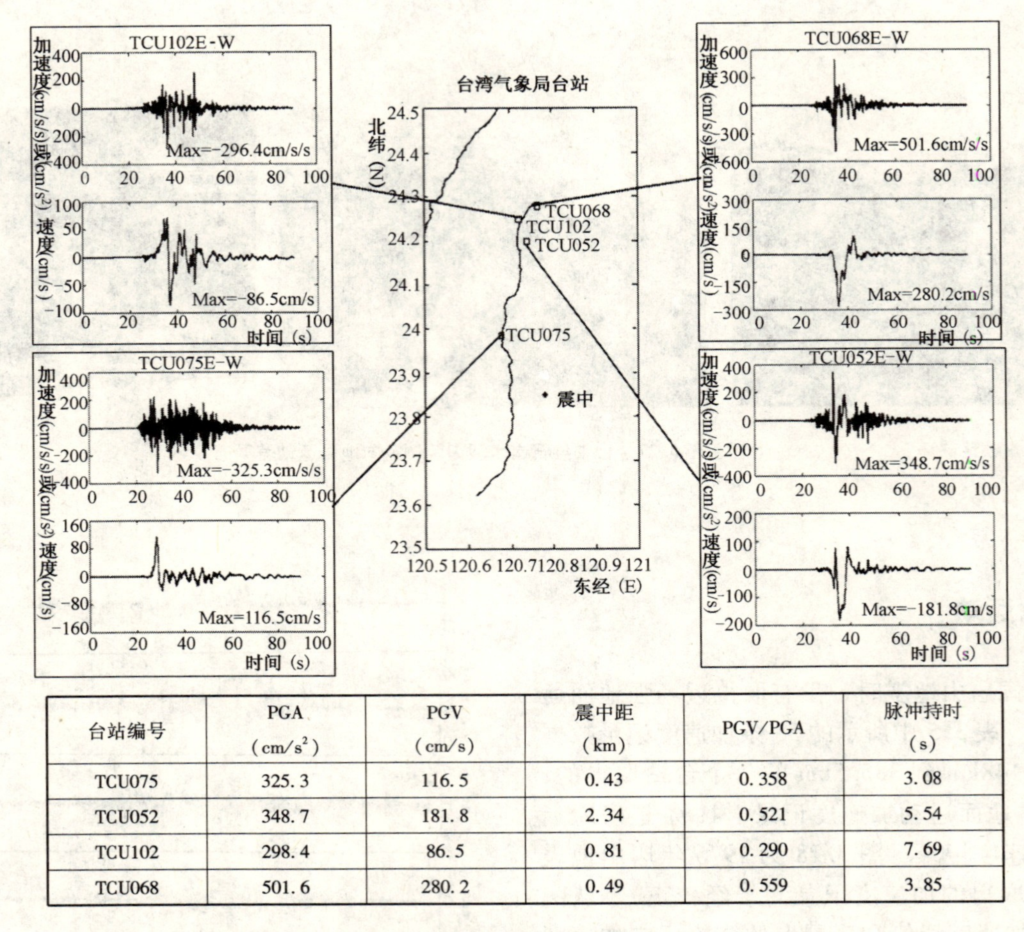

台站编号	PGA（cm/s²）	PGV（cm/s）	震中距（km）	PGV/PGA	脉冲持时（s）
TCU075	325.3	116.5	0.43	0.358	3.08
TCU052	348.7	181.8	2.34	0.521	5.54
TCU102	298.4	86.5	0.81	0.290	7.69
TCU068	501.6	280.2	0.49	0.559	3.85

图 3.29 从沿车笼埔断层的 4 个台站取得的加速度和位移记录

根据从集集地震取得的新数据，对台湾抗震设计规范进行了审视，并成立了规范修改委员会，对台湾建筑规范中的地震区域系数进行修订。图 3.30 为考虑集集地震的数据以后做出的加速度峰值衰减修改曲线。修改的加速度峰值衰减曲线同原来的加速度峰值衰减曲线之间差别不大。集集地震以后，台湾学者做了台湾地区地震风险分析（Seismic Hazard Analysis，SHA），把过去认为是非活动断层的车笼埔断层视为活动断层加以考虑。根据地震风险分析的结果，修改了地震区划和区域地震系数，地震区划从过去的 4 个区，修改为 2 个区。为了适应震后重建的需要，还制定了近场地面运动设计谱。现在的台湾建筑规范是 1997 年制定的，该规范中弹性地震侧力是按照谱加速度 $S_A = ZIC$ 确定的，这里 Z 是代表抗震设计水准的地震区域系数，I 是重要性系数，C 是规格化的谱加速度系数。这里的 C 值没有考虑近场地面运动特性。根据美国统一建筑规范（UBC）97 的思路和从集集地震区取得的地面运动数据，用随震中距 r 变化的 N_A 和 N_V 表示的近场地面运动特性，对靠近车笼埔断层场地的抗震设

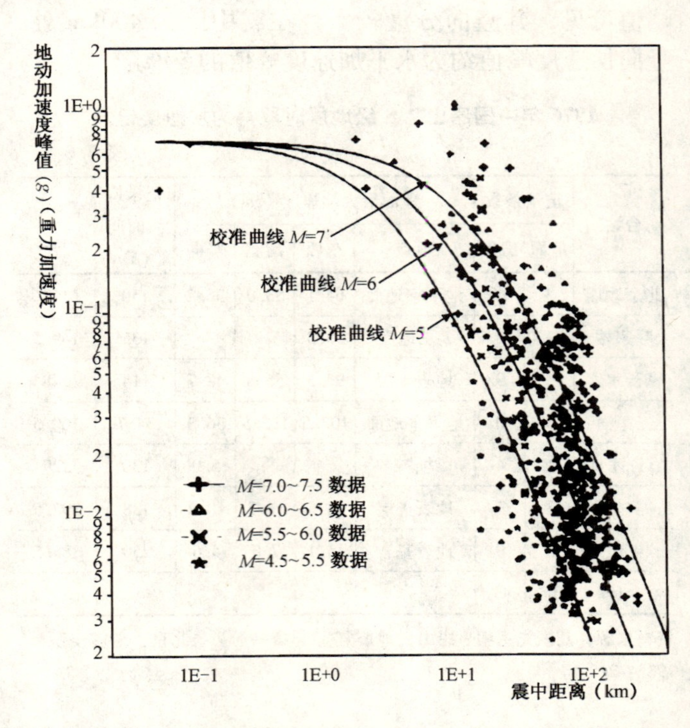

图 3.30 从台湾 15 次地震（含集集地震，$M=4.5\sim7.5$）数据得到的地动加速度峰值衰减曲线（采用几何平均，硬土场地）

计谱做了修改。修改后的考虑近场地面运动特性的抗震设计谱如图3.31所示。从图可见，近断层抗震设计谱共有5条，震中距离分别为2km及以下、4km、6km、8km和10km及以上；每条谱曲线按周期长短分为5段，周期在0.03s及以下为极端周期，周期在0.03s和0.15s之间为很短周期，周期在1.315s及以上时为长周期，此时抗震设计谱值为常数。[11]

震中距离（km）	$r\leqslant 2$	$r=4$	$r\geqslant 6$
N_A	1.34	1.16	1.0

震中距离（km）	$r\leqslant 2$	$r=6$	$r\geqslant 10$
N_V	1.70	1.30	1.0

周期（T）	C
特短：$T\leqslant 0.03$	N_A
很短：$0.03\leqslant T\leqslant 0.15$	N_A（$12.5T+0.625$）
短：$0.15\leqslant T\leqslant [1.2N_V/2.5N_A]^{3/2}$	$2.5N_A$
中等：$[1.2N_V/2.5N_A]^{3/2}\leqslant T\leqslant 1.315$	$1.2N_V/T^{3/2}$
长：$1.315\leqslant T$	N_V

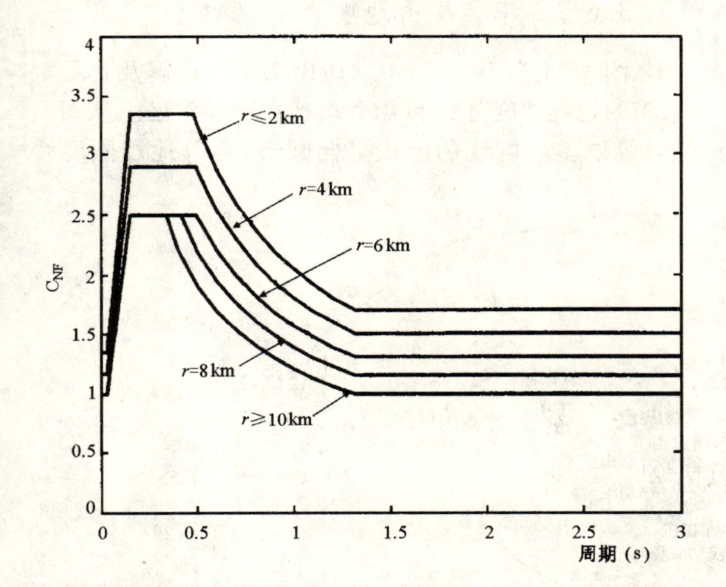

图3.31 考虑近场地面运动特性的抗震设计谱

图3.32为从神户附近两个不同场地取得的地震动记录。左边3条记录有尖脉冲，持续时间小于15s，是在建于比较坚硬的岩石上的台站取得的。右边3条记录振动强，且持续时间长达2~3分钟，是在靠近海岸的场地上取得的，该场地土层厚，土质软弱且为水饱和状态。可见，具体场地的地质条件对该场地的地震动强度和持续时间起着至关重要的作用。过去发生的所有地震都说明，软弱和水饱和土的低洼地带往往是地震破坏比较严重的地区。（Louie，J. 1996）

3.6 场地反应

3.6.1 日本阪神-淡路地震

1995年阪神-淡路地震使神户市长约30km，宽约1km的狭长地带的房屋和结构物遭到了严重的破坏。根据川濑（Kawase，H. T. 的音译）等人对于6个余震所做的分析[12]，在同一场地上，3个厚度约为10~15m的薄冲击土层上记录到的水平加速度峰值，大约是岩石上记录到的水平加速度峰值的3~5倍。

图3.33清楚地表明，神户市遭到严重破坏不能单纯归结于城市离开震中较近这一个简单的因素，因为就在神户市西南10km的地区，虽然离震中也很近，但破坏却比较轻。或许两个剪切波的发生和传播都直接通过神户是造成破坏的首要因素，其次才是这个地区的地质条件。神户市及其邻接的破坏最为严重的地区位于一个狭长的地带，北边是六甲山，南边是大阪湾。开垦的土地是过去800年开发出来的。这些开垦的土地和冲积层大约有30~100m厚，对中频到低频的地震波有放大效应。这个频率范围正是大量建筑的基频区段。烈度异常可能是神户市遭到严重破坏的第三个因素，持这种看法的人认为，神户的严重破坏区是深层不规则的地下构造的聚集效应所造成的。当这

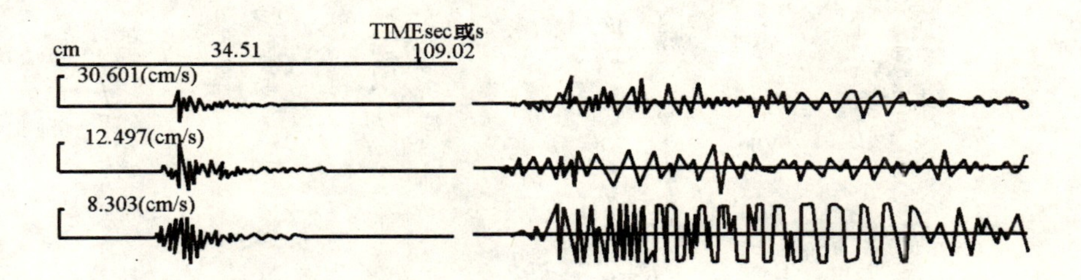

图3.32 神户附近两个不同场地的地震动记录

资料来源：The Architecture Department of Tokyo Metropolitan University

些因素综合在一起，同时发生在一个人口密集，而且房屋大多为新抗震设计规范问世以前建造的地区，地震时遭到严重破坏也就顺理成章了。这个经验教训很值得有类似特点的地区认真思考。[13]

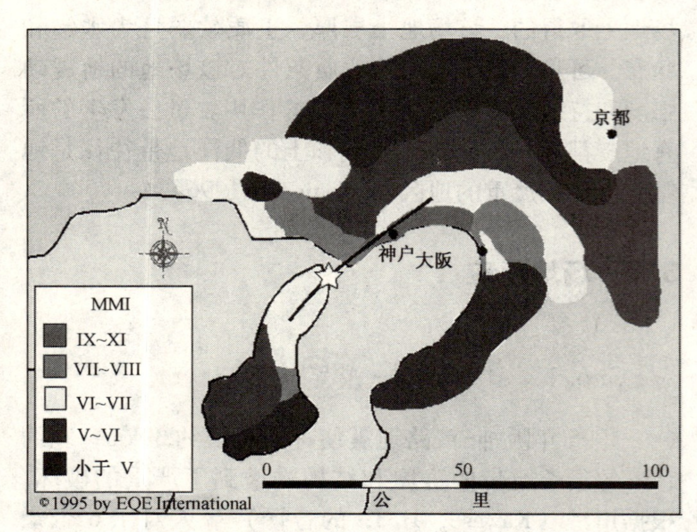

图 3.33　神户地震烈度（Modified Mercalli Intensity，MMI）分布

在人工岛港（Port Island）的西北角有一个地下钻孔台阵，这个台阵提供了许多非常有价值的场地反应数据。强震仪分别安放在地面和地下 16m、32m 和 83m 深度处。这个场地第四纪沉积的厚度大约是 1000m 左右。水平加速度-时间历程清楚地表明，土的液化是从地面到 12m 深的松散堆积的粒状填土开始的。地面加速度峰值趋向于保持不变或随着运动传播到地表而稍有增加，除非通过液化的填土堆积层。

关西国际机场（Kansai International Airport）同人工岛港相似，也是建造在填土层上的。但是，地震动比人工岛港要小得多，因为这个地方的震中距大约是 30km。安放在飞机跑道北头和南头地面自由场上的强震仪记录到的最大水平加速度（Maximum horizontal accelerations，MHA）分别为 0.15 g 和 0.09 g。在航站楼的地下室、4 楼和屋顶都安放有强震仪，在地下室记录到的最大水平加速度比较低，只有 0.04 g，而 4 楼的最大水平加速度则高达 0.10 g。在连接关西机场岛和陆地的桥墩中，有一个桥墩的底部和顶部分别安放了强震仪，阪神-淡路地震时，桥墩底部和顶部的最大水平加速度分别为 0.13 g 和 0.27 g，顶部是底部的一倍。[14]

3.6.2　中国唐山地震

图 3.34 为 1976 年中国唐山 7.8 级地震及其最大余震的地震烈度分布和几个地震烈度异常区。从图可见，等地震烈度线的形状呈椭圆形，各等地震烈度线

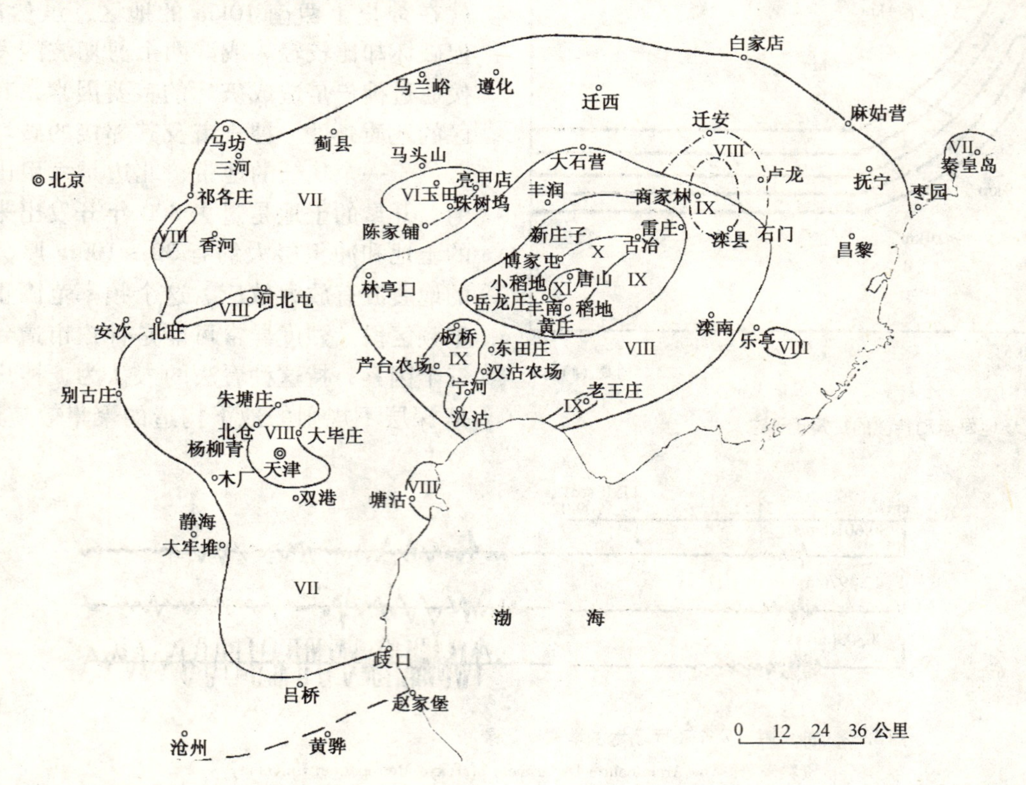

图 3.34　1976 年唐山 7.8 级地震地震烈度分布

椭圆的长轴和短轴示于表 3.6 中。场地反应的特点大致可以归结如下。

1976 年唐山 7.8 级地震不同地震烈度区面积 表 3.6

地震烈度	面积（km^2）	长轴长度（km）	短轴长度（km）
XI	47	10.5	3.5～5.5
≥X	370	36	15
≥IX	1 800	78	42
≥VIII	7 270	120	84
≥VII	33 300	240	150
≥VI	216 000	600	500

• 最大的低烈度异常区在玉田县，面积约为 $306km^2$，这个地区也是历史上发生过的地震烈度异常区。比如，1679 年的三河-平谷 8 级大地震时，这个地区就是地震烈度异常区。大面积的高烈度异常区在宁河县、天津市、塘沽区、乐亭县和秦皇岛市。造成地震烈度异常的最主要因素是局部土质条件。[15]

• 地震烈度的衰减，从极震区向北比向南快得多，这是因为极震区南边的多条近东西向断层界面对地震波起到阻隔作用，而且这一带覆盖土层薄，基岩出露，土没有液化。因此，在地震影响区，北部的破坏要比南部轻得多。

• 即使在地震烈度为 X - XI 度的极震区内（图 3.35），建造在基岩上的房屋破坏也较轻，如凤凰山、大城山、贾家山等基岩出露的山地附近，就是极震区内的低地震烈度异常区。

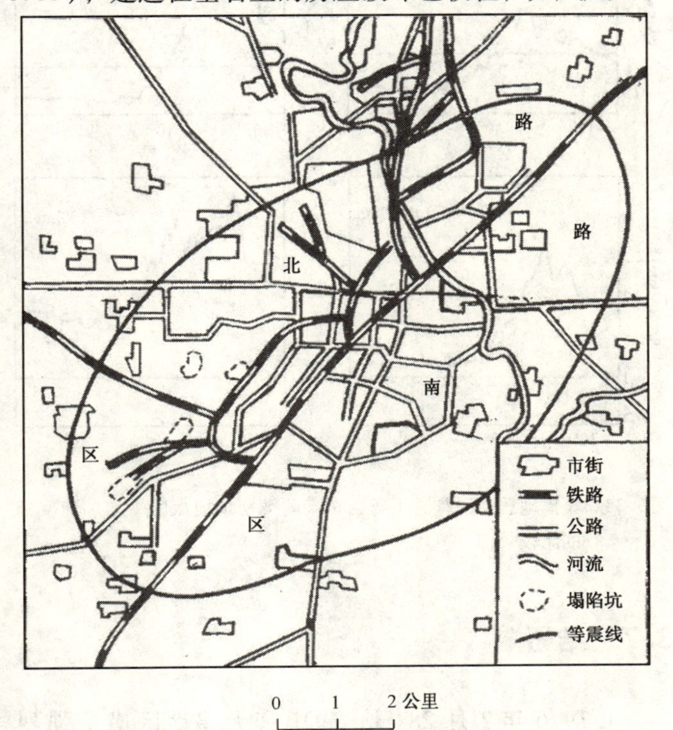

图 3.35 1976 年唐山 7.8 级地震的极震区，地震烈度高达 XI 度

• 地震影响区南边的房屋破坏比较严重，因为东西向的断层少，而且深埋在非常厚的沉积层下面，土质松软，地下水位高，土易发生液化。

• 宁河县有的村主，位于地震烈度为 IX 度地区，有些建造在很坚硬的黏性土层上的土坯房屋，虽然黏性土层下面的砂土层或软弱土层在地震时发生液化，但房屋却几乎没有受到破坏。1975 年辽宁海城地震时也出现过类似的情况。这就是说，液化土层上面有坚硬土层时，坚硬土层上的地面运动会有所削减，这在某种程度上保护了坚硬土层上的房屋。这就是我们常说的“湿震（指土发生液化）不重，干震（指土没有发生液化）重”的现象。

3.6.3 中国台湾集集地震

中国台湾学者曾耀华（Y. Zeng）等根据从台湾集集地震取得的 590 条强地动加速度记录，对这次地震的强地动场地反应和非线性场地效应做了深入的研究[16]。他们根据台站的场地条件和场地到震源的距离，对数据进行分组。台站场地条件分为 3 类：场地 1 为硬土场地；场地 2 为中等硬度土质场地；场地 3 为软弱土场地。场地到震源的距离（D）则分为 4 组：（1）$D<20km$；（2）$20km<D<50km$；（3）$50km<D<100km$；（4）$D>100km$。研究所用强地动加速度记录的台站，按其场地条件和场地到震源的距离表示在图 3.36 中。

研究指出，不同类别场地的反应谱在幅度和谱形方面都有很大的差别。图 3.37 为集集地震同一震源距离组在不同场地类别下的平均加速度谱的比较。

对于震源距离小于 50km 的三种类型场地，在低频率时（大约为 1 赫兹以下），软弱土场地（场地 3）上的加速度反应谱值比其他两类场地上的加速度反应谱值大，但在频率高于 1 赫兹以后，则呈现相反的情况，即软弱土场地上的加速度反应谱值比其他两类场地上的加速度反应谱值小，如图 3.37（a）和（b）所示。在低频段，软土场地上的平均加速度反应比硬土场地上的平均加速度反应大，显然是由于软土场地的放大效应。但是在高频段，软土场地的平均加速度反应却比硬土场地上的平均加速度反应小，这可以用软土场地上的非线性场地反应来解释。当震源距离大于 100km 时，对于三种类型场地（图 3.37（d）），在全频范围内，软土场地上的平均加速度反应都大于硬土

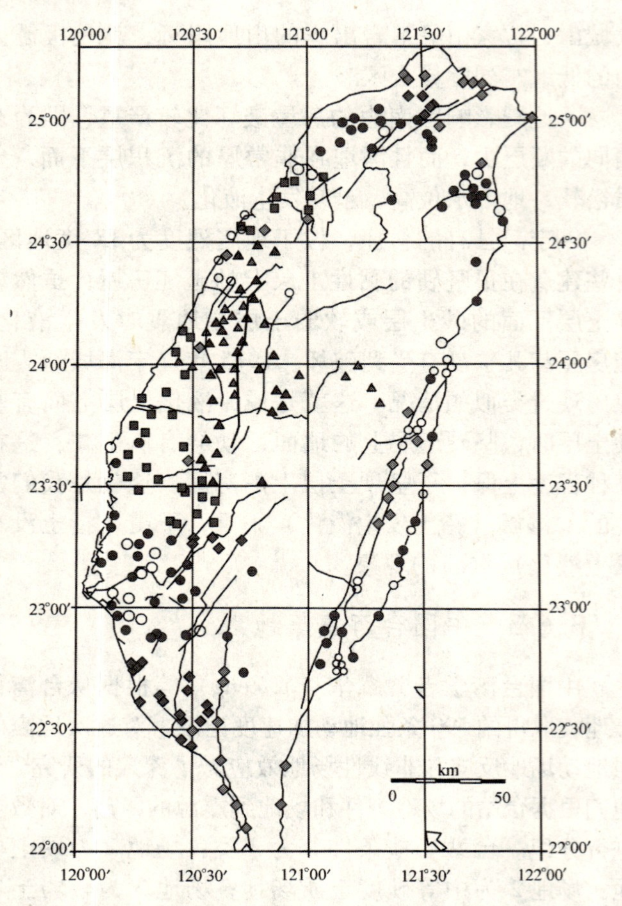

图 3.36 研究所用强地动加速度记录的台站分布

△：$D<20$km；□：20km $<D<$ 50km；○：50km $<D<$ 100km

红色：硬土场地；绿色：中等硬度土质场地；蓝色：软弱土场地

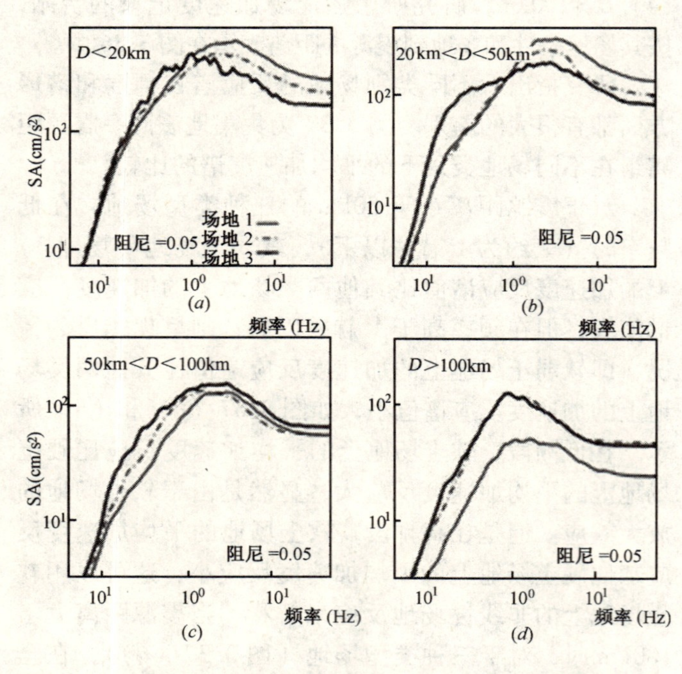

图 3.37 集集地震同一震源距离组在不同类别场地上的平均加速度谱的比较

场地上的平均加速度反应，没有像震源距离小于 50km 时那样出现转折点（图 3.37（a）和（b）），这大概是因为在这么大的震源距离下，不大可能出现非线性效应。对于震源距离为 50～100km 的情况（图 3.37（c）），在低频段（大约为 1 赫兹以下），软土和中硬土场地上的平均加速度反应都大于硬土场地上的平均加速度反应，但是在频率大于 1 赫兹时，三者就非常靠近，这是由于在这种震源距离范围，在高频段，土非线性减弱所致。

为了更清晰地看出加速度反应谱值随震源距离和场地土类别的变化，把三种类型场地上的加速度反应谱均除以硬土场地（场地 1）上的加速度反应谱，对不同震源距离组在不同类别场地土上的平均加速度反应谱进行比较（图 3.38）。从图可以看出，在高频段（大于 1 赫兹），当震源距离小于 50km 时，软土场地上的加速度反应谱值比硬土和中硬土场地上的加速度反应谱值小；当震源距离在 50～100km 之间时，三种类型场地上的加速度反应谱值比较接近；当震源距离大于 100km 时，软土和中硬土场地上的加速度反应谱值接近，但均大于硬土场地上的加速度反应谱值。

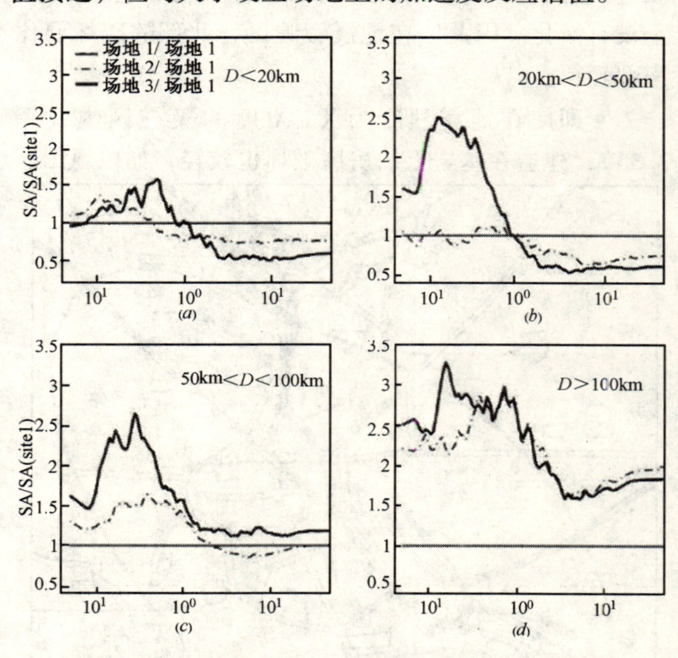

图 3.38 集集地震同一震源距离组在不同类别场地上的平均加速度谱的比较

3.7 结语

1. 1976 年 7 月 28 日，唐山和天津地区遭受强烈地震的破坏，那里是中国北方人口最为密集的地区之一。19年之后，1995年1月17日，阪神-淡路地震袭击了兵库县南部地区，即阪神或神户-大阪地区，那里是日本人口最为密集的地区之一。这两次地震为研究在广阔的软土沉积地区发生强烈近场地震提供了颇有价值的资料和数据。

2. 在唐山市和阪神-淡路一带及其周围地区，历史上曾经发生过一些地震，但对唐山市和神户市都没有造成危害。因此，唐山市和神户市都没有认识到在他们那里会发生灾难性的地震。正因为如此，这次大地震以前，唐山市的地震基本烈度被定为Ⅵ度。根据1974年颁布的《建筑抗震设计规范》(试行)，地震基本烈度为Ⅶ度及以上地区的房屋和结构物才需要进行抗震设防，所以唐山市几乎所有的房屋和结构物都没有考虑抗震要求。没有人预料到这个地区会发生灾难性的大地震。在阪神-淡路地区，自从1923年关东大地震以来，公众没有想到也不相信这个地区会发生大的地震。

3. 地震的发生同活动断层有着密切的关系。地震就发生在活动断层的周围，查明活动断层的所在是减轻地震灾害的源头，应当给以特别的关注。从发生在中国河北省的唐山地震和台湾省的集集地震，以及发生在日本的阪神-淡路地震不难得出这个结论。

唐山市位于华北板块的北部边缘，是阴山-燕山地震带和华北平原地震带的交汇处。唐山块陷的运动与唐山地震关系最为密切。唐山块陷在形态上为一走向北东东的菱形块体，四周被具有新活动的宁河－昌黎、丰台-野鸡坨、滦县-乐亭、蓟运河等四条深断裂所包围，因而是一个强烈活动着的断块。在唐山菱形块体的内部，存在一条连通性不好的唐山断裂，它与隐伏深断裂之间没有完全断开，而且又被东西向的丰台-丰南断裂穿插，因而形成构造上复杂的闭锁区。这个闭锁区在北东东-南西西向区域水平挤压和来自壳下的不均匀的垂直力共同作用下，经过较长时期的应力积累，孕育为一个很大的震源体，最后由于积累的总剪切应力大于岩石的抗剪强度，致使构造闭锁区突然破裂，而引发中国唐山地震。

中国台湾集集地震系因车笼埔断层（北自大甲溪南至浊水溪长达80余公里）发生错动所造成，断层东侧上升数米，地震规模及影响范围均比阪神-淡路地震为大。此外，因属逆冲断层型态，东侧地区震力格外激烈，高达1g（中央气象局名间地震站测得），为阪神-淡路地震0.8g的1.2倍。

日本阪神-淡路地震的发生，同淡路岛上的野岛断层和神户市下面的六甲断层密切相关，其发震断裂由神户断裂和淡路断裂两组断裂构成。地震时，淡路岛附近的野岛断裂在地表的断距达1.0～2.5m，而六甲断裂系的更深的部分或近似平行的隐伏断裂却在神户市地下发生错动。淡路断裂与过去已知的野岛断裂相符。然而，野岛断裂却没有引起地震学家的太多注意，因为它是穿过农村地区的非常普通的断裂。1995年1月17日阪神-淡路地震，野岛断层滑动，释放了70%以上M_w6.9级地震的总地震力矩，从而对淡路岛和神户市造成了严重破坏。

4. 余震，特别是震级大的余震是非常危险的。因为，建筑物在主震时已经受到损坏，再受到余震袭击，损坏就会扩大，甚至造成倒塌。中国的河北唐山地震和台湾集集地震在主震以后都发生过两次强余震，人民生命财产都受到很大的损失。所以，主震以后，破坏的建筑物内的原有居民回去寻找亲人，取回物品，工程技术人员进入破坏的建筑物检查破坏状况等都是有很大风险的事，需要特别当心。

5. 在抗震设计中，考虑近场地面运动特性十分重要。1976年唐山地震时，没有取得近场地动加速度记录。在距离震中148km到385.5km的7个观测台站接收到了58条加速度记录。在地面标高和在房屋上记录到的加速度峰值显示，竖向分量相当大，甚至在距离震中400km远的地方，最大竖向加速度仍为最大水平加速度的50%以上。1997年制定的台湾建筑规范没有考虑近场地面运动特性。台湾集集地震以后，台湾学者根据美国统一建筑规范（UBC）97的思路和从集集地震区取得的地面运动数据，用同震中距离r相关的N_A和N_V表示的近场地面运动特性，对靠近车笼埔断层场地的抗震设计谱做了修改。修改后的近断层抗震设计谱共有5条，震中距离分别为2km及以下，4km，6km，8km和10km及以上；每条谱曲线按周期长短分为5段，周期在0.03s及以下为极短周期，周期在0.03s和0.15s之间为很短周期，周期在1.315s及以上时为长周期，此时，抗震设计的谱值为常数。

6. 唐山地震和阪神-淡路地震都造成了大面积的地表破坏，这种地表破坏对房屋、结构物、地下结构、港口、公路和铁路桥梁、软土或填土上的各种设施以及震后重建工作都有很大的影响。地表破坏主要是由于软弱土液化所造成。软弱土地区和水饱和土地区之所以危险，主要是因为在强地震作用下这种类型的土可能会发生液化。振动会使浸满水的土中的砂粒浮起，从而使土颗粒之间接触不良和失去摩擦，形成液化状态。

在1995年阪神-淡路地震时，神户、大阪和大阪湾周围地区的土发生了大面积液化，达数平方公里。冒出来的物质覆盖了17km^{2}以上的陆地区域。在港岛两处人工填土上记录到了地面运动表明：在没有液化的自由场地面上记录到的水平加速度峰值为0.51g，而在有液化的地表上记录到的水平加速度峰值仅为0.35g（在其下面砂质填土的底部，记录到的水平加速度峰值为0.58g），这说明，土的液化削减了地表的震动强度。

1976年唐山地震时，土的液化使灾情更为严重，土的液化波及包括唐山市、丰南县南部、天津市和滨海地区在内的广大地域。土的液化通常集中在河流沿岸、古河道以及地下水位较高、靠近地面有松散砂层的地方。滑坡发生的范围并不很广。沉降则通常发生在有松散或软弱土层的地区。在天津市的一个地震烈度为Ⅸ度的地区，一座4层砖结构楼房在地震时下沉了大约30cm。中国唐山地震和海城地震都出现过建造在下面有液化层的硬土层上的平房，地震时破坏比建造在下面没有液化的硬土层上的同类房屋轻得多，这就是常说的"湿震不重，干震重"的现象，这也表明，液化降低了地表的振动强度。

7. 加速度反应谱同场地土的类别和震源距离关系密切。对于震源距离小于50km的三种类型场地，在低频率时（1赫兹以下），软弱土场地上的加速度反应谱值比其他两类场地上的加速度反应谱值大；但在频率高于1赫兹以后，则呈现相反的情况，即软弱土场地的加速度反应谱值比其他两类场地上的加速度反应谱值小；当震源距离大于100km时，对于三种类型场地，在全频范围内，软土场地上的平均加速度反应都大于硬土场地上的平均加速度反应，没有出现转折点；对于震源距离为50～100km的情况，在低频段，软土和中硬土场地上的平均加速度反应都大于硬土场地上的平均加速度反应，但是在频率大于1赫兹时，三者就非常靠近。

8. 神户市遭到比较严重的地震破坏，不能简单地归因于这座城市离震中最近，因为就在神户西南10km的地区，尽管也很接近震中，但遭受的破坏却较轻。究其原因，或许可以归结为以下三个：首先是两种剪切波的发生和传播都通过神户市；其次是同这一地区的地质条件有关，因为神户市及其毗连的受灾最为严重的地区处在位于其北面的六甲山脉和南面的大阪海湾之间的狭窄的带形地域，在过去的800年间，不断地进行土地开垦，而这些厚度大约有30m至100m的新开垦的土地和冲积土层，对中等的和低的频率范围有放大效应，中频和低频正是许多大楼的有代表性的自振频率；第三个原因是烈度异常，它们使神户出现了严重破坏区，破坏集中到位于地下深部的不规则的地下结构。当这三个因素同时发生在一个人口密集而且建筑物是按老的抗震设计法规建造的地区，就必然会引起如此严重的破坏。这对于有类似特性的地区，也提出了一个严重的警示。

9. 在人工岛港（Port Island）西北角的地下钻孔台阵，提供了珍贵的场地反应数据。台阵的强震仪分别安设在地面标高和地下16m、32m及83m的深度处。水平加速度时程记录清楚地表明，位于地下12m深和地面之间的松散粒状堆填土最早液化。当震动向地表面传播时，除了通过液化的填充堆积土以外，峰值地面加速度趋向于持续不变或略有增加。

10. 唐山地震的等震线呈椭圆形。最大的低烈度异常区位于玉田县内，面积大约有306km^2。大量的高烈度异常区则位于宁河县、天津市、塘沽区、乐亭县和秦皇岛市。造成地震烈度异常的主要因素是当地的土质条件。在北边，等震线衰减比南边快，原因是极震区北面有多条近东西向断层界面起阻隔作用，而且覆盖层薄，基岩出露，没有液化现象。即使在地震烈度为Ⅸ度和Ⅹ度的地区，建在基岩出露地区的建筑物，破坏也较轻。建在受灾地区南部的建筑物破坏严重，这是由于深断层、土质松软、地下水位高、土易液化和东西方向断层较少的缘故。在宁河县的一个村庄，地震烈度为Ⅸ度，一些土坯房屋，修建在有足够坚硬的黏土层上，液化砂土层或软土层则在坚硬的黏土层之下，地震时几乎没有破坏。这说明，在液化土层上面有坚硬的土覆盖层可以削减地面运动，从而保护建造在它上面的建筑物免遭地震破坏。

参考文献

[1] Earthquake Effects, http://www.seismo.unr.edu/ftp/pub/louie/class/100/effects-kobe.html

[2] 刘恢先主编．唐山大地震震害（第一册）．北京：地震出版社，1985.

[3] 台湾地区之灾害性地震，http://gis.geo.ncu.edu.tw/gis/eq/eqhazard.htm

[4] http://www.kobe-jma.go.jp/Shiryou/Higaijishin/Higaijishin.htm

[5] Earthquake research in Geological Survey of Japan (GSJ, 日本地质调查所), http://www.aist.go.jp/GSJ/pEQ/eq_top.htm

[6] Okumura, K. 1995. Kobe Earthquake of January 17, 1995 and Studies on Active Faulting in Japan. Extended Abstracts, International School of Solid Earth Geophysics, 11th Course: Active Faulting Studies for Seismic Hazard Assessment.

[7] NIST (National Institute of Standards and Technology). 1996. The January 17, 1995 Hyogoken-Nanbu (Kobe) earthquake, Performance of Structures, Lifelines, and Fire Protection Systems. NIST Special Publications 901 (ICSSC TR16). It can be downloaded at http://fire.nist.gov/bfrl-pubs/build96/art002.html

[8] 刘恢先主编．唐山大地震震害（第四册）．北京：地震出版社，1985.

[9] Hu, Yuxian. 1980. Some Engineering Features of the 1976 Tangshan Earthquake, The 1976 Tangshan, China Earthquake, Papers presented at the 2nd U. S. National Conference on Earthquake Engineering held at Stanford University, August 22-24, 1979, EERI

[10] Ye, Yaoxian. 1980. Damage to Lifeline Systems and Other Urban Vital Facilities from the Tangshan, China Earthquake of July 28, 1976, Proceedings of 7th WCEE, Vol. 8, Turkey.

[11] MCEER, 2000, The Chi-Chi, Taiwan Earthquake of September 21, 1999: Reconnaissance Report, Technical Report MCEER-00-0003, Edited by George C. Lee and Chin-Hsiung Loh

[12] Kawase, H. T. Satoh and S. Matsushima. 1995. Aftershock Measurements and a Preliminary Analysis of Aftershock Records in Higashi-Nada Ward in Kobe after the 1995 Hyogo-Ken-Nanbu earthquake, ORI Report 94-04

[13] Brannigan, Aaron. 1999. The Hyogoken-Nanbu Earthquake, Japan, 1995, http://www.brunel.ac.uk/depts/geo/iainsub/studwebpage/brannigan/Kobe.html

[14] EERI. 1995. Geotechnical Reconnaissance of the Effects of the January 17, 1995, Hyogpken-Nanbu Earthquake, Japan. http://www.ce.berkeley.edu/Programs/Geoengineering/research/Kobe/KobeReport/title.html

[15] Chen, Dasheng. 1980. Field Phenomena in Meizoseismal Area of the 1976 Tangshan Earthquake, The 1976 Tangshan, China Earthquake, Papers presented at the 2nd U. S. National Conference on Earthquake Engineering held at Stanford University, August 22-24, 1979, EERI

[16] Y. Zeng, F. Su, and J. G. Anderson, Site Response of the Chi-Chi Taiwan Earthquake, Final Technical Report, Seismological Laboratory, University of Nevada, Reno, http://www.google.com/search?hl=en&q=site+response+of+Chi-Chi+earthquake&btnG=Google+Search

第4章 地基、基础和房屋建筑的地震性状

4.1 地基

地震引起的地基破坏主要的有土壤液化、软土沉降、地基不均匀变形、填土地基变形以及其他地面破坏等。对于1962～1971年间发生在山区或丘陵地带的8次地震和发生在平原地区的1975年海城地震及1976年唐山地震，按地基破坏类型进行分类统计，各类破坏数占总破坏数的百分比如图4.1所示。从图可以看出：

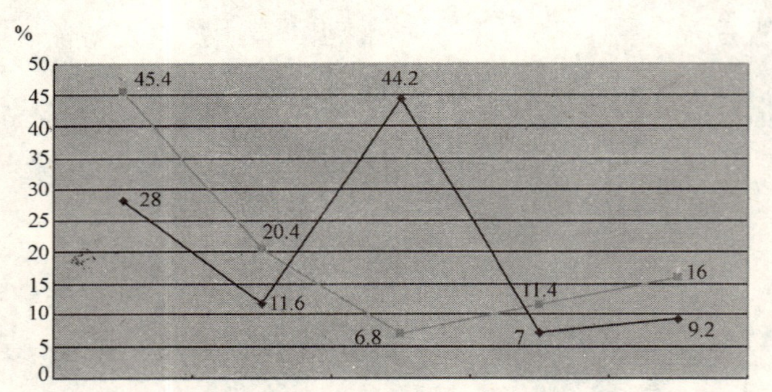

图4.1 山区和平原地区地震时各类地基的破坏数占地基破坏总数的百分比

（1）在平原地区，根据1975年海城地震和1976年唐山地震破坏地区所发生的地基破坏统计，在地震引起的各种地基破坏中，土壤液化居于首位，占破坏总数的45.4%；其次是软土沉降，占破坏总数的20.4%；下面依次是：其他地面破坏，占16%；填土变形，占11.4%；地基不均匀变形，占6.8%。

（2）在山区或丘陵地带，根据1962年到1971年间发生的8次地震造成的地基破坏统计，在地震引起的各种地基破坏中，地基不均匀变形居于首位，占破坏总数的44.2%；土壤液化退居第二位，占破坏总数的28%；下面依次是：软土沉降，占11.6%；其他地面破坏，占9.2%；填土变形，占7%。

（3）对于地基抗震来说，应当把土壤液化影响放在首位。

地震时，土壤液化会引起滑坡、侧向扩展和大的沉降，从而造成对房屋和结构物的破坏。1976年唐山地震时，许多桥梁的倒塌皆归因于土壤液化。图4.2为1976年唐山地震时发生的喷水冒砂现象。1989年洛马-普里埃塔（Loma Prieta）地震也未能幸免土壤液化引起的重大的结构破坏。图4.3为这次地震时奥克兰国际机场一个喷水冒砂口。[1] 1995年阪神-淡路地震时，土的液化也造成了大量的结构破坏，特别是阪神高速公路的桥梁和高架路的倒塌，如图4.4和图4.5所示。1999年土耳其伊兹米特（Izmit）地震，住宅建筑的倒塌夺走了许多人的生命。一类比较普遍的住房的倒塌就是由于土壤液化使浅埋板式基础下面的土丧失承载能力所造成，如图4.6所示。在1999年中国台湾集集地震时，也发生了土壤液化和大的地面沉降。图4.7为土壤液化引起的台中（Taichung）港的破坏。大的地面沉降和水从较深的土层喷出是很容易看出来的。[2]

图 4.2　1976 年唐山地震时典型的喷水冒砂

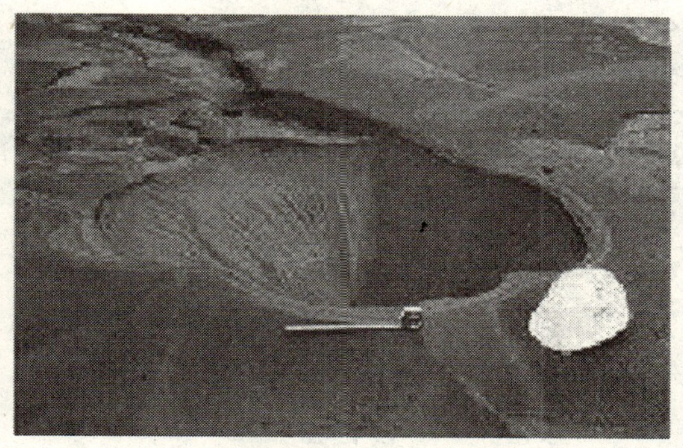

图 4.3　1989 年洛马-普里埃塔（Loma Prieta）地震时，奥克兰国际机场喷水冒砂

图 4.4　神户湾区停车场土壤液化，喷水冒砂

图 4.5　1995 年阪神-淡路地震西宫（Nishinomiya）桥面板因土壤液化而塌落

图 4.6　1999 年土耳其伊兹米特（Izmi）地震，房屋因土的液化而倾倒

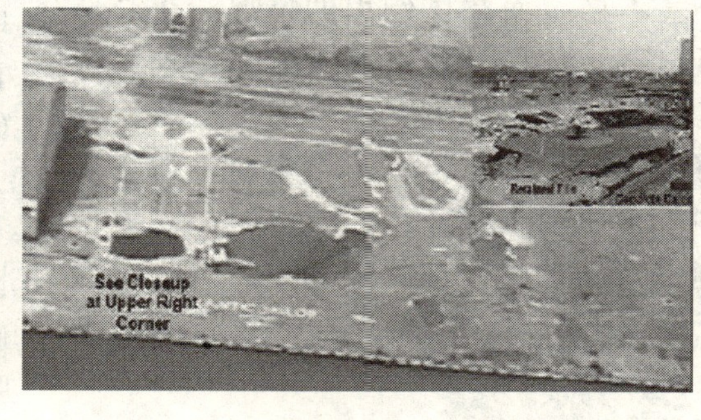

图 4.7　1999 年中国台湾集集地震，台中港地面发生大规模沉降

4.2　基础

1976 年唐山地震时，天津市基础的性状可简述如下[3]。

4.2.1　一般地基上的基础

在地震烈度为Ⅶ～Ⅷ度的地区，一般地基上的基础没有发现严重破坏。唐山地震以后不久，曾对一些建在一般地基上的房屋做过沉降观测，结果如表 4.1 所示。从表可见，由于地震而引起的附加沉降很小，大概是总沉降量的十二分之一。

1976年唐山地震以后天津市建在一般地基上的房屋的沉降观测记录 表4.1

房屋名称		天津医院住院部	同善里住房	物资局办公楼
结构系统		预制钢筋混凝土框架	砖墙加钢筋混凝土楼板	砖墙加钢筋混凝土楼板
房屋层数		7~8	6	6
持力层容许承载力/实际采用的容许承载力		12/12	12/11.25	
唐山地震前后沉降差值（mm）		26~38	8.56~11.32	9.42~11.22
唐山地震以后的累积总沉降量（mm）		253.6~384.8	95.24~146.39	114.97~137.57
横向倾斜度（‰）	震前	2	4.7~8	0.84~1.28
	震后	0.16（反向）	8.1~8.2	0.95~1.52

资料来源：刘恢先主编．唐山大地震震害（第一册）．北京：地震出版社，1985：355.

4.2.2 液化地基上的基础

唐山地震以后，对砂土液化地区的房屋考察表明，有些房屋地震时发生沉降和倾斜。但是，没有发现房屋因地基不稳定而整体倒塌的情况。在局部液化地区，当土层分布和喷砂冒水情况都比较均匀时，房屋下沉也比较均匀，房屋很少发生裂缝，基础仍保持良好；但喷砂冒水情况不均匀时，则建筑物会发生倾斜。房屋因土壤液化而下沉时，墙体会出现严重裂缝，基础也因而遭到破坏。厂房地面因土壤液化而开裂或下沉时，厂房里面的设备基础也往往会发生倾斜。

4.2.3 淤泥质地基上的基础

淤泥质地基强度很低，位于其上的基础，地震时很多出现较大的变形。例如，1974年建成的新港望海楼住宅小区，共有26栋房屋。其中，16栋为3层，10栋为4层。基础为筏片基础，埋深0.6m，地基容许承载力为3~4t/m^2，实际采用5.7t/m^2。新港望海楼住宅小区房屋沉降和倾斜观测结果如表4.2所示。从表可见，建在淤泥地基上的新港望海楼住宅小区房屋在地震以前，下沉和倾斜量已经很大，地震使其又增大很多。

新港望海楼住宅小区房屋沉降和倾斜 表4.2

房屋层数	震后总沉降量（cm）	震前和震后沉降差值（cm）	震前倾斜（‰）	震后倾斜（‰）
3	25.3~54.0	14.1~20.3	1~3	3~6
4	28.8~85.2	14.6~32.5	0.7~19.8	0.7~45.1

资料来源：刘恢先主编．唐山大地震震害（第一册）．北京：地震出版社，1985：355.

4.2.4 桩基础

1976年唐山地震时，绝大多数工业厂房的桩基础都没有发现明显的下沉。即使在土壤液化很严重的地区，地面下沉达30cm，桩基础仍然保持完好。可见，桩基础是土壤可液化地段房屋基础的良好形式。但是，在河道岸坡地段，地震时如发生土坡滑动，桩基础仍难避免破坏。唐山地震时，许多桥梁的桥面梁、板移位或坠落，就是由于土体滑动使桩基础和其上的桥墩破坏所造成。

唐山地震以后，天津市建委[4]和黄熙龄等对天津地区采用桩基础的建筑物进行了震害调查，他们得到的看法是：

（1）桩基础具有很好的抗震性能。在天津市建委组织的震害调查中，对100栋采用桩基础的建筑物进行了统计分析，结果如表4.3所示。从表可见，在100栋采用桩基础的建筑物中，上部结构破坏而桩基础破坏轻微的只有7%，桩基础破坏的仅占3%（其中有两栋建筑物的桩基承台刚浇筑完毕），其余的桩基础地震时均保持完好。

（2）采用桩基础的建筑物的震害比建造在天然地基上的建筑物的震害轻得多，说明桩基础的抗震性能比天然地基优越。例如，贵州路中学5层教学楼，系砖混结构，1966年建成，地基上部有较厚的杂填土和吹填土及淤泥质土层，采用9m长的钢筋混凝土三角空心预制桩基础，震后基本完好，而周围没有采用桩基础的房屋都发生严重破坏。

（3）采用桩基础的房屋，地震时沉降比天然地基小。例如，天津友谊宾馆为8层钢筋混凝土框架结构，采用预置桩基础，地震后房屋的沉降量平均增加不到1mm；而南郊石油化工总厂的几个主要的塔形构筑物，采用钻孔灌注桩，地震后构筑物的附加沉降量也只有4~6mm。

（4）穿过液化土层的桩基础，地震后基本完好，这可能是由于桩比较长，一般都打到承载力较好的黄色黏土层上，而且其上的液化层厚度不很大的缘故。

（5）桩基础抗震性能虽然很好，但如果设计、施工或使用不当，地震时桩基础也会遭到破坏。例如，北塘糖业果品仓库，施工时有12个桩基础的预制桩被打断，补桩时，用两根8m长的预制桩代替一根18m长的预制桩，由于后补的桩和原来18m长的桩支承在不同的土层上，地震时，后补的8m桩随地面下沉，造成桩基础承台倾斜；有些桩基础，承台做好了，但还没有回填，地震时，由于承台自重达7吨，地震侧力很大，致使桩在其同承台连接处剪坏，而还没有做承台的桩，则完好如初；桩基础承台回填土不密实，地震时，桩会在松土和密实土交接面发生裂缝。又如，天津中板厂原料栈桥的柱子采用了灌注桩基础，地震时，因地面荷载过大，液化土层从侧向挤出，造成桩身变形和承台倾斜。

天津地区桩基础地震破坏统计　　表4.3

建筑类型		民用建筑	工业建筑	冷库	仓库	烟囱、水塔和设备基础等	合计
建筑物栋数		18	60	5	3	14	100
上部结构破坏	数量	1	2	0	0	4	7
	%	5.6	3.3	0	0	28.6	7
桩基破坏	数量	0	2	0	1	0	3
	%	0	3.3	0	33.3	0	3

注：工业建筑和仓库中各有1项尚未竣工。

资料来源：刘恢先主编．唐山大地震震害（第一册）．北京：地震出版社，1985：359.

图4.8为位于印度坎德拉（Kandla）港的22m高的塔形建筑，采用了桩基础，2001年古加拉邦（Gujarat）地震时，塔身向海边倾斜了15°。这也说明，即使采用桩基础，如果设计和施工不当，地震时，破坏仍然不能幸免。

图4.8　印度2001年古加拉邦地震时，22m高的带桩基础的坎德拉（Kandla）塔倾斜

在大多数情况下，地震时桩基础的破坏是土壤液化造成的。对于支承桩，主要是由于土壤液化致使土壤从侧向挤出，而使桩破坏；对于摩擦桩，则主要是因为土壤丧失承载力。表4.4为1995年阪神-淡路地震引起的土壤液化情况下8个建筑物桩基础的地震性状。表中，L_{eff}为不计液化土层的支承作用时液化区桩的有效长度；$r_{min}=\sqrt{I/A}$为桩的最小回转半径，这里I是桩截面面积绕较弱轴的二次矩，A为桩的截面面积；L_{eff}/r_{min}为液化区桩的细长比。从表可见：$L_{eff}/r_{min}=50$代表长桩和短桩的分界指数；L_{eff}/r_{min}在50以下时，桩基础的地震性状良好；而大于50时，桩基础的地震性状就差。这样，液化土壤侧向挤压和丧失承载力，桩身发生屈曲就不难理解了。[5]

8个建筑物桩基础在1995年阪神-淡路地震时引起的土壤液化情况下的地震性状　　表4.4

建筑物	L_{eff}（m）	r_{min}（m）	L_{eff}/r_{min}	地震性状
神户美洲公园内14层建筑	9.15	0.63	15	良
神户市民医院钢管桩	4.65	0.23	20	良
阪神高速路墩	18.00	0.38	47	良
神户101 LPG 1.1m直径储罐	12.80	0.28	46	良
神户4层消防站	16.20	0.10	162	差
神户大学3层房屋	14.40	0.12	120	差
高架港口铁路	24.00	0.15	160	差
LPG储罐-106，107	12.80	0.08	160	差

4.3　加筋土

加筋土（Reinforced earth）已经有数千年的历史。1965年，法国工程师亨瑞-越答尔（Henri Vidal）提出现代加筋土技术。自那时以来，全世界已经有总面积达一千万平方米的2万多个项目采用了这项技术。20年前，这项技术传入日本。在这期间，已有总面积达2百多万平方米的5千多个挡墙结构物，经过许可采用了加筋土技术。

到1995年2月为止，在近畿（Kinki）地区已建成了812个加筋土结构，其中，280个在兵库县，140个在大阪县，90个在奈良县，163个在和歌山县，139个在三重县。1995年阪神-淡路地震以后，对在震中周围40公里半径范围内的124个加筋土结构做了调查。调查范围的地震烈度为日本地震烈度表的Ⅳ～Ⅶ度。这些加筋土结构中，大约有21个位于地震烈度为Ⅶ度的地区，日本地震烈度Ⅶ度相当于我国的地震烈度为Ⅺ～Ⅻ度，是破坏最严重的地区。在这21个加筋土结构中，有8%遭到了破坏。所有破坏的加筋土结构周围的房屋和结构物，地震破坏都很严重。这8%破坏的加筋土结构的主要破坏现象有：混凝土板移位和破裂，竖向节点张开，同其他结构连接处破坏，基础或桩帽破坏，以及地表下沉和裂缝等。[6]

4.4 地基加固

1995年日本兵库县南部阪神-淡路地震和1999年土耳其柯卡里，依兹米特（Kocaeli，Izmit）地震的震害都表明，地震时加固后的地基变形和沉降量都比没有加固的小。这说明，如果在地震荷载作用下没有大的地面位移，地基加固（Ground improvement）对减少地基变形和沉降量是非常有效的。豪斯奈（Hausler，E. A.）和西塔尔（Sitar，N.）对发生在日本、中国台湾、土耳其和美国的14次地震中的100个地基加固案例进行了现场调查和分析。[7]这100个案例所采用的地基加固方法和调查的地震性状如表4.5所示。从表可见，加固后的地基，地震时在总体上表现是很好的。在调查的100个案例中，大约只有10%的地基震后需要较大的整修或重建。表中所列的不可接受地震性状主要有两种情况：一是由于土的侧向严重挤压而造成过大的变形；二是在该地区没有足够的整修深度。

现场调查案例所采用的地基加固方法和调查的地震性状　表4.5

方法	地震性状	
	可接受	不可接受
振动压实法		
挤密砂桩	26	5
深层动态压密	15	0
振动杆/振浮压实法	11	6
石柱	7	1
预压	5	0
挤密灌浆	1	1
木排水桩	1	0
消散孔隙水压力法		
砾石排水	5	0
排水砂桩	5	0
毛细作用或薄层排水	2	0
内含物约束法		
深层土混合	4	1
地下连续墙	0	1
化学或水泥添加物加固法		
喷射水泥浆	5	1
化学水泥浆	1	0

4.5 房屋建筑

房屋建筑的倒塌是地震时造成人员伤亡和经济损失的主要原因。地震对房屋建筑的破坏取决于房屋所在场地的地震地面运动特性和局部土质条件，以及房屋自身的性能和内部设施。地面运动会造成房屋结构破坏或倒塌，以及建筑非结构和室内陈设的破坏。地震时土壤液化、滑坡和断层断裂会使建在其上或邻接的房屋破坏或倒塌。本节阐述房屋建筑在中国、日本和美国的地震中的破坏现象和经验教训。

4.5.1 中国唐山地震

唐山市民用建筑的破坏

唐山地震以前，唐山市共有民用建筑11 692 000m²。不同建造年代有不同的建筑类型。现分述如下[8]。

（1）1949年以前建造的房屋，主要分布在路南区的老城区，包括：单层石墙或砖墙、石灰焦渣屋顶房屋；单层四梁八柱房屋；以及少量的2~3层砖木结构房屋。

（2）20世纪50年代建造的房屋，主要是单层石墙或砖墙、石灰焦渣屋顶房屋，主要分布在唐山市的东北和西南地段。

（3）20世纪60年代和以后建造的房屋，主要分布在路北新区，包括：多层砖混结构房屋（2~4层，砖墙，钢筋混凝土预制楼板）、内框架房屋（砖承重外墙，钢筋混凝土内框架）以及少量的壳体和折板屋盖结构房屋。

地震以前，唐山市最高的房屋为8层。唐山市民用建筑地震破坏如表4.6所示。

唐山市民用建筑地震破坏　表4.6

建筑用途	建筑面积（m²）	严重破坏和倒塌建筑面积（m²）	严重破坏和倒塌率（%）	可修复率（%）
住宅	8 941 000	8 694 600	97.25	—
办公楼	807 000	715 700	88.69	10.25
学校	463 000	427 200	92.25	3.06
医院	225 000	192 400	85.54	11.90
其他	1 256 000	1 139 700	90.73	26.84
总计	11 692 000	11 169 600	95.53	—

多层砖结构房屋

唐山地震时，唐山市数百栋多层砖结构房屋倒塌，主要是无筋承重砖墙剪切裂缝的扩展所造成。[9]图4.9显示位于唐山市的一栋多层砖房承重墙出现明显的交叉剪切裂缝。但是，有少量多层砖房，由于设置了钢筋混凝土构造柱而避免了倒塌（图4.10）。构造柱设在纵横墙交接处，并在每层楼盖与圈梁相连。图4.11为多层砖房倒塌的示例。

唐山地震以后，我国一些单位所做的单片砖墙试件和整体多层砖结构房屋模型实验证明，在纵横墙交接处设置钢筋混凝土构造柱，并在每层的楼盖处把它们连接起来，可以对砖墙增加约束，延迟砖墙剪切裂缝的扩展，提高砖墙的延性，从而可以防止房屋的倒塌。

工业厂房

唐山市位于地震烈度为Ⅷ度到Ⅺ度的地区的装配式单层钢筋混凝土结构工业厂房，地震时大量倒塌。在地震烈度高的地区，装配式单层钢筋混凝土结构工业厂房的屋盖，由于柱子在底部或在变截面处折断而导致屋盖塌落。屋架支撑系统和柱间支撑系统薄弱，往往会引起厂房纵向倒塌。屋架和柱子的连接薄弱，屋面板和屋架的连接不牢，以及在端跨处的承重山墙倾倒都会引起厂房倒塌（参见图4.12、图4.13和图4.14）。但是，柱子强度足够、支撑系统完整的轻型屋盖工业厂房，以及折板屋盖厂房，一般均未倒塌。可见，支撑系统、连接和柱子是影响这类厂房倒塌的关键部位[10]。

在地震烈度为Ⅹ～Ⅺ度的地区，钢筋混凝土框架结构房屋的倒塌率虽然不高，但严重破坏者较多。钢筋混凝土框架结构房屋的倒塌几乎完全同柱子的破坏有关。柱子的破坏包括：柱子上部和底部水平裂缝、柱子主筋压屈、柱身剪切裂缝以及保护层剥落、钢筋滑动等，如图4.15和图4.16所示。

图4.9　多层砖房墙体剪切破坏

图4.10　有钢筋混凝土构造柱和拉接圈梁的多层砖房

(a)

(b)

图4.11　多层砖房倒塌

图4.12　屋面板由于连接破坏和交叉支撑不足而塌落

图4.13　层面板由于柱子上部破坏而塌落

图4.14　厂房由于柱子在底部断裂而倒塌

图4.15 钢筋混凝土柱主筋压屈

图4.16 钢筋混凝土柱剪切破坏

图4.17 带螺旋箍筋的钢筋混凝土柱的二层无梁楼盖房屋上层倒塌，底层尤存

图4.18 有实心砖填充墙的钢筋混凝土框架结构房屋，震后基本完好

图4.19 砖柱下部破坏

图4.20 砖柱砖墙工业厂房下部破坏

钢筋混凝土结构房屋

带螺旋箍筋的钢筋混凝土柱，地震时表现较好。图4.17所示的二层无梁楼盖房屋，上层屋盖塌落，底层柱子虽然顶部弯曲很大，但由于柱子配有螺旋箍筋而未倒塌。

少数钢筋混凝土框架结构房屋，因有强度较高的实心砖填充墙或有钢筋混凝土嵌板，填充墙或嵌板起了剪力墙的作用，地震时没有倒塌，如图4.18所示。

无筋砖柱工业厂房抗震能力很差，往往因砖柱下部断裂或局部崩落而倒塌，图4.19和图4.20就是这种破坏的例子。

4.5.2　日本阪神-淡路地震[11]

木结构住房

很多3层以下，有40年以上寿命的木结构房屋完全或部分倒塌，把房屋里的人员压在里面。倒塌的主要原因有三：一是屋盖重，采用很重的陶瓷瓦并用泥浆作为垫层；二是有一些房屋，带有供商业用的“柔性”首层（soft first story）；三是许多房屋老旧。图4.21为1995年阪神-淡路地震后，对靠近震中的淡路岛附近的不同年代建造的木结构住房的震害所做的调查统计。图中“新建”是指近5年内建造的，“一般”是指5~20年内建造的，“老旧”是指20~50年内建造的，“很老旧”是指50年以前建造的。从图可见，新建木结构住房，地震后大多完好，一部分轻微破坏，倒塌则是个别的；而50年以前建造的很老旧的木结构住房，地震时大多倒塌，只有很少数没有遭到破坏。

图4.22~图4.24为日本典型的木结构住房的地震破坏。许多木结构住房的屋顶非常笨重。在阪神地区，采用重屋顶不光是出于美观和建筑学上的原因，而且是为了炎热而潮湿夏季起隔热作用，以及在每年有几次的台风袭击时，避免大风掀掉屋面上的瓦。在这次地震中，大多数人员伤亡是由于这类木结构房屋倒塌所造成。表4.7为神户市各区木结构房屋破坏和人员伤亡统计。图4.25为各区死亡人数占全市总死亡人数的百分率和完全倒塌的木结构房屋的百分率之间的关系。由图可见，在严重破坏区，死亡率同住宅倒塌率几乎成正比关系。比如在东滩、滩、中央、兵库、长田和须磨等区。小谷俊介（Shunsuke Otani 的音译）教授建议政府应当立法，并结合新技术开发对现有抗震能力不足的房屋进行加固，同时应对老人居住的房屋加固提供资金援助。

图4.26表明，地震时在狭窄街道上行走的人员特别危险，因为招牌、窗户和房屋的前墙常常会倒塌在街上。实际上，地震时躲藏在坚实的家具下面，通常比跑到房屋外面更为安全。

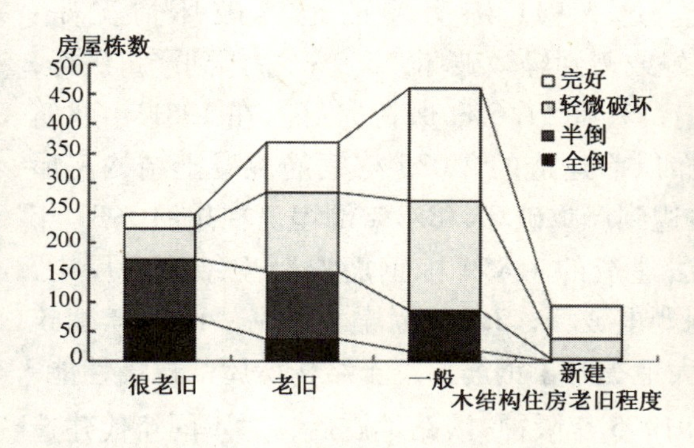

图4.21　1995年阪神-淡路地震后不同年代建造的木结构住房的震害统计

图4.22　木结构住房倾倒

图4.23　木结构住房倒塌

图4.24 木框架房屋完全倒塌，但就在这栋房屋后面的钢筋混凝土结构房屋基本完好

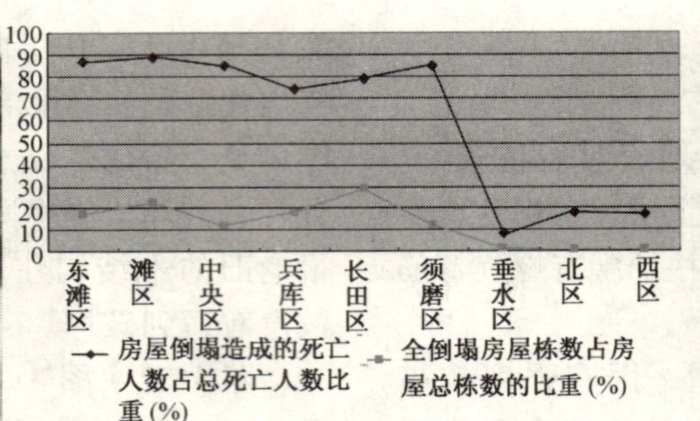

图4.25 房屋倒塌率和死亡率的关系

图4.26 两侧房屋倒塌的狭窄的街道

神户市各区木结构房屋破坏和死亡人数统计 表4.7

区	房屋总栋数 * *	全倒塌栋数 *	半倒塌栋数 *	完全烧毁栋数 *	非完全烧毁栋数 *	房屋倒塌造成死亡人数 * *	死亡总数 *	房屋倒塌造成死亡人数比重（%）	全倒塌房屋比重（%）
东滩	77 219	13 687	3 098	327	43	1 281	1 471	87.1	17.7
滩	55 361	12 757	3 559	465	96	831	933	89.1	23.0
中央	52 283	6 344	3 420	65	47	207	244	84.8	12.1
兵库	53 334	9 533	4 422	940	113	415	555	74.8	17.9
长田	53 304	15 521	4 994	4 759	75	725	919	78.9	29.1
须磨	66 293	7 696	4 093	407	35	340	401	84.8	11.6
垂水	87 313	1 176	5 520	1	8	2	25	8.0	1.3
北	70 878	436	1 177	0	2	2	11	18.2	0.6
西	63 272	271	1 500	1	2	2	12	16.7	0.4
总计	579 257	67 421	31 783	6 965	421	3 805	4 571	83.2	11.6

资料来源：* The City of Kobe. 2002
* * AIJ. 1995

在神户地区，无筋砖结构房屋很少。地震时，这类房屋的墙体大量破坏，屋盖倒塌，特别是非承重山墙最易破坏或倒塌，对室内人员和从旁边走过的行人特别危险。

钢筋混凝土结构房屋

1995年8月和9月，日本建筑学会近畿（大阪和京都地区）支部对神户市东滩区和滩区地震烈度为Ⅶ度区内的3911栋钢筋混凝土结构房屋的破坏情况做了调查，这个数字几乎包括了该地区的所有当时已有的钢筋混凝土结构房屋。在所考察的3911栋钢筋混凝土结构房屋中，有75%是居住建筑（包括部分用作办公或商店的住宅）。47.5%是按1981年修订的、现行的建筑标准法（Building Standard Law）设计建造的。9.5%是1~2层建筑，73%是3~5层建筑，9.7%有柔性首层，76%有抗力矩框架结构系统或框架-剪力墙系统。这3 911栋房屋的地震破坏情况是：88.5%完好或遭到轻微破坏，5.9%中等到严重破坏，5.7%倒塌，只有11.6%保持完好。在1981年建筑标准法颁布以前建造的2 035栋钢筋混凝土结构房屋中，7.4%遭到严重破坏，8.3%倒塌。在按照1981年建筑标准法建造的1 859栋钢筋混凝土结构房屋中，3.9%遭到严重破坏，2.6%倒塌。可见，1981年建筑标准法大大地提升了钢筋混凝土结构房屋的抗震性能。图4.27为1995年阪神-淡路地震后，对不同年代建造的钢筋混凝土房屋震害调查的结果统计。

建筑标准法在1971年和1981年曾做过重大的修改。在1971年版中，要求加密钢筋混凝土柱的箍筋，规定箍筋间距在柱的两端为100mm（中到中），以防止剪切破坏。在1981年版中，对在平面和立面刚度分布不规则的房屋，除了验算地震荷载下屈服机制形成处的侧向抗力外，还需要有更高的抗侧向荷载的能力。

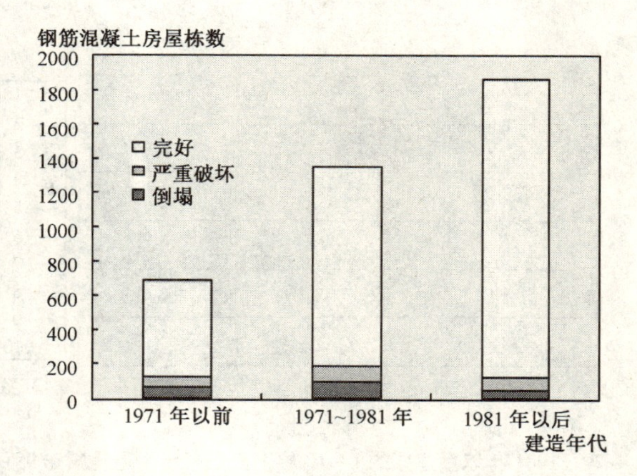

图 4.27 1995 年阪神-淡路地震不同年代建造的钢筋混凝土房屋震害调查统计

表4.8、表4.9 和表4.10 分别列出 1981 年以前和以后建成的钢筋混凝土结构房屋的地震破坏同其层数的关系，以及首层柔性房屋和其他房屋地震破坏的比较方面的数据（Shunsuke Otani. 1999）。[12] 图 4.28 ~ 图 4.33 则是根据这些表中的数据绘制出来的曲线。从表和图可以看出：

1981 年以前建成的 2017 栋钢筋混凝土房屋的地震破坏　　表 4.8

层数	完好或轻微破坏		严重破坏		倒塌		小计
	栋数	%	栋数	%	栋数	%	
1	20	91.0	1	4.5	1	4.5	22
2	215	92.7	9	3.9	8	3.4	232
3	532	93.0	17	3.0	23	4.0	572
4	524	85.8	41	6.7	46	7.5	611
5	269	79.6	29	8.6	40	11.8	338
6	59	75.6	10	12.8	9	11.5	78
7	49	58.3	16	19.0	19	22.6	84
8	19	63.3	7	23.3	4	13.3	30
9	3	33.3	4	44.4	2	22.2	9
10	20	48.8	15	36.6	6	14.6	41
总计	1710	84.8	149	7.4	158	7.8	2017

资料来源：Shunsuke Otani. 1996

1981 年以后建成的 1844 栋钢筋混凝土房屋地震破坏　　表 4.9

层数	完好或轻微破坏		严重破坏		倒塌		小计
	栋数	%	栋数	%	栋数	%	
1	8	100	0	0	0	0	8
2	85	98.8	0	0	1	1.2	86
3	460	98.1	2	0.4	7	1.5	469
4	508	95.7	9	1.7	14	2.6	531
5	333	97.4	5	1.5	4	1.1	342

续表

层数	完好或轻微破坏		严重破坏		倒塌		小计
	栋数	%	栋数	%	栋数	%	
6	135	91.9	9	6.1	3	2	147
7	90	86.6	12	11.5	2	1.9	104
8	44	75.8	11	19	3	5.2	58
9	19	73.1	7	26.9	0	0	26
10	51	69.8	18	24.7	4	5.5	73
总计	1733	94.0	73	4.0	38	2.0	1844

资料来源：Shunsuke Otani. 1996

有柔性首层房屋和其他房屋震害比较　　表 4.10

房屋类型	完好或轻微破坏		严重破坏		倒塌	
	栋数	%	栋数	%	栋数	%
有柔性首层房屋	275	72.4	54	14.2	51	13.4
其他房屋	3186	90.2	174	4.9	171	4.9

资料来源：Shunsuke Otani. 1996

（1）一般来说，房屋越高，破坏率也越高，比如说，5 层以上的房屋大致就有这个规律。

（2）采用修订过的建筑标准法设计和建造的房屋，抗震性能有明显的改善。但是在神户市的大多数严重破坏地区，遭到严重破坏或倒塌的钢筋混凝土结构房屋占全部钢筋混凝土结构房屋的比重竟高达 11.6%。其中，4% 的钢筋混凝土结构房屋是按现行 1981 年版建筑标准法设计的，也遭到严重破坏；2% 的钢筋混凝土结构房屋也是按现行 1981 年版建筑标准法设计的，却倒塌毁坏。由此可见，如何避免地震时钢筋混凝土结构房屋严重破坏和倒塌仍然是一个尚待研究解决的问题。

（3）很多从世界上其他地区发生过的地震总结出来的有关钢筋混凝土结构房屋抗震的经验教训，比如：有柔性首层的房屋的抗震性能远不如无柔性首层的房屋，由于缺乏延性而造成的剪切破坏，非结构构件的破坏堵塞应急通道，甚至夺去人的生命等，在阪神-淡路地震中又重复出现，如图 4.34 所示。

（4）提高现有按旧规范和旧技术设计的钢筋混凝土结构房屋的抗震能力是政府和房主面临的紧迫任务。

（5）地震时，基底隔震系统发挥了很好的作用，大大地降低了房屋结构的地震反应运动水平。

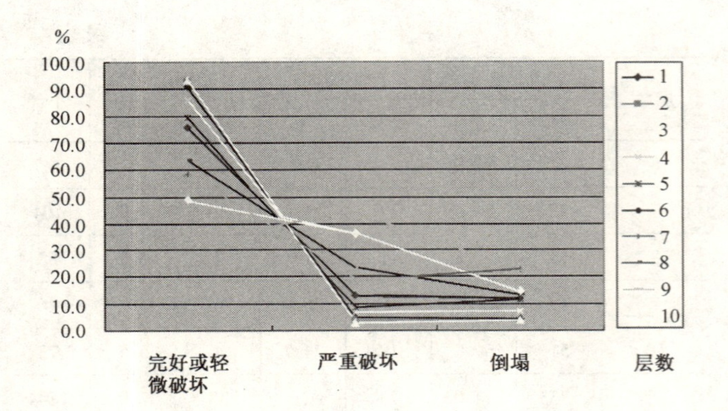

图 4.28 1981 年以前建成的 1～10 层钢筋混凝土房屋地震破坏百分率

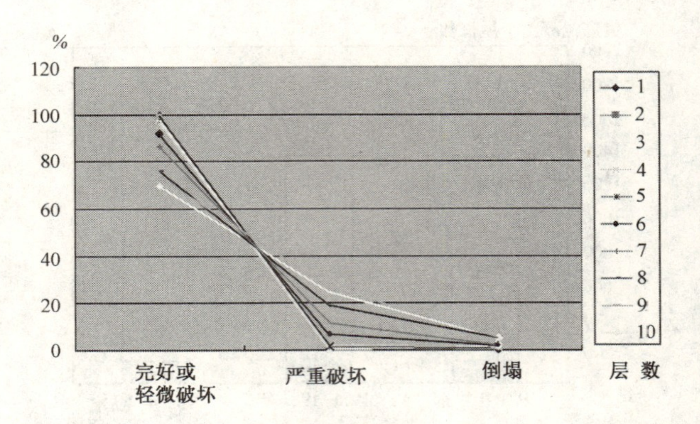

图 4.29 1981 年以后建成的 1～10 层钢筋混凝土房屋地震破坏百分率

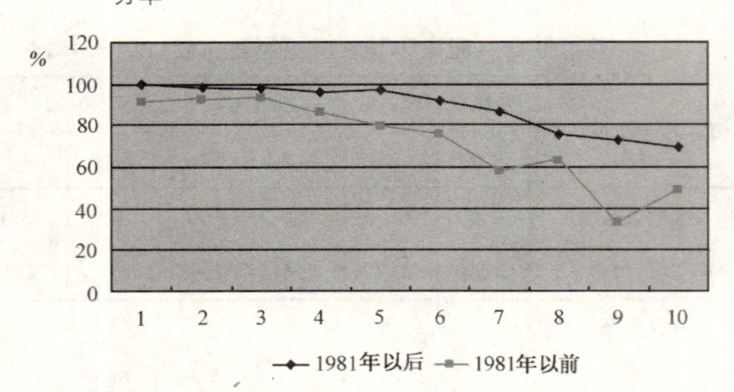

图 4.30 1981 年以前或以后建成的 1～10 层钢筋混凝土房屋完好或轻微破坏百分率

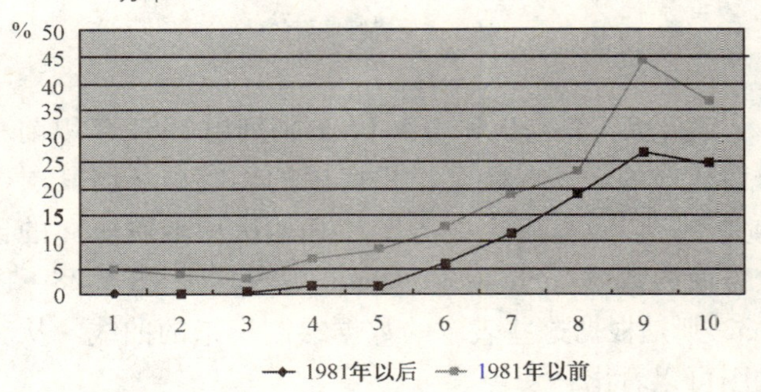

图 4.31 1981 年以前或以后建成的 1～10 层钢筋混凝土房屋严重破坏百分率

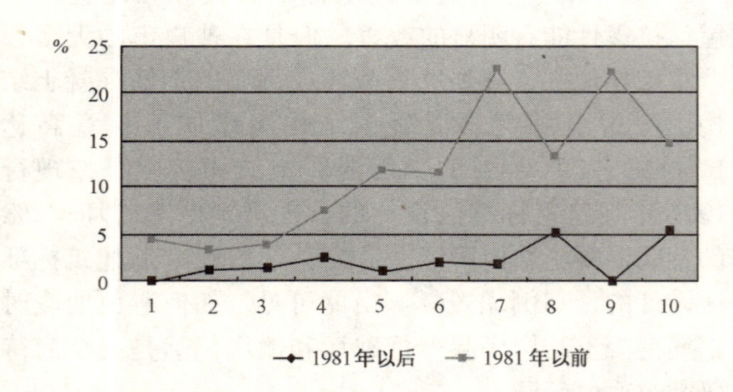

图 4.32 1981 年以前或以后建成的 1～10 层钢筋混凝土房屋倒塌百分率

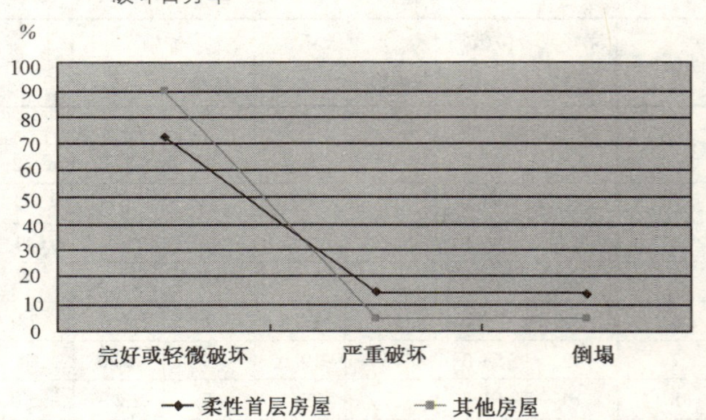

图 4.33 有柔性首层房屋和其他房屋震害比较

(a)

(b)

图 4.34 钢筋混凝土房屋柔性首层倒塌

图4.35所示为1995年阪神-淡路地震时，柔性首层钢筋混凝土房屋震害和其建造年代之间的关系。从图可见，1971年以前建造的柔性首层钢筋混凝土房屋差不多有50%遭到严重破坏或倒塌；1971～1981年之间建造的柔性首层钢筋混凝土房屋大约有40%遭到严重破坏或倒塌；而1981年以后建造的柔性首层钢筋混凝土房屋大约有16%遭到严重破坏或倒塌。虽然按照1981年建筑标准法建造的柔性首层钢筋混凝土房屋的严重破坏或倒塌率比1971年以前建造的有明显的降低，但仍不很理想，需要对其抗震性能作进一步深入的研究。

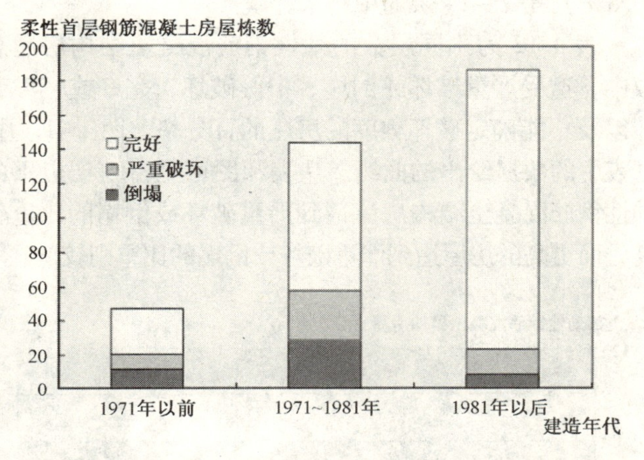

图4.35　1995年阪神-淡路地震时，不同建造年代的柔性首层钢筋混凝土房屋震害统计

地震调查发现，有很多房屋在其中间高度整个一层完全倒塌（一个中间高度楼层倒塌）。大量的寿命为20年左右的高层房屋建筑在第5层倒塌，如图4.36和图4.37所示。[13]这些高层建筑设计建造所依据的老版本建筑标准法，允许较弱的上部结构从第5层开始。这种中间楼层倒塌的现象在中国地震灾害历史上从未见过。在世界上其他有地震的国家，似乎也没有先例。

表4.11为钢筋混凝土结构学校建筑地震破坏程度和建造年份之间关系示例。[14]从表中也可以清楚地看出，大多数严重破坏的房屋是1981年以前建造的。

钢筋混凝土结构学校建筑的地震破坏统计　表4.11

	1971年以前		1971～1981年		1981年以后		小计	
	栋数	%	栋数	%	栋数	%	栋数	%
倒塌	18	5	2	1	0	0	20	3
严重破坏	24	7	9	5	0	0	33	5
中等破坏	90	27	39	24	11	8	140	22
较小破坏	41	12	21	13	7	5	69	11
轻微/无破坏	159	48	95	57	115	87	369	59
总计	332	100	166	100	133	100	631	100

资料来源：Okada，T. 2000

日本第一版抗震设计规范于1924年问世。以后在1950、1971、1981和2000年曾做过修订。每一次修订时，房屋建筑的抗震性能都有改善。这就是为什么在1995年阪神-淡路地震中，甚至在如此强烈的地面运动作用下，大多数根据1981年抗震设计规范设计建造的房屋得以幸存的原因之一。其他的统计数字也显示了类似的趋向。但是，破坏程度从完好到严重破坏，离散性很大。而且很多严重破坏的房屋即使能防止倒塌，也被拆除了，因为设计规范的准则是只防止“倒塌”，而不是确保像我们所设想的“不需大修即可使用”。考虑到1981年以后建造的房屋的这种地震性状，

图4.36　房屋在第5层倒塌

图4.37　钢筋混凝土框架房屋在中间层倒塌（EQE. 1995）

1998年，对日本建筑标准法又做了修订，并于2000年施行。修订的要点是，使现行抗震设计规范，作为防止倒塌的最低要求，留有一些可修改的空间，并增加根据所需房屋性能控制破坏程度的新方法，以供业主选择。这个可选择的方法是根据等效线性刚度和等效黏性阻尼估计房屋对由设计谱定义的地面运动的非线性反应位移。严格地说，这种方法并非设计方法，而是一种估计已经设计好的房屋的反应位移的方法。但是，采用这种方法可使结构工程师不必遵循一些结构要求方面的规定，比如构件尺寸、结构细部构造等。

劲性钢筋混凝土（SRC）结构房屋

1923年关东大地震以来，劲性钢筋混凝土结构房屋一直被认为是最佳抗震结构体系之一。然而，在1995年的阪神-淡路大地震中，这个神话被打破了。根据来自日本建筑学会结构委员会劲性钢筋混凝土结构执行委员会的报告，他们所调查的劲性钢筋混凝土结构房屋竣工时期和栋数如图4.38所示。从图可见，在他们所调查的1232栋房屋中，有430栋（占调查房屋总数的35%）是新抗震设计规范开始施行的那一年以前，即1981年以前建造的。图4.39表示不同年代建造的全部劲性钢筋混凝土结构房屋，遭受严重破坏或倒塌、中等破坏、以及完好或轻微破坏的百分率。从中可以看出，1981年以前建造的劲性钢筋混凝土结构房屋在地震时遭到严重破坏的比重很高，而根据1981年建筑标准设计和建造的劲性钢筋混凝土结构房屋在地震时遭到严重坡坏的百分比则低得多。所调查的劲性钢筋混凝土结构房屋的栋数和层数的关系示于图4.40中，它表明在1232栋劲性钢筋混凝土结构房屋中，有992栋（占总数的80.5%）是7~14层的中高层建筑。

表4.12为不同层数的劲性钢筋混凝土结构房屋总数中，遭受严重破坏或倒塌、中等破坏、完好或轻微破坏以及不能确定破坏程度的房屋的百分率。图4.41为根据表中的数据绘出的曲线。从表和图可见，15层以下的劲性钢筋混凝土结构房屋遭到严重破坏或倒塌的比重较高，而更高的房屋遭到严重破坏或倒塌的比重则较低。[15]

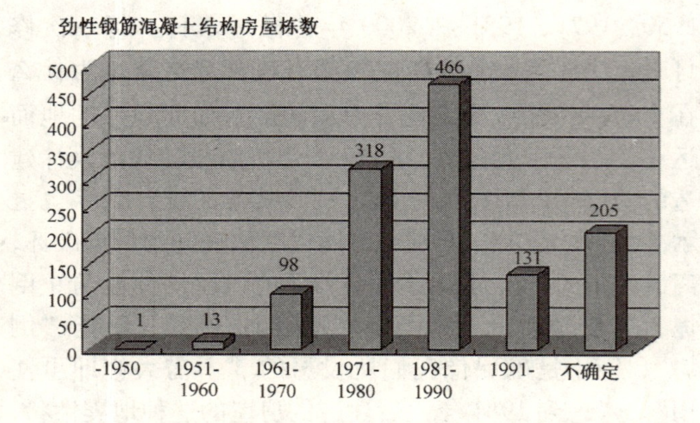

图4.38 调查的劲性钢筋混凝土结构房屋的竣工时期和相应的栋数

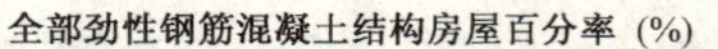

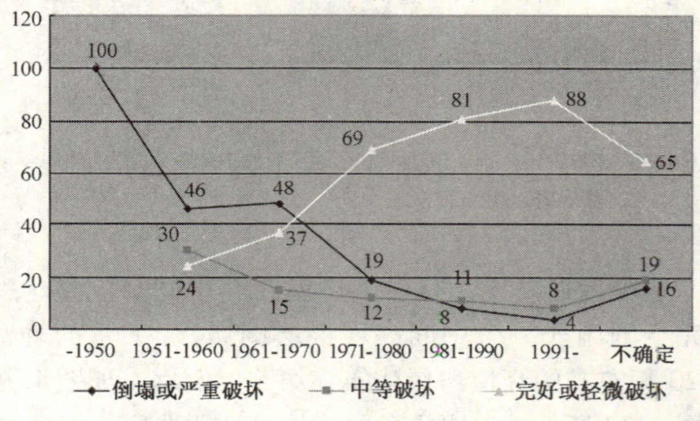

图4.39 不同年代建造的全部劲性钢筋混凝土结构房屋，遭受严重破坏或倒塌、中等破坏以及完好或轻微破坏的百分率

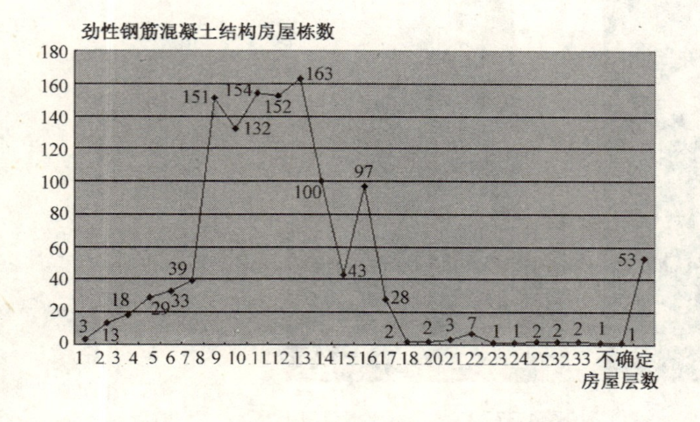

图4.40 所调查的劲性钢筋混凝土结构房屋的栋数和层数的关系

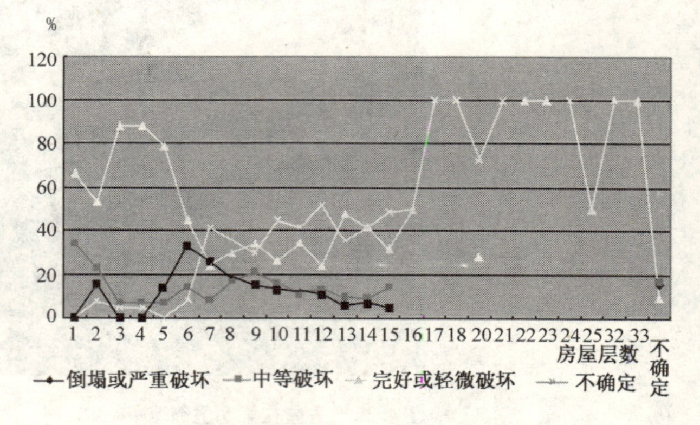

图4.41 不同层数劲性钢筋混凝土结构房屋在不同破坏程度下的百分率

不同层数劲性钢筋混凝土结构房屋在不同破坏程度下的百分率　　表 4.12

层数	占所调查房屋总数的百分率（%）			
	严重破坏或倒塌	中等破坏	完好或轻微破坏	破坏程度不确定
1	0	34	66	0
2	16	23	53	8
3	0	7	88	5
4	0	7	88	5
5	14	7	79	0
6	33	14	45	8
7	26	8	24	42
8	18	17	30	35
9	15	21	34	30
10	13	16	26	45
11	12	11	35	42
12	11	13	24	52
13	6	10	48	36
14	7	9	42	42
15	5	14	32	49
16	0	0	50	50
17	0	0	0	100
18	0	0	0	100
20	0	0	28	72
21	0	0	0	100
22	0	0	100	0
23	0	0	100	0
24	0	0	0	100
25	0	0	50	50
32	0	0	100	0
33	0	0	100	0
层数不确定	16	17	9	58

钢结构房屋

在阪神地区，钢结构房屋主要有以下3种类型：

（1）单侧向斜撑框架型；

（2）双侧向斜撑框架型；

（3）无侧向斜撑的抗力矩框架型。

在所调查的钢结构房屋中，70%为有抗力矩框架。[16]表4.13为日本建筑学会（AIJ）调查组所调查的钢筋混凝土结构房屋和劲性钢筋混凝土结构房屋以及钢结构房屋的破坏统计。根据表4.13[17]绘出的所调查的钢筋混凝土/劲性钢筋混凝土结构房屋和钢结构房屋在不同破坏程度下的破坏百分率如图4.42所示。从图可以看出，这两类结构房屋都受到了很大的破坏。甚至钢结构房屋的倒塌/严重破坏和中等破坏的百分率比钢筋混凝土/劲性钢筋混凝土结构房屋的相应百分率还要高一些。

所调查的遭受破坏的房屋统计　　表 4.13

结构类型	倒塌或严重破坏	中等破坏	轻微破坏	小计
钢筋混凝土/劲性钢筋混凝土	610	347	1797	2754
钢	457	348	971	1776
总计	1067	695	2768	4530

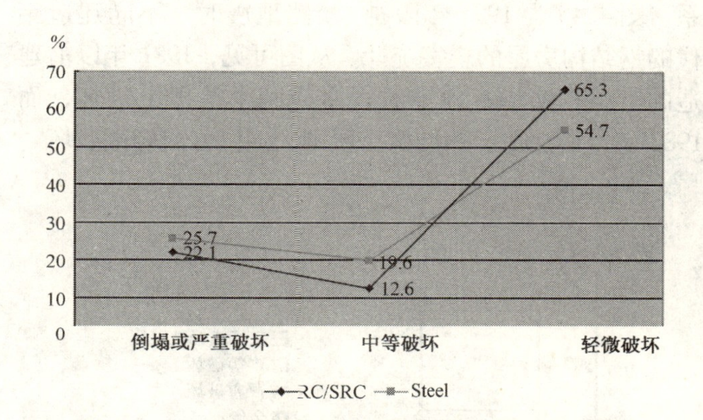

图4.42　所调查的钢筋混凝土（RC）/劲性钢筋混凝土（SRC）房屋和钢结构（Steel）房屋破坏百分率

日本原建设省建筑研究所对650栋钢结构房屋的破坏情况进行了调查，破坏程度和房屋栋数的关系示于图4.43中。从图可见，在650栋钢结构房屋中，有17.7%遭到严重破坏或倒塌。但是，如图4.44（BRI.1996）所示，1981年以前建成的钢结构房屋遭到严重破坏或倒塌的比重比1981年以后建成的钢结构房屋要高得多。

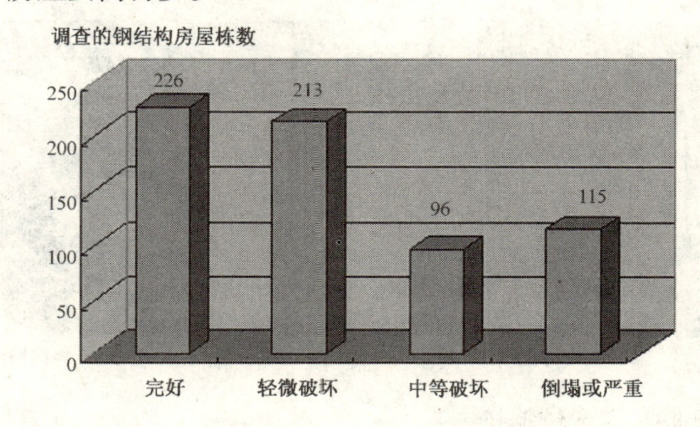

图4.43　钢结构房屋破坏程度和房屋栋数的关系

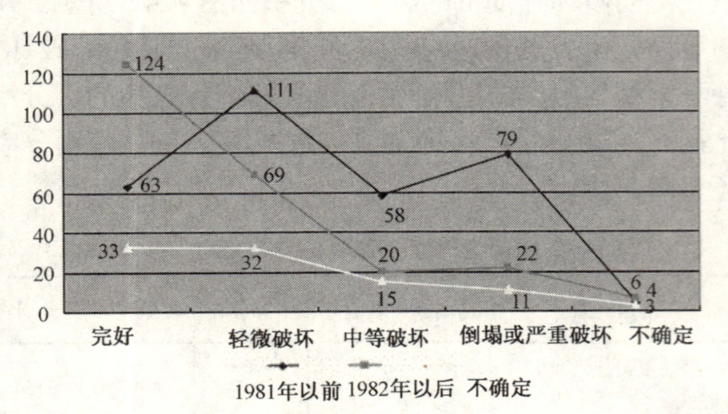

图 4.44 钢结构房屋破坏程度、数量和建成年份的关系

钢结构房屋的地震破坏和其建造年代有密切的关系。图 4.45 为 1995 年阪神-淡路地震时，不同建造年代的钢结构房屋的震害统计。从图可见，1981 年以前建造的钢结构房屋，地震时大多受到中等以上破坏，而 1982 年以后建造的钢结构房屋则大多完好或轻微破坏。这是因为，日本在 1981 年对《建筑标准法》（Building Standard Law）作了重大的修改，要求验算在侧力作用下，形成屈服机制时的抗水平荷载能力，根据形成屈服铰的构件的变形能力规定了最低抗侧力水平。

钢框架结构破坏现象主要有：

（1）节点破坏，主要发生在低层，1970 年以前建造的老旧钢结构房屋。因为 20 世纪 60 年代缺少钢材，这类房屋多采用冷弯型钢。图 4.46 所示为节点板在地震时发生出平面大变形。

（2）斜撑破坏，主要发生在连接部位，如图 4.47 所示。斜撑自身也会产生破坏，如平板斜撑破坏（图 4.48），宽翼缘断面斜撑构件压屈（图 4.49）等。

（3）柱子破坏，如柱身断裂（图 4.50）、柱顶破坏（图 4.51）和柱身压屈（图 4.52）等。

（4）梁柱节点焊接破坏，主要发生在中高层预制抗力矩框架结构中，如图 4.53 所示。

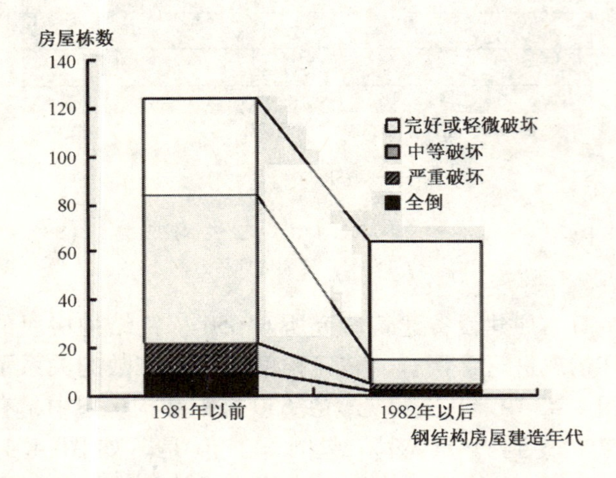

图 4.45 1995 年阪神-淡路地震时，不同建造年代的钢结构房屋震害统计

图 4.46 节点板出平面方向大变形

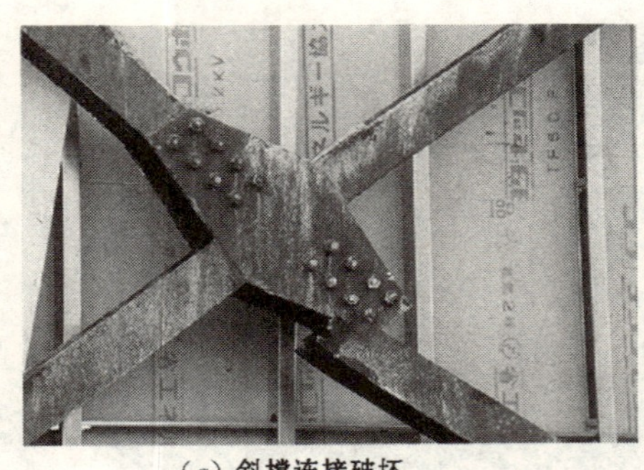

（a）斜撑连接破坏

（b）斜撑构件和梁连接处破坏

图 4.47 斜撑连接破坏

图 4.48 平板斜撑破坏

图4.49 宽翼缘断面斜撑构件压屈

图4.50 高层钢结构柱的脆性破坏

图4.51 柱顶裂缝

图4.52 柱压屈（神户市区市政厅东8层停车和煤气站楼大的开口处一层柱）

图4.53 梁端焊接部分破坏

图4.54 钢构件锈蚀

图4.55 外墙板掉落

图4.56 钢结构房屋首层倒塌

图4.57 钢结构框架发生很大的水平残余变形

（5）钢结构构件锈蚀，如图4.54所示。

（6）钢结构构件完好，但外墙板掉落，如图4.55所示。

（7）钢结构房屋首层倒塌，如图4.56所示。

（8）钢结构框架发生很大的水平残余变形，如图4.57所示。

在芦屋滨（Ashiya Hama）滨海镇，有52栋中、高层钢结构集合住宅，于1975～1979年之间建成，如

图4.58和图4.59所示。其中有21栋，地震时结构钢框架遭到严重破坏，如图4.60所示。此类住宅的结构体系由巨型抗力矩框架组成，而框架的柱和大梁则均是大型钢桁架。这是富有创新性的非传统结构系统。大梁每隔5层设置。住宅单元由用驳船运到现场的大型钢筋混凝土预制组件构成。震后观察到的破坏现象有：宽达50cm，壁厚5cm的方形柱和管柱的脆性破坏，以及交叉斜撑钢构件宽翼缘断裂。在一些地方，柱子中的残余水平断错宽达2cm。一般来说，脆性破坏发生在承受很高拉应力和剪应力组合的框架构件。在一个住宅单元，构成抗侧力系统的8个主要钢柱中，有6个发生断裂。尽管钢框架发生严重破坏，房屋的其他构件（包括窗户）并未出现明显的破坏。在这些模数结构房屋中，钢框架设在房屋的外边，明显可见（EQE，1995）。

4.5.3 中国台湾集集地震[18]

集集地震使大约5000栋房屋完全倒塌，4000栋房屋部分倒塌，为数更多的房屋则遭到不同程度的破坏。

集集地震的一个显著特点是大规模的地震断层位移，包括水平向和竖向位移。跨越断层线的房屋，基础承受不了这么大的位移，房屋因而遭到破坏，如图4.61所示。这种破坏的房屋修复十分困难，目前还没有经济可行的办法。最好的办法是避免把房屋建造在断层线上。但是，准确确定断层线的位置还是一个尚待探索的课题。还有一些房屋建在可液化的土层上，集集地震时，由于土的液化，使地基发生不均匀沉降，从而造成房屋倾斜，如图4.62所示。

图4.58 芦屋滨滨海镇概貌，该镇由沿芦屋海岸线，在六甲岛对面的钢框架房屋群构成，房屋的层数有14、19、24和29层等

图4.59 芦屋滨滨海镇的典型的住宅单元，可见形成抗侧力结构系统的抗力矩框架的钢桁架单元

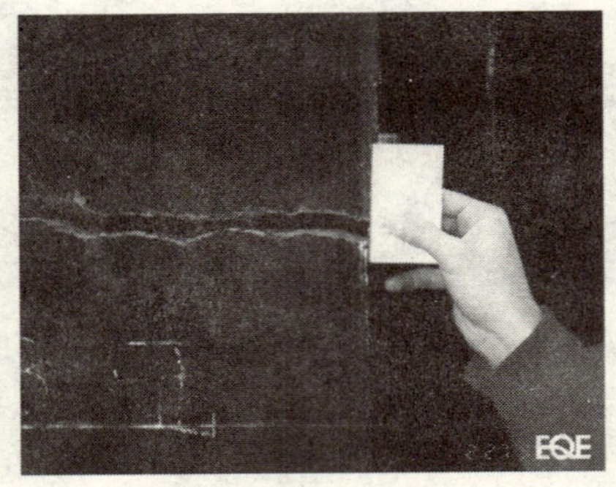

图4.60 （a）芦屋滨（Ashiya Hama）滨海镇钢结构住宅钢柱断裂（EQE. 1995） （b）芦屋滨滨海镇钢结构住宅钢柱断裂修复以后

图4.61 1999年台湾集集地震时，跨越断层房屋倾斜

图4.62 1999年台湾集集地震时，土壤液化造成房屋倾斜

图4.63 1999年台湾集集地震时，典型的“柔性层破坏”

20世纪后半世纪以来发生的大地震显示，柔性首层建筑，往往在首层发生破坏。因为首层通常开间很大，同其他层相比，强度和刚度都比较低，造成房屋的结构和非结构系统在竖向不连续，因而地震时，在较弱的或较柔的楼层发生破坏。这种破坏通常称为“柔性层破坏”（soft-story damage）。图4.63是中国台湾集集地震时发生的典型的“柔性层破坏”的事例。

在中国台湾，有很多房屋，不仅首层是柔性层，而且首层的层高较大，采用强梁弱柱体系，结构布置也很不规则。房屋在迎街的一面，开洞很大，如车库门、商店的窗户等，而在背街的一面则大部分是墙，开洞很少。这样，在房屋的纵向，迎街的一面不论是强度和刚度都比背街的一面弱得多。由于有柔性首层，而且结构布置偏心，地震时，房屋首层破坏后向迎街一侧倾斜，如图4.64所示。

短柱破坏是世界各国强烈地震中常见的破坏现象。当柱的部分高度有非结构墙体时，非结构墙体限制了柱的自由变形，从而形成短柱。虽然受到约束的柱子的长度较短，在挠曲强度达到以前，柱子有可能承受更大的侧力，但是，对于短柱，常常首先达到剪切强度，从而造成非延性剪切破坏。图4.65为这种破坏的典型案例。

构造措施，特别是延性构造是钢筋混凝土结构抗御地震的重要环节。中国台湾集集地震以后，调查发现非延性构造的事例很多。比如，在遭到地震破坏的钢筋混凝土柱中，柱子的箍筋间距过大，搭接长度不足，横向接头钢筋过少，箍筋弯钩90度等。图4.66所示的钢筋混凝土柱，因箍筋间距过大，且有非结构墙体约束，在1999年台湾集集地震时，遭到破坏。

钢筋混凝土结构房屋如果没有设置防震缝，则在地震时会发生碰撞。图4.67所示为竹山镇竹山高中的专科教室楼和商科教室楼之间由于未留防震缝而造成的碰撞破坏。

图 4.64 首层柔性，且结构布置偏心，1999 年集集地震时，房屋首层破坏并向迎街一侧倾斜

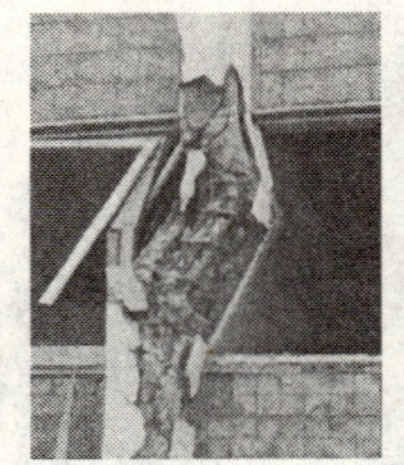

图 4.65 短柱剪切破坏

图 4.66 钢筋混凝土柱因箍筋间距过大，且有非结构墙体约束而破坏

图 4.67 钢筋混凝土结构房屋地震时碰撞破坏

4.6 结论

从上述比较分析可以得到以下有参考价值的结论。

1. 地震时，地基破坏主要有土的液化、软土沉降、地基不均匀变形、填土地基变形以及其他地面破坏等。在平原地区，土的液化最为突出；在山区或丘陵地带，地基不均匀变形占居首位。地基抗震应当十分注意土壤液化的影响。

2. 地震时，一般地基上的基础，很少严重破坏；液化地基上的房屋常会发生沉降和倾斜；淤泥质地基上的基础很多出现较大的变形；妥善设计和精心施工的桩基础抗震性能很好，是土可液化地段房屋基础的良好形式，但在土体滑动的地段仍难免遭到破坏。加筋土和地基加固是改善地基抗震性能的有效措施。

3. 无筋砖结构房屋和装配式单层钢筋混凝土工业厂房是中国唐山地震时倒塌和破坏率最高的房屋类型，是唐山地震灾难的罪魁祸首。重屋顶的木屋是日本阪神-淡路地震时，倒塌和破坏率最高的房屋类型，是阪神-淡路地震灾难的罪魁祸首。唐山地震表明，采用钢筋混凝土构造柱，并在各层楼盖用圈梁拉结的多层砖结构房屋具有较好的抗震性能。

4. 钢筋混凝土结构房屋越高，破坏率也越高。在神户市的大多数严重破坏区，遭到严重破坏或倒塌的钢筋混凝土房屋占全部钢筋混凝土房屋的比重竟高达11.6%。其中，4%钢筋混凝土房屋是按现行1981年版建筑标准法设计的，却遭到严重破坏；2%钢筋混凝土房屋也是按现行1981年版建筑标准法设计的，却发生倒塌毁坏。按现行新的建筑抗震设计规范设计的或采用隔震或减震系统的钢筋混凝土结构房屋，地震时表现较好。但是，按旧规范设计的，或有柔性薄弱层的，或缺乏延性构造的，或结构布置不对称的，或在混凝土柱里埋设有管道的，或未留防震缝的，或跨越断层线的钢筋混凝土结构房屋，地震时，倒塌和破坏率则较高。

5. 劲性钢筋混凝土结构房屋一直被视为最佳抗震结构体系之一，但日本阪神-淡路地震表明，1981年以前建造的劲性钢筋混凝土结构房屋在地震时遭到严重破坏，根据1981年建筑标准设计和建造的劲性钢筋混凝土结构房屋虽然总体上震害很轻，但仍有倒塌和严重破坏的。15层以下的劲性钢筋混凝土结构房屋破坏严重，而更高的劲性钢筋混凝土结构房屋则破坏较轻。

6. 钢结构房屋也一直被视为最佳抗震结构体系之一，但日本阪神-淡路地震表明，在调查的650栋钢结构房屋中，有17.7%遭到严重破坏或倒塌。甚至钢结构房屋的倒塌、严重破坏和中等破坏的百分率比钢筋混凝土和劲性钢筋混凝土房屋的相应百分率还要高一些。1981年以前建成的钢结构房屋地震时遭到严重破坏的比重比1981年以后建成的钢结构房屋高得多。在芦屋市的滨海镇，有52栋中、高层钢结构集合住宅，采用富有创新性的巨型抗力矩框架结构。地震时，有21栋结构钢框架遭到严重破坏，宽达50cm，壁厚5cm的方形柱和管柱均发生脆性破坏，交叉斜撑钢构件的宽翼缘断裂，柱子中的残余水平断错宽达2cm。这说明，采用新技术需要十分谨慎。

7. 地震经验教训重复出现，比如：有柔性首层的房屋的抗震性能远不如无柔性首层的房屋；缺乏延性会造成柱子的剪切破坏，引起房屋严重破坏或倒塌；非结构构件的破坏会堵塞应急通道，甚至夺去人的生命等。

8. 大量的寿命为20年左右的高层房屋建筑在第5层倒塌，这可能同这些高层建筑设计建造所依据的老版本建筑标准法，允许较弱的上部结构从第5层开始有关。大多数严重破坏的房屋是新规范颁布的那一年，即1981年以前建造的。采用修订过的建筑标准法设计和建造的房屋，抗震性能有明显的改善。可见，根据成熟的研究成果，及时修订抗震设计规范至为重要。

9. 地震时，如何避免钢筋混凝土、劲性钢筋混凝土和钢结构房屋严重破坏和倒塌，仍然是一个尚待研究解决的问题。

10. 提高现有按旧规范和旧技术设计的房屋的抗震能力是我们面临的紧迫任务。

参考文献

[1] 1989 Loma Prieta earthquake, USA, http://www.ce.washington.edu/~liquefaction/html/quakes/loma/loma.html

[2] Zuo, Delong. 2002. Soil Liquefaction in Earthquakes? Its Effects on Structures and How to Avoid it, http://www.ce.jhu.edu/dzuo/earthquake/Earthquake-rpt01.pdf

[3] 黄熙龄等．天津市区地基震害概况．刘恢先主编．《唐山大地震震害》（一）卷，第五章．北京：地震出版社，1986：351-358.

[4] 吴家珣．天津市桩基震害．刘恢先主编．《唐山大地震震害》（一）卷．第五章．北京：地震出版社，359-382.

[5] Bhattacharya, S. 2002, Analysis of Reported Case Histories of Pile Foundation Performance During Earthquakes, Proceedings of 7th Young Geotechnical Engineers Symposium 2002, 17th ~ 19th July, Dundee, U.K., http://www2.eng.cam.ac.uk/~sb353/YGES2002.pdf

[6] Kobayashi, K. and et el. 1995, The Performance of Reinforced Earth in the Vicinty of Kobe, during the Great Hanshin Earthquake, http://www.reco.anst.com/kobe%20Earthquake/kobe-Earthquake.htm

[7] Housler, E. A. and Sitar, N. 2001, Performance of Soil Improvement Techniques in Earthquakes, Fourth International Conference on Recent Advances in Geotechnical Earthquake Engineering and Soil Dynamics, paper 10.15, http://ce.berkeley.edu/~hausler/papers/PAPER10-15.pdf

[8] 夏敬谦、佟恩宠、周炳章．民用建筑震害概况．刘恢先主

编.《唐山大地震震害》(二)卷.第六章.北京:地震出版社;1986:1-18.

[9] Ye, Yaoxian & Liu, Xihui. 1980. Experience in Engineering from Earthquake in Tangshan and Urban Control of Earthquake Disaster, The 1976 Tangshan, China Earthquake, Papers presented at the 2nd U. S. National Conference on Earthquake Engineering held at Stanford University, August 22 ~ 24, 1979, EERI

[10] Ye, Yaoxian. 1979. Terremotos Destructivos Ocurridos en qnos recientes en China, REVISTA GEOFISICA, 10 ~ 11, pp. 5 ~ 22, MEXICO, 1979

[11] Otani, Shunsuke. 1999, Disaster Mitigation Engineering - The Kobe Earthquake Disaster - presented at JSPS Seminar on Engineering in Japan at the Royal Society, London, on September 27, 1999. The seminar was organized by the Japan Society for the Promotion of Science.

[12] Otani, Shunsuke. 1996. Lessons Learned from the 1995 Kobe Earthquake Disaster: Necessary for Performance Based Design in Reinforced Concrete Construction. http://orbita.starmedia.com/~martzsolis

[13] The January 17, 1995 Kobe Earthquake An EQE Summary Report, April 1995 http://www.eqe.com/publications/kobe/industry.htm

[14] Okada, T. et al 2000. Improvement of Seismic Performance of Reinforced Concrete School Buildings in Japan. 12WCEE Japan Building Disaster Prevention Association 1976, 1990. Seismic Evaluation Standard for Existing Reinforced Concrete Buildings. JBDPA.

[15] Fujiwara, Tezo. 1996, Damage Varification by Evidence Analysis based on Survey of the 1995 Hyogoken - Nanbu Earthquake, DPRI, Kyoto University (in Japanese)

[16] NIST (National Institute of Standards and Technology). 1996. The January 17, 1995 Hyogoken - Nanbu (Kobe) earthquake, Performance of Structures, Lifelines, and Fire Protection Systems. NIST Special Publications 901 (ICSSC TR16). It can be downloaded at http://fire.nist.gov/bfrlpubs/build96/art002.html

[17] AIJ (Architectural Institute of Japan). 1995. Preliminary Reconnaissance Report of the 1995 Hyogoken - Nanbu earthquake. English Edition.

[18] MCEER, 2000, The Chi - Chi, Taiwan Earthquake of September 21, 1999: Reconnaussance Report, Edited by George C. Lee and Chin - Hsiung Loh, pp. 29 - 64

第5章 生命线系统的地震性状[1],[2],[3],[4],[5]

1976年中国唐山地震造成的生命线系统破坏，涉及范围很广，电力、通信和交通系统破坏造成的后果最为严重。由于电厂倒塌，电力中断，致使唐山煤矿地下通道排水设施停止工作，地下通道全部被淹，造成煤矿停产数月；由于通信设施破坏和电力中断，致使唐山市和外界失去联系，河北省政府和中央政府不能及时获得灾情信息，难以及时采取应急措施。由于桥梁倒塌，造成交通中断，致使救援人员和物资不能及时运送到严重破坏的地区。

1995年日本阪神-淡路地震造成的生命线系统破坏，主要集中在六甲山脉与海岸线之间十多公里宽的地带。电力、给水、排水和煤气网络破坏严重，通信和交通运输网络遭受毁灭性破坏。由于生命线系统的大范围破坏，致使震后受灾地区陷于瘫痪，市民生活陷入困境。不仅单个系统破坏严重，而且过去一直视为问题的互生灾害更为明显，从而造成灾情扩大，恢复迟缓，使事态更为恶化。仅排水设施破坏所造成的经济损失就达1 140亿日元，其中兵库县为700亿日元，占总损失的61.4%。神户市为370亿日元，为兵库县的52.9%。

5.1 交通系统（铁路和公路）

5.1.1 中国唐山地震

交通中断最主要的原因是桥梁和道路的破坏，以及铁路铁轨弯曲。地震时，京山线和通坨线分别有

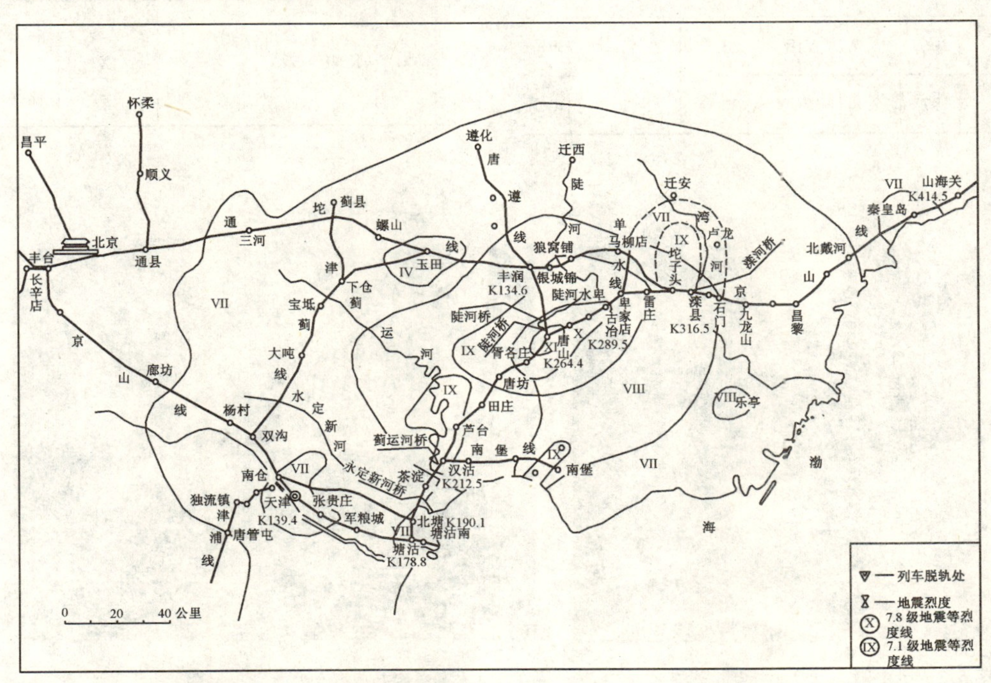

图5.1 唐山地震区铁路工程分布和等地震烈度线图

69km 和 171km 遭到了破坏。

5.1.1.1 铁路[6]

在唐山地震的破坏区有 100 多条铁路线，包括：

1. 干线：如京山线（北京-山海关）、天津-浦口、通县-坨子头和天津-蓟县等。

2. 支线：如唐山-遵化，汉沽-南堡等。

3. 专用线：如塘沽站、塘沽南站、茶淀站、汉沽站以及唐山地区厂矿所属的专用线。

图 5.1 为铁路线分布和等地震烈度图。表 5.1 为地震区主要铁路干线和重要支线中断运输的时间。从表可见，所有干线在 312h 内都恢复了通车，而重要的支线则在 840h 内恢复了通车。

地震区铁路运输中断时间　　表 5.1

序号	铁路线名称	线路等级	建造年份	线路长度（km）	地震烈度	地震烈度≥VII范围（km）	恢复通车日期（1976年8月）	中断运输时间（h）
1	北京-山海关（单线）	I级干线	1887	414.5	VI ~ XI		7日	235
	北京-山海关（复线）					307.6	10日	312
2	天津-浦口	I级干线			VII ~ VIII	67.2		0
3	通县-坨子头	I级干线	1973	189.8	VI ~ IX	162.1	3日	144
4	天津-蓟县	I级干线	1963	93.3	VII	93.3	1日	96
5	天津北环线	I级干线	1975	47.2	VII	47.2	1日	240
6	通坨上行联络线	I级干线	1973	5.0	IX	5.0		
7	汉沽-南堡	I级干线	1963	33.7	VIII	33.7	27日	734
8	唐山-遵化	I级干线	1973	72.8	VII ~ XI	20.0	31日	840

铁路的地震破坏可以分成以下几类：

1. 行驶中的车辆和轨道破坏

唐山地震时，在地震破坏区铁路线上行驶的列车共有 35 列，其中 28 列为货车，7 列为旅客列车。如表 5.2 所示，在这 35 列列车中，北京-山海关线上有 7 列列车（货车 5 列，旅客列车 2 列）发生部分车辆脱轨或倾覆（参见图 5.2 和图 5.3），但没有人员伤亡。

2. 路基和挡土墙破坏

唐山地震破坏区的铁路路基工程绝大多数为路堤，

北京-山海关铁路线行驶中的列车的震害　　表 5.2

序号	车次	地　点	列车类别	地震烈度（度）	列车破坏情况
1	117	K201	客车	VII	7 辆脱轨，370 根钢筋混凝土轨枕压坏
2	1014	K208	货车	VIII	脱轨
3	1020	芦台站内	货车	IX	2 辆脱轨，1 根钢轨折断（图 5.2）
4	041	K221	油罐车	IX	3 辆倾覆
5	1030	K244	货车	IX	3 辆脱轨
6	1017	K248	货车	IX	4 辆倾覆
7	40	K248 +500	客车	IX	31 辆倾覆，7 辆脱轨，430 根钢筋混凝土轨枕压坏（图 5.3）

图 5.2　列车脱轨，轨道折断

图 5.3　列车脱轨，倾倒

极少采用路堑和挡土墙。路堤高度一般为1~3m，个别地段路堤高度有达4~11m的。路堤的填料大多数为黏性土，少量为粉砂土、细砂土和中砂土。路堤的抗震能力同所在地点的地震烈度、场地工程地质和水文地质条件、路堤的高度以及填料的种类等有着密切的关系。路堤的震害主要有：沉降、裂缝、边坡塌滑和塌陷等。路堤沉降最为普遍，主要发生在地基为软黏土和可液化砂土的情况下，轨排悬空、轨道横移和铁轨弯曲等震害就是路基下沉的结果。地基为岩石或坚硬密实的土层时，路基基本完好。

在唐山地震破坏区，所调查的路堑边坡，没有发现破坏。

唐山地震破坏区的挡土墙，大部分为公路和铁路立交处的地道路堑墙、公路路肩墙、铁路路肩墙、站台墙和浸水护岸墙等，其高度在2.0~7.5m之间，采用浆砌片石砌筑，施工质量较好，地震时，震害一般都很轻微。

3. 桥梁破坏

在唐山地震破坏区，地基比较松软，地形平坦，桥梁高度低，基础形式复杂。所有铁路线上的桥梁，都是简支梁式桥。桥梁为钢桁梁，最大跨度为62.8m。桥墩为石砌或混凝土，最大高度约10m。图5.4为调查的291座铁路桥梁的震害统计结果。从图可见，在地震烈度为Ⅸ~Ⅺ度的地区，铁路桥梁破坏比例高达60%~93%。

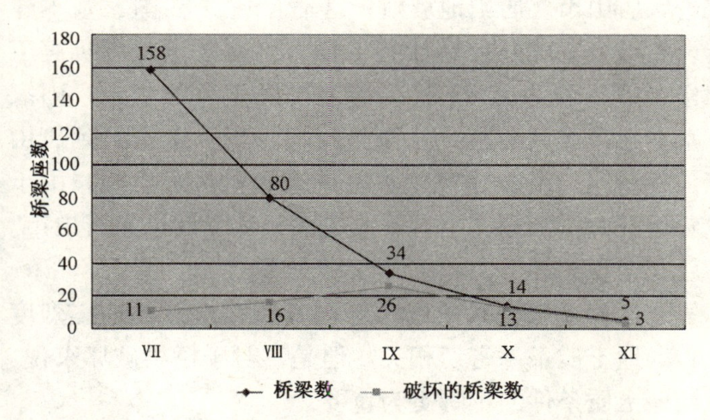

图5.4 调查的铁路桥梁的破坏

铁路桥梁的地震破坏同桥梁所在地点的工程地质和水文地质条件，以及基础形式等有密切的关系。地下水位浅、地基松软、采用浅基础的桥梁，多发生破坏，而且比较严重。地下水位深、地基坚硬密实地段的桥梁或采用桩基础的桥梁，即使地震烈度高，破坏也比位于较低地震烈度地段的桥梁轻。

唐山地震中，铁路桥梁震害的主要特点有：

（1）河岸塌滑，造成桥梁严重破坏。河岸滑移主要发生在地基土为流动淤泥质黏土、粉细砂土和软黏土层的情况。桥长缩短最大达3.73m（该桥为钢筋混凝土梁桥，共有3跨，每跨跨度为16m）。

（2）桥台的震害比桥墩多。唐山地震后，对10座桥梁的20个桥台和77个桥墩所做的调查表明：20个桥台中有10个遭到破坏，破坏的桥台占50.0%；77个桥墩中有22个遭到破坏，破坏的桥墩占28.6%。

（3）桥头路堤为土工结构，地震时普遍下沉，最大下沉量达3.0m。

（4）桥梁支座由于桥墩、桥台在地震时发生移位而破坏。主要破坏现象有：活动支座的摇轴发生倾斜、脱位，以及支座锚栓剪断等。

（5）桥梁侧向移位。在通坨上行联络线上，9座桥梁中有7座发生侧向移位，最大侧移达210cm。

（6）混凝土桥墩和桥台大多在未做处理的混凝土施工缝处破坏，造成桥墩、桥台剪断、错动，局部混凝土压碎。

5.1.1.2 公路[7],[8],[9]

唐山地区公路总里程为4104km，其中：公路干线9条，总长936km；县级公路28条，总长1083km；主要乡间公路103条，总长2085km。地震时，有11条干线和县级公路遭到破坏，破坏公路总长为228km，占公路总长的5.6%。路基路面破坏主要发生在唐山市以南的乐亭县、柏各庄农垦区和滦南县等土液化严重的地区和唐山市附近的高烈度区。图5.5为地震破坏区内，遭到破坏的主要桥梁的分布和等地震烈度线。

唐山地震以后的调查发现，地震时，路基、路面的震害大致有以下几种类型。

（1）路基、路面纵向或横向裂缝。纵向裂缝是最常见的破坏现象，一般发生在路肩和新旧路基接合部位，宽度为10~50cm，长度为几十米到一千多米。横向裂缝可把路基、路面截断，裂缝宽度达50~60cm。

（2）路基、路面沉降，多达40~60cm，由于沉降致使路边的行道树向内倾斜。

（3）桥头路基纵横向裂缝、沉降和向河心及两侧边坡滑移。用粉土填筑的桥头路基，地震时破坏最为严重，有的下沉多达1.0m。

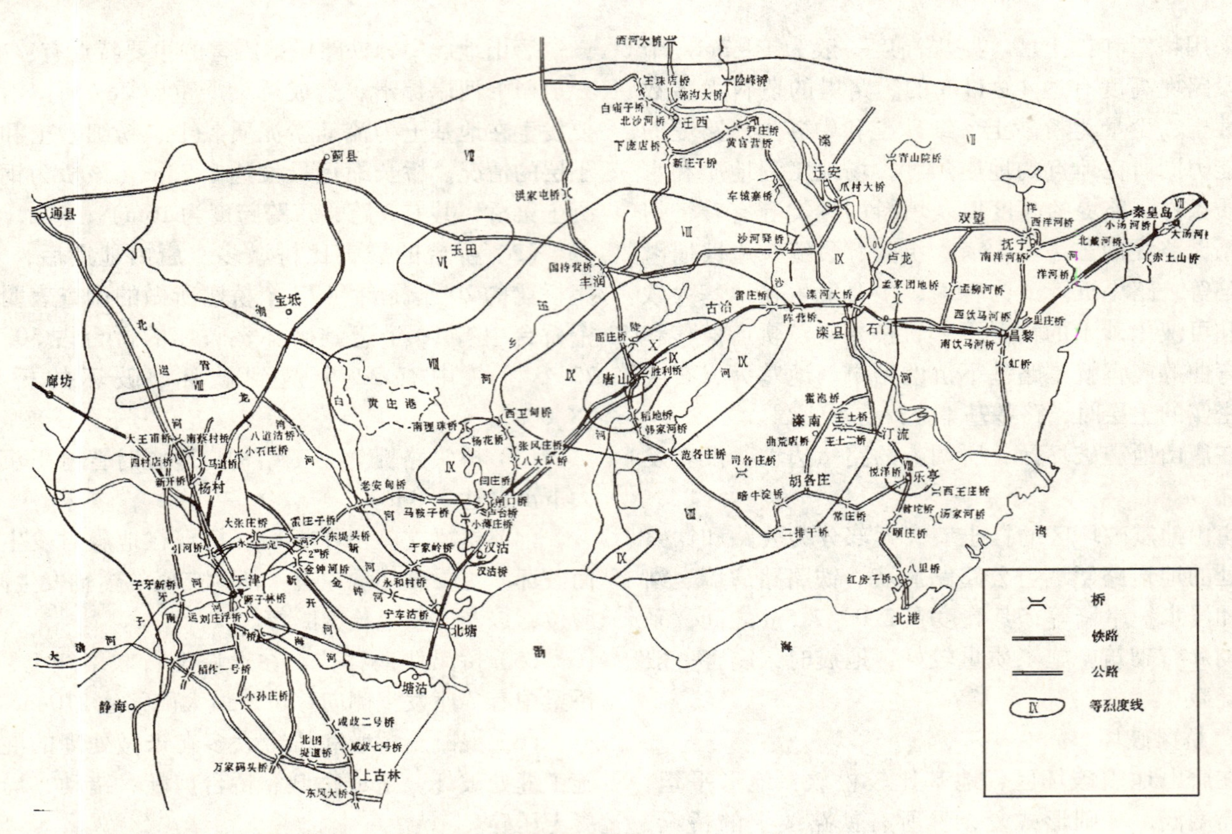

图 5.5　地震破坏区内遭到破坏的主要桥梁的分布和等地震烈度线

(4) 桥头的路基由于受到桥跨推压，致使路面隆起。

造成以上路基、路面震害的原因主要是：地基土壤液化，软土地基下沉，河岸滑移，路基土不够密实，以及边沟排水不良等。

唐山地震以后，对位于地震烈度为 VII 到 XI 度地区的 130 座大、中型钢筋混凝土梁式桥和 32 座拱桥（其中 12 座为单孔拱桥，20 座为连孔拱桥）的震害进行了调查分析。这些桥梁的震害统计示于图 5.6 中。从桥梁震害可以总结出下列经验教训。

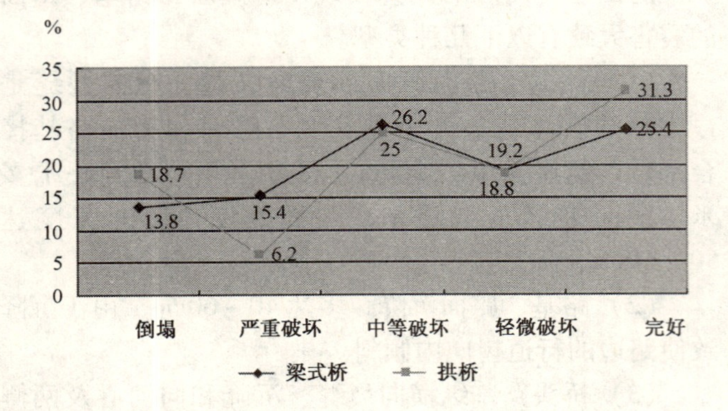

图 5.6　梁式桥和拱桥震害

(1) 唐山地震时，公路和铁路桥梁破坏造成部分通达唐山市的交通线路中断。蓟运河大桥、滦河大桥是唐山市的门户。蓟运河大桥倒塌使京津方向难以及时支援，滦河大桥倒塌延误了东北的救援人员和物资进入唐山市。唐山地震时，著者叶耀先在国家基本建设委员会抗震办公室任副主任，负责管理全国抗震工作。1976 年 7 月 28 日凌晨地震发生后的当天，国家基本建设委员会领导就指派叶耀先带领工作组到唐山了解情况，组织建筑物震害调查和救援。但是，由于蓟运河大桥倒塌，不得不改在次日从丰润进入唐山市。后来架设了浮桥，才临时恢复交通。

(2) 地震时桥梁的破坏同其所在地点的地震烈度和场地土质条件密切相关。但是，对于桥梁破坏来说，场地土质条件的影响更为重要。

(3) 主震和余震造成的累积破坏不容忽视。1976 年 7 月 28 日唐山地震 7.8 级主震以后，当天下午发生 7.1 级强余震 1 次，以后相继发生 6 级以上余震 10 次。胜利桥、雷庄桥、滦县滦河桥和迁安滦河桥等都是在 7 月 28 日主震时遭到严重破坏，在 7.1 级强余震时倒塌的。老安甸桥在 7 月 28 日 7.8 级主震时破坏较轻，但在 1976 年 8 月 9 日宁河 6.2 级强余震时发生棍轴位移，梁纵向移位撞坏档坎，使震害加重。滦县和爪村

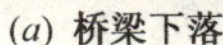

(a) 桥梁下落

(b) 桥墩折断

(c) 桥墩破坏

图5.7　桥梁破坏

公路桥和105号铁路桥在7月28日7.8级主震以后仍可通车，但在当天发生的7.1级余震以后则遭到严重破坏和倒塌。

(4) 深基础桥梁的抗震性能优于浅基础桥梁，特别是在地基土发生液化的地区。采用桩基础的梁式桥，即使在地震烈度高或发生大面积喷水冒砂的地区，也很少出现不均匀下沉的现象。

(5) 特长桥梁的震害累积效应，应引起关注。滦县滦河大桥为35跨的简支梁桥，每跨22.2m，全长777m。桥面宽为7+2×1.0m。地震时，东侧的11跨均向东移位，伸缩缝全部顶紧，位移向西逐孔增大，累积移位达61cm，致使以西的23跨桥面全部塌落河中。

(6) 梁式桥的地震震害主要有：桩墩倾倒和梁的移位造成的落梁（图5.7 (*a*)），桩墩倾斜（图5.7 (*c*)），桥墩断裂（图5.7 (*b*)），桥梁支座破坏或移位，以及桥台与河岸滑移等。

(7) 根据唐山地震的经验，为了避免桥梁倒塌，可以采用这样一些措施：桥址尽可能选择坚硬土的场地；加宽桥墩帽或设置挡块防止落梁；修建护岸；用较深的群桩基础或在墩台基础间加拉梁以防止河岸土体向河心滑移及其所造成的灾害；加强梁板结构的整体性；以及支座锚固等。[10]

5.1.2　日本阪神-淡路地震[11]

阪神-淡路地震使交通系统造成了严重的破坏，并给震后救援和商业流通造成了很大的困难。

5.1.2.1　铁路

大阪和神户之间有JR、阪急、阪神三条大型铁路公司的线路并行通车，震前每天总计运送旅客65万人。1995年阪神-淡路地震时，这三条铁路线都遭到了很大的破坏。这样重要的交通工具，经过两个半月还没有修复，这在发达国家是没有先例的。这三家铁路公司的支线，如山阳电铁、神户电铁、神户高速铁路等，在灾区内的所有铁路线都遭到破坏。大部分受灾地区一时处于没有任何交通工具可以代替的困境。国有干线的山阳新干线停止运行约三个月，不仅对灾区，而且对全国都有很大的影响。

在铁路不通车的区间，只好用公共汽车替代运行。最多一天输送22万人，这同震前三条铁路线一天输送65万名旅客相比才是三分之一。由于铁路不通，利用其他区域交通工具走迂回路线的旅客急剧增加，中国、四国、九州等地乘飞机的旅客也急剧增加。但是汽车和飞机的运载能力有限，乘汽车和乘飞机的旅客加起来还不及三条铁路线运送的旅客多。

在神户和大阪之间有4条电气铁路线，如图5.8所示。新干线和JR线由西日本铁道公司（Western Japan Rail）营运，阪神和阪急线系私营公司所拥有。在这个地区，多数铁路线是铺设在高架路堤或高架结构上。新干线是20世纪60年代和70年代建造的，列车时速可达275km。自动化导轨通勤系统（Automated Guideway Transit System）是一种新型市郊往返运输系统，在日本已建成十多条线路，主要用于距离在20km之内的短途交通运输。神户有两条这样的交通系统：一条是从三宫到海港人工岛（Port Island）的港口单轨电车线，1981年2月投入使用，总长为6.4km，共有9个车站，一次往返仅需27min；另一条是从住吉（Sumiyoshi）到六甲岛（Rokko Island）的六甲电车线，1990年2月投入使用，总长为4.5km，共有6个车站，如图5.9所示。

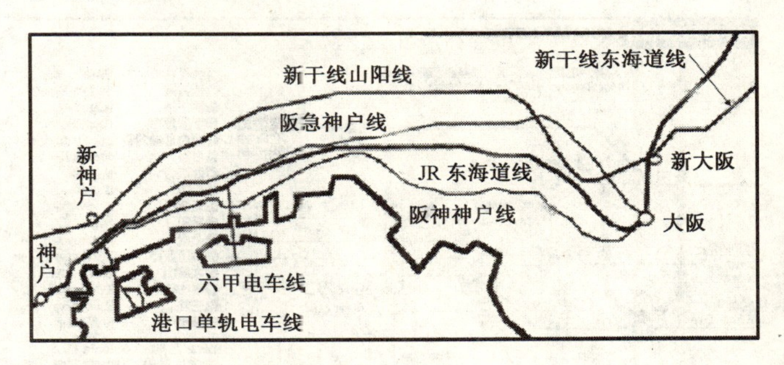

图5.8　连接神户和大阪的铁路线

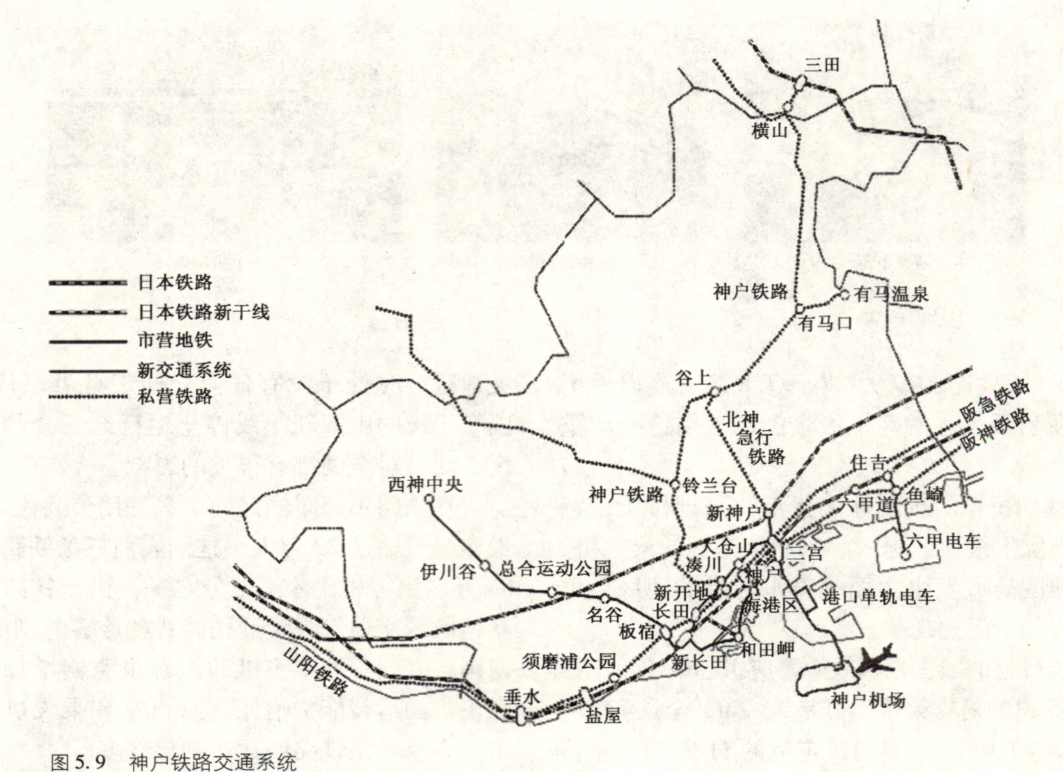

图 5.9　神户铁路交通系统

资料来源：http: //www. city. kobe. jp/cityoffice/15/020/overviewkobe/cn/infrastructure/transportationnetwork. htm

此外，在神户地区还有其他铁路线和铁路转运线，包括神户高速铁道、神户电铁、山阳电铁和神户地铁等。神户快速转运铁道把东边的阪急和阪神铁路同西边的山阳电气铁路和北边的神户电气铁路连接起来。图 5.10 所示为神户地下铁路线路图。图 5.11 为神户快速铁路线和地震破坏的位置示意图，神户快速铁路线即为东西线（Tozai - sen），大约有 6.6km 在地下，是 1962 年到 1968 年期间建造的。神户地下铁道全长 22.7km，由高架铁路、地面铁路和地下铁道组成。所有车站中，除新开的车站采用带空腹桁架和夹层的钢框架结构以外，其他车站均采用中心柱支承的钢筋混凝土箱形结构。图 5.12 为神户东西线和车站的地震破坏情况。

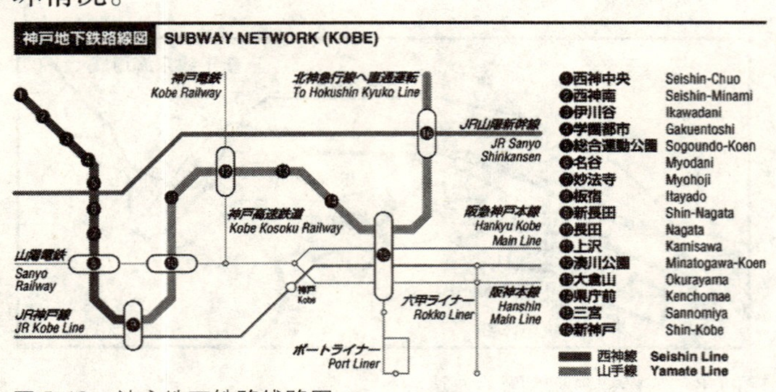

图 5.10　神户地下铁路线路图

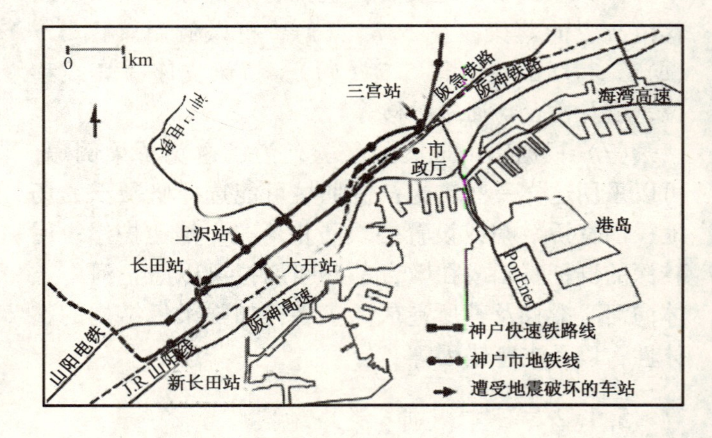

图 5.11　神户地下快速转运线和遭受地震破坏的车站的位置

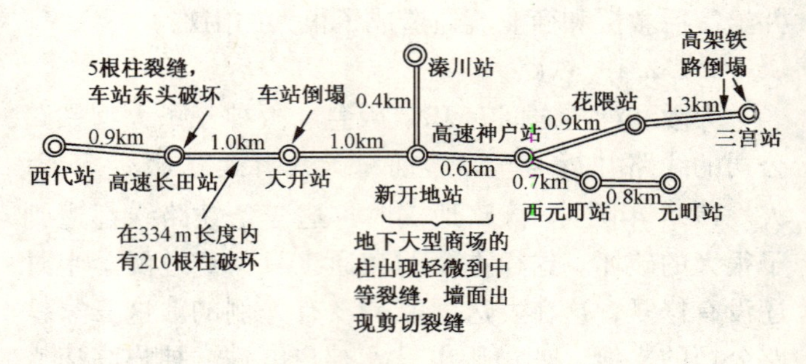

图 5.12　神户东西线和车站的地震破坏情况

阪神-淡路地震时，神户地区的铁道系统遭到了严重的破坏。沿新干线，鹰取（Takatori）车站的最大地面加速度值是0.65 g，最大地面位移值是42cm。在这个车站，5%阻尼的谱加速度高达2.0 g。

铁道系统的破坏现象可归结如下。

（1）柱子破坏。例如，靠近三宫车站的一根钢筋混凝土柱子严重剪切破坏，下降了大约120cm。

（2）上部结构面板断错。

（3）高架结构倒塌。

（4）挡土墙向外倾斜或倾覆。

（5）车站倒塌或破坏。

（6）天桥破坏。

（7）基础移位。

（8）桩倾斜等。

地下铁道的破坏主要是钢筋混凝土中心柱裂缝后变形，总体上要比神户快速转运铁路线的破坏轻。地下铁道最严重的破坏是大开（Daikai）车站的倒塌。这一现象具有十分重要的意义，因为这是世界上现代隧道不是由于断层位移和近入口处不稳定而倒塌的第一个事例。据分析，车站倒塌是由于地震引起的横向剪切变形和竖向加速度使竖向荷载放大的综合作用造成的。

铁路线的破坏同所采用的结构有关，采用高架结构的路段破坏比较重，采用高架路堤的路段破坏比较轻。高架结构的破坏大多发生在柱子，破坏部位不是在上部结构的底部，就是在节点区。钢柱多为轻微屈服和局部屈曲，而钢筋混凝土柱则不是屈服破坏就是剪切破坏。（NIST. 1996）

5.1.2.2　公路

兵库县南部地区的交通网络非常复杂，由高速道路和一般公路组成，从20世纪60年代就开始建设。通过神户的主要交通路线如图5.13所示。图5.14列出了兵库县南部地区通过神户的交通网络和责任单位。从这两张图可以看出，神户位于一个狭窄的条形地带，北边群山环抱，南边同大阪湾相接。所有的地面交通线路都只能被压缩在这样的条形地带上，有的地方宽度只有3km。神户地区海岸的地形和土质条件，是阪神-淡路地震时影响交通系统破坏的最为重要的因素。

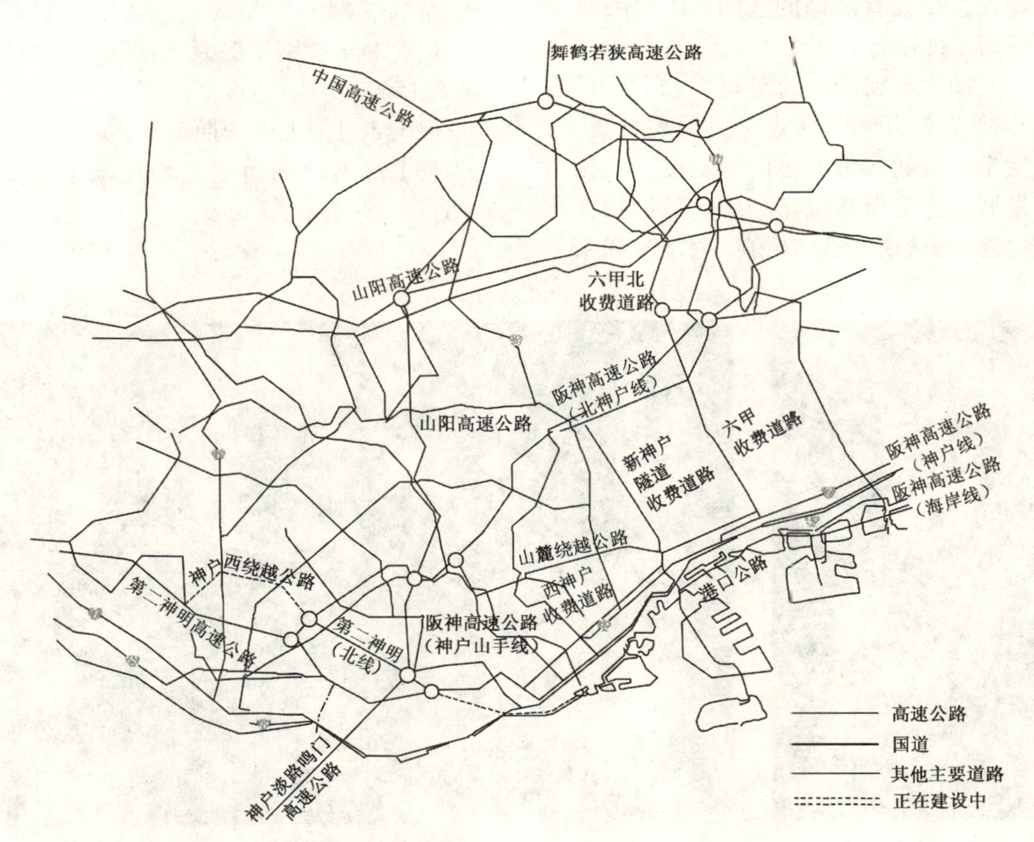

图5.13　神户及其周围的主要交通路线

资料来源：http：//www.city.kobe.jp/cityoffice/15/020/overviewkobe/cn/infrastructure/roadnetwork.htm

国家公路	公营公司公路
建设省 浪速(Naniwa)国家公路工程办公室 ● R-2线 大阪-神户 ● R-43线 大阪-神户 ● R-428线 神户-中国高速道路 ● R-171线西宫-京都和R-1线	日本公路公营公司（JHPC） ● 名神高速道路（西宫-京都，日本的第一条高速道路，建于20世纪60年代） ● 中国高速道路（吹田市-大阪市北，向西行进） ● 近畿高速道路（吹田市-大阪市北，向南行进） 阪神高速道路公营公司（HEPC） ● 3线（大阪-神户线，全长高架） ● 4线（湾岸线，南边同关西机场连接） ● 5线（湾岸线，东边同六甲到连接）

图 5.14 兵库县南部地区通过神户的交通网络和责任单位

阪神-淡路地震后，阪神高速公路神户线及海湾线几乎全面停止运行，名神高速公路、中国汽车道也遭到破坏，不仅影响灾区内的交通，而且给大范围内的交通带来了重大的影响。主要国道虽然没有遭到严重破坏，但由于倒塌的大楼阻塞道路，立体交叉公路或铁路的高架桥塌落，致使 2 号和 171 号国道等多数地段不能通行。43 号国道因道路中央的阪神高速公路神户线倒塌而堵塞，在没有倒塌的区间，因要临时支撑倒塌的高架桥而不能通行。

大阪和神户之间，震前的交通量每天约 25 万辆，3 月 1 日后减少到 7.2 万辆。尽管交通量大大减少，而塞车却时有发生，交通容量不足的事态在一个相当长的时段仍在发展。为确保急救车和运送救援物资车辆通行，根据灾害对策标准法第 76 条，对 2 号和 43 号国道实行交通管制，后来又根据道路交通法继续实行交通管制。阪神高速公路神户线和桥梁需要一年以上的时间才能修复，有可能要实行长期交通管制。实行交通管制虽然有助于交通畅通，但长期的交通管制必然会给经济复兴带来重大的影响。

西宫大桥、六甲大桥、神户大桥等很多横跨海岸填土地区的桥梁都遭到破坏，为维持唯一的通路，在西宫滨、鱼崎滨、六甲筑岛等地，不得不使用遭到破坏的大桥。车行道数的减少，速度和载重量的限制等等对岛内的经济活动和港口运输都有严重影响。

在通常情况下，辅助干线道路和一般窄的街道也可分担相当一部分交通量。但是，这些道路或者因为路边房屋倒塌，或者由于路边构筑物破坏、撤除和生命线恢复工程等而不能畅通。因此，这些道路作为迂回道路和替代通路的功能也明显降低。

阪神-淡路地震时，占桥梁总数的 60% 的桥梁遭到了破坏。27 座公路桥梁倒塌或严重破坏。更多的桥梁则遭到中等或轻微破坏。公路桥梁的主要破坏现象可归结如下。[12]

（1）非延性钢筋混凝土柱和桥墩剪切和弯曲破坏（图 5.15）；

（2）钢柱屈曲和弯曲破坏；

（3）高架结构由于地面运动差异而被撕开（图 5.16）；

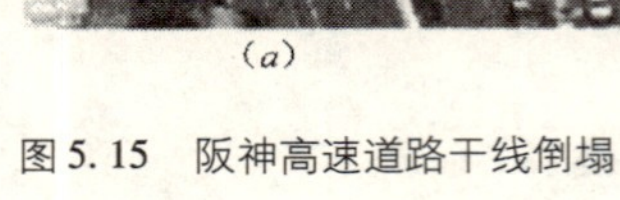
(a)

(b)

图 5.15 阪神高速道路干线倒塌

图5.16 高架结构由于地面运动差异而被撕开

图5.17 道路路面由于下面的地铁车站倒塌而下落（Louie, J. 1996）

（4）可移动的和固定的支座破坏；

（5）基础由于土壤侧向挤压和液化而破坏；

（6）相邻跨度之间的碰撞；

（7）混凝土表面散裂和引线路堤沉降；

（8）道路路面由于地铁车站倒塌而下落（图5.17）。

5.1.2.3 交通系统破坏引起的间接灾害

阪神之间铁路运输量急剧减少，不仅造成旅游、娱乐和购物人员减少，而且上班、上学人员也减少很多。因交通不通，职工短期不能上班，学生短期不能上学还可以向单位或学校请假或休假，但如果时间过长，不但不能上班、上学，还会招致被解雇、失业或公司倒闭等情况发生。因此，很多人不得不搬迁或投宿于其他地方。实际上，这次地震不仅直接影响到雇佣关系，而且还对改变安置和职工前途有很大影响，从神户、芦屋、西宫等市人口显著减少，就可见端倪。这也是震后很难定量掌握居民人口的原因。由于道路容量降低，继续实行交通管制必然会对工商业活动带来很大的影响。多数工商业活动是顾客来访或者是经营活动，这些都离不开汽车。只有物资流通，没有人员流通是不行的。灾区的很多企业和商店处于持续停业状态。令人担心的是，即使商店和工厂恢复营业和生产，由于交通管制没有撤消，也不能顺利开展工作。

间接受害最大的是全国物资流通成本的上升。因为运输量降低，所需运输时间就要增加，从而导致货物的汽车运输成本上升。不仅如此，用以代替汽车运输的租船的费用也上升了。这些影响持续到1996年末，即到铁路和公路完全正常化以后才得以消除。

5.2 水库、水闸和扬水站[13],[14]

5.2.1 中国唐山地震

水库

地震前，唐山和天津地区共有大、中、小型水库312座。其中，大型水库为5座，中型水库为6座，其他均为小型水库。大型水库的库容为1.56亿m^3到13亿m^3。中型水库的库容为1320万m^3到7000万m^3。所有水库中，96%是土坝。唐山地区水库、水闸和扬水站的位置如图5.18所示。唐山和天津地区的55座重要水库的震害统计数据见表5.3。地震时，大、中型水库破坏严重，破坏现象主要有：土坝位移；坝顶发生纵向和横向裂缝、下沉；防浪墙裂缝、倾斜错位或倒塌；土坝迎水坡护坡破坏；坝基渗流；坝下游坡面沉陷；护坡墙破坏，以及防渗墙裂缝等。

唐山和天津地区的55座重要水库震害统计　表5.3

地震烈度	严重破坏	中等破坏	轻微破坏	完　好	合　计
XI	0	0	0	0	0
X	0	0	0	0	0
IX	1	0	0	0	1
VIII	4	3	2	1	10
VII	9	12	8	8	37
VI	0	2	4	1	7
总计	14	17	14	10	55

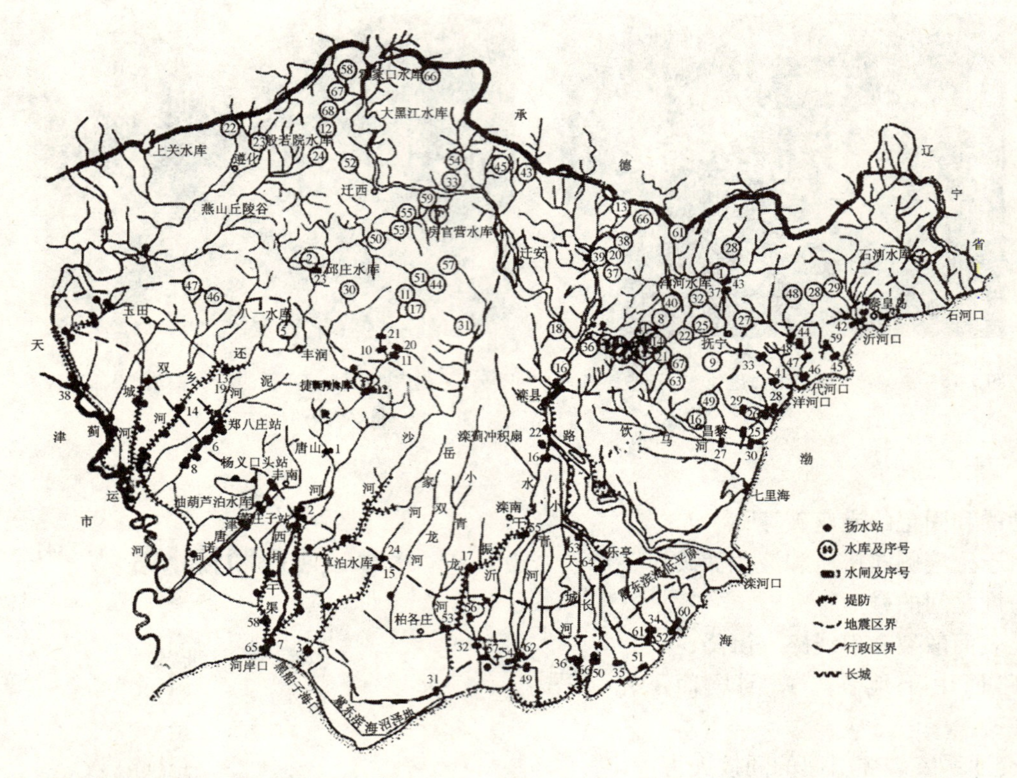

图5.18 唐山地区水库、水闸和扬水站的位置

水闸

地震前，规模在 100m³/s 以上的大、中型水闸，唐山地区共有 48 座，天津市共有 56 座。其震害如表 5.4 所示。从表可见，水闸的地震破坏比其他水工结构物的震害严重。震后保持完好的只有 42 座，占总数的 40.4%。严重破坏、中等破坏和轻微破坏的分别占总数的 11.5%、20.2% 和 27.9%。

水闸的地震破坏主要有：闸身底板破坏；闸墩及上部结构破坏；下游消力池底板及上游铺盖破坏；以及岸墙和护坡断裂、倾倒、滑移等。

唐山和天津地区流量≥ 100 m³/s 的水闸震害　　表 5.4

地震烈度	严重破坏	中等破坏	轻微破坏	完 好	合 计
XI	1	0	0	0	1
X	1	0	0	0	1
IX	0	5	4	1	10
VIII	4	4	4	4	16
VII	6	12	17	31	66
VI	0	0	4	6	10
总计	12	21	29	42	104

扬水站

唐山地区和天津市共有 4m³/s 以上的扬水站 242 座，其中 45 座在唐山地区，197 座在天津市。这些扬水站主要分布在滨海的平原地带，其地震破坏统计如表 5.5 所示。从表可见，在 242 座扬水站中，完好的只有 98 座，占总数的 40.5%。倒塌、严重破坏、中等破坏和轻微破坏占总数的百分比分别为：3.3%、12.4%、12.0% 和 31.8%。

唐山地区和天津市 4m³/s 以上的扬水站的震害统计

表 5.5

地震烈度	倒塌	严重破坏	中等破坏	轻微破坏	完好	合计
X	0	3	0	0	0	3
IX	2	8	6	6	0	22
VIII	6	11	8	26	18	69
VII	0	8	15	43	71	137
VI	0	0	0	2	9	11
总计	8	30	29	77	98	242

扬水站的地震破坏同站身结构、施工质量、水文和地质条件以及地形等都有关系。一般主、副厂房震害较重，窗台以上部位破坏尤为严重。主要破坏现象

可归结如下。

（1）主厂房上部砌体结构（地面以上放置电机的地方）破坏；

（2）辅助厂房向空旷一侧倾斜或倒塌；

（3）进、出水池轻微破坏，易于修复；

（4）少数桩基础倾斜。

5.2.2 日本阪神-淡路地震

在阪神-淡路地震破坏区，共有239座储水设施，分布在119个场地。其中，80%是用现场浇注的钢筋混凝土建造，其他的则为预制钢筋混凝土结构或焊接钢结构。储水量从$40m^3$到$20000m^3$不等。绝大部分储水设施都是在一处建两个。供水的储水设施的震害现象主要有：围堤上沿通道扶栏裂缝；工作用桥破坏；以及围堤背部竖向裂缝等。神户市119座储水设施中，只有一个发生轻微破坏。

进水口、泵站和传输管线地震时没有发生大的破坏。震后发现的主要震害有：从淀川河来的两条干线有10处断裂；延性铸铁管线裂开；以及管线自身破坏等。

5.3 港口

5.3.1 中国唐山地震[15]

在唐山地震破坏区，主要有两个港口。一个是天津新港，距离震中大约82km，地震烈度为Ⅷ度。另一个是秦皇岛港，距离震中大约123km，地震烈度为Ⅶ度。两个港口都是外贸港口，地震以前的基本地震烈度均都被定为Ⅵ度。

地震以后对秦皇岛港的震害调查发现有24处破坏，包括码头沉箱间错位和码头及抛石引堤的立面纵向裂缝等，但破坏较轻，不影响正常运营。

天津新港建在有数十米厚的全新世海相沉积层和河口三角洲相冲积层上，地表有厚度不等的填土。该港从1958年开始建设，在唐山地震前已建有深水海港码头泊位24个，总长4907m。航道两侧有南北防波堤，总长约1.5万m。震后调查发现有2481m码头泊位基本完好，没有发现有严重破坏的部位，占总数的50.6%；1106m码头泊位为中等破坏，占总数的22.5%，表现为上部结构出现不同程度破坏，承台整体轻微变形，基桩和挡土结构破坏虽较重但仍可修复；1320m码头泊位有轻微破坏，占总数的26.9%（参见图5.19）。从这些数字可以看出，同其邻近的房屋相比，港口码头泊位的地震破坏要轻得多。

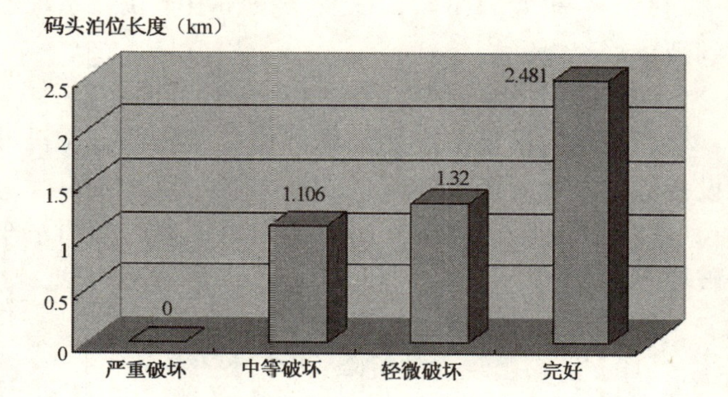

图5.19 天津新港码头泊位地震破坏统计

港口的地震破坏现象主要有：

（1）岸坡下沉和前移，下沉量平均为13cm，但没有发生滑坡，总体上是稳定的。

（2）在码头区内，震后出现大范围的喷水冒砂，大约有近百处之多，喷出最大高度达4m，一般持续5~6h，个别的达两天以上。

（3）挡土墙普遍下沉15~25cm，码头端部达52cm，墙身后倾，同后方承台脱开；

（4）桩出现裂缝、倾斜，斜桩和叉桩比垂直桩破坏严重；

（5）桩帽和承台破坏。

5.3.2 日本阪神-淡路地震

神户港是日本最大的外贸港口，是世界上第三个最为繁忙的港口。该港有152个泊位，泊位码头总长为27km。码头上有400台龙门吊车装卸货物。港口离陆地数公里，系用从大阪湾取出的淤泥质砂土充填而成，地面比水面高12m。充填时，对淤泥质砂土，没有采取提高抗液化能力的压密措施。地震以前测定的现场锤击数为5~10。多数码头的挡土墙采用砂土充填的沉箱结构，只有极少数采用格形钢板桩。近水边的吊车轨道建在沉箱上面。轨道跨度为16m到30.5m。

神户港的地震破坏现象可归结如下：

（1）沿港口的长度为11.5km的挡土墙，由于地面永久位移而遭到严重破坏；

（2）由于土壤侧向挤压，使挡土墙向朝向海的一边移位1m到2m；

（3）在陆地一边，在离挡土墙20m的范围内，地面下沉，最大达3m；

（4）地面裂缝从挡土墙向陆地方向伸展，最远达100m；

（5）码头龙门吊车，以及码头和吊车轨道系统遭到破坏；

（6）龙门吊车框架门架梁上部立柱屈曲；

（7）龙门吊车的主要破坏部位是结构部分，机械设备部分只受到轻微的破坏；

（8）采用强门架梁和延性抗力矩框架的龙门吊车破坏不很严重；

（9）挡土墙出现大的侧向位移；

（10）沉箱出现大的沉降；

（11）在整个港口范围，地面沉降达30～50cm；局部地方，地面沉降超过100cm；

（12）土壤液化使港岛地面的震动强度有所降低，填充土壤底部的水平加速度峰值为565gal，但地面的水平加速度峰值仅为341gal。

5.4 地下结构

5.4.1 中国唐山地震

在唐山地震的破坏区，地下结构主要有两类：一类是地下人防工程，另一类是唐山煤矿的地下采煤通道。地下人防地道大多采用24～37cm厚的砖砌直墙圆拱，或40～60cm厚的石砌直墙圆拱，或砖墙钢筋混凝土顶板，跨度为1.2m到2.5m。其他人防地下室多采用砖墙、钢筋混凝土顶板，或墙和顶板全部采用钢筋混凝土。

世界地震灾害调查表明，地下通道、隧道和地下铁道等地下设施具有很好的抗震性能，地震时鲜有破坏。唐山地震时，在地下工作的煤矿工人大约有3万人，地震以后，除几个人由于电源中断地下水涌入受阻，未能回到地面以外，其他人员都安全返回。

根据唐山地震以后所做的调查，地下工程的地震性状可归结如下。[16]

（1）地震时，地面结构的破坏远比地下工程严重。例如，唐山机车车辆厂位于地震烈度为XI度地区，地下人防工程完好无损，而其周围30m范围内的地面所有房屋和结构物却荡然无存。

（2）埋深大的地下结构的抗震性能优于埋深浅的地下结构。例如，地震时，唐山市埋深为4～7m的地下工程内的家具发生倾倒，而埋深为27m的地下工程内的家具则没有发生倾倒现象。

（3）地震时，周围为坚硬土的地下工程的破坏比周围为松软土的地下工程的破坏轻。

（4）地震时，地下人防工程地下室的破坏比人防地道的破坏轻。

（5）人防地道接头部位，地震时多出现裂缝，说明接头是人防地道的薄弱部位，设计时应予特殊注意。

（6）唐山市人防地道地坪出现局部拱起，素混凝土地坪拱起最大达10cm，砖铺地坪拱起最大达50cm。

（7）在同等地震烈度的地段，地质条件相同，有地下室的地面建筑的地震破坏比没有地下室的地面建筑的地震破坏轻。例如，唐山机车车辆厂的一栋单层砖混房屋，设有地下室，地震后完好无损，而其周围地面建筑全部倒塌。又如，天津市汉沽区天津化工厂一栋有地下室的房屋，震后完好如初，但其周围同类的没有地下室的房屋，震后房屋倾斜，下沉40cm。

（8）地震时，煤矿的地下通道由于电源中断，地下水来不及排出而涌入地下通道，涌入的水量是正常情况下的1.7～5.0倍，给震后煤矿的恢复造成了巨大的困难。可见，对于地下水的排出，规划备用电源非常重要。

5.4.2 日本阪神-淡路地震

阪神-淡路地震时，神户地下铁道系统的破坏是地震时地下设施严重破坏的一个罕见的事例。神户地下铁道是20世纪60年代用大开挖方法建造的复线地铁系统。地铁线的隧道为矩形，宽度为9m，高度为6.4m，在车站处加宽到17m。隧道上面的5m厚的土层荷载由40cm厚的墙和顶板支承。顶板由位于跨中的一排钢筋混凝土柱支承，钢筋混凝土柱的断面为100cm×80cm。在神户市的大开地铁站，地震时，跨中支承顶板的钢筋混凝土柱发生严重的剪切破坏，致使在90m长的一段地铁线，顶板下降，在街道路面形成一个3m深的大坑。

5.5 煤气传输系统和供热系统

5.5.1 中国唐山地震[17],[18]

唐山地震以前，只有天津市和少数工业企业有煤气传输系统和供热系统。天津市的煤气供应有两种方式：一是天然煤气管道供气，二是液化石油气瓶装供气。天津市天然气供应系统包括：

（1）地下直埋天然气输气管线，全长72.1km。其中，高压输气管道49.5km；中压输气管道15.6km；低压输气管道7.0km。

（2）大港天然气压送站，拥有3万m^3和5.4万m^3的槽式螺旋导轨煤气罐和14台压缩机。

（3）两个配气站，柳林配气站已投产运行，詹庄子配气站仍在建设之中。

（4）三个区域调压站，即张贵庄、红星里和澧水道调压站。

高压输气管道采用焊接钢管，钢管直径有426mm和529mm两种，但穿越海河部分则采用无缝钢管。中压输气管道采用直径为219～720mm的焊接钢管和直径为600mm的铸铁管。低压输气管道采用直径为219～325mm的焊接钢管和直径为100～200mm的铸铁管。

震前天津市液化石油气供给系统由红旗路液化石油气贮运站和7个销售店组成。红旗路液化石油气贮运站，有7座设计压力为16kg/cm²、贮气量为40m³的赤道式球罐和3座100m³贮量的卧罐，以及其他瓶装液化气设施。

天津煤气供应系统所在地区的地震烈度为VII到VIII度。唐山地震时，位于低洼地段和河道断面改变地段的管线、贮气罐和相关建筑遭到了破坏。由于煤气传输系统的规模不大，所以地震后不久就恢复了供气服务。

5.5.2 日本阪神-淡路地震

在阪神-淡路地震破坏区，地震以前，大阪煤气株式会社向560万客户供应天然气，大约占地震破坏区煤气总销售量的30%。主要干线、管线和调配干线总长为49430km。大阪煤气供应系统中，液化天然气占94%。1994年，住户和工业用煤气销售量分别为总销售量的40%和42%。大阪煤气株式会社运营的煤气调配系统如图5.20所示。

大阪煤气株式会社运营的煤气调配系统有三个液化气终端站（两个在泉北，一个在姬路），是调配的主要气源。煤气在区域内通过以下系统传输：

（1）内压为4.0 MPa的主干管线系统；

（2）内压为0.3 MPa到1.0 MPa的A管线和0.1 MPa到0.3 MPa的B管线组成的中压系统；

（3）内压为1.8 kPa的低压管线系统。

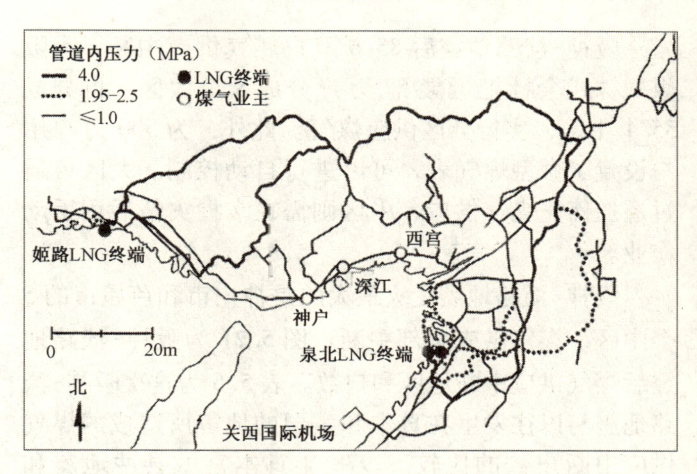

图5.20 大阪煤气株式会社运营的煤气调配系统（NIST. 1996）

主干管线由X-42或X-45全熔深、电弧焊接钢管组成。中压A管线基本上采用全熔深、电弧焊接钢管。中压B管线采用电弧焊接钢管或延性铸铁管，延性铸铁管每隔5m有约束法兰螺栓连接。低压管线则采用螺纹钢连接钢管，或聚乙烯管。

地震时，该传输系统有主干管线490km，A管线1245km，B管线3800km，以及低压管线43895km。

煤气系统的地震性状可归结如下。

（1）三个液化气终端站和煤气调配站，地震时都没有发现较大的破坏。

（2）主干管线地震时表现良好。

（3）A管线和B管线地震时分别有35处和61处破坏。破坏集中在加工过的接头和螺栓法兰接头处，主要是由于压缩垫圈松动而漏气。

（4）中压钢管线由于地震时发生很大的地面永久变形而变形，但是没有发生泄漏的现象。

（5）地震时，低压调配系统破坏最为严重。主要破坏形式是钢管的螺丝接头破坏，铸铁管线和延性铸铁管线接头漏气和裂缝。

（6）钢管本身地震时完好，没有发现破坏。

（7）聚乙烯管线地震时没有发现破坏。

大阪煤气株式会社有一个地震监控系统，可对管线和设施的地震破坏情况提供快速反馈。地震时，在其整个服务区内，已经安设有34个传感器。在地震破坏区内，大约有74%的客户装有智能仪表。每个仪表上都装有一个当所接收到的加速度超过0.2 g时，就会自动触发的地震传感器，一个压力传感器和一个流速传感器。根据大阪煤气株式会社的工作人员报告，地震监控系统和智能仪表在地震时都像预期的那样工作，没有出现故障。

阪神-淡路地震后85.6万户煤气供应中断。大阪煤气株式会社把近畿57万户分成8个大区，再分成55个中区，实行分区供应煤气。此外，为500万户用户设置了微型煤气表，可以进行自动控制。大区可通过遥控停止煤气供应，中区则需在掌握灾情后用手动作业。

阪神-淡路地震受灾最大的是神户市和芦屋市的5个中区，煤气供应全部中断。图5.21为阪神-淡路地震后煤气供应中断地区和户数。表5.6为这次阪神-淡路地震与以往发生在日本和美国的地震所造成的煤气供应中断户数的比较。1978年日本宫城县冲地震和1994年美国北岭地震煤气中断户数均为15万户左右，而这次阪神-淡路地震，煤气中断户数却是那两次地震煤气中断户数的6倍。

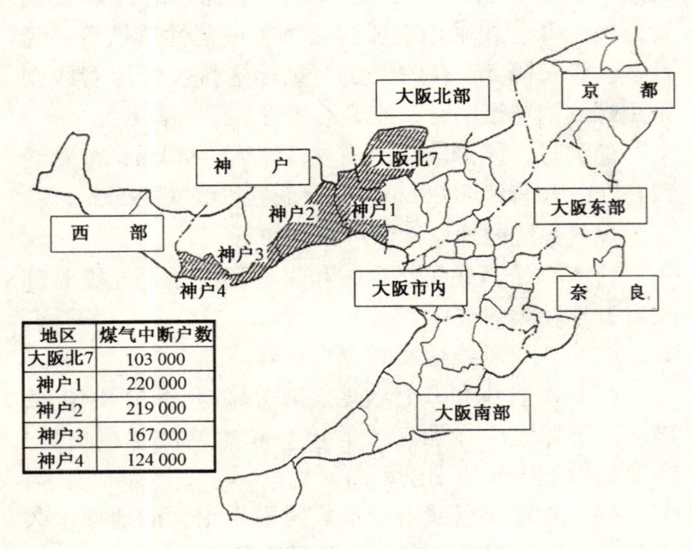

图5.21 阪神-淡路地震后煤气供应中断地区和户数

地震后煤气中断户数比较　　表5.6

年份	地　　震	煤气中断户数
1978	宫城县冲地震（仙台市）	135 863
1983	日本海中部地震（男鹿市）	8 725
1983	日本海中部地震（能代市）	3 223
1993	釧路冲地震（釧路市）	9 300
1994	美国北岭地震（洛杉矶）	154 633
1994	三陆遥冲地震（八户市）	300
1995	阪神-淡路地震（兵库县南部）	856 000

地震后，输送煤气的高压干线基本完好。中压管线到1995年2月8日完全修复。低压管线的破坏主要在螺纹接头。即使管线伸缩在3cm以下，螺纹接头也会破坏。相反，焊接和机械接头则能承受20~40cm的伸缩。采用热熔化粘接的聚乙烯管线具有100%的抗变形能力。大阪煤气株式会社正在按计划把螺纹接头换到别的管线上，但还有30%未及更换。在震后修复中，破坏的地方都更换为机械接头。在紧急情况下，只在高压管线系统装有大型煤气排放设施。煤气一旦排放，再要充满，很费时间，所以中压管线灌气较晚。

阪神-淡路地震后，神户、芦屋、西宫、尼崎等市共发生房屋失火164起。其中，根据目击和实际考证能够判定原因的有69起。在这69起火灾中，因煤气泄漏引起的有22起，而这中间由于室外煤气管线破裂，泄漏的煤气进入室内与恢复供电共同引起的火灾有8起。到1995年2月8日发现有24 844处煤气泄漏。为避免次生灾害，在煤气泄漏多的地区，地震后约有85万户因防止火灾而被中断煤气供应，到1995年1月21日重新恢复供气。有些地区煤气管道虽未破坏，但水管破坏漏水，为防止漏出的水进入煤气管道而暂时停止煤气供应。在修复过程中，许多地方水管破裂后，水进入煤气管道，排水作业花费了很多时间。

震后参加恢复工作的共有8 300余人。恢复顺序是先检查高压管线，再对中压管线进行检修。检修原则是，在查明泄漏情况、道路和房屋损坏状况、交通状况、设备和材料调拨状况的基础上，从受害较小的地区开始，但医院等公众需求高的设施优先修复。具体修复顺序如下：

1. 在不同的恢复区，每3 000~4 000户为一个作业单元，关闭与邻区连接的煤气管开关和作业单元内每户的煤气总开关（第一天）；

2. 对室外管线进行泄漏情况检查并对泄漏处进行修复（第二、三天）；

3. 检查仪表和检修室内管线，并打开阀门（第四天）。

阪神-淡路地震和以往地震震后煤气恢复率的对比见图5.22。从图可见，这次地震恢复速度较慢，40天后，即到2月25日才恢复50%，而其他地震在1~13天就恢复了50%。究其原因，主要有：

1. 煤气系统一旦中断供应，作业人员必须逐户打开阀门巡回检查；

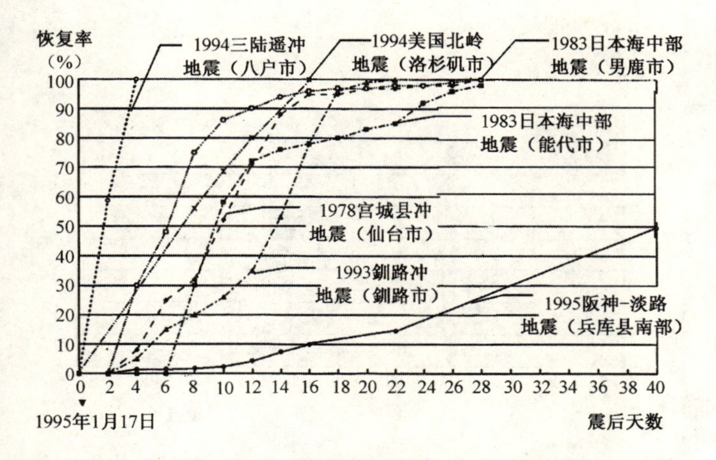

图 5.22　阪神-淡路地震和以往地震震后煤气恢复率的对比

2. 煤气管道埋设地下，开挖、回填均需耗费时日，加之路况不佳，更费时日；

3. 地下水管破裂，水和土砂流入低压煤气管线，排除费时；

4. 交通状况恶化，修复需用的设备和物资不能及时运到现场。

根据以往地震后煤气恢复的经验，完全恢复所需天数是恢复率达到50% 所需天数的3倍。据此推算，这次地震煤气系统全部恢复需要120天，即大约4个月，实际到1995年4月11日才临时抢修完毕，即大约用了三个月。[①]

煤气供应一旦中断，要重新恢复供应，耗费时日甚多。在应该紧急切断煤气的地方，如果没有及时切断，则有可能引起爆炸和火灾等次生灾害。考虑到这种情况，尽管切断煤气会影响居民生活，还是果断地采取了切断煤气措施。但为安全考虑，今后在中压煤气管线上也应同高压煤气管线一样安装排气设备和遥控切断装置。此外，根据神户市东滩区LPG罐煤气泄漏的调查，应对煤气罐等高压煤气设施的抗震措施作进一步研究。

5.6　供水系统

5.6.1　中国唐山地震[19],[20]

地震以前，唐山市区向居民和部分工厂供水的有两个自来水厂和市区补压井。市区内的大型工矿企业一般都有自备的水源井。唐山市地下供水管线总长为140km，管道的直径在20mm到600mm之间，大部分为铸铁管，其他还有钢管、预应力钢筋混凝土管和自应力钢筋混凝土管。管道均为开槽直埋，埋深一般为1.2m。

地震以后，唐山市140km的地下供水管线中，有646处遭到了破坏，平均破坏率为4.61处/公里，最严重的地段，破坏率高达28.4处/公里。唐山市不同直径的地下供水管线的地震破坏现象及其破坏处数如表5.7所示。

唐山市区地下给水管线地震破坏现象及其统计数据

表 5.7

直径（mm）	破坏现象和破坏处数							破坏处数总计	总长度（km）	震害率（处/公里）
	松动	断裂	拔脱	零件破坏	闸门破坏	法兰损坏	其他			
15～20	0	8	0	0	0	0	0	8	0.103	
25	0	39	0	2	6	0	3	50	1.481	33.76
40	0	27	1	1	1	0	1	31	2.022	15.33
50	1	35	1	2	1	0	1	41	4.855	8.44
65	0	2	0	1	0	0	0	3	0.190	15.79
75	0	23	3	0	1	1	1	29	6.046	4.80
100	17	74	11	3	19	4	1	129	39.919	3.23
125	0	2	0	1	0	0	0	3	0.390	7.69
150	6	34	7	6	11	1	1	66	17.172	3.84
200	18	33	13	3	6	0	1	74	21.326	3.47
250	2	5	3	2	0	0	0	12	5.722	2.10
300	17	47	16	5	5	5	0	95	17.731	5.36
350	2	0	1	0	1	0	0	4	0.342	11.70
400	11	32	8	4	5	0	0	60	15.656	3.83
450	1	1	6	0	1	0	0	9	0.960	9.38
500	0	4	0	0	0	0	0	4	0.770	5.19
600	2	15	5	1	0	0	0	23	5.665	4.06
其他								5		
总计	77	381	75	31	57	11	14	646	140.247	4.61

图5.23为唐山市区不同直径的地下给水管线的地震破坏现象及其破坏处数的关系。图5.24则为唐山市区地下给水管线的地震破坏率（破坏处数/公里）及其直径的关系。天津市地下给水铸铁管线的有关数据和不同地震破坏现象的地震破坏率如表5.8、图5.25和图5.26所示。图5.27和图5.28分别为天津市城区和塘沽区地下给水铸铁管线的破坏率同管道直径的关系。

① 兵库县，1995，复兴中的兵库—从大震灾到复兴，第29页。

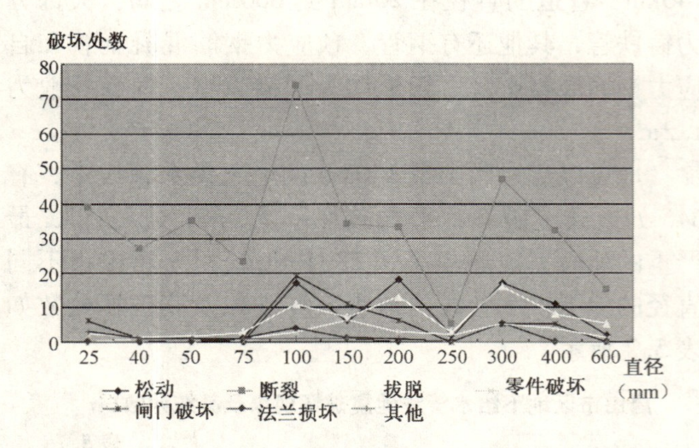

图 5.23　唐山市区不同直径的地下给水管线的地震破坏现象及其破坏处数的关系

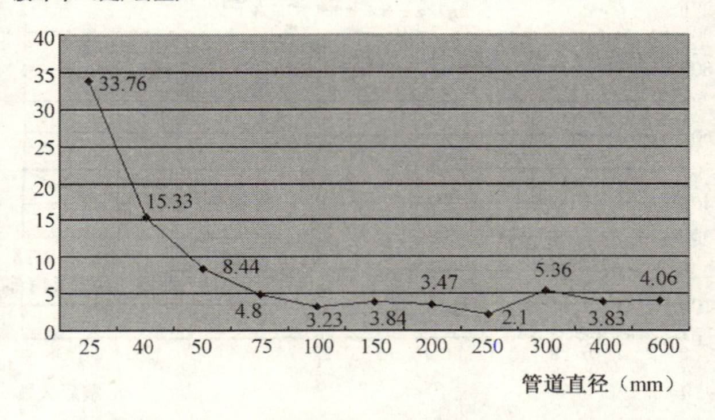

图 5.24　唐山市区地下给水管线地震破坏率同其直径的关系

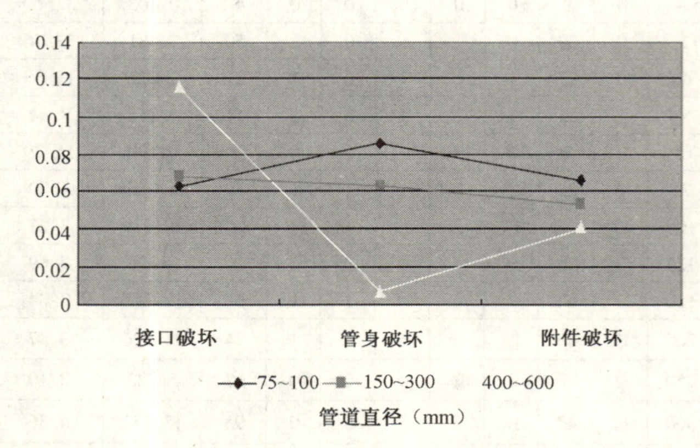

图 5.25　天津市城区地下给水不同直径铸铁管线不同地震破坏现象的破坏率

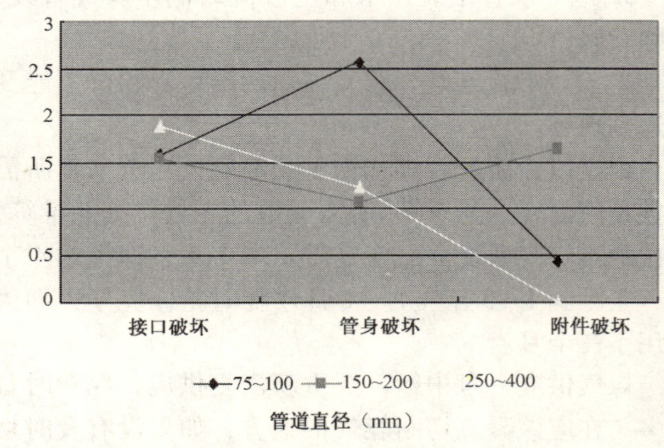

图 5.26　天津市塘沽区地下给水不同直径铸铁管线不同地震破坏现象的破坏率

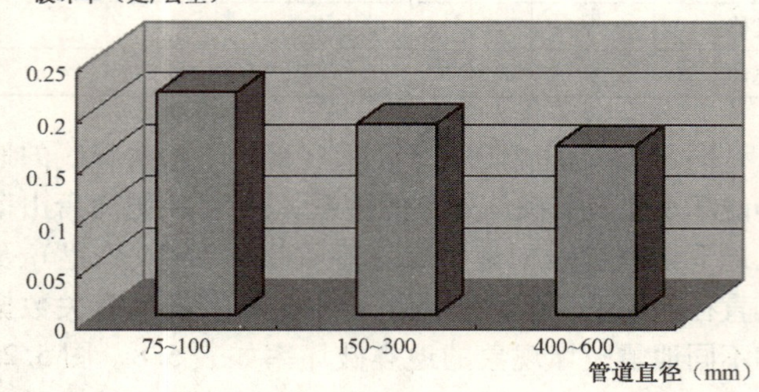

图 5.27　天津市城区地下给水铸铁管线的破坏率同管道直径的关系

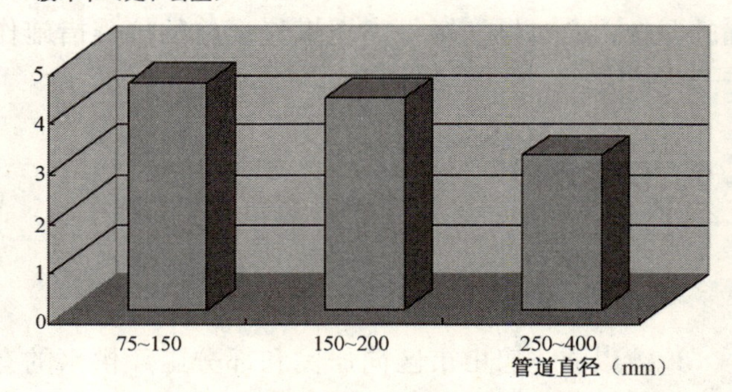

图 5.28　天津市塘沽区地下给水铸铁管线的破坏率同管道直径的关系

天津市地下给水铸铁管线的有关数据
和不同地震破坏现象的地震破坏率　　表 5.8

地区	直径（mm）	长度（km）	破坏率（处/km）			
			接口	管身	附件	总计
市区	75～100	302.7	0.063	0.086	0.066	0.215
	150～300	379.9	0.068	0.063	0.053	0.184
	400～600	146.3	0.116	0.007	0.041	0.164
	700～800	27	0.037	0	0	0.037
	小计	855.9	0.074	0.6	0.054	0.188
塘沽区	75～150	35.51	1.58	2.56	0.42	4.56
	150～200	27.36	1.54	1.06	1.64	4.24
	250～400	12.28	1.87	1.22	0	3.09
	600	1.85	1.62	0	0	1.62
	小计	77	1.61	1.75	0.78	4.14

根据唐山地震以后的震害调查和上述图和表，对于供水系统的地震性状和经验教训可归结如下。

(1) 供水管线的破坏现象主要有：接口松动，管道断裂，接口拔脱，附件破坏，闸门破坏，法兰破坏等，其中管道断裂所占的比重最大（参见图 5.23）。

(2) 地下供水管线的地震破坏率（破坏处数/公里）同管道的直径有关。对于直径小于 50mm 的管线，地震破坏率随着管道直径的增大而减少；但是对于直径大于 50mm 的管线，地震破坏率并不随着管道直径的增大而减少（参见图 5.24）。管道直径较小的管线地震破坏率之所以较高，可能是由于容易锈蚀的缘故。

(3) 地下供水管线的地震破坏率同其周围的土质条件密切相关。地震时遭受严重破坏的管道，毫无例外地都是埋设在松散砂质土层，河岸下面，沟坑、洼地旁边，以及其他松软土层或严重不均匀土层中。例如，唐山市靠近陡河处的一段长 200m 铸铁管线，直径为 400mm，地震时有 10 处遭到破坏，破坏率高达 50 处/公里。天津市塘沽区位于滨海平原，软弱土层厚度很大，地震时地下供水管线破坏严重，从图 5.25 和图 5.26 可以看出，塘沽地区地下供水铸铁管线的地震破坏率是天津市城区的 20 倍。

(4) 地震时，管道自身的破坏主要是由于地震动引起的管线的轴向力所致。

(5) 具有柔性的、能适应变形的管线的接口，地震时表现较好，很少发生破坏。但是，刚性的接口地震时特别容易破坏。

(6) 对于防止直径较小管线的管身的断裂和零附件的破坏，应当给予特殊的注意。

(7) 钢管管道自身的抗震性能较好，地震时没有发现有破坏现象。但是如果发生锈蚀，则就成为钢管抗震的薄弱环节。

(8) 铸铁管道由于本身是脆性的，地震时，管身和接口都容易遭到破坏。

5.6.2 日本阪神-淡路地震[21]

地震造成的给水管网破坏使兵库县内的神户、尼崎、西宫、芦屋、伊丹宝塚、川西、明石、三木等 9 市和津名、淡路、北淡、一宫、东埔等 5 町断水一月有余。这个地区的供水总户数为 1 355 600 户，供水总人口为 3 425 677 人，日供水量为 1 363 000 立方米。震后，约有总户数的 85%，即 1 130 000 户断水。这次地震同以往的发生在日本和美国的地震所造成的断水情况对比如图 5.29 所示。从图可见，1994 年美国北岭地震造成 50 000 户城市市民断水，而这次阪神-淡路地震所造成的断水户数却是美国北岭地震断水户数的 20 倍以上。

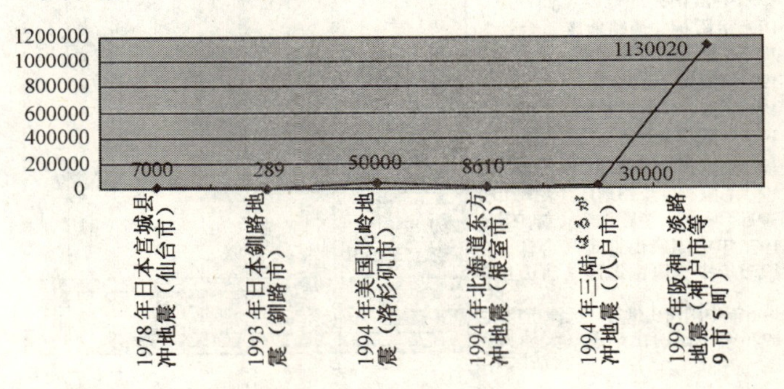

图 5.29　日本和美国地震震后断水户数比较

各市通过阪神水道公司及县管辖的水道供水来弥补其水源不足。虽然阪神间的输水管破坏发生漏水，但通过与其他系统的转换，仍然保证了用水需要。猪名川净水场由于沉淀池伸缩接头开裂发生漏水。尼崎净水场由于氯注入机发生故障暂时停止供水。甲山净水场过滤池发生漏水，污泥处理设备周围土坍塌。此外，从输水管向芦屋市芦屋调节池输水的管道，西宫泵站向西宫市送水管线，越水净水场、凤川方面等向市内三处送、配水管也有损坏。县经营的自来水管道从神户净水场向西神新区的直径 700 mm 供水管道，由于道路塌方受到损坏。

各个城市的主要供水设施都遭到破坏。在神户市，5 个贮水设施，上原和本山净水场等 10 个净水设施，

5 个供水设施以及 13 处配水设施均遭到破坏。虽然取水设施和 119 个配水池基本完好，但会下山低层配水池因与连接井的接合部位损坏而漏水。在西宫市，鸣尾、中新田、鲸池、越水的各净水场及甲子园配水站的配水池和过滤池的导水管、机械设备等均遭到破坏。鲸池净水场的贮水池因地基土液化而造成堰堤崩毁，需要巨额资金才能修复。在芦屋市，来自芦屋川的取水管线因土坍塌造成净水场不能取水。在宝塚、尼崎、明石等市，净水场也受到轻微破坏。各市町的配水管破坏数量也相当多。

截止到 1995 年 2 月底，阪神-淡路地震造成的兵库县内 7 个市的配水管破坏率与中国唐山地震以及过去日本和墨西哥地震所引起的配水管破坏率的对比如图 5.30 所示。从图可见，对于多数城市，管线的破坏率大致都在每公里 0.1～0.6 处左右。1983 年日本海中部地震时，能代市的配水管线的破坏率为 3.16 处/km，1995 年日本阪神-淡路地震，芦屋市的配水管线的破坏率为 1.26 处/km，1976 年中国唐山地震唐山市区给水管线的破坏率为 4.62 处/km，天津市塘沽区给水管线的破坏率为 4.14 处/km，破坏率比一般情况下高出很多，这主要是由于地基土液化严重的缘故，此外，同管道材质、管道直径、使用年数和锈蚀情况等也有密切的关系。

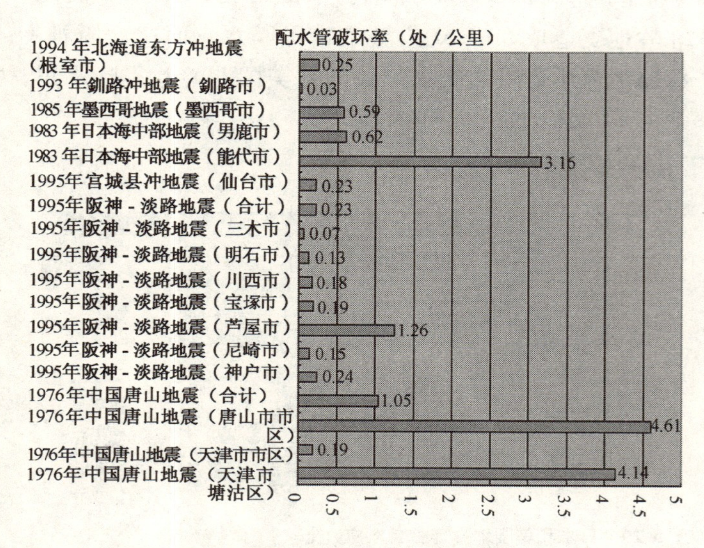

图 5.30　中国、日本和墨西哥地震引起的配水管破坏率对比

管道破坏形式有纵向压曲、纵向接头拉脱、折损、龟裂等多种。表 5.9 为 1995 年阪神-淡路地震所造成的不同类型管道的破坏统计。从中可见，延性铸铁管的地震破坏中有将近一半是接头拔出（参见图 5.31），其他管材则以管身破坏居多。自来水管线，除倒塌的

1995 年阪神-淡路地震造成的不同类型管道的破坏统计

表 5.9

破坏类型	管道破坏率（处/公里）									
	延性铸铁管		铸铁管		聚氯乙烯管		钢管		石棉水泥管	
管道长度（km）	1874		405		232		30		24	
破坏	处/公里	处	处/公里	处	处/公里	处	处/公里	处	处/公里	处
管身	0	9	0.63	257	0.38	88	0.33	10	1.24	30
管件	0	1	0.31	124	0.17	40	0.03	1	0.04	1
接头拉脱	0.47	880	0.49	199	0.33	76	0	0	0.37	9
接头破坏	0	2	0.06	25	0.50	115	0.07	2	0.08	2
接头插入	0	5	0	1	0.01	3	0	0	0	0

图 5.31　1995 年阪神-淡路地震引起的给、配水管线接头拉脱破坏

房屋以外，到1995年2月底已全部恢复。日本海中部地震时，埋设管线因土液化受到严重破坏，所以全部修复时间在40天以上。这次阪神-淡路地震，神户市自来水管线恢复迟缓的原因主要有：

1. 管线破损所在位置很难发现，因为管线破损的地方过多，一般常用的提高水压找出漏水处所的方法难以奏效。

2. 原拟从海岸边通水了解管线破坏情况后进行临时修复，扩大通水区域，后因未料想的破坏接踵而至，只好改作应急处理。

3. 一些水源不足的城市，74% 的自来水由阪神水道公司用输水管从淀川送水，震后因管道破损，只能供应正常水量的66% ，成了恢复的瓶颈。

4. 老的神户市政厅配楼是钢筋混凝土框架房屋，一共8层，神户市上下水道局设在市政厅办公楼的配楼的6层，地震时，该楼6层倒塌（参见图5.32），恢复所需要的图纸被压在办公室内，不能及时取出来。加之震后各局租房办公，办公地点分散，工作人员难以联络。这些都给震后恢复工作带来了很大的困难。所幸的是，名古屋市水道局拥有同样的系统，在存有神户市数据的单位的协助下，把140张1/2500的图纸分别复制10份，于1995年1月25日送往神户市，对震后恢复起了很大的作用。芦屋和西宫两市供水恢复比其他地区慢，主要是阪神水道公司供水的管道破损，不能作通水试验，因而漏水地点难以探明。

图5.32 神户市上下水道局所在的6层倒塌

神户供水系统向608 844户居民，大约150万人供水。全系统包括：（1）3 963km长的输水管线，其中90% 以上是球墨铸铁管，填土地段管线和干线采用抗震接头者仅为5%；（2）分布在119处的239座蓄水设施；（3）装备231台水泵的43座泵站；（4）64km长的输水隧道。神户的水源汇总于表5.10中。神户有8座饮用水和工业用水的净化厂。神户的供水管道主要有下列几种。

神户水源　　表5.10

水　源	占总供给量的比重（%）	供给能力（1000m³/天）
琵琶湖/淀川河	73.9	606
千苅（Sengari音译）水库（1919）	13.8	113
烏原（Karasuhara音译）水库（1905）	4.4	36
市内河流	3.8	31
布引（Nunobiki音译）水库（1900）	2.4	20
呑吐（Dondo音译）水库	1.7	14
合计	100	820

资料来源：NIST. 1996。

（1）有抗震接口的延性铸铁管，占总量的6%；法兰螺栓连接的延性铸铁管，占总量的80.2%。

（2）焊接连接的钢管，占总量的2.6%。

（3）法兰螺栓接口连接的铸铁管，占总量的7.7%；铅接口连接的铸铁管，占总量的0.2%。

（4）套筒接合的聚氯乙烯管，占总量的3.1%。

地震以后，在神户安装了地震监控系统，把从供水系统出来的水分开，并保持在选定的蓄水设施中，以供饮用。

神户供水管线地震破坏数据载于表5.11中。图5.33为神户供水管道直径和其地震破坏率（处/km）的关系。图5.34为神户供水管线不同直径管道的各类破坏的破坏率占该直径管道总破坏率的比重。

神户供水管线地震破坏　　表5.11

直径（mm）	长度（km）	管道断裂		接口拔脱		零附件破坏		破坏总计	
		处	处/公里	处	处/公里	处	处/公里	处	处/公里
50	63.143	6	0.095	9	0.143	0	0.000	15	0.238
75	165.051	7	0.042	30	0.182	3	0.018	40	0.242
100	790.329	43	0.054	127	0.161	27	0.034	197	0.249
150	1455.14	55	0.038	206	0.142	40	0.027	301	0.207
200	744.689	23	0.031	104	0.140	11	0.015	138	0.185
250	39.706	3	0.076	3	0.076	0	0.000	6	0.151
300	386.606	20	0.052	96	0.248	23	0.059	139	0.360

续表

直径（mm）	长度（km）	管道断裂		接口拔脱		零附件破坏		破坏总计	
		处	处/公里	处	处/公里	处	处/公里	处	处/公里
350	18.195	0	0.000	4	0.220	1	0.055	5	0.275
400	79.7	4	0.050	17	0.213	9	0.113	30	0.376
450	3.082	0	0.000	0	0.000	0	0.000	0	0.000
500	88.45	2	0.023	7	0.079	15	0.170	24	0.271
600	45.224	2	0.044	3	0.066	8	0.177	13	0.287
700	46.857	1	0.021	7	0.149	16	0.341	24	0.512
800	10.264	3	0.292	5	0.487	1	0.097	9	0.877
900	26.131	1	0.038	6	0.230	14	0.536	21	0.804
1000	0.498	0	0.000	0	0.000	2	4.016	2	4.016
合计	3963.06	170	0.043	624	0.157	170	0.043	964	0.243

资料来源：NIST. 1996。

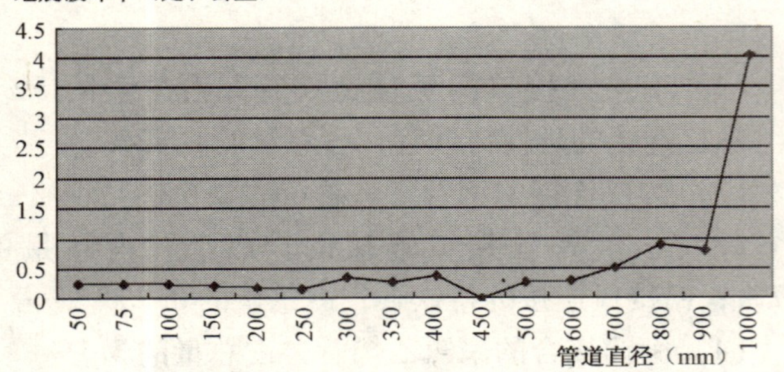

图 5.33　神户供水管道直径和其地震破坏率的关系

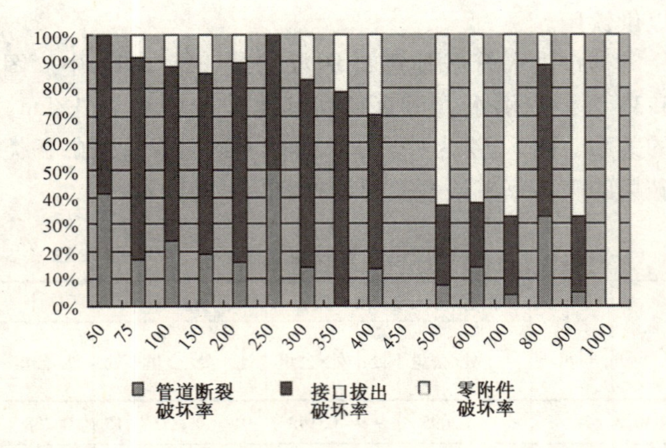

图 5.34　神户供水管线不同直径管道的各类地震破坏的破坏率占该直径管道总破坏率的比重

根据地震调查和上述图表，神户供水管线的地震破坏特点可归结如下。

（1）供水管线的地震破坏主要是由于：建筑物倒塌；接口拔脱；管线在穿越混凝土雨水排水沟下面的地方破坏。

（2）附挂在桥梁上的管道，地震时易遭破坏。

（3）管道直径为700mm到1000mm的管线，地震时每公里的破坏率高于管道直径小于600mm的管线的破坏率（参见图5.33），从图5.24可以看出，唐山市区没有管道直径为700mm以上的管线的震害数据，但给水管道直径和其地震破坏率的关系同图5.33有些不同，这可能是因为阪神-淡路地震时，神户市给水管道直径为600mm以下的管线破坏率远低于唐山地震时，唐山市区地下给水管线破坏率的关系。

（4）管道直径为400mm以下的管线的主要破坏形态是接口拔脱，而管道直径为500mm以上的管线的主要破坏形态则是零附件破坏。

（5）延性铸铁管道在地震时表现很好，不仅在过去的地震中是这样，这次阪神-淡路地震也是如此。

（6）地震以后，供水配水系统几乎完全修复的时候，水的需求量比地震以前高出30%。这说明在管线里仍有多处漏水，但还没有被发现。

（7）地震时，地震监控系统在21处里有18处仍能正常工作，使水能被储存起来以供饮用。3处未能正常工作的地震监控系统中，有2处破坏同电气或机械有关，1处则同液压有关。

地震时，上原（Uegahara）、胄山（Kabutoyama）和本山（Motoyama）3个净水厂都遭到了破坏，其他的水厂破坏较轻或基本完好。净水厂的破坏现象主要有：管道接口分离；淤泥浓缩房屋地面下沉；楼盖沉降；管道支承基础周围下沉；未锚固的电气设备倾倒；胄山净水厂后面发生大滑坡；中间储槽裂缝，管道破坏，以及挡土墙移位等。

从1980年起，厚生省把接头的极限变位由4～5 cm提高到7～8 cm。此后兴建的管线都采用了新型抗震接头。但在阪神-淡路地震中，1980年以后兴建并采用这种新型接头的管线也有很多遭到损坏。西宫市虽有一半以上管线采用了新型抗震接头，但震后仍有903处破裂漏水，严重的地方接头脱开达20cm。

为避免地震后断水和确保消防用水，神户市采取了特殊的保水措施，即在二池结构中，在一池设置紧急截流阀，当震度达到Ⅴ度或Ⅴ度以上时，紧急截流系统运作，一池截流。在这次地震中，由于这个紧急截流系统发挥作用，在来自淀川的自来水停止供水后，仍可用保留在配水池中的水继续供水。

地震后，每天出动2 090 人，40 辆水罐车向412

个断水地点供水。此外，还配给了272 000塑料桶水和500 000个瓶装水。

阪神-淡路地震给我们的一个重要启示是，为了保证平时消防用水和紧急情况用水，自来水网络必须改造成有多渠道取水、送水的赘余系统。

5.7 排水系统

5.7.1 中国唐山地震[22]

唐山地震以前，唐山市的排水系统大部分采用合流制。全市共有24条排水系统，排水管线全长176km，沿陡河两岸的厂矿等企事业单位还有自己的排水系统。排水出口共有83个，其中75个出口直接排入贯穿市区南北的陡河，其余8个出口经青龙河、塌陷坑、黑水沟间接排入陡河。污水的排放量为：工业污水39万吨/日，生活污水3万吨/日。多数排水管线采用直径为700～1 500mm的钢筋混凝土圆管或断面为2 000mm×3 000mm的矩形管路，管路为石砌墙和钢筋混凝土顶板或砖拱顶盖。对于钢筋混凝土圆管管线，覆土厚度为0.7～2.0m，对于矩形管路管线，覆土厚度在5m以下。震后对8 500m排水管网干线调查结果表明，其中有1 190m管线遭到严重破坏，需要修复，占调查管线的14%，800m管线轻微损坏，占调查管线的9%。

天津市市区的排水系统的干管总长为931.3km，其中污水干管298.5km，雨水干管206.3km，合流干管426.5km。地震以后，对和平、河西和河东三区的排水管道进行了检查，有5 023m管道发生破坏，占管线总长的1%。

地震以后，对排水管线调查发现的震害主要有：

（1）矩形管路地震时发生裂缝，包括横向裂缝、纵向裂缝和剪切裂缝；

（2）有的矩形管路石墙倒塌，顶板下落；

（3）矩形管路底板裂缝；

（4）钢筋混凝土圆管裂缝；

（5）钢筋混凝土圆管接口松动。

5.7.2 日本阪神-淡路地震

阪神-淡路地震使受灾地区的污水处理厂和排水管道等设施大多遭到破坏，有14个地方公共团体单位受灾。图5.35为日本20世纪90年代发生的地震所造成的下水道设施破坏的经济损失对比。从图可见，1993年釧路冲地震损失为28亿日元（釧路市为13亿日元），1993年北海道南西冲地震损失为5亿日元，1994年北海道东方冲地震损失为50亿日元（标津町为20亿日元），1994年三陆遥冲地震损失为11亿日元，而1995年阪神-淡路地震的损失却高达1 140亿日元（兵库县700亿日元，神户市370亿日元），可见损失之惨重。

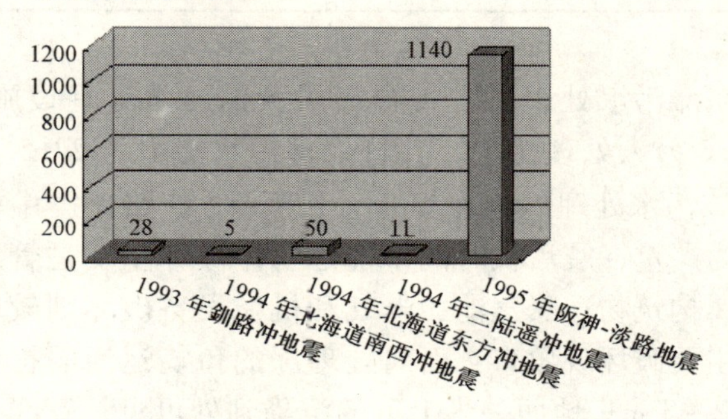

图5.35 日本20世纪90年代发生的地震所造成的排水设施破坏的经济损失对比

排水管线和设施属于排放生命线系统，但它与电力、煤气、给水等供给生命线系统不同，很少立即出现功能障碍。

兵库县、大阪府和京都府的102个污水处理厂中有43个遭到了破坏，特别是表5.12所列的兵库县的8个污水处理场受灾最为严重，大大降低了污水处理能力。

兵库县的8个污水处理厂震害　　表5.12

地名	设施名称	日处理能力（m^3）	处理人口（人）	主要震害
神户市	东滩处理厂	225 000	346 000	●穿越运河导水管破损 ●流入管道断裂 ●水处理设施损坏 ●办公楼倾斜 ●管廊浸水
	中部处理厂	77 000	128 000	水处理设施损坏
	西部处理厂	161 500	264 000	地下泵房浸水
西宫市	枝川净化中心	126 000	174 000	●流出渠破损 ●沉砂搅拌机损伤 ●消化槽损伤

续表

地名	设施名称	日处理能力(m^3)	处理人口(人)	主要震害
尼崎市	东部第一净化中心	79 000	50 000	污泥搅拌机损伤
	东部第二净化中心	824 000	52 000	终沉淀池送水管破损
芦屋市	芦屋下水处理厂	51 175	84 000	• 厂内送水管破损 • 出口破损
兵库县	武库川上游净化中心	71 000	124 000	污泥搅拌机破损

东滩污水处理厂是神户市最大的污水处理设施，为34.6万人处理污水，其日处理污水能力为22.5万m^3。该污水处理厂建在填土上，阪神-淡路地震中受灾最为严重，震后长时间不能运行。破坏主要是管线和附属构筑物，曝气池、电气和机械设备破坏则较轻微。主要破坏现象有：面向处理厂的鱼崎运河的护坡滑移2~3 m；地面一米上下的沉降到处可见；管线及其连接多处破坏，初沉淀池流入管线接头有4处断裂，污泥浓缩池和消化池周围的配管破损；终沉淀池的刮污泥机链条脱离等。震后初期，只作灭菌处理，即行排放。以后，为适应自来水管恢复后生活用水增加的需要，在宽约30m的鱼崎运河用H型钢板改造成160m长的临时沉淀池进行沉淀处理。从1995年2月6日开始作简单处理，再根据流入水质情况添加凝结剂以保证达到高级处理功能。随着污水量的增加和气温的上升，这种办法有可能成为恶臭和海面污染的诱因。因此，应考虑采取其他措施。

在西宫市，下水道管理部门的办公楼倒塌，对策本部只好移到枝川净化中心，该中心污水日处理能力为12.6万m^3。震后，西宫市内几乎全城断水，然而每天却有9万m^3来历不明的水流入枝川净化中心。枝川净化中心因终沉淀池流出管渠破坏，日处理能力只能达到正常情况的50%。

在芦屋市，由于污水处理厂内从泵站到污水处理设施的送水管破损，以及导水管和排水管多处遭到破坏，致使该场暂时丧失处理功能。

在尼崎市，东部第一和第二净化中心分别因刮污泥机损坏和送水管破损，只能简易处理后排放。

神户市、西宫市和三田市相关流域下水系统的武库川上游污水处理厂因刮污泥机损伤，日处理能力只能达到正常情况的50%。武库川下游污水处理厂和加古川下游净化中心也发现有管渠和管道破坏情况。豊中市庄内污水处理厂尽管换气管道破坏下落，但处理能力并未降低。大阪府猪谷川流域下水道系统因煤气柜倾斜致使与污泥处理相关的功能暂时丧失。大阪市海老江处理区的海老江污水处理场的送水管、消化槽脱离液管、曝气池送气管等都受到破坏。

地震以前，神户市共有8座污水处理厂，其中有3座在地震时遭到了破坏，如表5.13所示。在23座泵站中，有20座受到破坏或因断电、房屋倒塌或沉箱破坏而不能运行。电力恢复以后，大多数泵站可以恢复正常运行。

神户污水处理厂及其地震破坏　　表5.13

厂名和地点	日处理能力(km^3)	地震时的表现
东滩，海边	225.0	严重破坏
西武，海边	161.5	管线破坏，泵站下沉进水
垂水，海边	133.9	完　好
中部，海边	77.9	沉淀池裂缝，设备移位
玉津，离陆地1km	75.0	完　好
铃蘭台，(Sugurandi的音译) 离陆地10 km	43.8	完　好
港岛，港岛	20.3	完　好
名谷，(Myodani的音译) 离陆地10 km	12.0	完　好
合计	749.4	
东武淤泥中心，六甲岛	150吨/天	破　坏

资料来源：NIST. 1996。

神户污水收集系统的管道，70%是钢筋混凝土管道，20%是聚氯乙烯（PVC）管道，10%是陶土管道（VCP）。纤维加筋的塑料管和聚氯乙烯管分别用于大直径管道和地震时土壤可能发生液化地区的小直径管道。在污水处理厂收集污水的范围里，污水收集和雨水收集管线的长度分别为3 318km和482km。

神户市有污水排水管线3 315km，雨水排水管线483km，处理范围为16 029公顷。1995年1月18至22日对处理范围内的地表面、管内和检修孔作了第一次目测调查，破坏情况见表5.14。此表所涉及的区域为4.12公顷，相当于整个区域的26%。

神户市排水管线设施第一次调查发现的震害（处）
表5.14

震　　害	污水管	雨水干线	合计
检修孔破坏（上浮、下沉、孔壁砌体错位）	672	138	810
路面异常	314	58	372
管道破损、堵塞	76	57	133

续表

震　害	污水管	雨水干线	合计
溢　水	0	0	0
土砂流入、堆积	41	4	45
其　他	44	10	54
小　计	1147	267	1414

第二次调查的对象为983km长的污水管和357km长的雨水管。其中，95.4km长的污水管和2.6km长的雨水管因被房屋倒塌的瓦砾覆盖，未能进行调查。此前用电视摄影机所作的管内目测预备性调查表明，1%以下坡度的线路，管内有水停留，且水深在5cm以上，或检修孔内管道变位在1/2管径以上。第二次调查的57km污水管主要用电视摄影机进行检查。1995年1月24日到2月23日共投入618台电视摄影机。第二次调查结果见表5.15。从表可见：污水管线破坏共有8 950处；排水设备损伤7 602处，占总数的84%。由于下水道修复施工常会影响城市交通，所以东滩处理区采取分流作业方式，把合流管当做雨水管使用。

神户市排水管线设施第二次调查发现的震害（处）

表5.15

震　害	污　水	雨　水
管道损坏	148	
检修孔损坏	238	
污水支管变形	427	
排水设备损坏	7602	
堵　塞	454	33
损　坏		205
土砂堆积		10
其　他	81	
小　计	8950	248
合　计	9198	

神户市下水管线的破坏多见于填土和房屋破坏集中的地区，其他地区也有破坏事例。

芦屋市污水管线全长236km，地震后14.5km遭到破坏，约占全长的6%。临海区域的填土地段土壤液化，震害更为严重。市内1万个检修孔中有2 500个上浮破坏。

豊中市排水系统遭到破坏的有：下水主管14处，检修孔100处，连接管72处，污水口和雨水口10处。

大阪市沿神崎川和淀川流域，以大野处理区和此花处理区为中心，管线震坏比比皆是。

阪神-淡路地震使神户污水系统遭到了破坏。污水系统的地震破坏现象可以归结如下。

（1）在大开地段，地震使地下铁道毁坏，污水管道破坏严重。

（2）在靠近东滩污水处理厂的地段，由于土的液化而使人孔（下水道供人出入检修用的检修孔）浮起。

（3）在港岛，管道由于地震时土壤液化而浮起。

（4）东滩污水处理厂的设施地震时破坏严重，主要是由于工厂邻近海边，沿工厂北边的防波堤由于土的液化而向海水一侧移动高达3m，由此造成整个场地平均下沉1m。

（5）在东滩污水处理厂内，地震后发现地面沉降高达2m，水平位移高达3m。

（6）在东滩污水处理厂，反向虹吸管破裂，导致污水直接倾注到海里。

（7）地震时，土壤侧向变形引起建在独立基础上的地下结构和设施严重破坏。

（8）管架由于地震时基础沉降而扭曲。

（9）支承澄清池、曝气池和消化池的桩柱在地震时遭到破坏。

（10）由于地震时土壤发生沉降，致使曝气池接头脱开。

（11）污泥处理池连接管道破裂。

（12）由于地震时土壤的移动而使设备和管道遭到破坏。

从阪神-淡路地震排水系统的破坏来看，下列几点经验教训值得吸取。

（1）不应忽视下水道破坏所造成的灾害，要把上下水道作为承担城市水循环的整体系统来考虑，在建设和恢复的各个阶段都要加强各方面的合作。

（2）排水系统功能丧失不仅会造成重大损失，而且会给人民生活带来很大的不便，必须研究排水系统功能丧失后的替代措施。

（3）灾后应急管理部门的办公用房应具有抗震能力，有关基本数据、微型胶卷、光盘等容易保管和搬运的设施管理资料应有备品，并分散保管。在阪神-淡路地震中，神户市水道局的映象系统设在神户市市政厅旧办公楼6层，震后该层倒塌，无法取得管线基本数据。所幸的是，名古屋市水道局拥有同样的系统，在存有神户市数据的单位的协助下，把 140 张 1/2 500 的图纸分别复制 10 份，于 1995 年 1 月 25 日送往神户市，对震后恢复起了很大的作用。

（4）检修孔应尽可能避开可能因房屋倒塌而堵塞的地段。阪神-淡路地震有些地段房屋倒塌堵塞道路，下水道检修孔盖无法打开，给震后调查和修复带来了很大的困难。

5.8 供电系统

5.8.1 中国唐山地震[23]

唐山地震以前，北京、天津和唐山地区的电力供应系统由位于北京、天津、唐山、张家口、保定、承德和秦皇岛等 7 个地区的发电厂联网运行，如图 5.36 所示。整个系统的装机容量为 314 万 kW，发电出力为 200 万 kW。唐山市有两个发电厂，地区负荷 41 万 kW。唐山发电厂全厂装机 10 台，容量为 30.5 万 kW，地震前 4 号机和 3 号炉正在大修之中。陡河发电厂正在建设中，装机容量为 75 万 kW，地震前，第一期 12.5 万 kW 的 1 号机组已正常发电，2 号机组已安装完毕。二期厂房正在建设中。

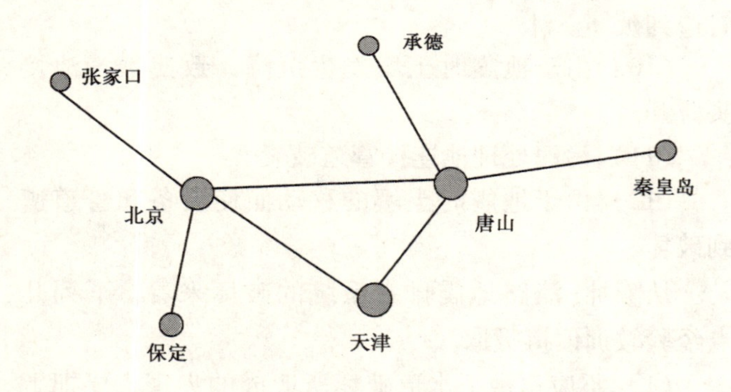

图 5.36　北京、天津和唐山地区供电系统示意图

唐山地震以后，唐山的两个发电厂都遭到严重破坏，致使发电中断。通往唐山的输电线路全部掉闸，承德和秦皇岛两个地区系统解列，各自单独运行。天津市的电厂，少部分机组发电中断，多数机组仍基本完好，仍同基本上没有受到破坏的北京、保定、张家口地区电网继续联网运行。震后继续运行的这部分系统的发电出力为 99 万 kW，频率瞬时上升到 51.28Hz，但未造成电力系统失去稳定的事故，这是因为地震发生在凌晨，正处于电力系统负荷曲线的低谷时间，甩掉的负荷同发电机组停发的出力相近的缘故。

地震以后，由于电厂房屋严重破坏和倒塌，设备和仪表破坏，致使唐山市的供电全部中断。供电中断导致通信系统和给水系统失去功能，给震后应急救助和居民生活造成了很大的困难。

唐山发电厂老厂破坏不大：厂房破坏较轻，机组和锅炉等设备轻微破坏，热工仪表破坏较为严重。唐山发电厂新厂破坏严重：厂房屋顶塌落，砸坏设备，机组和锅炉等设备均遭到严重破坏。

陡河发电厂破坏严重，1 号和 2 号机组机房的屋顶全部塌落，机组和辅助生产设备全被砸坏。一座高为 180m 的钢筋混凝土烟囱，7 月 28 日凌晨主震时，在 145m 高度处发生断裂，在当天下午发生的强余震时，断裂标高以上的部分（35m 长）塌落，把输煤栈桥砸坏，形成一个很大深坑，如图 5.37 所示。

图 5.37　180m 高的钢筋混凝土烟囱唐山地震主震时在上部发生断裂，当天下午强余震时，上部塌落

唐山地震以前，唐山地区有 82 条输电线路，杆塔 8 004基，总长为 1 592km，包括运行中的 35kV、110kV 和已建成但尚未投入使用的 220kV 输电线路。唐山地震时，483 基杆塔遭到了破坏，其中：102 基杆塔基础下沉，373 基杆塔倾斜，8 基杆塔倒塌；35kV 输电线路上的陶瓷横担普遍出现裂纹，个别的折断。

地震以前，唐山地区有变电站 37 座，其中，220kV1 座，110kV9 座，35kV27 座。地震时，33 座变电站遭到破坏，造成中断供电。不同千伏输电线路上

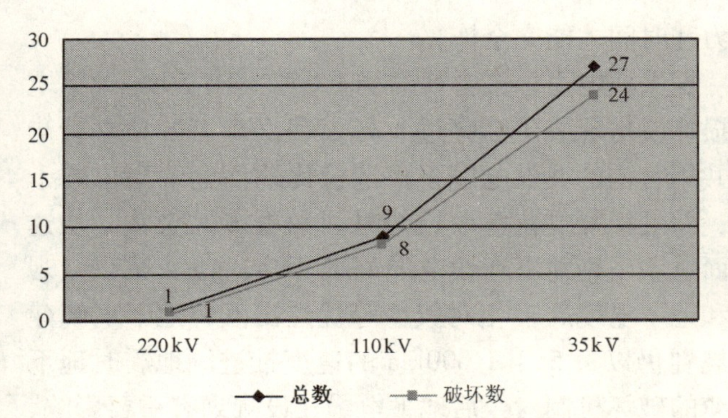

图5.38 唐山地区变电分站的地震破坏

图5.39 变压器倾倒

图5.40 瓷绝缘破断

的变电站的破坏统计示于图5.38中。变电站设备的破坏主要是由于放置设备的厂房倒塌所造成。安装在室外变压器倾倒，如图5.39所示。室外中心较高的瓷质高压电器折断损害严重，如图5.40所示。

配电线路遭受的地震破坏较轻，共有85基发生倒杆和断杆，占总数的0.7%；共有85台配电变压器遭到破坏，占总数的7.5%，其中从台架上掉下的有4台，其余均为移位。

从上述可见，唐山地震造成生命线系统中断的主要原因是电力设施失去功能，从而引发通信、供水等系统工作中断，而房屋和结构物的倒塌则是造成电力中断的主要原因。

5.8.2 日本阪神-淡路地震

关西电力株式会社承担向阪神地区供电任务，配电系统由275kV和154kV两组变电站组成。

图5.41为阪神-淡路地震后断电的客户数。图中的横坐标是地震发生后的时间，上一行是地震后的小时数，下一行是日期。地震发生时，即图中的“0”时，有260万户断电。地震发生后1.73h断电户减少到100万户，14.2h断电户减少到50万户，160.23h，

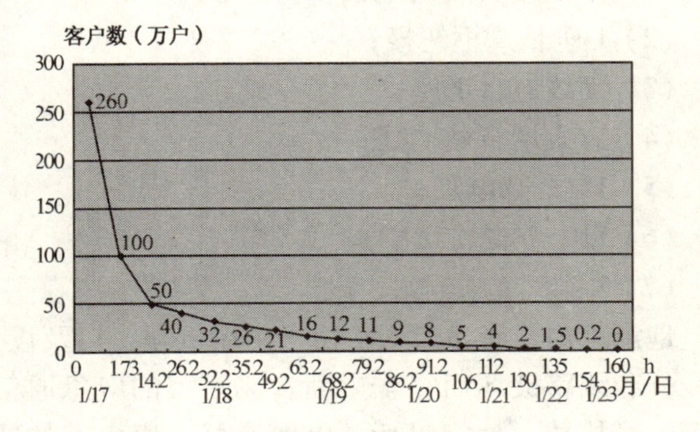

图5.41 阪神-淡路地震后断电客户数

即6.7天，电力供应完全恢复。地震的当天，即1月17日，断电客户数量之所以很高，主要是由于震后火灾蔓延造成的服务中断。

图5.42为日本和美国地震后断电户数的比较。从图5.42可见，1994年美国北岭地震停电户数为110万户，超过阪神-淡路地震震后1.73h的停电户数，主要是因为震后保护继电器启动，电流断路器工作造成的瞬间停电。

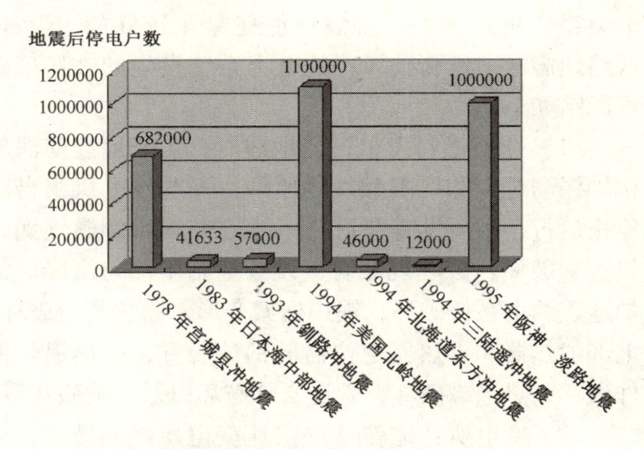

图5.42 日本和美国地震后断电户数比较

日本阪神-淡路地震震后电力全面恢复的时间比美国北岭地震长一倍，主要原因是许多电线杆因房屋倒塌而倒塌。为及时恢复电力供应，关西电力株式会社在各电力公司的支援下，派遣4 700人和46辆发电机车，采取24h连续作业进行抢修。1993年釧路冲地震和1994年北海道东方冲地震，相对于地震震级来说，与电力有关的设施破坏轻微，全面恢复只花了一天时间。所以，电力设施的抗震性能还是很高的。阪神-淡路地震暴露了电力设施的始所未料的薄弱的一面，但相对于灾害的规模来说，电力设施的恢复工作

应当说还是非常迅速的。

地震时，东滩、大阪、堺港、三宝、春日出、南港、尼东、尼三、高砂、姬二10座火力发电站受到破坏，主要破坏有：锅炉管道漏水、锅炉安全阀门密封漏水、构筑物地基沉降、配管设备破坏等。变电站有47座受灾，包括：275kV变电站9座，187kV和154kV变电站7座和77kV以下的变电站31座。伊丹变电站地震时破坏最为严重。这个变电站是1941年建成的，1960年增加了275kV开关板。变电站的破坏主要有：固定电线的绝缘子破损，变压器套管破损，锚固螺栓断裂，以及避雷针倒塌等。输电线有35条遭到破坏，包括：275kV线路4条，154kV线路7条和77kV以下线路24条。有446条配电线路设备受到破坏。保安通信设备破坏主要是神户市分所辖区内的9个系统通信电缆断线。通向住户的电线断线及电线杆倒塌屡见不鲜。配电设施的破坏有地基土液化造成电线杆下沉或倾斜，地震侧力使电线杆折断，房屋倒塌和电线的约束作用而造成的电线和电线杆破坏等多种形态。

根据电力中断的范围和持续时间来判断，应当说，电力系统从总体上看抗震性能还是比较好的。阪神-淡路地震时，地震破坏区的电力系统设施的破坏现象可归结如下。

（1）化石燃料发电站：地震时，由于地震使涡轮机轴振动过大和地震触发等原因，一些发电机组自动停止运行，因而没有遭到破坏。20座锅炉和燃气涡轮机遭到破坏，破坏现象有：设备基础不均匀沉降，锅炉地震约束系杆破坏，锅炉框架变形，锅炉管道破坏，上部加热器和再热器定位器同锅炉脱开，废热锅炉部件破坏，热绝缘破坏，管道支承破坏以及水池破坏等。

（2）变电所：地震时，47座变电所遭到破坏，破坏部位主要是：变压器电路开关、电力电容器、分流电抗器、断开开关、避雷器、母线、房屋以及不带电的地面设施等。

（3）输电和配电线路：778条高架和地下输电和配电线路在地震时遭到破坏。破坏部件包括：电线、电缆、电线杆、输电塔、输电管、人孔、绝缘器件、桥接线、电缆终端支承、油供给设备以及支承结构等。

据1995年1月26日公布的数字，阪神-淡路地震给关西电力株式会社造成的经济损失总计约为2 300亿日元，其中，配电设施960亿日元，送变电设施550亿日元，火力发电站350亿日元。阪神-淡路地震造成电力系统的破坏是前所未有的，需要很多的人力、物力和时间才能完全恢复。

据关西电力株式会社的调查，灾区有50%地下电缆损坏或出现故障。穿过人行道和汽车道的独立管沟和共用管沟的埋设电缆不仅造价比地面电缆高出数十倍，而且修复要花费很长的时间和更多的金钱。从这方面看，采用地下埋设电缆好处不多。但从城市景观好和地下电缆震害相对较少等优点出发，地下电缆建设规划仍以每5年1 000km的速度推进。地震时地下电缆的破坏机制对今后地下电缆建设规划有重要影响，尚需作深入的研究。

生命线系统包括自来水、煤气、电力和通信等多个子系统，各个子系统并非分开独立工作，而是互有影响的。供电系统在阪神-淡路地震后6天才全面恢复，其对社会经济活动和居民生活影响最大的是情报通信网络中断。电力中断引发的情报通讯网络中断是今后防灾对策要解决的重要问题。阪神-淡路地震后约有30万用户的电话不通是由于停电造成的。停电造成交通信号失灵，从而引发交通堵塞。停电严重影响火灾的扑灭。煤气中断以后，电成了居民可用的唯一能源，停电对居民生活的影响可想而知。阪神-淡路地震使人们再一次认识到在紧急情况下，确保电力供应是多么重要。为此，国家应对整个电力系统，包括发电设备、变电设备和送配电设备等制定抗震安全标准。

5.9 通信系统

5.9.1 中国唐山地震[24]

唐山地震以前，国家长途通信干线和地下电缆从唐山市过境，唐山市是国家的通信枢纽之一，其通信系统有2千多个用户，由以下部分组成：

（1）市话楼（自动电话楼）1座；

（2）1座长途枢纽楼；

（3）无线电台1座；

（4）有人增音站1处；

（5）15个邮电局；

（6）119个支局（所）；

（7）3 348个邮电站、段。

地震以后，唐山市通信由于房屋倒塌，以及设备、电线杆和线路破坏而完全中断。北京市的应急通信由地下电缆构成，地震以后，电缆完好。唐山市的通信系统于1976年9月1日完全恢复。

唐山地震造成的通讯系统的主要破坏现象可归结如下。

（1）唐山市话楼为3层砖墙和钢筋混凝土楼盖的砖混结构房屋，地震时这栋房屋完全倒塌，里面的通讯设备全部被砸坏，致使震后市内电话完全中断。

（2）唐山市长途通讯枢纽楼为3层内部为钢筋混凝土框架，外围为砖墙的内框架结构房屋，地震后也倒塌破坏，放置在2、3层的通讯设备全部被砸毁，通往北京、天津、石家庄和秦皇岛等大城市的电话、电报以及唐山地区13个县的100多条电路通信全部中断，北京通往东北各省的电话通信也全部被阻隔。

（3）唐山市无线电发讯电台主机房为单层砖混结构房屋，震后墙体严重裂缝，机架发生位移。

（4）唐山市长途电缆有人增音站的主机房为单层房屋，震后裂缝严重。

（5）唐山市通往周围地区的明线杆路大多出现倒塌、倾斜、移位、下沉，造成线路断线、混线。

（6）电话线路被倒塌的建筑物砸坏，地裂缝使电话线路错断。

（7）桥梁倒塌致使通过其上的通讯支架破坏，造成电话线路中断或混线。

（8）唐山市内邮电系统房屋倒塌4 0591m^2，占邮电系统房屋总建筑面积的96%。地震破坏的市内邮电通讯设备中有83.9%是由于房屋倒塌所造成。

5.9.2 日本阪神-淡路地震

在日本，东京、名古屋和大阪等大都市区通讯线路都有分支系统。大阪区域中心有线路同5个地区中心相连，提供多条赘余输电线路。通讯中心之间用光纤、铜电缆和微波干线相连。干线安装在屏蔽的隧道里。隧道有两种，一种是圆形的，埋深7~20m，直径4.5m；另一种是矩形的，系露天大开挖隧道，埋深2~4m，断面为2m×3m。多功能合用隧道有专门的分区，分别敷设通讯、电力和煤气管道。

震后灾区打入、打出的电话特别多，大大超过电话交换机负荷，要想完全通过电话线路通信，实际上是不可能的。电话通讯系统的破坏主要是交换机由于备用电源因地震出现故障而失灵。193 000条线路因用户通讯电缆震断而破坏，从而导致最多时有285 000条线路电话不通，为震区电话线路总条数1 443 000的19.7%。中转传送线路虽然也遭到破坏，但通过迂回线路的自动切换，通话没有受到实质性影响。专用线路有3 170条发生故障，其中有90条因房屋倒塌而无法修复。

图5.43为1995年阪神-淡路地震后电话线修复情况。NTT于1995年1月17日上午8时30分召集灾害总部人员进行线路检查和恢复工作。通过采用移动式电源车和1月18日重新启动交换机等措施，到1月19日不通线路由灾后的285 000条减少到85 000条，即减少了2/3。参与电话恢复工作的有7 000人。到1月31日，即震后第14天，除有38 000条线路因房屋倒毁不能恢复外，所有震后不通的电话线路全部恢复。恢复期间投入使用的器材有：移动电源车11辆，卫星车载无线台6台，便携式卫星台12台。

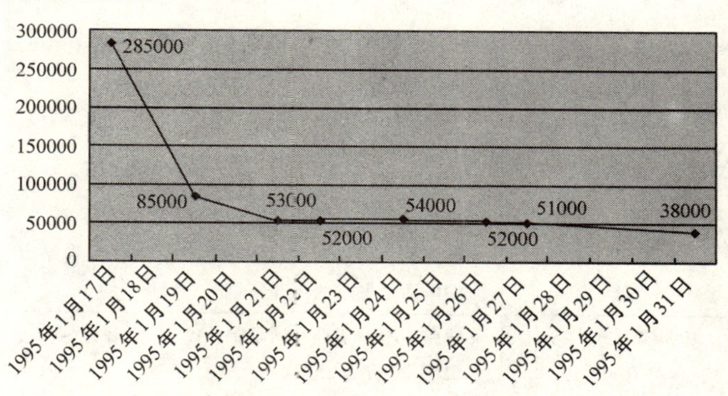

图5.43 1995年阪神-淡路地震后电话线修复情况

为方便震后群众通讯联络，NTT在神户、尼崎、明石等15个城市的避难所设置了727个特设免费公用电话点，共装有电话2 225台。为方便耳朵听不清者的通讯联络，还在318个点设置了361台临时传真机。震后因交通条件恶化，开始接收发到兵库县内的电报。此外，NTT还利用其独自的通讯系统提供灾害应急服务，实行灾区电话免收底价和电话收费不上涨等措施，对死亡者查询提供免费服务，为兵库县内灾区的市政府装设灾害应急对策电视会议系统，为临时住宅安装了3万部电话机。

表5.16为20世纪90年代发生在日本的釧路冲、北海道东方冲和三陆遥冲3次地震造成的通讯系统的震害情况。由表可见，无论是哪次地震，震后通话量都超过线路设备容量，处于打电话难的拥挤状态。1995年阪神-淡路地震后，电话拥挤的高峰是1月17日和18日，打到兵库县南部的电话高峰分别是平时一般高峰的50倍和20倍。震后，NTT虽然在兵库县南部增设了5 000条新线路，但因通话量大大超过线路容量，为避免交换机损坏，制定了限制从灾区外打到灾区内的电话通话规定。这个规定到1月22日线路拥挤状况缓解以后即行解除。

20世纪90年代日本地震通讯系统震害　　表5.16

地　震	通讯系统震害
1993年1月15日 下午08:06 釧路冲地震	●道路和填土地基破坏造成地下光缆（R38）、地下金属电缆（R272）各有一处被切断 ●电线杆倾斜、倒塌，通讯电缆损坏 ●70/100局停电，原因是蓄电池转换，自备发电机用不上 ●线路拥挤，发生在15日当天和16日凌晨，16、18和19日断续发生
1994年10月4日 下午10:23 北海道东方冲地震	●釧路－弟子屈之间路面龟裂、地下光缆（R391）被切断 ●根室-根室标津之间集合烟囱塌落、架空电缆切断 ●电线杆倾斜、架空电缆出现故障、引入住户的电话线被切断 ●电话故障800起，包括电话机故障和引入住户的电话线被切断 ●釧路、带广地区42栋大楼停电，因有应急发电装置和备用蓄电池，通讯服务未受影响 ●线路拥挤持续到6日中午，从全国打到釧路市的电话是平时的30倍
1994年12月28日 下午09:19 三陆遥冲地震	●线路拥挤，实行通话限制：12月28日为50%，12月29日为25% ●未发现交换机故障和电话不通的情况

过去虽曾多次指出过，强震后电话线路都会出现拥挤，但这个问题并未引人注意，线路建设还是优先考虑效力，对改善拥挤状态几乎没有采取任何措施。阪神-淡路地震以后，线路拥挤状况前所未有，给震后信息传递和恢复工作增加了难度。因此，今后应考虑建设一条可以避免拥挤状况的电话通讯系统。

在震后应急情况下，电话线路因拥挤而不能使用，各自治体采用防灾无线独立通讯系统保证了通话。在阪神-淡路地震中，无线携带电话（手机）等通讯手段应用广泛。为解决灾害发生时的信息传递问题，兵库县投入80亿日元，建立了兵库县卫星通讯网。这个通讯网除可传送声音以外，还可以传送文字、图像，数字通信和电视映象等。灾害发生时，还可用作应急广播和掌握灾情。然而，在阪神-淡路地震中，由于卫星通讯网络应急用电源的发电机冷却水管破裂漏水，发电机不能运行，致使通讯网未能发挥作用，震后6h才恢复正常运行。海上安全总部因屋顶天线震坏而无法使用通讯网，只能通过防灾无线系统进行联络。兵库县的通讯系统震后虽有几个小时不能使用，但在以后的信息收集活动中起了很大的作用。淡路岛的五色町采用闭路电视通讯系统，利用有线电视同时向各户广播，并在町内各单位之间进行通信联络。地震发生后的第二天，五色町办公机关就掌握了各户的受灾情况。

在灾害发生时的混乱的状况中，错误的信息很容易流传，会煽动不安情绪，使局势更加混乱。对受灾人们来说，与衣食住紧密相关的物品固然重要，比这些物品更重要的是确实“信息”。日本川崎市在地震发生后，利用同报无线（多址无线通讯）向市民传达各种信息。同报无线是从市役所和各区役所向市民进行宣传的无线。以作为避难所的全部市立中小学为中心，在居民住宅，市内各保育园、幼儿园、福利设施等处设有室内接收机，在避难场所和大坡度地段，始发站前等处设有室外接收机。这些接收机，即使停电，也能用内部电池接收3天。现在，川崎市内大约设有2000台同报无线。日本全国已有54%的地区建有这种设施。

阪神-淡路地震，向普通居民提供信息的媒体只有广播，有时会造成居民恐慌和助长谣言的传播。今后应建立具有抗灾能力的、专用的、能够向灾民传达正确信息的通讯网络。

阪神-淡路地震时，除线路遭到破坏以外，通讯建筑物和铁塔也遭到破坏。与NTT有关的大楼有3栋遭到破坏：御辛大楼因危险而没有正常营业；大开大厦和神户港大厦屋顶上的铁塔底部损坏，神户港大厦屋顶上的铁塔于1995年2月中旬拆除。

此外，以往地震表明抗震性能一直很好的地下隧道，阪神-淡路地震时也有很多遭到破坏。在中央区和兵库区埋深10m左右的宽大的隧道，隧道接缝处、隧道和建筑物连接处以及隧道本体都遭到破坏。阪神-淡路地震造成的NTT通信设施的损失高达300亿日元。

阪神-淡路地震时，通讯系统的表现可以归结如下。

（1）三个通讯中心的房屋在地震时遭到了破坏，但是除了一个中心以外，破坏并不影响正常运行。

（2）三个安设在通讯中心房屋顶部的通讯塔在地震时遭到了破坏。

（3）在神户地区的144万条通讯线路中，地震后有28.5万条线路发现问题，这些问题都同电力破坏有关。

（4）在一个通讯中心，地震后，发电机由于市政供水中断没有冷却水而不能运行。

（5）检修人孔处和进入通讯中心房屋处的管道，地震时普遍遭到破坏。

（6）局部地区的通讯服务由于地震造成房屋倒塌或震后火灾烧毁房屋而中断。

（7）隧道里由于漏水和渗流而积水。

（8）屏蔽隧道没有遭受地震破坏。

（9）大开挖隧道地震时发生下沉和移位，但是并没有造成干线破坏。

（10）多功能合用隧道，由于漏水，地震时在施工缝处发生轻微的移位。

（11）地震时，由于管道推向人孔箱体内而造成电缆松动、破坏。

（12）人孔和管道密封口由于地震时发生相对运动而破坏。

（13）电缆因地震时水的渗流而破坏。

（14）管道和中继线由于地震时土壤的液化、位移和沉降引起人孔箱体位移而破坏。

（15）设置在桥梁上的管道，由于地震时桥面板移动而破坏。

（16）电话间由于地震时土壤失稳而破坏。

（17）用来支承架空电线的钢筋混凝土电线杆，地震时在大范围遭到破坏。

（18）地震后电话线路堵塞，主要是由于打电话的人数突然猛增。

5.10 机场

5.10.1 中国唐山市

地震以前唐山市有一个小型机场，位于震中东北，距离不到10km。地震时，机场房屋受到轻微破坏，但不影响运营。

5.10.2 日本阪神地区

地震前，在阪神地区共有3个机场，即关西机场、大阪机场和八尾机场。关西机场建在大阪湾内的一个回填的小岛上，小岛面积为511公顷，1994年开始运营。地震时，震中就在小岛的西北27km处，机场的控制塔及其内部设备均保持完好，飞机跑道出现细小裂缝，但对起飞和降落没有影响。地震后发现的唯一的破坏部位是航站基础和车行道路之间，但很快就得以修复。

大阪机场在震中东-北东43km处。地震后发现，楼梯间剪力墙和其他部位出现裂缝，宽为3~6cm。控制塔的两部电梯，地震时遭到破坏，中断运行1~5天。机场飞机跑道震后发现有一道贯穿的横向裂缝，但不影响飞机起降。(NIST，1996)

5.10.3 经验教训

机场是非常重要的交通设施，特别是在地震以后的应急阶段显得更为重要。幸运的是中国唐山市和日本阪神地区的4个机场在地震后都仍能正常运行。这些机场对于震后人员营救和救援工作提供了极为有利的条件。

5.11 震后火灾

5.11.1 中国唐山地震

唐山地震以后没有发生火灾，因为地震以后下过雨，而且同阪神-淡路地震破坏区相比，当时唐山地区的可燃物要少得多。

5.11.2 日本阪神-淡路地震

在1995年阪神-淡路地震发生以后的4天里，神户市就发生了148起火灾。图5.44和图5.45就是典型的火灾现场照片。过火面积大约为66万m^2，6 900栋房屋起火，如图5.46所示。

震后扑灭火灾工作收效甚微，究其原因，主要有：

（1）大量火灾同时集中发生；

（2）消防用水供给有限；

（3）消防车要通过的道路被倒塌的建筑物废墟堵塞；

图5.44 阪神-淡路地震后神户市火灾

图5.45 阪神-淡路地震后神户市火灾烧毁木屋

图 5.46 神户烧毁地区（资料来源于 Texas 大学）

（4）主要精力放在营救人员；

（5）消防设施遭到破坏，包括消防站和消防水塔和水池等；

（6）消防人员丧亡等。

神户市的长田区震后火灾造成的破坏最为严重，该区的过火面积达到总火灾破坏区面积的50%。在这个区，大多数房屋是50年前建造的两层楼的木结构房屋。此外，长田区的人口密度很高，每平方公里有10 985人，而且是居住、商业和工业用房屋混杂在一起的地区。

大量的火灾是在地震以后马上就发生的。在地震以后4天内发生的148起火灾当中，有88起火灾，占总数的60%，是在地震以后3h内发生的。

根据地震以后的调查，震后发生火灾的原因可归结如下。

（1）地震时，天然气管道破裂，煤气泄漏。

（2）地震时，在倒塌的房屋里，煤油加热器没有关闭，仍然在燃烧。

（3）地震时，电力线路破坏。例如，地震把电线弄断或倒塌的房屋把电线撕断而引起的火花，以及电线由于拉长而过热等都是火灾的源头。

（4）由于绝缘遭到地震破坏而引起电线短路或接地故障。

（5）房间里使用蜡烛，地震时没有熄灭。

（6）木结构房屋和汽车成了燃料源，使火灾得以持续和蔓延。

（7）电气恢复使用酿成火灾。例如当合上电闸时，如果器具、配线和灯具等已损坏，则会形成火花，点燃附近的易燃物。

阪神-淡路地震时，现行的主动消防系统在扑灭火灾方面能起的作用很小。因为，在发生火灾的居住区，自动喷水灭火系统已不起作用；仅少数消防栓系统设有独立的供水；大多水灭火系统由于供水管道的破坏而不能发挥作用；以及房屋的立管系统由于立管接头的破坏而丧失功能。

被动防火系统，包括阻燃或不燃建筑，防火隔断，以及按防火间距要求将建筑物隔开等系统，有一些在地震后的灭火中起了作用。例如，用以防止火灾向油库、电力系统的变电站和学校建筑蔓延的高2m的混凝土砌块围墙；采用嵌丝玻璃的窗户；以及防火建筑等。

5.12 结语

1. 生命线系统和减轻地震灾害。1976年唐山地震和1995年阪神-淡路地震，生命线系统都遭受了严重的破坏，涉及的范围广，而且后果极为严重。电厂倒塌，电力中断，致使唐山煤矿地下通道全部被淹，煤矿停工数月；通讯设施破坏和电力中断，致使唐山市和外界失去联系，难以及时采取应急措施；交通中断，致使救援人员和物资不能及时送到灾区。由于生命线系统的大范围破坏，致使受灾地区陷于瘫痪，市民生活陷入困境，从而造成灾情扩大，恢复迟缓，使事态更为恶化。确保地震时生命线系统的使用功能是减轻地震灾害的关键。

2. 交通中断。交通中断最主要的原因是桥梁和道路的破坏，桥梁的地震破坏同其所在地点的工程地质和水文地质条件，以及基础形式等有密切的关系。地下水位浅、地基松软或有可液化土层、采用浅基础的桥梁，多发生破坏，而且比较严重。地下水位深、地基坚硬密实地段的桥梁或采用桩基础的桥梁，即使地震烈度高，破坏也比较轻。

3. 累积破坏效应。主震和余震造成的累积破坏效应不容忽视。最典型的是中国唐山地震，主震造成桥梁、房屋和一些构筑物破坏，但仍可使用，强余震时造成倒塌。

4. 铁路。阪神-淡路地震使大阪和神户之间的JR、阪急、阪神三条大型铁路公司的线路都遭到了很大的破坏，经过两个半月还没有修复，这是没有先例的。铁路线的破坏同所采用的结构有关，采用高架结构的路段破坏比较重，采用高架路堤的路段破坏比较轻。高架结构的破坏大多发生在柱子，破坏部位不是在上部结构的底部，就是在节点区。钢柱多为轻微屈服和局部屈曲，而钢筋混凝土柱则不是屈服破坏就是剪切破坏。

5. 公路。中国唐山地震时，公路和铁路桥梁破坏造成部分通达唐山市的交通线路中断。蓟运河大桥倒塌使京津方向难以及时支援，滦河大桥倒塌延误了东北的救援人员和物资进入唐山市。阪神-淡路地震时，60%的公路桥梁遭到了破坏，使阪神高速公路神户线及海湾线几乎全面停止运行，名神高速公路、中国汽车道也遭到破坏，不仅影响灾区内的交通，而且给大范围内的交通带来了重大的影响。阪神高速公路神户线和桥梁需要一年以上的时间才能修复，要实行长期交通管制。交通系统的破坏还曾引起间接灾害，间接受害最大的是全国物资流通成本的上升。

6. 地下结构。世界地震灾害调查表明，地下通道、隧道和地下铁道等地下设施具有很好的抗震性能，地震时鲜有破坏。唐山地震时，在地下工作的煤矿工人大约有3万人，地震以后，除几个人由于电源中断地下水涌入受阻，未能回到地面以外，其他人员都安全返回。日本阪神-淡路地震时，神户地下铁道系统的破坏是地震时地下设施严重破坏的一个罕见的事例。神户市的大开地铁站跨中支承顶板的钢筋混凝土柱发生严重的剪切破坏，致使在90m长的一段地铁线内，顶板下降，在街道路面形成一个3m深的大坑。地下铁道大开车站的倒塌，是世界上现代隧道不是由于断层位移和近入口处不稳定而倒塌的首例，具有十分重要的意义。

7. 煤气。阪神-淡路地震后，85.6万户煤气供应中断，是1978年宫城县冲地震和1994年美国北岭地震煤气中断户数的6倍。煤气供应一旦中断，要重新恢复供应，耗费时日甚多。在应该紧急切断煤气的地方，如果没有及时切断，则有可能引起爆炸和火灾等次生灾害。

8. 给水。1994年美国北岭地震造成50 000户城市市民断水，而1995年日本阪神-淡路地震所造成的断水户数却是美国北岭地震断水户数的20倍以上。神户市上下水道局设在市政厅办公楼的配楼的6层，地震时，该楼6层倒塌．震后恢复所需要的图纸被压在办公室内，不能及时取出来。所幸的是，名古屋市水道局拥有同样的系统．在存有神户市数据的单位的协助下，把140张1/2 500的图纸分别复制10份，于1995年1月25日送往神户市，对震后恢复起了很大的作用。可见，震后应急和恢复所需的重要资料应有备份，并保存在其他城市。此外，为了保证平时消防用水和紧急情况用水，自来水网络必须改造成有多渠道取水、送水的赘余系统。

9. 污水处理和排水。阪神-淡路地震使受灾地区的污水处理厂和排水管道等设施大多遭到破坏。排水管线和设施属于排放生命线系统，它与电力、煤气、给水等供给生命线系统虽然不同，很少立即出现功能障碍，但经济损失却很可观。阪神-淡路地震因污水处理厂和排水管道等设施的破坏造成的经济损失高达1 140亿日元（兵库县700亿日元，神户市370亿日元），可见不能等闲视之。

10. 电力供应。唐山地震造成生命线系统中断的主要原因是电力设施失去功能，从而引发通讯、供水等系统工作中断，而房屋和结构物的倒塌则是造成电力中断的主要原因。阪神-淡路地震震害表明，电力设施的抗震性能还是比较高的，虽然也暴露了电力设施的始所未料的薄弱的一面，但相对于灾害的规模来说，电力设施的恢复工作应当说还是非常迅速的。阪神-淡路地震使人们再一次认识到在紧急情况下，确保电力供应是多么重要。因此，国家应对整个电力系统，包括发电设备、变电设备和送配电设备等制定抗震安全标准。

日本阪神-淡路地震时，有260万户断电。震后6.7天，电力供应就完全恢复。地震的当天，即1995年1月17日，断电客户数量之所以很高，主要是由于震后火灾蔓延造成的服务中断。中国唐山地震以后，由于电厂房屋严重破坏或倒塌，设备、仪表破坏，以及电线杆和线路破坏，致使唐山市的供电全部中断。直到1978年8月10日，即震后两年多，才完全恢复。可见，提高电力设施的抗震设防等级实属必要。

11. 通信系统。1976年中国唐山地震以后，唐山市通信由于房屋倒塌，以及设备、电线杆和线路破坏而完全中断，没有遇到电话线路拥挤等问题，到1976年9月1日才完全恢复。1995年阪神-淡路地震后，电话通讯系统的破坏主要是交换机由于备用电源因地震出现故障而失灵，不能通话线路只占总条数1 443 000的19.7%，电话拥挤主要是因为震后灾区打入、打出的电话特别多，大大超过电话交换机负荷，1995年1月17日和18日，打到兵库县南部的电话高峰分别是平时一般高峰的50倍和20倍。过去虽曾多次指出过，强震后电话线路都会出现拥挤，但这个问题并未引人注意，线路建设还是优先考虑效力，对改善拥挤状态几乎没有采取任何措施。阪神-淡路地震以后，线路拥挤状况前所未有，给震后信息传递和恢复工作增加了难度。因此，今后应考虑建设一条可以避免拥挤状况的、具有抗灾能力的、专用的、能够向灾民传达正确信息的通讯网络。

12. 机场。机场是非常重要的交通设施，特别是在地震以后的应急阶段显得更为重要。幸运的是中国唐山市和日本阪神地区的4个机场在地震后都仍能正常运行。这些机场对于震后人员营救和救援工作提供了极为有利的条件。

13. 地下电缆。地下埋设电缆好处不多，因为地震时一旦破坏，修复要花费很长的时间和更多的金钱。但从城市景观好和地下电缆震害相对较少等优点出发，地下电缆建设规划仍在快速推进。地震时地下电缆的破坏机制对今后地下电缆建设规划有重要影响，尚需作深入的研究。

14. 震后火灾。1976年唐山地震以后没有发生火灾，因为地震以后下过雨，而且同阪神-淡路地震破坏区相比，当时唐山地区的可燃和易燃物品要少得多。1995年阪神-淡路地震发生以后，在神户市发生了175起以上的火灾，其中54起在地震以后立即同时起火。过火区域面积达819 108m^2，6 900多座房屋着火。神户市的长田区火灾造成的损失最为严重。该区过火面积达全市总过火面积的50%左右。长田区大多数房屋是50年前建造的二层木结构房屋。此外，长田区人口密集，每平方公里有10 985人，而且房屋内居住、商业和工业用房混杂在一起。震后扑灭火灾工作收效甚微，究其原因，主要有：

（1）大量火灾同时集中发生；

（2）供水管网破坏，消防站和灭火用贮水池损坏，消防用水供给有限；

（3）消防车要通过的道路被倒塌的建筑物废墟堵塞；

（4）主要精力放在营救人员；

（5）消防设施遭到破坏，包括消防站和消防水塔和水池等；

（6）消防人员伤亡等。

阪神-淡路地震后发生火灾的原因可归纳如下：

（1）天然气管道断裂；

（2）倒塌房屋里的煤油加热器没有关闭；

（3）电线破坏，比如地震造成电线断裂下垂或房屋倒塌把电线拉断引发的弧光，以及电线拉紧导致电线本身过热；

（4）短路或者地面断裂引起绝源失效；

（5）房屋里点燃的蜡烛没有熄灭；

（6）木屋和机动车辆成为维持和扩大火势的燃料；

（7）电力修复后恢复供电，因为通电时损坏的电器用具、电线、灯具等会点燃易燃物而着火。

日本阪神-淡路地震时，现行的主动消防系统在扑灭火灾方面能起的作用很小。因为，在发生火灾的居住区，不是房间里没有自动喷淋系统，就是自动喷水灭火系统已不起作用；在过火的居住区，仅少数消防栓系统设有独立的供水；大多水灭火系统由于供水管道的破坏而不能发挥作用；以及房屋的立管系统由于立管接头的破坏而丧失功能。被动防火系统，包括阻燃或不燃建筑，防火隔断，以及按防火间距要求将建筑物隔开等系统，有一些在地震后的灭火中起了作用。比如：用混凝土砌块砌筑的高度为2m围墙把加油站、变电所和学校校舍围起来可以防止火灾的入侵；窗户采用钢丝网玻璃不易因过火而破碎；耐火建筑在火灾时可以在设计的耐火极限时段内仍然安全。

地震后影响火灾严重程度的因素包括：火源、燃料的类型和密度、天气状况、供水系统的完好程度以及消防人员灭火能力和能否进入现场。因此，地震以后，保持应急车辆行经的道路桥梁畅通和保证供水系统能为震后灭火提供水源都是非常重要的。

参考文献

[1] 刘恢先主编．唐山大地震震害．第二、三册．北京：地震出版社，1985.

[2] 藤原悌三等．平成7年兵庫県南部地震とその被害に關する調査研究．平成6年文部省科学研究费研究成果報告書(課題番号06306022)，1995.

[3] Ye Yaoxian. Damage to Lifeline Systems and Other Urban Vital Facilities from the Tangshan，China Earthquake of July 28，1976，Proceedings of 7th World Conference on Earthquake Engineering，Turkey，1980，Vol. 8，169-176.

[4] Yeh Yao-hsien（Ye Yaoxian）. Terremotos Destructivos Ocurridos en años recientes en China. REVISTA GEOFISICA，1979，(10-11)：5-22，MEXICO.

[5] Ye Yaoxian，Liu Xihui. Experience in Engineering from Earthquake in Tangshan and Urban Control of Earthquake Disaster. The 1976 Tangshan，China Earthquake，Papers presented at the 2nd U. S. National Conference on Earthquake Engineering Held at Stanford University，August 22-24，1979，EERI，1980，9-31.

[6] 廖蜀樵、顾作琴．铁路工程震害．刘恢先主编．《唐山大地震震害》(三)卷．第十章．北京：地震出版社，1986：1-75.

[7] 胡明田、徐风云．唐山地区路基路面震害．刘恢先主编．《唐山大地震震害》(三)卷．第十一章．北京：地震出版社，1986：76-198.

[8] 徐风云、黄文机、王倩梅．梁式桥震害．刘恢先主编．《唐山大地震震害》(三)卷．第十一章．北京：地震出版社，1986：88-115.

[9] 杨高中．拱桥震害．刘恢先主编．《唐山大地震震害》(三)卷．第十一章．北京：地震出版社，1986：116-133.

[10] 叶耀先、刘锡荟．唐山地震的工程经验和城市地震防灾．北京：国家基本建设委员会资料，1979.

[11] NIST（National Institute of Standards and Technology）. 1996. The January 17，1995 Hyogoken-Nanbu（Kobe）earthquake，Performance of Structures，Lifelines，and Fire Protection Systems. NIST Special Publications 901（ICSSC TR 16）. It can be downloaded at http：//fire. nist. gov/bfrlpubs/build96/art002. html.

[12] Louie，J. 1996.

[13] 袁桂基．唐山地区水利工程震害．刘恢先主编．《唐山大地震震害》（三）卷．第十二章．北京：地震出版社，1986：199-258.

[14] 刘奕森．天津市水利工程震害．刘恢先主编．《唐山大地震震害》（三）卷．第十二章．北京：地震出版社，1986：259-294.

[15] 孟昭华、叶柏荣．海港码头及岸坡震害．刘恢先主编．《唐山大地震震害》（三）卷．第十三章．北京：地震出版社，1986：373-386.

[16] 中国建筑科学研究院建筑设计研究所．地下人防工程震害．刘恢先主编．《唐山大地震震害》（三）卷．第十四章．北京：地震出版社，1986：509-521.

[17] 华玉文．天津市城市煤气工程设施震害．刘恢先主编．《唐山大地震震害》（三）卷．第十四章．北京：地震出版社，1986：490-508.

[18] 赵红业、杜世增．煤气热力工程设施震害．刘恢先主编．《唐山大地震震害》（三）卷．第十四章．北京：地震出版社，1986：482-489.

[19] 徐鼎文．唐山市区地下给水管网震害．刘恢先主编．《唐山大地震震害》（三）卷．第十四章．北京：地震出版社，1986：447-467

[20] 沈世杰、姚传洪．给水排水工程设施震害．刘恢先主编．《唐山大地震震害》（三）卷．第十四章．北京：地震出版社，1986：434-446.

[21] Donald Ballantyne，2004，Water System Damage in the Earthquakes of 1989，1994 and 1995，www. absconsulting. com

[22] 倪侨生．唐山市区排水管网震害．刘恢先主编．《唐山大地震震害》（三）卷．第十四章．北京：地震出版社，1986：468-478.

[23] 张荆龙．电力工厂抢修．刘恢先主编．《唐山大地震震害》（三）卷．第十五章．北京：地震出版社，570-573.

[24] 刘盈鹤．唐山市邮电系统的抢修．《唐山大地震震害》（三）卷．第十五章．北京：地震出版社，574-576.

第6章　降低地震风险

降低地震灾害风险的主要目标是通过采取以下措施，尽可能地减少人员的伤亡，减少财产的损失，减少对经济和社会发展的影响，以及减少对环境的破坏。

（1）制定和实施地震防灾规划和计划，特别是那些对国家经济和社会发展很重要的地震防灾项目，要限期保质完成；

（2）在减轻地震灾害过程中，尽量采用成熟的、先进的科学和技术成果；

（3）通过地震防灾减灾知识的宣传和灾害信息的发布，提高公众对防灾减灾的认识和应对能力，为公众参与提供机会；

（4）根据地震灾害的经验教训，改善减轻灾害的体制和运行机制。

6.1　风险识别和减灾规划

虽然我们能够建造抗震的房屋和结构物，但是我们的大部分建成区，特别是城镇地区，仍然是最易遭受地震破坏的地区。这是因为，科学和技术在不断进步，地震灾害不断提供新的经验教训，建筑抗震设计规范也因而不断地修改和完善，建成区的多数房屋是按老的抗震设计规范设计和建造的，不可能同抗震设计规范与时俱进。因此，在论及减轻地震灾害时，我们必须认识到，最易遭到破坏的是建成区的既有建筑物。因而，减少它们的易损性，提高它们的抗震能力，是我们面临的重要任务。

基于上述原因，我们要做的一项紧急任务是制定规划，在人口稠密的城镇地区，查清哪些是处于高地震风险地段、室内人员又很多的房屋。因为，过去的地震灾害一再表明，地震时，杀手是倒塌的房屋，而不是地震本身。要查清高地震危险房屋，可以先作快速肉眼现场调查，排除那些明显不属于高地震危险的房屋，然后再对可能是高地震危险的房屋，按抗震鉴定标准做进一步鉴定分析。鉴定主要是判断在未来可能发生的地震中，房屋是否会倒塌，是否会因为破坏或失去功能而带来严重的后果。即以倒塌、功能丧失和可能造成的严重后果作为是否是高地震危险房屋的判别依据。有了高地震危险房屋清单以后，就可以告知当地政府、社区和房屋的业主。这样，当人们知道这些情况以后，他们自己就可以考虑如何解决他们自己的问题，把问题解决在当地，而不是留给中央政府或其他中央部门。

在中国，1994年3月，国务院提出要将防震减灾工作纳入到国民经济的总体规划中去，并提出了防震减灾的10年目标，即："在各级政府和全社会的共同努力下，争取用10年左右的时间，使我国大、中城市和人口稠密、经济发达的地区具备抗御6级左右地震的能力"。这一目标的内涵是：

（1）有健全的地震监测预报系统，能严密监视、跟踪震情动态，及时提供较为准确的地震趋势判断意见，快速进行震害损失评估；

（2）有严密、高效的防震减灾工作系统，震前可发挥组织、协调作用，破坏性地震后能正常组织、指挥地震应急、抢险救灾及稳定社会秩序工作；

（3）重要工程建设按规定普遍开展地震安全性评价，新建建筑坚持抗震设防标准，遇有中等强度破坏性地震，城乡建筑基本上做到不倒可修；

（4）生命线工程系统具有良好的抗震防灾性能，遭遇中强破坏性地震袭击时，功能设施基本完好或可迅速修复，能基本保证生活、生产及救灾需要；

（5）社会公众有明确的防震减灾意识，能掌握一定自救、互救技能。震前能迅速动员，震后能自觉组织抗震救灾，公众情绪正常，社会秩序稳定。[1]

《中华人民共和国防震减灾法》于1998年3月颁

布实施，该法分设7章，共有48条。该法明确规定："在国务院的领导下，国务院地震行政主管部门、经济综合主管部门、建设行政主管部门、民政部门以及其他有关部门，按照职责分工，各负其责，密切配合，共同做好防震减灾工作"；"防震减灾工作，应当纳入国民经济和社会发展计划"；"根据震情和震害预测结果，国务院地震行政主管部门和县级以上地方人民政府负责管理地震工作的部门或者机构，应当会同同级有关部门编制防震减灾规划，报本级人民政府批准后实施"；"国务院地震行政主管部门会同国务院有关部门制定国家破坏性地震应急预案，报国务院批准"；"各级人民政府应当组织有关部门开展防震减灾知识的宣传教育，增强公民的防震减灾意识，提高公民在地震灾害中自救、互救的能力；加强对有关专业人员的培训，提高抢险救灾能力"。[2]

2006年，十届人大四次会议通过的《国民经济和社会发展第十一个五年规划纲要》明确提出，要"加强城市群和大城市地震安全基础工作，加强数字地震台网、震情、灾情信息快速传输系统建设，实行预测、预防、救助综合管理，提高地震综合防御能力"。[3]

2006年12月6日，国务院办公厅印发了《关于印发国家防震减灾规划（2006—2020年）的通知》（国办发［2006］96号）。这是中华人民共和国建国以来，也是《中华人民共和国防震减灾法》颁布实施10年来，第一部国家级防震减灾规划，开创了我国的防震减灾事业依法行政，依规划发展的新局面。[4]

6.2　应急反应[5]

为了应对一次强烈地震，时间是至关重要的。地震后，救援人员进入地震灾区的时间越早，可能救活的人员就越多，损失也会相应减少。执行灾后应急管理的人员需要在最短时间内知道地震震中地点、震级大小、强地面运动的严重程度和地理分布等，只有掌握了这些信息，他们才能够根据实际情况，估计出需要哪些救援人员和数量，估计出需要哪些救援物资和数量，从而更加有效地组织救援队伍和救援物资。

6.2.1　中国唐山地震

1976年唐山地震以前，唐山市的地震基本烈度被定为VI度。对于这样低的地震风险，不可能引起政府和公众的关注。因此，在大地震发生以前，唐山市政府和市民在思想上和行动上，对于大地震的发生都没有任何准备。大地震发生以前，唐山地区没有布设强震观测台网。1976年7月28日凌晨3时42分大地震发生的时候，住在首都北京市的所有中央党政官员和解放军高级将领、住在石家庄市的河北省的党政军领导、以及驻扎在唐山市周围的广大官兵，都从强烈的地震动中，感受到在什么地方发生了大地震。但是，由于缺乏灾情信息，他们都不知道大地震究竟具体发生在哪里，严重程度究竟如何。在收到从唐山市附近发来的电报和打来的电话以后，中央政府和解放军首长立即派部队官兵乘直升飞机到唐山市，查明严重破坏地区和严重程度。他们于7月28日上午8时零2分到达唐山机场，发现地震破坏最严重的地区就在唐山市内。1976年中国唐山地震后应急阶段的地震破坏信息管理情况如专栏6.1所示。[6]

尽管地震发生几天以后才完全弄清楚这次地震所造成的破坏的全面情况，而且许多政府官员自己也蒙受了灾难，当地社区的居民和驻军在地震发生以后立即就展开了人员营救和搜寻工作。地震以后几天内到灾区参与营救和搜寻活动的部队官兵大约有11万人之多。地震造成大量的房屋倒塌或局部倒塌，大约有65万人被困在倒塌的房屋里或被倒塌的房屋砸死。在这些人员中，有25万人是当地社区居民救出来的，1.6万人是当地驻军指战员救出来的。由于地震以后的第一时间，当地就下了一场雨，所以地震以后没有发生火灾。但是，街道道路被倒塌房屋的废墟所堵塞，公路交通由于一些重要的桥梁倒塌而暂时中断，以及对地震破坏的评估不够及时等情况，使地震以后的应急反应和救援工作遇到了诸多的困难。

专栏6.1

1976年中国唐山地震后应急阶段的地震破坏信息管理情况

唐山市对大地震的来临完全没有准备。1976年7月28日凌晨3时42分，大地震发生时，北京、石家庄和唐山市周围的地区的所有政府部门人员、驻军和老百姓都从自己感受到的地面强烈震动知道在某一个地方发生了地震，但是他们中谁也不知道地震发生在哪儿，到底严重到什么程度，甚至专家们也不例外。直至收到来自唐山市周围地方的电话和电报以后，国务院领导才指示部队派飞机前往唐山查明重灾区的具体地点。地震以后5个小时，才知道地震严重破坏地区就是在唐山市内。几天以后才完全弄清地震破坏情况和范围。对地震破坏信息了解的滞后，不但延误了救人的黄金时间，而且给应急管理造成了极大的困难。（资料来源：河北省地震局，2000）

唐山地震表明，地震造成的破坏并不是围绕震中对称地由重到轻均匀分布的，由于场地的地质和土壤条件的影响，等地震烈度线和等地动加速度线的形状都是很不规则的。因此，地震以后，快速绘制出比较准确的地震烈度或地动加速度分布图，对于震后应急管理是非常有用的。但是，在一个城镇化的地区，要了解地震动的非均匀分布形态，就需要有像中国台湾省那样的、强震仪布置得很密的强震观测台网。至于地震灾害信息的传递，现有的技术已经不成问题，在这方面，中国台湾有许多好的经验。

如前所述，地震时，大约有65万人被困在倒塌的房屋里或被倒塌的房屋砸死，这个人数大约是当时唐山市城市总人口的86%。被困在倒塌的房屋里的人员中，有22%是他们自己自救互救出来的，58%是当地居民和驻扎在唐山市的解放军官兵营救出来的。这就是说，80%被困在倒塌的房屋里的人员是当地社区人员营救出来的。由此可见，当地社区军民的自救互救是多么重要。因此，在地震以前，一定要把社区的居民组织起来，给他们以必要的培训，使他们懂得地震防灾和营救知识。年轻人和老年人混合居住，对灾后营救更为有利。

6.2.2 日本阪神-淡路地震

同中国的唐山地震类似，日本的阪神-淡路地震也是发生在地震风险估计偏低的地区，所以政府和公众也都没有把地震当一回事，兵库县南部地区对灾难性的大地震也是毫无准备。

阪神-淡路地震发生在1995年1月17日清晨5时46分，比唐山地震发震时间3时42分晚2个小时。地震发生30分钟以后，日本气象厅（Japanese meteorological Agency，JMA）就通过电视，报道这次地震的震中位置、震级、震源深度和震中区的地震烈度。这时报告的震中区的地震烈度为Ⅵ度，而不是以后报告的Ⅶ度。早晨6时15分，兵库县警察局设立了灾害防卫指挥部。早晨7点钟，兵库县和神户市政府分别设立了应急反应办公室。1月17日下午，国家应急反应指挥部举行第一次会议，会议一致同意对严重受灾地区的市政府在人员营救和灾后恢复方面给以援助。虽然驻扎在受灾地区周围的日本陆上自卫队（Japan Ground Self Defence Force，JGSDF）司令部在早晨6点就做好了奔赴灾区的准备，但是，直到上午10点，即地震发生以后4个小时，兵库县办公室才提出需要日本陆上自卫队援助的请求。但是，要调动大量的部队需要中央一级做出决策。这样，一直到1月18日凌晨3点，才对调动大量部队到灾区做出最终决定。有了这个决定，由9 000名官兵组成的队伍开始向灾区移动，到达灾区已经是1月18日下午6点，即地震发生后的1.5天。地震时，大约有2万人被困在倒塌的住房里，其中1.5万人是家人和邻居救出来的，而不是消防局、陆上自卫队和警察局的人救出来的。由于通信困难和交通拥堵，灾区难以通行，神户市和兵库县的当地官员起初也并不知晓灾情如此严重。甚至当时的日本首相村山富市在地震以后的几个小时也不清楚局势如此严重，因而未能及时在人力和物力方面向灾区提供援助。造成这种情况的主要原因在于对地震灾害的真实情况不够了解。如果早一点知道有6千人死亡，所有政府机构和陆上自卫队的反应都将是另一个样了。专栏6.2为1995年日本阪神-淡路地震应急阶段震害信息管理情况。

> **专栏6.2**
>
> 1995年日本阪神-淡路地震应急阶段震害信息管理
>
> 对于没有预料到的阪神-淡路地震，阪神地区没有充分的准备。当地震发生的时候，专家们从强震台网和其他通信手段获得了有关地震破坏情况的信息。但是，由于通信饱和和交通严重阻塞，人员在灾区内移动十分困难，致使神户市和兵库县政府开始时并不知道灾情的严重性。就连村山富市（Tomiichi Murayama）首相在震后几个小时里也不知道灾情会如此严重。这种情况导致救援工作的迟缓。（资料来源：Tierney，K. J. 1997）

就在地震的当天，根据兵库县政府的请求，消防防卫厅（Fire Defense Agency）用243辆车派送1 180人赶赴灾区灭火。但是，由于缺水和特别严重的交通拥堵，使灭火工作遇到了极大的困难。[7]（Katayama，Tsuneo. 1995）

地震发生以后的几个月内，大约有63万到130万名志愿者到灾区从事各种救援活动，这是政府没有预料到的。所以，政府没有考虑把志愿者的活动纳入整个应急反应计划。（K. J. Tierney. 1997）

高效的应急反应是建立在对灾情的准确掌握的基础之上的，特别是要知道破坏最严重的地区，灾后面临的最为紧急的问题和灾民的紧急需求。但是，不论是中国的唐山地震，还是日本的阪神-淡路地震，地震以后都没有可能对灾情和灾民需求做出准确的估计，因为地震以后，通信系统部分遭到破坏，没有破坏的部分也非常拥挤，电话很难接通；有些交通线路不能通行，能通行的道路交通也异常拥堵。

6.2.3 土耳其伊兹米特（Izmit）地震

1999年8月17日，在土耳其的伊兹米特（Izmit，Kocaeli）发生7.4级地震，震后两天才完全掌握地震破坏的情况，救援人员才开始被陆续派往破坏严重的地区。专栏6.3为1999年土耳其伊兹米特地震以后地震破坏信息的收集和传递情况。

> **专栏6.3**
>
> 1999年土耳其伊兹米特地震后地震破坏信息的收集和传递
>
> 对地震的发生没有准备。地震以后花了两天时间收集破坏信息和派救援队伍去严重破坏地区。原因是土耳其的地震网络由于地震过大而饱和，未能有效地工作，致使对破坏范围和严重程度以及人员伤亡估计过低，从事灾害应急管理的官员未能及时获得他们工作所需要的足够的信息。
>
> （资料来源：Person，Waverly. 1999）

6.2.4 中国台湾集集地震

1999年9月21日发生在中国台湾的集集地震以后的情况则和上述中国唐山地震、日本阪神-淡路地震和土耳其伊兹米特地震完全不同，由于布设有密布加速度仪台阵网，地震后102s就准确地掌握了地震发生的地点、震级、震源深度和强地面运动等情况，救援人员很快就进入灾区。专栏6.4为1999年中国台湾集集地震以后数据的采集和传播情况。

6.2.5 经验教训

中国唐山地震和日本阪神-淡路地震，以及本书在比较研究中涉及的其他地震的灾害和减灾经验表明，综合风险管理十分必要。从这些地震灾害的经验教训来看，综合风险管理应当考虑以下几个方面。

（1）加强和改善灾害数据采集和灾害信息管理，包括准确灾情的获取和传递机制，地震发生后的第一时间内尽快做出破坏评估，以及在应急反应期间采用先进技术同公众沟通。

（2）把社区居民组织起来，围绕灾后搜救人员和信息快速传递进行培训和演习，并将这些活动纳入社区综合灾害应急反应计划。

（3）制定能高效而及时地调动军队支援灾区的办法，打破逐级审批的常规程序。

（4）制定社区综合灾害应急反应计划，包括人员搜寻、救援、医疗、后勤供应等的组织和安排。

（5）确保国家重要设施、通信网络和其他与应急需要有关的资源不遭受地震破坏，并且在地震时和地震后仍能正常工作。

> **专栏6.4**
>
> 1999年中国台湾集集地震后数据的采集和传播
>
> 由1 000台数字强震加速度仪组成密布加速度仪台阵网能快速地计算出主震和随后发生的余震的各种参数。地震发生地点、震源深度和震级在地震发生以后102s就计算出来了。警报系统也同时自动生成全岛的地震烈度图。然后，就对同这种地面震动相应的可能的破坏情况做出了估计。这些数据信息和图使应急管理人员能够及时地掌握和了解最严重的破坏地区，并及时地给以合适的援助。救援工作进行得既快又顺利。
>
> （资料来源：Person. W. 1999）

6.3 规范、标准和规程[8],[9]

抗震设计规范、标准和规程的主要目标是，为地震区的房屋和结构物，提供一个确定地震荷载、抗震强度验算和抗震构造细节的通用方法，以足够的精度确保所做出的设计是安全而经济的。世界著名地震工程学家纽马克（N. M. Newmark）和罗森布卢斯（E. Rosenblueth）在他们所著的《地震工程学原理》一书的前言中曾经说过："在处理地震问题时，我们必须坚持以较大的破坏将发生在最近的将来的概率为依据。否则，为了满足我们的要求，人类所有的财富可能都是不够的，大量的一般结构都将成为碉堡"。[10]可见，抗震设计规范、标准和规程同一个地区强地震发生的概率和一个国家的社会经济情况密切相关，不同的国家有不同的抗震设计规范、标准和规程，虽然目的都是保护人民的生命财产安全，都是最大限度地减少地震造成的损失，但抗震设防的水平却是不同的。

6.3.1 日本规范、标准和规程[11],[12],[13]

1924年，即1923年关东大地震以后的第二年，日本《市区建筑法执行规程》（the Building Law Enforcement Regulation in Urban Area）问世，其中开始列

有建筑抗震设计条文，包括采用0.1的地震系数。这是日本第一本列有建筑抗震设计条文的规范，主要诱因是1923年发生的关东大地震，这次地震及其引发的地震火灾使东京和横滨遭到了灾难性的破坏。

1950年，日本建设省制定并颁发了《建筑标准法执行令》（The Building Standard Law Enforcement Order），用以替代1924年的《市区建筑法执行规程》。《建筑标准法执行令》把地震系数从1924年《市区建筑法执行规程》中的0.1提高到0.2，但抗震设计的基本特点并没有改变。因为在地震荷载增大的同时，各种材料的允许应力也都提高了。《市区建筑法执行规程》和《建筑标准法执行令》都只规定对荷载、允许应力和构件细部的某些最低要求，而具体的建筑结构设计，如建筑结构分析方法和构件的截面设计则在日本建筑学会出版的《结构标准》里有所规定。《结构标准》按不同的结构材料分别拟定，作为《建筑标准法执行令》的补充，并便于经常修订，以吸取新的经验和成果。

根据随后发生的强地震破坏经验和研究成果，《建筑标准法执行令》于1959年，1970年和1980年进行了修订。1968年发生的十胜冲地震使按《建筑标准法实施条令》设计的现代建筑遭到了很大的破坏。震后，对《建筑标准法执行令》做了部分修订，日本建筑学会的《结构标准》也做了较大的修改，如增加了钢筋混凝土剪力极限强度设计和现有建筑地震安全的评价方法等。1970年版的《建筑标准法执行令》引入了延性要求，并于1971年实施。1972年到1977年，日本建设省制定了5年研究计划，旨在提出一个新的、更加合理的建筑抗震设计方法。1977年，建设省根据研究成果发表了新的建筑抗震设计方法的建议。

1978年发生的宫城县冲地震，使一些按规范设计的钢筋混凝土建筑又遭到了破坏，而且从60万人口的仙台市的地震破坏还看到了城市地震灾害的更为复杂的特点。这次地震大大地推动了建设省提出的新的建筑抗震设计方法建议的付诸执行。

1980年代初，日本对房屋建筑抗震设计法规和条令做了重大的修改。1980年7月颁发的《建筑标准法修正执行令》是最新版本，已于1981年6月1日开始执行。现行的日本建筑抗震设计规定就是这个最新版本的一部分，为抗御强烈地震地面运动，保障人的生命财产安全，引入了两阶段设计方法。第一阶段抗震设计对中等强度地震地面运动进行，这就是传统的或一般的抗震设计。第二阶段抗震设计是新拟定的，目的是使建筑物在受到强烈地震地面运动时不倒塌。第二阶段抗震设计要求对按第一阶段抗震设计要求设计出来的建筑物进行若干项目验算，如层间侧移、竖向刚度分布、水平方向的偏心距和极限侧向荷载承载能力等。

日本第一本《公路桥梁抗震设计规程》是1929年颁布的，也是1923年关东大地震的产物。以后，于1971年，1980年，1990年和1996年做了多次修订。《公路钢桥抗震设计规程》于1939年制定，1956年根据1952年发生的北海道地震的经验做了修订，1964年又根据当年发生的新潟地震的经验再次修订。1995年阪神-淡路地震以后，颁布了《公路桥梁修复重建规程》。这个规程要求按阪神-淡路地震的最大地面运动验算抗侧力能力。在1996年颁布的《公路桥梁抗震设计规程》里，要求同时按1995年阪神-淡路地震和1923年关东地震的最大地面运动验算抗侧力能力。

日本第一本《铁路桥梁抗震设计规范》是1930年由当时的铁道部颁布的。以后于1931年，1955年，1961年，1966年，1970年，1972年，1974年，1979年，1983年和1991年做了修订。反应位移法（response displacement method）和极限状态设计法（ultimate state design method）分别于1979年和1991年引入《铁路桥梁抗震设计规范》。

此外，日本在港口结构，水坝，电力设施，危险性设施，供水管线，排水管线，煤气系统，通信系统和地下结构等方面都有抗震设计规定。

日本土木工程学会（Japan Society of Civil Engineers，JSCE）已于2000年完成了抗震设计规范第三版的修订工作。这一版本列入了新研究出来的土木工程结构抗震设计方法。这些土木工程结构包括：公路桥梁、铁道结构、港口设施、供水设施和煤气管线等。第三版抗震设计规范吸取了1995年阪神-淡路地震的经验教训，以及阪神-淡路地震以后土木工程结构的抗震设计经验。

6.3.2 中国规范、标准和规程

中国1959年就提出了建筑抗震设计规范草案，但是第一本《工业与民用建筑抗震设计规范》TJ 11-74（试行）直到1974年才正式颁布试行。这同1970年1月5日发生在云南省通海县的7.7级地震有着密切的

关系，这次地震的震中烈度高达X度，造成15 621人死亡，26 783人受伤，338 456间房屋倒塌。[14]这本《工业与民用建筑抗震设计规范》引入了延性概念和设计要求。

1975年2月4日，辽宁省海城县发生7.3级地震，震中烈度为IX度，1 328人死亡，4 293人受伤，1 113 515间房屋倒塌。伤亡人数虽然比1970年的云南通海地震少，但倒塌房屋却是云南通海地震的3.3倍。1976年7月28日的唐山7.8级地震，是中国历史上首次发生在现代城市的地震，震中就在唐山市区，震中地震烈度高达XI度，地震夺走了242 769人的生命，164 851人受伤，3 219 186间房屋倒塌。1976年10月，国家基本建设委员会即着手组织对1974年的《工业与民用建筑抗震设计规范》TJ 11-74（试行）进行修订。1978年，修订的《工业与民用建筑抗震设计规范》TJ 11-78问世。修订的主要内容有：建筑物设计烈度的确定原则，场地选择和场地土分类，基本烈度为VI度地区的抗震设计要求，将轻亚黏土列为可液化土，扩大地基不需进行强度验算的范围，调整结构影响系数，增加竖向地震荷载规定，增加单层厂房抗震计算规定，以及修订各类建筑物的抗震构造措施等。

1981年开始对《工业与民用建筑抗震设计规范》TJ 11-78进行修订，修订后的《建筑抗震设计规范》GBJ11-89，经建设部批准，于1989年3月发布。这本规范采用二阶段设计实现3个水准烈度的抗震设防要求。第一水准烈度是50年内超越概率约为63%的地震烈度，即众值烈度，比基本烈度约低1.5度；第二水准烈度是50年内超越概率约为10%的地震烈度，大体相当于现行地震区划图规定的基本烈度；第三水准烈度是50年内超越概率为2%～3%的地震烈度，可视为罕遇地震的概率水准，比基本烈度高1度强。二阶段设计的第一阶段是强度验算，第二阶段是弹塑性变形验算。

1993年，对《建筑抗震设计规范》GBJ11-89做了局部修订。

1997年开始对《建筑抗震设计规范》GBJ11-89进行修订，修订后的《建筑抗震设计规范》GB 50011—2001于2002年颁布施行，主要修订内容有：调整建筑抗震设防分类；增加按设计基本地震加速度进行抗震设计的要求；将原规范的设计近、远震改为设计特征周期分区；修改建筑场地划分、液化判别、地震影响系数和扭转效应计算的规定；增补不规则建筑结构概念设计、结构抗震分析、楼层地震剪力控制和抗震变形验算的要求；改进砌体结构、混凝土结构、底部框架房屋抗震措施；增加有关发震断裂、桩基、混凝土筒体结构、钢结构房屋、配筋砌块房屋、非结构等抗震设计内容以及房屋隔震、消能减震设计规定；以及取消有关单排柱内框架房屋、中型砌块房屋及烟囱、水塔等构筑物的抗震设计规定。[15]

在中国台湾，《台湾建筑规范》（Taiwan Building Code，TBC）于1974年颁布。这是一本现代规范，它是在美国《统一建筑规范》（Uniform Building Code，UBC）和日本建筑规范的基础上，根据自身的实践编制的。[16]

中国现行抗震设计规范和抗震鉴定标准如表6.1所示。[17],[18],[19]

中国现行抗震设计规范和抗震鉴定标准 表6.1

序号	规范/标准	编号	年份
1	建筑抗震设计规范	GB 500011-2001	2001
2	建筑隔震橡胶支座	JG 118-2000	2000
3	建筑抗震加固技术规程	JGJ 116-98	1998
4	水工建筑物抗震设计规范	SL203-97	1997
5	核电厂抗震设计规范	GB 50267-97	1997
6	电力设施抗震设计规范	GB 50260-96	1996
7	建筑抗震试验方法规程	JGJ 101-96	1996
8	建筑抗震设防分类标准	GB 50223-95	1995
9	工程抗震术语标准	JGJ/T97-95	1995
10	建筑抗震鉴定标准	GB 50023-95	1995
11	设置钢筋混凝土构造柱多层砖房抗震技术规程	JGJ/T13-94	1994
12	构筑物抗震设计规范	GB50191-93	1993
13	工业构筑物抗震鉴定标准	GBJ 117-88	1988
14	铁路工程抗震设计规范	GBJ 111-87	1987
15	室外给水排水工程设施抗震鉴定标准	GBJ 43-82	1982
16	室外煤气热力工程设施抗震鉴定标准	GBJ 44-82	1982
17	室外给水排水和煤气热力工程设施抗震设计规范	TJ 32-78	1978

6.3.3 土耳其[20],[21]

土耳其的第一本《建筑抗震设计规范》于1940

年问世，也就是1939年12月26日发生在埃爾津詹（Erzincan）的7.9级地震1年以后。埃爾津詹地震夺走了32 700人的生命。这本规范同那时的意大利《建筑抗震设计规范》相似。当时土耳其还没有地震区划图，在全国所有地区，基底剪力系数都采用0.10。

1942年编制了土耳其地震区划图，并于1945年颁布。地震区划图把土耳其划分为高危险、危险和无危险3个区，无危险区不需要考虑抗震要求。1947年《建筑抗震设计规范》修订版采用了1942年的地震区划图，高危险区的基底剪力系数采用0.02～0.04，危险区的基底剪力系数采用0.01～0.03。以后于1949年，1953年，1961年，1963年，1968年，1975年，1985年和1997年先后对《建筑抗震设计规范》做了修订。

1997年新的地震区划图问世（图6.1），并成为1997年《建筑抗震设计规范》修订版的一项内容。反应谱和线性与非线性分析方法已被引入这一版规范。

表6.2为土耳其抗震设计规范的演进和相关的重要事件。钢筋混凝土是土耳其使用最为普遍的建筑材料，所以《钢筋混凝土建筑规范》（Building Code Requirements for Reinforced Concrete，TS-500，1985）和《灾区新建结构物设计规程》（Specification for Structures to be Built in Disaster Areas）这两本规范是对土耳其钢筋混凝土建筑设计和施工影响最大的法规，都是土耳其公共工程和住房部颁布的。在1968年版的《灾区新建结构物设计规程》中，钢筋混凝土构件的构造要求和现代有关谱的形状和动力反应的概念均已考虑。在土耳其的1975年规范里，增加了有关延性钢筋混凝土抗力矩框架细部构造方面的条文。规范的这些条文同20世纪70年代初美国抗震设计规范的规定雷同。但是，这些条文并没有像美国那样严格执行。由于不按规范规定的延性构造建造的房屋价钱便宜，不少钢筋混凝土建筑没有采取延性构造措施。这样就使得在1999年伊兹米特地震以前，非延性钢筋混凝土抗力矩框架在土耳其非常盛行。

6.3.4 印度

印度房屋和结构物抗震设计规范和标准如表6.3所示。

6.3.5 墨西哥[22]

墨西哥抗震设计规范的历史同墨西哥城抗震设计规范的历史紧密相连。因为墨西哥城是墨西哥的政治、经济和文化中心，人口约2000万人，是墨西哥人口的1/5。《墨西哥城抗震设计规范》（Mexico City Seismic Resistant Design Provision）是1942年颁布的，以后在1957年，1976年，1985年，1987年和1993年曾经做过修订。其他城市多把《墨西哥城抗震设计规范》作为自己的抗震设计规范。[23]最新的抗震设计规范是《联邦区建筑规范》（Reglamento de Construcciones parael Distrito Federal，1993）和《抗震设计补充技术规定》（Normas Tecnicas Complementarias para Diseno por Seismo，1987）。[24]

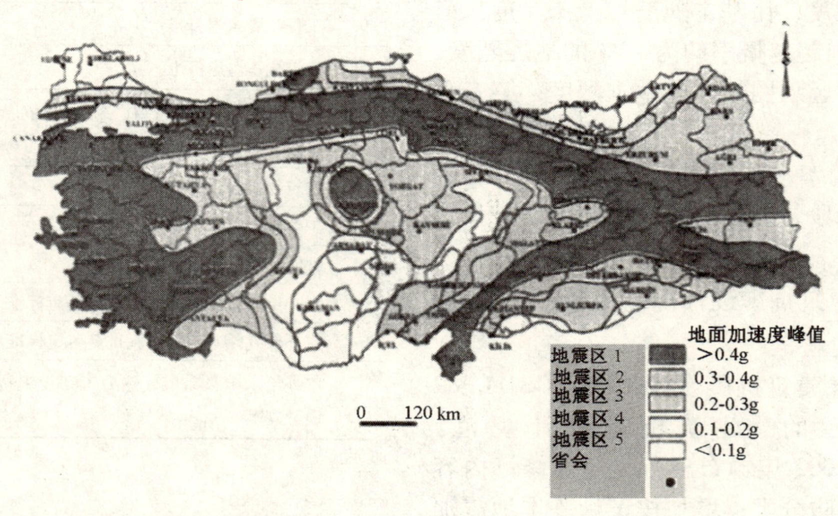

图6.1 1997年土耳其地震区划图

土耳其抗震设计规范的演进和相关的重要事件

表 6.2

年份	事　件	对规范的影响
1939	埃爾津詹地震（*M* 7.9）	
1940	土耳其地震区划图编制委员会成立	第一本《建筑抗震设计规范》颁布
1942		土耳其地震区划图编制完成，1945 年颁布
1943	托塞（Tosya）地震（*M* 7.2）	
1944	格热德(Gerede)地震（*M* 7.2）	修订《建筑抗震设计规范》
1947		修订《建筑抗震设计规范》
1949		修订《建筑抗震设计规范》
1953		修订《建筑抗震设计规范》
1958	重建和住房部（Ministry of Reconstruction and Resettlement）成立	
1961		修订《建筑抗震设计规范》
1963		修订土耳其地震区划图
1966	瓦尔托（Varto）地震（*M* 7.1）	
1967	阿大帕扎日（Adapazari）地震（*M* 7.1）	
1968		修订《建筑抗震设计规范》
1975		修订《建筑抗震设计规范》，引入延性细部构造措施
1992	尔晋坎（Erzincan）地震（*M* 6.9）	
1997		修订《建筑抗震设计规范》，延性细部构造措施成为必需遵守的条文
1999	伊兹米特地震（*M*7.4）度才（Duzce）地震（*M* 7.2）	

印度房屋和结构物抗震设计规范和标准 表 6.3

序号	规范和标准	编　号
1	印度结构物抗震设计标准（Indian Standard Criteria for Earthquake Resistant Design of Structures）	IS：1893-1984
2	印度房屋建筑抗震设计和施工标准规范（Indian Standard Code of Practice for Earthquake Resistant Design and Construction of Buildings）	IS：4326-1993
3	印度土结构房屋抗震性能改进标准指南（Indian Standard Guidelines for Improving Earthquake Resistance of Earthen Buildings）	IS：13827-1993
4	印度低强度污工结构房屋抗震性能改进标准指南（Indian Standard Guidelines for Improving Earthquake Resistance of Low Strength Masonry Buildings）	IS：13828-1993
5	印度地震区钢筋混凝土结构延性构造标准规范（Indian Standard Code of Practice for Ductile Detailing of Reinforced Concrete Structures Subjected to Seismic Forces）	IS：13920-1993
6	印度房屋建筑修复和抗震加固标准指南（Indian Standard Guidelines for Repair and Seismic Strengthening of Buildings）	IS：13935-1993
7	印度河谷项目地震观测仪器布设标准和建议（Indian Standard Recommendations for Seismic Instrumentation for River Valley Projects）	IS：4967-1968
8	印度抗震规范标准说明手册（Indian Standard Explanatory Handbook on Codes for Earthquake Engineering，IS：1893-1975，IS：4326-1976）	SP:22(S&T)-1982

资料来源：http：//www.nicee.org/NICEE/suggested_ readings.htm。

6.3.6 美国

美国在 1906 年旧金山大地震以后，旧金山市几乎是完全按照原来的样子重建。直到 1925 年圣塔-巴尔巴拉（Santa Barbara）破坏性地震发生以后，工程师们才开始在建筑规范里增加抗震设计规定。又过 20 年，公路桥梁设计规范里才出现抗震设计规定。直到 1971 年圣-费尔南多（San Fernando）地震以后，抗震设计标准才真正受到重视，并且启动了一个抗震加固项目。[25]

美国的第一本抗震设计规范是《美国统一建筑规范》（Uniform Building Code，UBC）的抗震设计规定，该规定于 1927 年颁布。地震造成的严重的人民生命财产损失，以及南北加州结构工程师协会（Structural Engineers Associations of Northern and Southern California,）的建议，促使立法机关制定和颁布了严格的公立中小学房屋建筑抗震设计规定。原先，这个法律只限于新建房屋，后来根据 1969 年的伽瑞森法（Garrison Act），扩展到所有的中小学房屋建筑。

《推荐的侧力规定》（Recommended Lateral Force Requirements），俗称“蓝皮书”（Blue Book）于 1959 年颁布。每次大地震以后，都要对这个规定进行评估和修订。这些大地震包括：1964 年的普润斯-威廉-松德（Prince William Sound）地震，1971 年的加州圣-费尔南多（San Fernando）地震，1987 年的惠蒂尔-奈若斯（Whittier narrows）地震，1989 年的洛马-普里埃塔（Loma Prieta）地震，1994 年的北岭（Northridge）地震，以及 1995 年的阪神-淡路地震。这个规定已经逐步进入《美国统一建筑规范》，而且成为美国大多数抗震设计规范的基础。《推荐的侧力规定》也是国际公认的抗震设计规范。

1971 年圣-费尔南多地震促进了抗震设计的新发展。这次地震以后不久，就通过了《加州医院法》（California Hospital Act）。1972 年通过了《奥尔奎斯特-普瑞欧洛研究区法》（Alquist-priolo studies Zone Act）。该法对沿熟知的加利福尼亚活动断层的特殊研究区内的房屋开发做了规定。[26]

在美国，近年来多数州的法定的建筑规范都是以下列 3 个样本建筑规范之一为依据的。

（1）BOCA 国家建筑规范（BOCA National Building Code，BOCA/NBC），系“建筑官员和规范管理行政官员国际协会”（Building Officials & Code Administrators International，BOCA）发布，适用于东北四分之一地区。

（2）标准建筑规范（Standard Building Code，SBC），系“南方建筑规范国际协会”（Southern Building Code Congress International，SBCCI）发布，适用于东南四分之一地区。

（3）统一建筑规范（Uniform Building Code，UBC），系“建筑官员国际会议”（International Conference of Building Officials，ICBO）发布，适用于美国西半部地区。

美国在 20 世纪 90 年代中期，开始计划制定一个单一的适用于全国的样本建筑规范，以替代上面所述的 3 个地区性的样本建筑规范。国际建筑规范（International Building Code，IBC）就是这一计划实施的成果。国际建筑规范是美国的样本规范编制组在国际规范协会（International Code Council）的赞助下完成的。国际规范协会是一个非盈利组织，成立于 1994 年，旨在开发综合的、全美国通用的国家样本建筑规范。国际规范协会的创办机构有：建筑官员和规范管理行政官员国际协会（BOCA），建筑官员国际会议（ICBO）和南方建筑规范国际协会（SBCCI）。[27]

后来，国家防火协会（National Fire Protection Association，NFPA）决定编制自己的样本建筑规范 NFPA 5000，并于 2002 年秋天，在 2003 年版国际建筑规范发布之前发布。

现在美国的地方建筑规范主要以下列样本规范为依据。

（1）BOCA 国家建筑规范（BOCA/NBC），1993 年，1996 年和 1999 年版。

（2）标准建筑规范（SBC），1994 年，1997 年和 1999 年版。

（3）统一建筑规范（UBC），1991 年，1994 年和 1997 年版。

（4）国际建筑规范（IBC），2000 年，2003 年和 2006 年版。

样本规范通常采用一些现成的标准，因为其编制机构没有条件制定出规范的具体条文。例如，所有样本规范都采用美国土木工程学会（ASCE）的 ASCE 7《房屋和其他结构物最小设计荷载》（Minimum Design Loads for Buildings and Other Structures）和美国混凝土学会（ACI）的 ACI 318《结构混凝土建筑规范》（Building Code Requirements for Structural Concrete）。美国测试和材料学会（American Society for Testing and Materials，ASTM）出版的各种标准也为所有样本规范和其他很多标准所采用。

除了样本规范和标准以外，还有其他一些权威的规范文件，即规范的源文件，如美国土木工程学会开发的《推荐的侧力规定和解说》（Recommended Lateral Force Requirements and Commentary），即上面所述的蓝皮书，以及 1985 年颁布的《国家降低地震风险计划规定》（National Earthquake Hazards Reduction Program（NEHRP）Provisions）。《国家降低地震风险计划规定》是《新房屋建筑抗震设计暂行规定》（Tentative Provisions for Seismic Design Regulations for New Buildings），即 ATC 3 的修订版。ATC 3 是美国应用技术协会（Applied Technology Council，ATC）制定的。1985 年以来，《国家降低地震风险计划规定》每隔 3 年修订一次。BOCA 国家建筑规范的抗震设计规定 1993 年以后的版本和标准建筑规范 1994 年以后的版本都是基于 1991 年版的《国家降低地震风险计划规定》。表 6.4 为美国各种规范和标准所采用的抗震设计规定。[28]

美国的《国家降低地震风险计划》（NEHRP）是联邦政府为降低人民生命财产风险而制定的长期计划。该计划由 4 个政府机构负责实施。这 4 个机构是：联邦应急管理厅（Federal Emergency Management Agency，FEMA），国家标准和技术研究院（National Institute of Standards and Technology，NIST），国家科学基金会（National Science Foundation，NSF），以及美国地质调查局（United States Geological Survey，USGS）。国家科学基金会是牵头机构。

新建房屋按照抗震设计规范设计，并采取抗震措施，一般要增加造价。这往往成为地震风险较低的地区执行抗震设计规范的一个障碍。造价的增加同设计、房屋所在的地点和特点、以及当地的人工费用和材料价格等诸多因素有关。有些研究者试图通过案例分析对造价增加进行估计。他们得到的结果是，因考虑抗震要求而增加的造价大约是房屋土建造价的1%～2%。据美国国家标准与技术研究院（NIST）估计，增加的造价大约是房屋土建造价的1.6%，如表6.5所示。[29]对于独户住宅建筑的一项研究表明，因考虑抗震而增加的造价大约是土建造价的0%～1.6%。[30]

美国各种规范和标准所采用的抗震设计规定　表6.4

规范或标准	抗震设计规定依据	具体标准
BOCA国家建筑规范		
1993	国家降低地震风险计划规定1991	ATC 318-89（1992年修订）
1996	国家降低地震风险计划规定1991	ATC 318-95
1999	国家降低地震风险计划规定1991	ATC 318-95
标准建筑规范		
1994	国家降低地震风险计划规定1991	ATC 318-89（1992年修订）
1997	国家降低地震风险计划规定1991	ATC 318-95
1999	国家降低地震风险计划规定1991	ATC 318-95
统一建筑规范		
1991	蓝皮书　1988	ATC 318-95
1994	蓝皮书　1990	ATC 318-89（1992年修订）
1997	蓝皮书　1996，附录C	ATC 318-89
国际建筑规范		
2000	国家降低地震风险计划规定1997	ATC 318-99
2003	国家降低地震风险计划规定2000	ATC 318-02
2006	美国土木工程学会7-02	
国家防火协会5000	美国土木工程学会7-02	ATC 318-02
美国土木工程学会7-02		
1993	国家降低地震风险计划规定1991	ATC 318-99**
1995*	国家降低地震风险计划规定1994	ATC 318-89（1992年修订）**
1998	国家降低地震风险计划规定1997	ATC 318-95**
2002	国家降低地震风险计划规定2000	ATC 318-02**

*允许根据BOCA国家建筑规范1996年和1999年版，以及标准建筑规范1997年和1999年版用于抗震设计。

**仅供抗震设计规定参考。

新建房屋建筑考虑抗震土建造价增加估计　表6.5

房屋建筑类型	算例个数	土建投资增加百分比（%）
低层住宅建筑	9	0.7
高层住宅建筑	12	3.3
办公建筑	21	1.3
工业建筑	7	0.5
商业建筑	3	1.7
平　均		1.6

6.3.7 从规范比较得出的看法

（1）建筑物抗震设计规范、标准和规定是减轻地震风险和灾害的基本而最为有效的手段，因为地震造成的人员伤亡中有75%～95%来自建筑物的倒塌和破坏。这一点已被所有过去发生过的地震灾害实践所证实。

（2）美国和日本的抗震设计规范是世界上最先进的抗震设计规范。世界上其他大多数国家的抗震设计规范都在不同程度上采用或参考了美国和日本所用的抗震设计规范。

（3）历史上，抗震设计规范的演进可以划分为3个阶段。起始阶段只考虑基底剪力；中间阶段引入了延性细部构造和动力反应分析；高级阶段考虑近场地面运动，地面破坏，非结构构件的影响和防护，重要的房屋和结构物在地震时仍能继续正常工作等。现在，世界上多数国家的抗震设计规范基本上都处于高级阶段。

（4）地震灾害的经验说明，建筑物抗震设计规范颁布得越早，地震时遭受的损失就越小。表6.6所示为中国、美国和日本抗震设计规范演进和重要破坏性地震的关系。表6.6和图6.2对1995年日本阪神-淡路地震、1994年美国北岭地震、1999年土耳其伊兹米特地震和1976年中国唐山地震所造成的死亡人数、地震发生时间同第一版建筑物抗震设计规范颁布时间之间相隔的年数、地震发生时间同近代先进建筑物抗震设计规范颁布时间相隔的年数进行了比较。从图可见：日本、美国和土耳其分别早在上述地震发生以前1971年、1967年和1959年就颁发了建筑物抗震设计规范，而中国的第一部建筑物抗震设计规范则在1976年唐山地震发生之前两年，即1974年才颁发；日本、美国和土耳其在上述地震发生以前20多年就有了近代先进的建筑物抗震设计规范，而中国直到唐山地震还没有这样的规范。再加上对唐山地区基本地震烈度估计过低，唐山地震所造成的死亡人数远远高于其他3次地震的死亡人数也就不难理解了。土耳其对规范执行不力，伊兹米特地震的死亡人数比美国北岭地震多，日本神户一带未按抗震设计规范建造的老旧木房很多，阪神-淡路地震死亡人数高于美国的北岭地震也不难理解。

中国、美国和日本抗震设计规范演进和重要破坏性地震的关系　　表6.6

年份	地　震	抗震设计规范演进		
		中　国	日　本	美　国
1906	美国旧金山地震			
1923	日本关东大地震			
1924			市区建筑法执行规程	
1925	美国圣塔-巴尔巴拉地震			
1927				统一建筑规范抗震规定第一版
1933	美国长滩地震			
1935				统一建筑规范美国西部地区地震区划图
1940	美国埃尔圣屈地震			
1943				建筑抗震设计引入动力分析方法
1948	日本福井地震			
1950			建筑标准法执行令	
1959		地震区建筑设计规范(草案)	建筑标准法执行令修订	加州结构工程师协会蓝皮书第一版
1964	日本新潟地震			
1966	中国邢台地震			
1968	日本十胜冲地震			
1970	中国通海地震		建筑标准法执行令修订	
1971	美国圣-费尔南多地震			
1973				抗震设计规定在统一建筑规范中更加具体化
1974		工业与民用建筑抗震设计规范（试行） 台湾建筑规范		
1975	中国海城地震			
1976	中国唐山地震			
1978		工业与民用建筑抗震设计规范		
1981			建筑标准法执行令修订	
1983	日本海中部地震			
1985				国家降低地震风险计划规定第一版
1989	美国洛玛-普里埃塔地震	建筑抗震设计规范		
1992				ATC-33
1993	日本钏路地震	建筑抗震设计规范局部修订		
1994	美国北岭地震			
1995	日本阪神-淡路地震			
1999	中国台湾集集地震			
2000				国际建筑规范第一版
2001		建筑抗震设计规范修订		
2006				国际建筑规范修订版

资料来源：AIJ. 2000，EERI. 2000。

抗震设计规范颁布年份 表6.7

规 范	中 国	日 本	美 国	土耳其
第一本规范	1974	1924	1927	1940
近代先进规范	1989	1971	1973	1975

资料来源：AIJ. 2000，EERI. 2000。

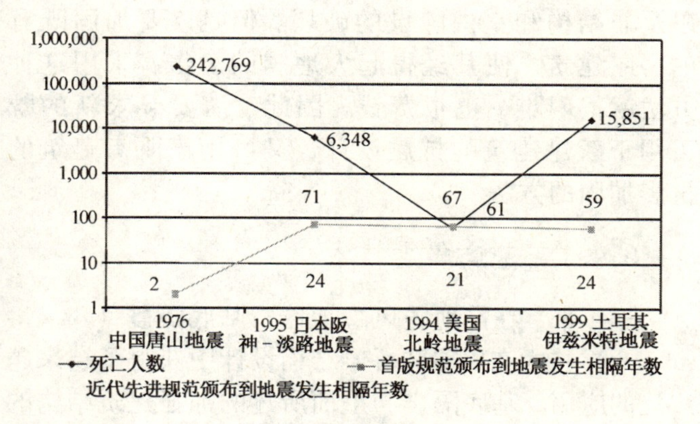

图6.2 地震死亡人数和抗震设计规范的演进

(5) 抗震设计规范只有在严格执行的情况下，地震时才能真正起到保护人民生命财产的作用。从图6.2可见，日本、美国和土耳其的首版抗震设计规范颁布到阪神-淡路地震、北岭地震和伊兹米特地震发生相隔年数分别为71年、67年和59年，很相接近；近代先进抗震设计规范颁布到阪神-淡路地震、北岭地震和伊兹米特地震发生相隔年数分别为24年、21年和24年，基本相同。但是，发生在这3个国家的3次地震所造成的人员伤亡却有很大的差别，其原因在于规范的实施，而不是规范本身。1999年土耳其伊兹米特地震和2001年印度古吉拉邦地震时，新建的高层建筑的结构破坏率比老的高层建筑的结构破坏率还要高。调查研究证实，其主要原因是建筑物抗震设计规范没有得到切实的贯彻实施，建筑施工质量也没有得到良好的控制。这就是说，我们有了建筑物抗震设计规范，但如果实施不力，仍然不能减轻地震灾害。

在美国，对于房屋和结构物的建造，有一个严格的管理程序。每一栋建筑物都必须按照地方立法机构通过的建筑规范进行设计和施工。地方管辖部门在查明设计文件确实符合建筑规范后，才发给施工许可证。地方管辖部门在确认建筑规范的所有检查要求在建筑的施工过程中都已经做到，才发给使用许可证，如专栏6.5所示（Ghosh. 2002）。通过这两证的发放，就能够确实保证建筑抗震设计规范的所有要求得以贯彻落实。

专栏6.5 美国规范的执行程序（Ghosh. 2000）

在美国，几乎每一栋房屋和结构物都必须按照当地（市、县或州）的建筑规范进行设计和施工，建筑规范是法律文件，必须遵守。地方当局只有在确认房屋和结构物的设计文件符合建筑规范要求之后，才能发放施工许可证（图6.3*a*）。同样，在发放使用许可证之前，地方当局要对竣工的房屋和结构物进行全面检查，只有在符合建筑规范要求之后，才能发放使用许可证（图6.3*b*）。只有位于边远地区的军事设施和结构物可以不按此程序办理。

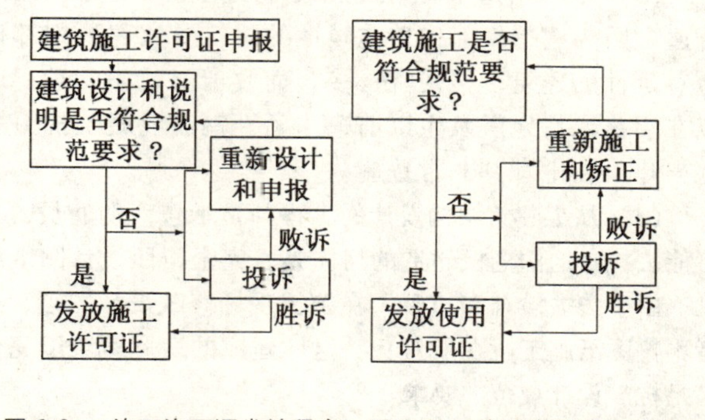

图6.3*a* 施工许可证发放程序 图6.3*b* 使用许可证发放程序

然而，在土耳其还没有法定的批准和检查方面的行政管理系统（参见专栏6.6）。在伊兹米特地震时，很多刚刚建成不久的建筑倒塌了。这些建筑曾经被认定是按照近代先进的抗震规范设计和建造的。土耳其建筑抗震设计规范是以美国加州统一建筑规范为蓝本制定的。如此众多的新建筑遭受严重破坏或倒塌的原因何在？经过震后调查研究，这些原因列举在专栏6.6中。[31]

中国台湾的集集地震表明，许多中、高层房屋建筑在地震时倒塌的主要原因之一就是施工质量差，如柱子的箍筋间距过大，把柱子的插铁布设在柱子箍筋的外侧，以及柱子钢筋搭接长度不够等等。这些现象到处可见，在破坏的柱子里没有看到一处箍筋是弯成135°的。（SGH. 2002）

专栏6.6 土耳其抗震设计规范的执行情况（EQE. 1999）

土耳其1999年8月17日伊兹米特地震时，至少有20 000栋钢筋混凝土商业和居住建筑严重破坏或倒塌，这些房屋建筑都在4层到8层之间。地震造成的人员伤亡都归因于这些严重破坏或倒塌的房屋。更引人注目的是，倒塌的房屋中，多数是近几年新建的。这些严重破坏或倒塌的房屋，是按照现行土耳其建筑抗震设计规范设计的，而土耳其建筑抗震设计规范是以美国加州的统一建筑规范为范本而制定的。因此，人们相信大多数倒塌的房屋建筑理应具有很高的抗震性能。那么，地震时，为什么有这么多房屋严重破坏或倒塌呢？根据震后的调查研究，其中的原因可以归结如下。

（1）这些遭受严重破坏或倒塌的新建筑都不符合建筑抗震设计规范的要求，特别是其细部构造违反抗震设计规范的规定。例如，结构构件的竖向和横向钢筋配筋不足，普遍采用光圆钢筋，而不是带肋钢筋等。

（2）细部构造不符合抗震设计规范要求的建筑比较普遍，因为建造细部构造非延性的建筑要比建造细部构造有延性的建筑价格便宜得多，而政府又疏于管理，所以在伊兹米特地震发生以前，非延性钢筋混凝土抗力矩框架建筑在土耳其非常普遍。

（3）从事建筑结构设计的工程师是承包商的雇员，不可能去检查他们老板建造的房屋是否完全按照设计图纸施工。由于失去检查和监督，在施工现场修改设计图纸，或者不按图纸施工就在所难免。这样建成的房屋就难以完全满足抗震设计规范的要求。

（4）这些遭受严重破坏或倒塌的新建筑所用的建筑材料质量差，不符合抗震设计规范的要求，而且施工质量也很差。

（5）明知建筑物是建造在活动断层上，或者建造在地震时极有可能发生液化的地基土壤上，也心照不宣，无人问津。

（6）一些建筑并没有经过正规设计，而只是按照过去的经验建造。

6.4 新技术应用[32]

现在技术发展非常迅速。随着技术进步，就有可能更好地认识和理解地震风险，因而风险管理也在不断改进之中。很多新技术不是已经问世，就是在襁褓之中。例如，地理信息系统（Geographical Information System，GIS）可以使制图更为方便；互联网（Internet）不但可以用来处理财务事项，而且可以帮助我们进行风险管理决策；遥感（Remote Sensing，RS）技术不但在地震发生以前可以帮助我们取得房屋建筑、构筑物、以及生命线系统等方面的数据，而且在地震发生以后可以帮助我们查证地震破坏的严重程度；智能建筑材料、智能结构、结构控制以及先进的传感器可以使房屋建筑和工程设施在地震时更为安全。还有一些最近十多年开发出来的重要的技术，像各种地震损失估计方法等。这些方法可以帮助我们更加清晰地了解未来地震发生时可能造成的损失。所有上面所述的技术给我们提供了一个好的机遇，来改进我们的综合地震灾害风险管理。

传统的抗震设计思路是加强房屋的结构，使其能抗得住地震的袭击。实践证明，按照这个思路设计和建造的房屋，确实能防止地震时房屋的倒塌，以及非结构和室内陈设的破坏。但是，要加固既有的房屋建筑，使其经得起大地震的袭击，采用这种方法就很困难，也很费钱。因此，需要寻求新的既可用于新建建筑的抗震设计，又可用于既有建筑的抗震加固的方法。

6.4.1 基底隔震技术[33],[34]

近年来，在高地震风险地区，基底隔震（Base isolation）技术在房屋和桥梁结构设计中获得了越来越广泛的应用。基底隔震与上面所述的加强建筑结构的思路完全不同，它是用隔震系统把房屋的上部结构与其底部隔开，在房屋的上部结构和其底部基础之间形成一个隔震层。

最常用的基底隔震系统是采用合成橡胶隔震垫，作为隔震层。由于有了这个隔震层，房屋结构的基本频率就比传统的基底固定的房屋结构的基本频率低得多，同时房屋结构的基本频率也比地面运动的卓越频率低得多。隔震房屋结构的第一振型的变形只在隔震系统出现，上部结构实际上可以认为是刚性的。在房屋结构产生变形的更高的振型是同第一振型成正交的，因而，也是同地面运动成正交的。这些更高的振型并不参与运动，所以，假如在这些高振型里地面运动含有高能量，这些能量也不会传入房屋结构。隔震系统并非吸收地震能量，而是通过系统的动力学将其偏转。这样一来，地震时，位于隔震器下面的房屋下部结构随地面而运动，而位于隔震器上面的房屋的上部结构却可以处于相对静止的状态。于是，房屋的上部结构和室内陈设就可以得到保护。当为线性系统，甚至无阻尼系统时，这种类型的隔震也能起作用，当然，有一些阻尼就更好，因为阻尼能防止在隔震频率下可能发生的共振。

另一种基底隔震系统是采用滑移系统（sliding system），其作用是限制剪力越过隔震界面传给房屋结构。中国很早就用砂层作为隔震界面。南非已在核电站中采用滑移系统，该系统由在带合成橡胶支承的不锈钢上滑动的铅-青铜板构成。摩擦摆（friction-pendulum）也是一种滑移系统，它用一种特殊的界面材料在不锈钢上滑动，美国在新建和加固项目中都已有应用。

关于基底隔震技术的推广应用，必须回答两个问题：一是它的性能如何，在地震时，是否真的能保护房屋及其内部陈设的安全；二是同一般不采用基底隔震的技术相比，造价要增加多少。

大量的计算机模拟和实验室试验都说明，基底隔震房屋的抗震性能很好。西雅图的一座古砖塔采用基底隔震进行抗震加固，计算机模拟得到的结果是基底隔震可使底部剪力减少75%。[35] 地震是对基底隔震房屋和结构物抗震性能的最好的检验。1994年美国北岭地震和1995年日本阪神-淡路地震的实践经验都证明，基底隔震是保护人员生命安全，防止房屋结构和室内陈设的破坏，以及营业中断的最佳抗震手段之一。下面列举的是几个典型的事例。

（1）日本邮政通讯省（Ministry of Post and Communications）的西部日本邮政储金计算中心（West Japan Postal Savings Computer Center）是一栋6层的钢筋混凝土建筑，建筑面积为500 000平方英尺。这是世界上规模最大的采用基底隔震的房屋之一，其基底隔震采用的是铅-橡胶隔震垫系统。这栋房屋位于神户东北大约20英里的地方，在1995年阪神-淡路地震中没有遭到破坏。地震发生以前，在该房屋上布设了完整的强震观测系统，地震后取得了许多条强震加速度记录。离开这栋建筑很近的另一栋建筑没有采用隔震措施，是基底固定的，地震时也取得了加速度时程记录。这两栋房屋所记录到的加速度峰值的比较见表6.8。从表可以看出，采用基底隔震措施的房屋顶层的反应加速度峰值大约仅为不采用基底隔震措施的房屋顶层的反应加速度峰值的1/10。

基底隔震和基底固定房屋的记录的地震加速度峰值（g）比较 表6.8

项目	基底隔震房屋		基底固定房屋	
方向	水平	竖向	水平	竖向
地面，即在隔震垫下	0.30	0.26	0.27	0.26
顶层楼面，即基底隔震房屋的第6层，基底固定房屋的第5层	0.10	0.07	0.97	0.67
放大系数，顶层/地面	0.33	0.27	3.6	2.60
顶层放大系数，基底固定/基底隔震	—	—	9.7	9.6

（2）美国洛杉矶南加州大学（University of Southern California，USC）医院是世界上第一座采用基底隔震措施的医院。还是在1990年，这座医院的业主-国家医药公司（National Medical Enterprises，Inc.，NME）就决定建造一座基底隔震的医院，虽然需要增加大约为2%的基建投资，但可望节省未来地震发生以后的维修费用。这座8层高的医院建筑共布设了149个隔震垫，医院建筑的上部钢结构通过这些隔震垫支承在连续的钢筋混凝土扩展基础上。这栋房屋位于纽泊尔特-英格雷乌德（Newport-inglewood）断裂带的15km之内，隔震垫的设计最大相对位移为26cm。[36] 1994年北岭地震时，洛杉矶地区的31座医院遭到破坏，其中有7座医院的病人被迫全部或部分撤离。医院的室内陈设和设备破坏价值高达数十亿美元。但是，采用基底隔震措施的南加州大学医院安全地经受了地震的考验，没有丝毫破坏。而离开南加州大学医院1km的洛杉矶郡南加州大学医疗中心却遭到了严重破坏，两翼建筑不能再使用，损失高达3.89亿美元。

（3）1992年4月25日发生在美国加州的佩特屈利（Petrolia）地震，震级为Ms 7.0。爱尔河桥（Eel River Bridge）离开震中大约16km。这座桥在1988年用铅-橡胶隔震垫对两个300英尺跨度的下沉式桁架作了很小的加固。虽然安设在附近的强震加速度仪记录到的地面运动水平加速度峰值为0.39～0.55g，采用铅-橡胶隔震垫的桁架跨在纵向移动了8英寸，在横向移动了4英寸，但是桁架并没有遭到破坏。

关于采取基底隔震措施究竟需要增加多少费用，一般认为，对于新建房屋，采取基底隔震措施大约要增加土建造价的5%。还有一项对南加州的一栋采取基底隔震措施的新建建筑的造价研究甚至说，采取基底隔震措施可比一般不采取基底隔震措施便宜6%，省钱主要是省在不需要对计算机和其他地震敏感设备采取保护措施，而不采取基底隔震措施时，则需要多出这一部分费用。[37] 还有一项研究说，对于房屋的全寿命费用，采取基底隔震措施的房屋也比不采取基底隔震措施的房屋低。[38] 尽管这些研究者都说，采取基底隔震措施的房屋造价增加不多，或者还有降低，但是，采取基底隔震措施究竟需要增加多少费用，至今还不是十分清楚。到目前为止，采用基底隔震措施的房屋的业主，并不把成本视为最重要的。

6.4.2 主动控制系统

主动控制系统（Active control system）能够根据

检测到的结构的地震反应及时做出响应。最简单的主动控制系统是在房屋的顶部安设一个很大的重物。计算机控制重物的运动，以抵消地震引起的房屋的摇晃。这个俗称“主动质量阻尼”（Active mass damping）的技术，已经在一些高层建筑中得到应用，例如，美国波士顿的约翰-汉柯克（John Hancok）建筑，就采用主动质量阻尼来降低建筑由于风振动引起的摇晃，缓解室内人员的不舒适感。另一种方法是采用“主动拉锁”（Active Tendon），即电子可控的加振器（Actuator），它可以按指令使房屋或结构物产生振动，从而使地震引起的房屋或结构物的振动最小化。早在20世纪的90年代，日本就在东京的一栋实验建筑中安装了主动拉锁。

影响主动控制技术开发和利用的主要问题有下列4个。

（1）成本。到目前为止，大多数主动控制系统都处于实验阶段，很少考虑它的成本，因而，商用主动控制系统的成本如何，还不清楚。

（2）可靠性。这些主动控制系统只有在地震时才工作，平时大多数时间闲置，所以可靠性非常重要。而要提高主动控制系统的可靠性，保证地震时能够正常工作，成本必然要增加。

（3）对外部能源的需求。主动控制系统需要有能源才能运行，而地震时能源供应可能会中断。为保证主动控制系统在地震时能够正常工作，就要有自备的能源供应设施，而这又必然要增加成本。

（4）今后应用潜力。一栋抗震设计和施工良好的建筑，除了极强烈的地震以外，是可以避免结构破坏的。因而，主动控制系统的价值在很大程度上可能是减少地震引起的非结构和室内陈设的破坏。这种价值还有待于做量化研究。

6.4.3 耗能技术

耗能技术（Energy Dissipation Technology）主要是在房屋或结构物的特定部位设置耗能部件，地震时，耗能部件可以消耗输入房屋或结构物的能量，从而保护房屋或结构物的地震安全。耗能部件大致可以分为三类：一是位移相关型耗能部件，如金属耗能部件和摩擦耗能部件等，其耗能特性主要同耗能部件两端的相对位移有关；二是速度相关型耗能部件，如黏弹性耗能部件和黏滞耗能部件等，其耗能特性主要同耗能部件两端的相对速度有关；三是多种耗能机制的复合型耗能部件。中国已经有几十栋房屋建筑采用了耗能部件，其中大多数是速度相关型耗能部件。[39]

6.4.4 创新的钢结构房屋

一些带有创新性的钢结构房屋，包括高层房屋，在地震时遭到非常严重的破坏，有的濒临倒塌。因此，采用创新的技术要慎重，特别是为了降低造价而开发的新技术和新产品，更应审慎。因为这些没有经过地震考验的新技术，在地震时可能会给我们带来灾难。

6.5 城市规划

6.5.1 土地利用规划手段

土地利用规划是通过合理的土地利用和开发来保护和改善一个城市的生活、生产和休闲环境。图6.4为地震时大地的表现、造成的后果和达成上述土地利用规划目标的手段。

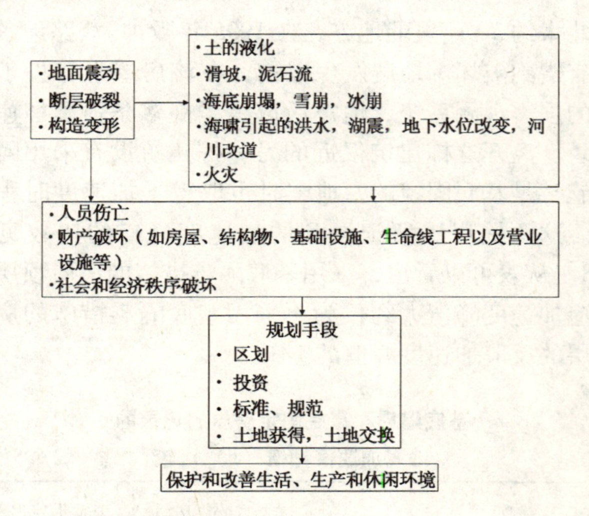

图6.4 地震影响和规划手段

区划是地震区土地利用规划和城市规划的一个最为重要的规划手段。通过区划，可以筹划土地利用，可以安排单个地块开发的实体形态。区划可以用来确定将要建在具体地块上的房屋的用途和类型。

投资是引导住区建设避开高地震风险地区的另外一个规划手段。从对基础设施（如高速公路、道路、轻轨运输系统、房屋建筑、排水和供水系统、公共交通等）的投资可以看出一个城市的政府对未来城市发展的构想。因此，投资是指导城市发展的一项有效的措施。在土地为全部或部分国有或政府拥有的城区，像中国和土耳其，投资决策更为重要。

对于一个地震区的城市，建筑规范是一项重要的实施手段。建筑规范可以用来选择建筑场地，限制在高地震风险地段开发，以及对建筑抗震设计和施工提出具体要求。

对于有特别地震风险的地区，土地获得和土地交换可以用来处理开发中的地震安全问题。[40]

一座遭受大地震破坏的城市，震后重建的城市规划选址大致有3个方案可供选考虑（图6.5）。[41]

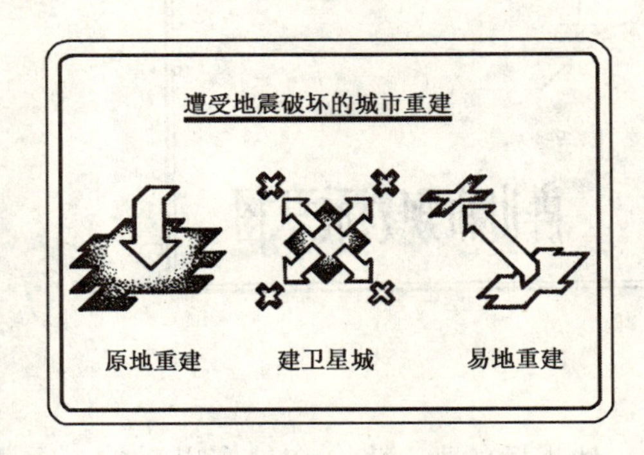

图6.5　震后重建的城市规划选址方案（Roger E. Scholl. 1982）

（1）原地重建，即完全在地震以前的城市地域进行规划和恢复重建；

（2）建卫星城，即部分在地震以前的城市地域进行规划和恢复重建，同时另建卫星城，以疏散人口和分散服务；

（3）易地重建，即废弃地震以前的城市地域，另行选择场地建设新城，原有城市地域的人口全部迁移到新城。

中国唐山地震以前，唐山市同外界联系的交通出口很少，市区道路狭窄、弯曲，通行困难，多年来一直是唐山市发展和规划的瓶颈。唐山地震以后，狭窄的市区道路很快拥堵，通行速度很慢，而且还有潜在的危险。因此，地震以后，非常需要有一个好的城市规划，以解决未来地震发生以后的人员疏散，伤员救助和运送救灾物资等问题。

唐山地震把唐山市夷为平地，几乎荡然无存。这就给唐山市一个很好的机会，从完全新的观点，通过震后恢复重建规划，克服城市长期以来存在的弊端。唐山市的重建规划思路如图6.6所示。

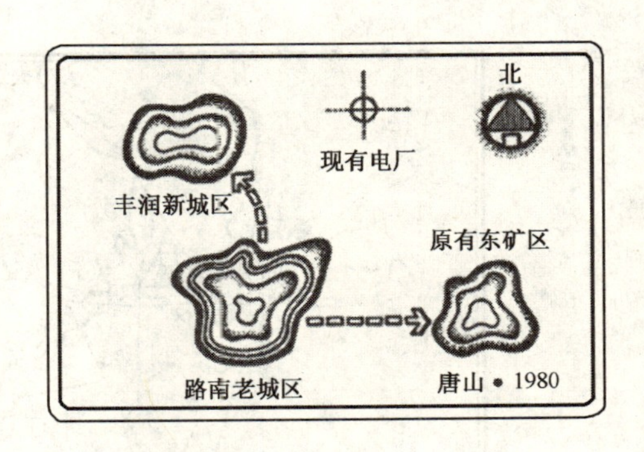

图6.6　唐山重建规划思路图

恢复重建规划选择了图6.5所示的建设卫星城的模式，新的唐山市规划由下列3个互相关联的城区组成，各城区之间相隔大约25km。

（1）路南区，这是唐山市的老城区，唐山地震时，这个城区遭受的破坏最为严重。

（2）东矿区，位于唐山市老城区的东边，是围绕已有的煤矿区发展起来的。唐山地震时，总体上破坏较轻。

（3）丰润区，位于唐山市老城区的北边，是重建规划中的一个完全新的城区，靠近丰润县城，准备重点发展轻工业，并建设一批住房。

以上3个城区按城市功能分为4个部分：即轻工业区、居住区、仓库和储存设施区以及休闲和露天场地。重工业则放在东矿区。预期重建完成以后，这3个城区的每一个城区的人口大致在30万人到50万人之间。三个城区将分别独立进行管理，但共享城市基础设施。规划中还考虑建设唐山地震纪念碑和纪念馆。图6.7为唐山市重建规划示意图。

在唐山市的重建规划中，为降低地震风险，考虑并采取了下列措施。

（1）建设尽可能避开对抗震不利的地段，如地质上有危险的地段，有软弱土或可液化土的地段，以及压煤的地段等。

（2）重要的和大型的房屋建筑（二层以下的房屋除外）尽可能不建在软弱场地土上，如松散砂土场地，淤泥和淤泥质土场地，新近沉积的黏性土和粉土场地，有机软土场地，饱和土场地，以及人工回填土场地等。因为这些都是对建筑抗震不利的地段。

（3）所有新建的公用设施线路都建成闭环系统，确保双源供应。

（4）在所有煤气管线上均设置安全阀门，以防止震后火灾蔓延。

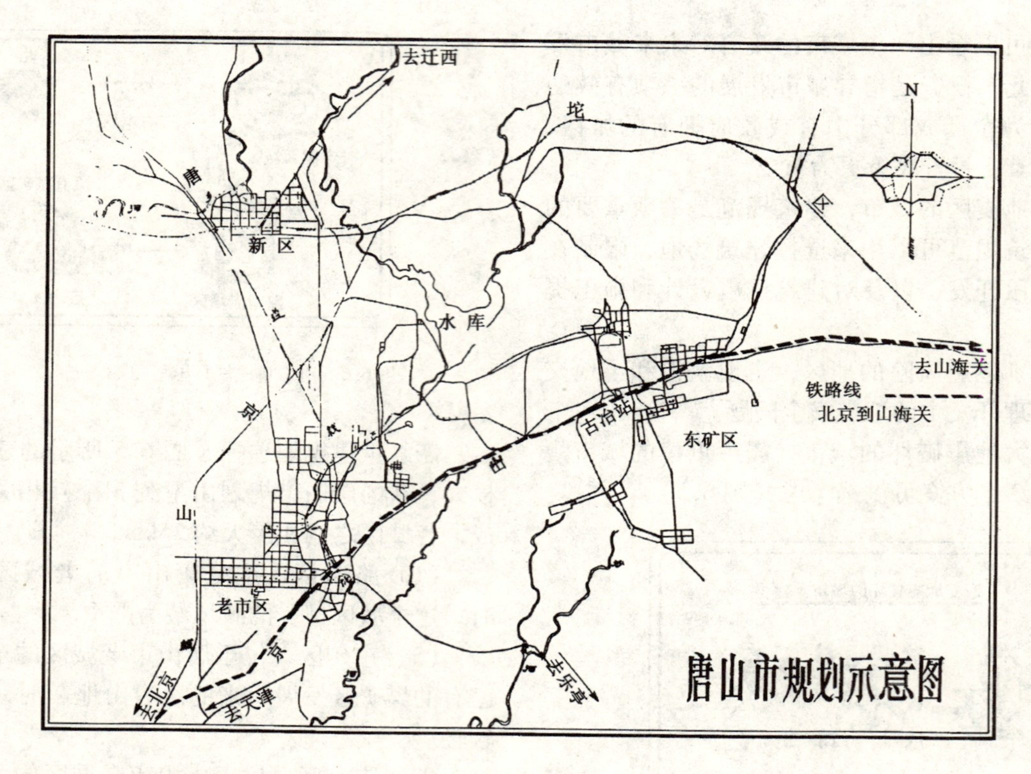

图 6.7　唐山市重建规划示意图

（5）所有新建的煤气管线、电力传输、分配线路和系统均配有易操作的切断开关，以避免地震时发生火灾。

（6）相邻两栋房屋建筑之间留有适当的间距，以防止地震时两栋房屋相互碰撞。

（7）如有可能，尽量把公用设施管线（如供水管线、污水河雨水排水管线、蒸汽和煤气管线以及电力和电话线等）建在地下。

6.5.2　日本阪神-淡路地震震后的城市规划

神户市和同它邻近的大阪市和京都市是日本西部的经济圈。神户市的南部地区是高度城市化和工业化的地区，而神户市的其他地区则有的是混合开发地区，有的甚至还是农村地区。神户市的总人口大约为 150 万人，其中 100 万人居住在神户市的南部地区。地震以后，经过认真地总结，神户市有以下新的发现。

（1）体制上的缺陷造成地震以后的次生灾害更加严重，特别是大火的蔓延。

（2）中央、县和市政府之间缺乏有效的信息共享，致使地震以后第一时间内的人员营救工作推迟好多小时。

（3）地震后的幸存者，在地震以后的一个相当长的时间里，都难以得到医疗服务，食品和临时住房也不能满足最低需求。

（4）政府发给个人的住房恢复资金没有及时发到个人手中，个人只能依靠自有的资金来维持生存和修复住房。

（5）神户市无论在实体上，还是在社会上、经济上或体制上都不能算是一个抗灾的城市，所以非常需要有一个新的发展战略。[42]

根据上面所述的看法，神户市在震后恢复重建中采取了下列措施，以便制定出更好的城市规划。

（1）神户市在 1995 年 6 月制定了《神户复兴十年规划》（The ten-year Kobe Revival Plan，KRP），其目的是通过运用多个责任相关者（multi-stakeholder）共同决策的方法，来培育社区，促进经济和文化的发展，使神户市得到真正的复兴。

（2）为了防止受灾地区的无序重建，已经实施了两期计划，第一期是城市结构的快速恢复，第二期是创建抗灾的社会。

（3）居民广泛地参与社区的建设。从战略上把社区作为《神户复兴十年规划》的驱动单位，因为在一次灾害发生以后的第一时间里，社区居民小组能够比中央政府更有效地应对灾害，特别是人员的营救。

（4）建立《防灾和福利委员会》（Disaster-preventive and Welfare Communities，DWCs）来实施管理。根据小学区来划分单元，每个单元一般为1万人左右。此外还制定《社区建设基本令》（Community Building Basic Ordinance）。各个单元的任务是收集公众意见，检查结构的耐久性和举办防灾演习等。

（5）设置人性社区建设目标，强调使社区的每一个成员都能够安全而有信心地生活。[43]

6.6 房屋建筑和工程抗震加固

弄清楚既有的抗震能力不足的房屋建筑和结构物，并对它们进行抗震加固，对于减轻未来的地震灾害是十分重要的，因为在破坏性地震时，这些房屋建筑和结构物很可能是造成人民生命财产损失的最大的危险源。

6.6.1 中国房屋建筑和工程抗震加固[44],[45],[46],[47],[48],[49],[50]

在中国，早在20世纪60年代就开始抗震鉴定和加固工作。1966年河北邢台地震和1967年河北河间地震以后，就在北京和天津地区展开了抗震检查和加固工作。编制了京津地区民用建筑、单层厂房、旧建筑、农村房屋以及烟囱、水塔等抗震鉴定标准（草案）和抗震措施要点，并进行抗震鉴定和加固试点。

1975年辽宁海城地震以后，颁布了《京津地区工业与民用建筑抗震鉴定标准》（试行），北京、天津和唐山地区对一部分房屋进行了抗震加固。

中国的地震灾害实践表明，加固的房屋建筑在地震时表现出良好的抗震性能。最为典型的例子是位于天津市的天津发电设备制造厂，该厂系1958年建成。1966年河北省邢台地震时，厂房遭到了破坏，如墙体发生裂缝，支撑的预埋件被拔出等。1975年海城地震以后，根据当时的抗震鉴定标准，按地震烈度VII度进行了抗震加固，耗时6个月。1976年唐山地震时，所有厂房无一倒塌，只有60%厂房受到较轻的损坏。但是，和天津发电设备制造厂只有一墙之隔的天津市重型机械厂，全厂99.4%的厂房遭到了破坏，5个车间厂房倒塌，厂房里的设备被砸坏，地震造成的损失是天津发电设备制造厂的4倍多。

1976年唐山地震以后不久，国家建委设立了抗震办公室，经国务院批准，启动了国家抗震加固计划。在1997年到1990年期间，全国加固的各类房屋建筑、结构物和工程设施的建筑面积总计达2.2亿m^2，包括设备加固在内，总共耗用抗震加固资金35.6亿元，其中13.2亿元来自中央政府，4.8亿元来自地方政府和中央有关部委，17.6亿元来自企业自身。以后几年又加固了1亿多m^2的房屋建筑、结构物和工程设施。1994年，国家停止拨给抗震加固补助经费。

1998年到2000年期间，国家拨给了13.1亿元抗震加固专项补助经费，指定用于首都圈地区重要建筑物的抗震加固。共加固了357个项目，总建筑面积达600多万m^2。

需要进行抗震加固的房屋和结构物量大面广，而抗震加固资金又很有限。如何合理地使用这有限的资金就成了当时面临的一个大问题。于是就提出采用"三次筛选法"，如图6.8所示。第一次筛选是根据未来的灾害风险，政治、经济和人口方面的重要性，以及财政状况，从全国位于地震区的城市和地区中筛选出重点城市和重点地区，并列出清单。然后，在此基础上进行第二次筛选，通过对位于重点城市和重点地区的单位和建筑物的分析，筛选出重点单位和重点建筑物清单。最后，进行第三次筛选，通过对重点单位的建筑物的抗震能力的具体分析，确定拟加固的重点建筑物和工程清单，然后按照抗震鉴定标准对清单所列的重点建筑物和工程进行抗震加固。

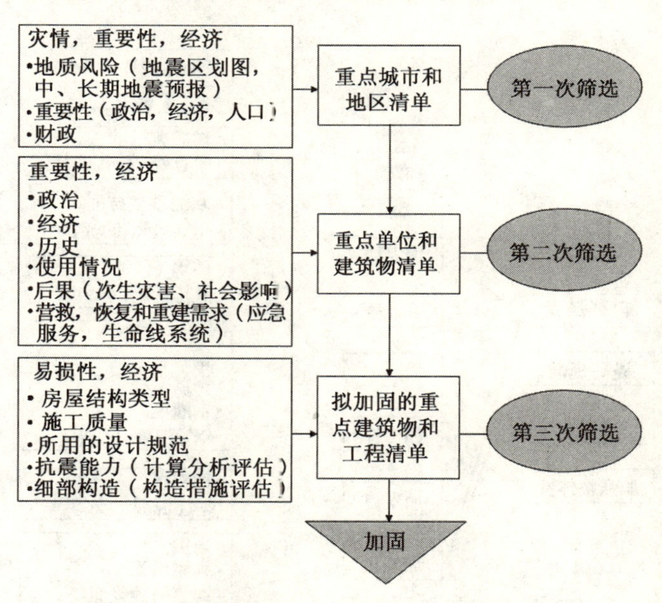

图6.8 中国现有房屋和构筑物抗震加固决策流程简图

根据当时的抗震鉴定标准，一栋建筑物的抗震能力必须要从两个方面进行评估（图6.9）。一是分析评估，即根据抗震设计规范和抗震鉴定标准作定量的计算分析，包括用算出的地震荷载进行抗震强度验算等；二是构造评估，即对照抗震鉴定标准，对抗震构造措施作定性的分析，检查结构细部构造是否符合抗震设计规范和抗震鉴定标准的要求，因为地震时，一栋房屋的倒塌常常是由于结构细部（如节点，个别薄弱的杆件和连接等）的破坏所造成。既有房屋建筑抗震加固的目的、措施和加固构件如图6.10所示。

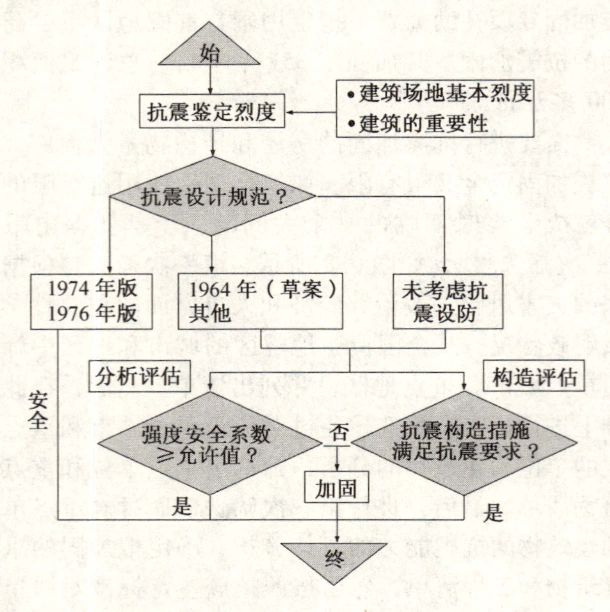

图6.9 抗震加固鉴定流程图

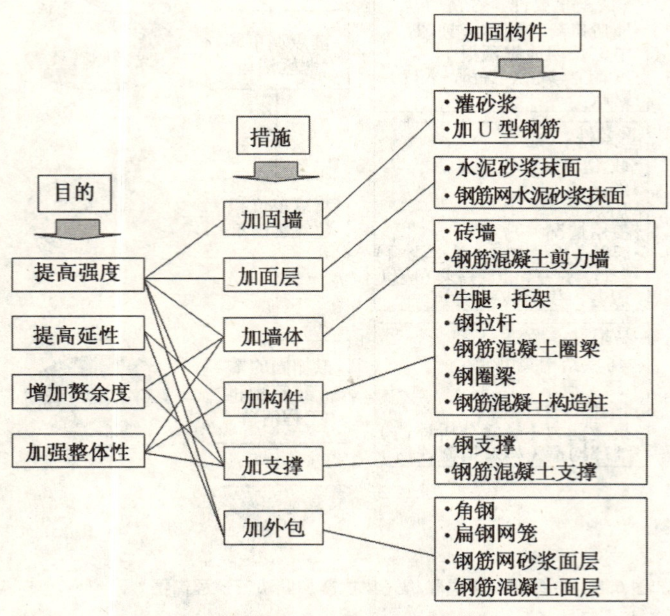

图6.10 既有房屋建筑抗震加固的目的、措施和加固构件

中国抗震鉴定标准中的加固思路可归结如下。

（1）房屋建筑的抗震鉴定标准的编制，应当以建筑抗震设计规范的要求、从破坏性地震中吸取的经验教训和已有的研究成果为基础。

（2）对于既有的每一类房屋，在抗震鉴定标准中，都应当写明加固措施的具体做法。

（3）房屋抗震鉴定标准和加固设防的水平不应当高于建筑抗震设计规范。

（4）房屋抗震鉴定标准和加固应当贯彻根据房屋的重要性和具体情况分别处理的原则，不能搞一刀切。

图6.11为加固后的房屋的实例照片。其中，(*a*)为用钢筋网水泥砂浆抹面加固多层砖结构房屋的外墙，图中钢筋网已经布设完毕；(*b*)为用钢拉杆加固砖结构房屋的上部，拉杆在房屋里面；(*c*)为用角钢加固砖房的山墙，同样，拉杆在房屋里面；(*d*)为用钢筋混凝土构造柱加固多层砖房，构造柱设在房屋的转角处，在屋盖和二层楼盖处设置圈梁，拉结杆件在房屋的里面。

6.6.2 日本房屋建筑和工程抗震加固[51]

在日本，早在20世纪的70年代，就已经认识到既有房屋建筑抗震鉴定和加固的重要性。1977年发布了《既有房屋建筑鉴定标准和加固指南》（JBDPA 1976），1990年作了修订。然而，在1995年阪神-淡路地震以前，这个标准只在少数地区的少数房屋建筑中得到了应用，比如预报有可能在近期发生强烈地震的静冈县的钢筋混凝土学校建筑，以及关东地区。其他地区，如阪神-淡路地区，有少数房屋进行了抗震鉴定或抗震加固。1995年阪神-淡路地震以后，人们深刻地认识到，在地震发生以前，哪怕是按照最低的抗震要求对房屋进行抗震鉴定和加固，也不至于遭到如此严重的破坏。由于日本既有的房屋和住宅大约有60%是1981年以前建造的，1995年颁布实施的《抗震加固推进法》（Law for Promotion of Seismic Retrofit）就是为了推进这些房屋和住宅的抗震鉴定和加固。《抗震加固推进法》规定，下列房屋的业主有责任和义务对自己所拥有的房屋进行抗震鉴定，并在必要时进行抗震加固。

（1）1981年以前建造的房屋；

（2）公用房屋或向公众开放的房屋；

（3）建筑面积大于1 000m^{2}或高度超过2层的房屋。

(a) 用钢筋网水泥砂浆抹面加固

(b) 天津市用钢拉杆加固砖结构房屋

(c) 天津市用角钢加固砖房的山墙

(d) 北京市用钢筋混凝土构造柱加固砖房

图 6.11 加固后的房屋

开展抗震鉴定和加固需要对工程师进行培训。为此，1995 年成立了既有建筑抗震鉴定和加固网络委员会（Network Committee for Seismic Evaluation and Retrofit of Existing Buildings），网络委员会由日本建筑防灾协会（Japan Building Disaster Association）里的有关建筑设计和施工的单位组成。已经有 92 个单位成为网络委员会的成员。工程师的培训和审查抗震鉴定和加固项目的工作已经展开。自 1995 年以来，已经有很多公共建筑，诸如学校建筑、市政厅建筑、医院建筑等，由政府资助完成了抗震鉴定和加固。但是，对于阪神-淡路地震时造成巨大灾害的木结构住房和私人房屋还很少提上日程。因此，近年来，一些地方政府启动了资助私家木结构住房的抗震鉴定和加固项目。

6.6.3 美国

1971 年发生的圣-费尔南多地震，在加州推动了建筑抗震设计规范的修订和桥梁的抗震鉴定和加固工作。自那次地震以后，加州交通局（California Department of Transportation，Caltrans）开展了桥梁的抗震加固工作。1989 年发生的洛马-普里埃塔（Loma Prieta）地震以前，资金的限制和众多的不符合抗震要求的桥梁结构成了桥梁抗震鉴定和加固工作的制约因素。尽管公众对这个问题的认识越来越增强，但是进展仍不理想，部分原因是州政府的抗震加固预算每况愈下。1994 年发生的北岭地震及其造成的桥梁破坏更进一步说明，这个问题实际上是多么尖锐。

1989 年洛马-普里埃塔（Loma Prieta）地震时，

令人注目的是有3座桥梁发生倒塌。所有这3座桥梁都是按照当时已经过时的抗震设计标准设计和建造的，而且没有一座桥梁做过抗震加固。1994年北岭地震时，有5座桥梁发生倒塌。这些桥梁都是按照1974年以前的抗震设计规范设计和建造的，而且同样是没有一座桥梁做过抗震加固。工程师们在考察和研究了这些桥梁的破坏情况以后发现，有一座新近加固过的桥梁，就在一座倒塌的桥梁的旁边，地震后居然没有发现肉眼可见的破坏。这次地震以后，加州启动了公路桥梁抗震加固计划，以防止日后地震时桥梁的倒塌。破坏的控制标准是在权衡加固费用和保有功能的基础上确定的。因此，桥梁抗震加固项目进展非常顺利。

加州公路网络共有20 000座不同结构类型的桥梁，分别建于不同的年代。要对所有这些桥梁进行抗震鉴定和加固显然是不可能的，何况它们在抗震能力方面又是千差万别。因此，抗震加固计划项目必须要分轻重缓急，最优化地使用抗震加固资金。

现在，加州大约还有1 700座桥梁需要进行抗震加固，以防止在未来的强烈地震时倒塌。这样一来，估计加州所有的桥梁中，大约有10%需要进行抗震加固。

除了一般公路桥梁的抗震加固计划以外，加州交通局还另外启动了一项计划，对大型、长跨、水上收费桥梁进行抗震加固。这项计划包括旧金山地区的6座桥梁和圣地亚哥的1座桥梁。这些桥梁被认定为“重要结构”，加州交通局为此制定了抗震性能标准。[52]

美国的安荷斯尔-布什（Anheuser-Busch）公司经营着一座大型的酿酒厂。该厂的厂址离后来成为1994年1月17日北岭地震震中的地方只有几英里。鉴于该厂位于高地震风险地区，安荷斯尔-布什公司于20世纪80年代初在酿酒厂启动了降低风险计划。它们对酿酒厂的重要房屋和设备进行了风险评估，对那些超过可接受风险水平的重要房屋和设备进行了抗震加固，加固期间酿酒厂照常生产。由于该厂采取了加固措施，在1994年北岭地震时，只受到了轻微的破坏。安荷斯尔-布什公司做了一个保守的估计，如果该厂没有进行抗震加固，酿酒厂的直接经济损失和生产中断造成的经济损失可能会超过3亿美元。据安荷斯尔-布什公司说，这个损失数字大约是实际抗震加固费用的15倍多。由此可见，对重要房屋和设备进行抗震加固是很值得的。这虽然只是一个案例，但已可清楚地说明，地震以前对房屋建筑和设备进行抗震加固，在经济上是划算的。[53]

6.6.4 抗震加固的瓶颈

既有房屋建筑的抗震加固是一项比新建房屋困难得多的任务。下面列举的是阻碍抗震加固计划实施的一些重要因素，特别是在中国，尤其如此。

（1）破坏性地震很少发生，有时要经历几代人才会发生一次，过去地震的痛苦经历常常会随着时光的流逝而淡去。没有经历过地震打击的年轻人，更不容易体会地震造成的难以想象的灾难。

（2）由于科学和技术水平的限制，我们还不能准确地预报出未来地震的发生时间、地点和震级等三个要素，让人们知晓他们将要面临的灾难。

（3）由于知识的限制，有关当局对地震风险的特点和量级缺乏了解。

（4）惧怕生产性活动会受到干扰。

（5）惧怕居住活动会受到干扰。

（6）加固房屋到底需要多少费用仍然还不十分清楚。但是一般来说，总要比新建时采取抗震措施所花的费用高得多，而且抗震加固很难在近期内就能提供经济上的回报。

（7）进行抗震加固时，很难确定合适的抗震设防安全水平。

（8）对要加固的房屋建筑，也很难做定量的抗震分析，因为对于很多老旧的房屋建筑，原始的设计图纸和修改的设计图纸都很难找到。

（9）抗震加固资金难以落实。

6.7 金融工具

6.7.1 政府救助-日本的灾害救济金（Disaster Relief Bill）

1995年阪神-淡路地震以后，日本全国有许多志愿者来到神户参与震后人员营救和救济活动。虽然有很多人，包括外国人，向灾民捐献的款项高达1800亿日元（15亿美元），但是每个家庭只能分到40万日元（3333美元）。

1996年7月开始，全国工人和消费者保险合作联盟（ZENROSAI）作为一家合作的非营利保险公司①，为促使政府增加自然灾害救济，搞了一次全国性的签名运动。令人想象不到的是，在随后的6个月时间里，就从公众和43 000个单位收到了2500万份签名。由于得到日本消费者合作联盟（Japan Consumers Co-operative Union，JCCU）、国会、县议会、立法机构、全国县知事协会和日本地震防灾国会议员协会等机构和团体的大力支持，有关自然灾害救济的议案于1998年5月15日经国会讨论通过。[54]根据立法，从1999年起，将向日本遭受自然灾害（包括地震和洪水）的灾民提供100万日元（合7 600美元）以下的公家补助金。

全国工人和消费者保险合作联盟计划再努力把保险限额最大值提高到500万日元或更多，并在志愿的基础上加强互助网络。全国工人和消费者保险合作联盟和日本消费者合作联盟等机构的草根行动（Grass-roots action）已经帮助老百姓实现了他们对政府救济的要求。

6.7.2 地震保险

地震保险是一种风险转换机制，它可以使一个财产的拥有者能把因地震破坏而造成的损失的风险转移给保险公司，即业主和保险公司共同承担地震损失的风险。通常的保险是建立在大数定律的基础之上的，即所承保的事件是相互独立的，它们同时发生的概率是很小的。但是，巨灾保险（Catastrophe insurance），如地震保险和飓风保险，和常规的像火灾一类的保险有很大的不同。这时，在一个很大的范围，同时有很多财产遭到破坏，因而承保的事件不是相互独立的，财产的损失是互相关联的。所谓巨灾（Catastrophe）是指一次灾害或多个紧密相关的灾害引起严重的保险财产损失，其总值超过2500万美元的灾害。[55]

保险业由基本保险公司和再保险公司构成。保险范围包括自然灾害和恐怖行动风险。基本保险难以应对地震灾害。例如，一个从事基本财产和人身保险的公司，在某一地震区可能握有大量的住房房主的保单，假如一次大地震发生在这个地区，保险公司就必须按这些保单赔付，因为赔付的数量太大，公司就有可能破产。为了转嫁一些风险给其他公司，基本保险公司就从一家再保险公司购买保险。这样，再保险公司就分担了基本保险公司的一部分风险。例如，对于基本保险公司需要赔付1亿美元以上的地震灾害，再保险公司可以给与补偿。同样地，再保险公司也可能遇到超过他们设想的风险，所以他们也会同其他再保险公司联系，向他们购买保险，寻求保证金庇护。这就是转分包保险。图6.12所示为传统保险、再保险和转分包业务示意图。[56]

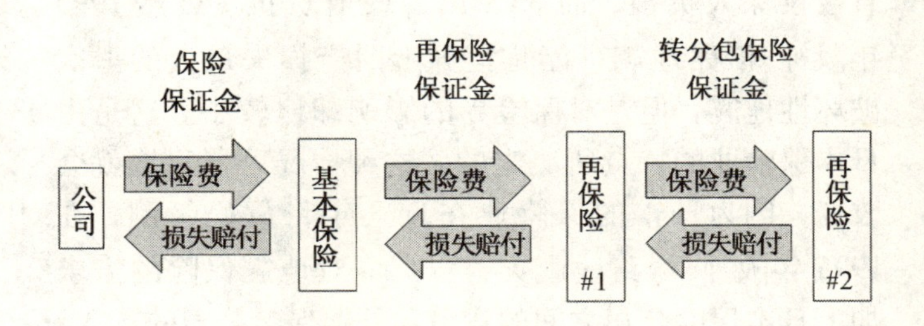

图6.12 传统保险、再保险和转分包业务示意图

中国[57]

在中国，1954年到1979年这段时间曾经在一揽子保险中包含过地震保险，但因担心赔款额过大造成公司破产而中断。1980年开始地震保险的研究。1985年到1987年曾经再次做过尝试，以后就停止实施了。所以，至今保险业还没有对地震灾害开放。

日本[58]

在日本，地震保险体制建立于1966年，即1964年新潟地震以后的第二年。地震保险体制实行由日本政府再保险。这个体制已经过多次修订，最近的修订是在1996年1月，即在1995年阪神-淡路地震以后的一年。保证限额从1 000万日元提高到5 000万日元。

日本政府和仅由十来个大的保险公司构成的保险界都意识到，在日本开展地震保险难度很大。因为日本是一个地震岛国，几乎到处都有发生地震的可能。纯保险费是以根据1494年后的500年的地震记录所确定的年度损失估计为基础确定的。例如，东京地区的

① ZENROSAI是指《全国工人和消费者保险合作联盟》（National Federation of Workers and Consumers Insurance Cooperatives），是由想在经济上保护自己利益和提高生活水平的人，在合作原则的基础上，于1957年建立起来的一个非营利组织，其合作理念是“一人为大家，大家为一人”。它在厚生省和《消费者生计合作社法》的管理和监督下，为其会员提供保险和互助，为其会员所拥有，由其会员管理和经营。现在有拥有1390万名会员。（http：//www.zenrosai.or.jp/english/index.php）

标准保险费大约是总保险额（Total Sum Insured，TSI）的0.5%，而美国加州则为0.2%。在这个方案下，房主可以购买地震背书。就日本全国而言，大约有7%的房主购买了这种背书，而在美国加州则约为25%。这个数字在具体地区相差很大。例如，日本神户为3%，东京为16%；而在美国的旧金山和洛杉矶地区大约是40%。住宅保险方案总的责任限制在180亿美元以内，其中，6%由日本地震保险公司负担，11%由直接投保人负担，而83%则由政府负担。虽然1995年阪神-淡路地震可能是世界上财产损失最大的一次破坏性地震，但是对保险界的影响却比较小。这是由日本保险业的特点所决定的。这种情况可能很快就会改变，因为日本的保险业在近几年将放松管制。在1995年阪神-淡路地震灾害以后，对地震保险的需求加上日本保险公司之间的竞争和外国保险公司的进入，可能会使保险业产生很大的变化，全球保险业可能很快就会进入东京的灾难性地震保险。

尽管1995年阪神-淡路地震造成的财产损失估计在950亿美元和1470亿美元之间，其数量之大是空前的。但是，这次地震对保险业的影响要比近几年发生的其他一些灾害对保险业的影响小得多或很相近。这些其他灾害有：日本的马尔尼（Mireille）台风，其保险总赔付为57亿美元；美国佛罗里达州安德鲁飓风，其保险总赔付为160亿美元；以及美国北岭地震，其保险总赔付为120亿美元。1995年阪神-淡路地震破坏造成的保险赔付总计约为60亿美元，显然，由于下列两个因素，这个数字可能还会增加。

（1）额外新发现的破坏。虽然房屋都经过了检查，但很难保证没有遗漏。美国1994年北岭地震也发生过类似的情况。

（2）至今尚未报告的赔付要求，包括向海上保险公司的赔付要求，多国公司的保单，或要在神户港周围转运的船舶的赔付要求。

同日本或者美国过去发生的地震相比较，在财产损失和日本保险业承担的部分之间有很大的差别。出现这种差别的原因是，日本政府和日本保险业界都认为在日本开展地震保险很困难，而日本的保险业界仅由十来个很大的保险公司构成。这样，他们就认为，在日本地震是不可予以保险的，这是因为日本这个地震岛国，几乎任何地方都有可能发生大地震，而且，日本还有为数众多的大城市。实际上，从总体上说，日本的保险业处于难以抉择的境地，特别是东京，政府和保险业界很难找出妥善解决保险问题的方案。

关于住宅保险，最近的方案是1964年新潟地震以后的第二年，即1966年制定的。根据这个方案，组建了日本地震再保险有限责任公司，这个公司是由中央政府再保险的。实际上，这个方案是在基本火灾险保单上增加一个有限的地震背书（请注意，和美国不同，日本地震以后的火灾不包含在基本火灾险的保单之内，而是要求有地震背书）。这种保单的赔付额一般不超过房屋和工程结构重置价格的30%～50%，最高大约为10万美元。

在要求赔付的过程中，房屋和工程结构按其破坏程度造成的损失被分为全损、半损和微损3类。如果房屋和工程结构被定为全损，则按保险总额赔付。如果房屋和工程结构被定为半损，则按保险总额的50%（即重置价格的10%～25%）赔付。如果房屋和工程结构被定为微损，则不予赔偿。这种保险的地震保险费是根据纯保险费加上有关工作量费用算出的，对于地震保险，不包括利润。如前所述，纯保险费则是根据自1494年以来的近500年的地震记录确定的年均损失估算出来的。

政府不对商业的保险风险进行再保险，但是政府可对其商务能力进行干预。东京湾一带有众多的炼油厂，其炼油设施，特别是油罐，在1995年阪神-淡路地震时并没有受到严重破坏，这是不寻常的。因为日本的商务能力有限，有些风险在海上，所以，由于海上基本保险和海上再保险的关系，外国的保险公司将承担更多的风险。

总地来说，阪神-淡路地震可能是迄今为止世界上财产损失最大的一次地震，但是对保险公司的影响却相对不大。表6.9为日本地震保险主要的已付赔款统计。

日本地震保险主要的已付赔款统计（百万日元）

表6.9

地震	震级	保险单数目	已付赔款
阪神-淡路地震 1995年1月17日	7.3	65 427	78 347
芸世（Geiyo）地震 2002年3月24日	6.7	23 966	16 688
鸟取县西部地震 2000年10月6日	7.3	4 044	2 848
北海道冲地震 1994年10月4日	8.1	4 103	1 333

续表

地 震	震级	保险单数目	已付赔款
三陆遥冲地震 1994年12月28日	7.5	4 172	1 238
釧路冲地震 1993年1月15日	7.8	3 627	989
日本海中部地区地震 1983年5月26日	7.7	703	651
鹿児島县薩摩地震 1997年5月13日	6.3	1 033	531

美国

在美国，地震保险体制是一个自由竞争的市场，联邦政府或州政府都不承担再保险。基本的住房房主保单不包括地震造成的破坏。只有很少一部分人购买地震保险。甚至在加利福尼亚州，在所有各类住房中，只有17%的住房房主和20%到25%的人购买了地震保险。[59]为减轻地震灾害，从政府得到的资助，大致有以下几种。

（1）数量有限的抗震加固补助金，由加利福尼亚州保险局向中、低收入的住房房主发放；

（2）低息抗震加固贷款，通过参与银行（participating bank）获得，由加利福尼亚州地震当局安排，但由公众来经营；

（3）财政上的抗震加固激励资金，通过地方政府计划向伯克利（Berkeley）市的业主发放；

（4）金融服务，由旧金山的“湾区政府协会①非营利公司金融机构②提供，以帮助那些符合条件的非营利机构和其他银行借款人能够得到免税的债务资金筹措，目前此项债务资金筹措已达32亿美元；

（5）低于市场利率的住房抗震加固贷款，通过应急管理厅的“防止工程破坏贷款计划”（Fannie/FEMA Project Impact Prevention Loan Program）向湾区居民提供。[60]

图6.13为1989～2002年美国再保险价格。从图可见，再保险价格在1992年增量很大，因为佛罗里达州的安德鲁飓风就是发生在那一年的8月16～27日。在一次巨灾发生以后，再保险价格可能增加，因为再保险公司要通过体改收入或对保证金加以限制来恢复他们的财务状况。在20世纪90年代中期，由于再保险价格提高和限制保证金，有些保险公司推出了巨灾债券（catastrophe bond），理由是资本市场可以以比再保险公司更低的成本为一些大的自然灾害提供保证金。值得指出的是，在20世纪90年代中到后期，再保险价格下降之后，1999年到2002年，保险价格有所上升。其原因虽然很多，但飓风造成的损失和2001年9月11日恐怖分子袭击也是其中的重要因素。

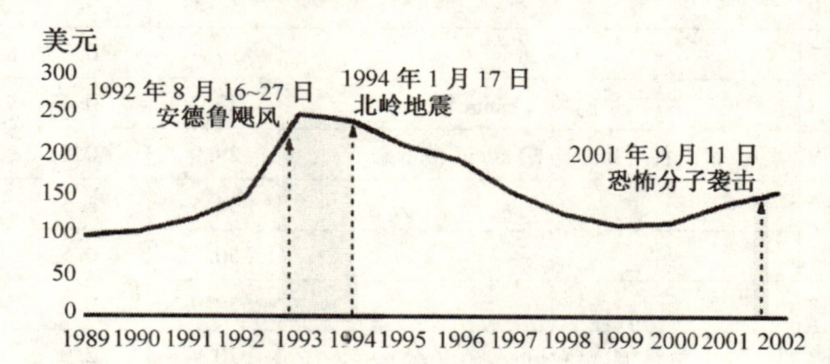

图中所示价格指数以1989年价格为100

资料来源：

Guy Carpenter & Company, Inc, a subsidiary of Marsh & McLennan Companies.

图6.13 美国再保险价格1989-2002

表6.10和表6.11是1970年以后在美国加利福尼亚州发生的地震、保险收入和损失统计。[61]两张表所列的数据基本相同，唯一不同的是，表6.10没有包括1994年的北岭地震，而表6.11则包括了这次地震的保险损失。对这两张表进行比较不难发现，一次近代的地震可以大大地改变根据实际历史资料所做的损失估计。根据用历史地震的方法估计，1970年到1993年期间平均损失比为0.266，而在把1994年北岭地震考虑在内时，平均损失比就增加到2.074。1994年北岭地震还是一次中等强度的地震，如果1906年旧金山地震重演，损失还要大

① 湾区政府协会（Association of Bay Area Governments，ABAG）是1961年当选的该地区的市长和县长共同决定成立的，是加州的第一个政府协会。从一开始，湾区政府协会就认识到区域存在的共同问题，如住房、交通、经济发展、教育和环境问题等。湾区政府协会是旧金山湾区的一个官方的综合规划机构，其使命是加强地方政府之间的合作和协调。

为此，湾区政府协会着重抓超越边界的社会、经济和环境问题，是为旧金山湾区的阿拉梅达（Alameda），康屈阿-柯斯塔（Contra Costa），马林（Marin），纳帕（Napa），旧金山圣-马特欧（San Mateo），圣塔-克拉拉（Santa Clara），索拉诺（Solano）和索诺马（Sonoma）9个县服务的区域性的规划和信息服务机构，提供的信息包括在线地理信息系统，地震风险区划图和湾区统计数据等。所有湾区的这9个县和101个城市中的99个城市都是湾区政府协会的志愿会员，差不多代表了该区的全部人口。

（http：//www.abag.ca.gov/overview/history.html）

② 湾区政府协会非营利公司金融机构（ABAG Finance Authority For Nonprofit Corporations）是加州的联合权力机构，由湾区政府协会经营，其任务是在湾区向非营利机构和其他银行借款人提供经济的融资渠道，服务领域包括健康和社会服务，可负担住房以及教育等。（http：//www.abag.ca.gov/services/finance/fan/fan.htm）

得很多。可见，仅用历史地震和经验方法来估计地震这一类的巨灾损失是不能令人满意的。

1970年以后美国加利福尼亚州发生的地震、保险收入和损失统计　　表6.10

年份	地　震	保险费	损　失
1970		5.9	0.0
1971	圣-费尔南多（San Fernando，6.6级）	4.6	0.8
1972		9.0	2.1
1973		10.9	0.1
1974		13.0	0.4
1975	奥若维尔（Oriville）	13.8	0.0
1976		17.1	0.1
1977		19.8	0.1
1978	圣塔-巴尔巴拉（Santa Barbara）	23.2	0.4
1979	帝国谷（Imperial Valley，6.6级）	29.0	0.6
1980		38.5	3.5
1981		50.2	0.5
1982		58.9	0.0
1983	科林伽（Coalinga，6.7级）	70.4	2.0
1984	莫尔干山（Morgan Hill，6.2级）	79.4	4.0
1985		132.9	1.7
1986	南加州（Southern California）	180.0	16.7
1987	瓦替尔-奈若斯（Whittier Narrows，5.9级）	208.4	47.6
1988		277.8	31.8
1989	洛马-普里埃塔（Loma Prieta，7.1级）	333.6	433.0
1990	南加州（Southern California）	384.6	180.9
1991	北加州（Southern California）	427.4	73.3
1992		479.9	87.7
1993		521.0	13.2
总　计		3389.3	900.5
平均损失比 =900.5/3389.3 =0.266			

1970年以后美国加利福尼亚州发生的地震、保险收入和损失统计　　表6.11

年份	地　震	保险费	损　失
1970		5.9	0.0
1971	圣-费尔南多（San Fernando，6.6级）	4.6	0.8
1972		9.0	2.1
1973		10.9	0.1
1974		13.0	0.4
1975	奥若维尔（Oriville）	13.8	0.0
1976		17.1	0.1
1977		19.8	0.1
1978	圣塔-巴尔巴拉（Santa Barbara）	23.2	0.4
1979	帝国谷（Imperial Valley，6.6级）	29.0	0.6
1980		38.5	3.5
1981		50.2	0.5
1982		58.9	0.0
1983	科林伽（Coalinga，6.7级）	70.4	2.0
1984	莫尔干山（Morgan Hill，6.2级）	79.4	4.0
1985		132.9	1.7
1986	南加州（Southern California）	180.0	16.7
1987	瓦替尔-奈若斯（Whittier Narrows，5.9级）	208.4	47.6
1988		277.8	31.8
1989	洛马-普里埃塔（Loma Prieta，7.1级）	333.6	433.0
1990	南加州（Southern California）	384.6	180.9
1991	北加州（Southern California）	427.4	73.3
1992		479.9	87.7
1993		521.0	13.2
1994	北岭（Northridge，6.9级）	619.4	7414.1
总　计		4008.7	8314.6
平均损失比 =8314.6/4008.7 =2.074			

6.8　结语

1. 易损的建筑物。地震灾害的实践已经证实，在一个城市地区，如果存有地震时易损的建筑物是非常危险的，因为这些建筑物连抗震设计规范的最低要求都不具备。从中国唐山地震和日本阪神-淡路地震来看，这些建筑物至少包括：

（1）老旧的木结构房屋。这些房屋不但屋顶重，而且缺乏抗侧力能力。日本的许多城市地区都有这类房屋。

（2）无筋砖结构多层住宅。这些房屋采用砖墙承重，墙里没有配钢筋，中国的许多城市地区都有这类房屋。

（3）非延性钢筋混凝土结构房屋和结构物。主要有两类：一类是采用预制构件的，另一类是结构构件的箍筋不足，混凝土缺乏约束。这类房屋在中国、日本和土耳其等国的城市都有，而且比较普遍。

对于这些地震时易损的房屋和结构物必须进行鉴定、评估和改造加固。中国和日本的地震活动区，都迫切需要对既有建筑物进行调查，列出地震时易损的建筑物清单，弄清非延性钢筋混凝土建筑物和其他易损结构房屋（如无筋砖结构房屋和老旧的木结构住房等）的所在地。要让所有的市民都对他们生活和工作在里面的建筑物的抗震性能有所了解。但是，目前还没有这类清单，市民对他们生活和工作的建筑物的抗震性能也不了解或者很少了解。

我们需要有对地震时易损的房屋和生命线系统进行加固和改造的先进技术。我们需要研究断层断裂模式和地震区划方法。我们需要关注场地条件对瞬时运动的影响，特别是场地放大效应和对地面破坏的影响。此外，当然我们还需要在社会科学方面做深入的研究，做到全面减轻地震灾害。

2. 唐山地震和阪神-淡路地震教训。从唐山地震和阪神-淡路地震以及本书涉及的其他地震得到的最深刻的印象和教训可归结如下：

（1）在日本兵库县南部地区，阪神-淡路地震造成数十万栋木结构房屋倒塌或部分倒塌；在中国唐山和天津地区，唐山地震使数千万间无筋砖结构多层住宅楼房倒塌或部分倒塌；这些房屋使用率很高，许多人住在里面，并在里面丧生。

（2）在土耳其和中国的台湾省，数以万计的非延性钢筋混凝土房屋遭到毁坏，这些房屋使用率也很高，许多人在里面生活或工作，也在里面丧生。非延性钢筋混凝土结构不仅在中国和日本是一个严重的问题，在土耳其、印度、墨西哥、美国和世界其他地震易发地区的国家，也都是严重的问题。

（3）在中国台湾，由于严重的断层错动，造成地表断裂，致使重要设施破坏而无法使用。

（4）日本的神户港和中国唐山、天津地区的公路桥梁和建筑物由于大面积严重的土的液化，以及地面永久变形而遭到破坏。

（5）地震后的火灾是造成损失的潜在的重要因素，城市规划师们必须认识并注意到这一点。

（6）减轻地震灾害风险的主要任务是通过完成一系列对国家经济和社会发展至关重要的减灾项目，在减灾中运用科学和技术成果，宣传减灾防灾知识，让公众知情，以及改进减灾体制和运营机制来减少人员伤亡，减少财产损失，减轻对经济和社会发展的影响，减轻对环境造成的破坏。

3. 灾害信息。在对破坏性地震的应急反应中，时间是最为重要的。越早知道受灾地点，到达受灾地区越快，救出的人就越多。负责应急反应的人员需要及时知道震中位置、震级、强地面运动峰值和地理分布，以便决定必须动员的级别，以及为有效应对所需各类资源的范围。

地震破坏信息管理通常有三种情况：（1）地震发生以后，没有掌握任何灾情信息，甚至专家对灾情也一无所知。比如，1976 年中国唐山地震和 1999 年土耳其伊兹米特地震就是这种情况；（2）地震发生以后，至少掌握有部分灾情信息，但这些信息并没有及时地传送到相关的决策者和相关的责任人手中，1995 年阪神-淡路地震就正是这种情况；（3）地震发生以后就完全掌握了灾情信息，并且及时地传送到相关人员，1999 年中国台湾集集地震就是这种情况。1976 年中国唐山地震、1995 年日本阪神-淡路地震和 1999 年中国台湾集集地震这三次地震震后应急反应案例比较如图 6.14 所示。它表明台湾分布在全岛的、密集的地震台网，在地震发生以后的应急反应中发挥了很大的作用。

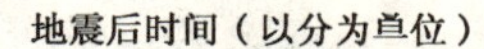

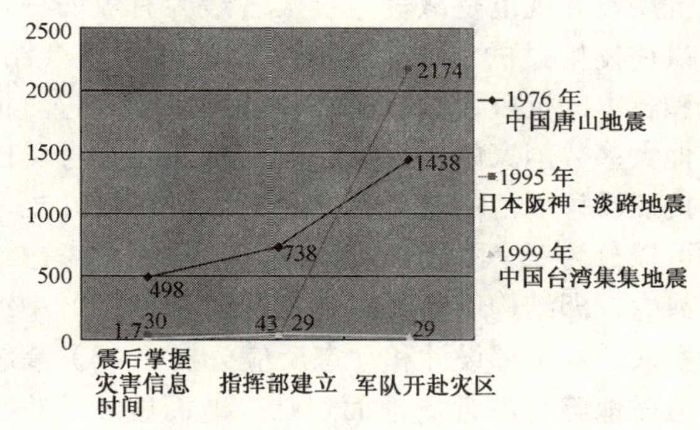

图 6.14 震后应急反应比较

4. 综合灾害风险管理。中国唐山地震和日本阪神-淡路地震以及其他相关地震的比较研究表明，为了减轻地震灾害，必须进行综合灾害风险管理，具体内容包括：

（1）改进有关灾情的数据和信息管理，在地震后立即尽可能快地获得损失和破坏的估计数据，并及时地传送给有关人员；在应急期间利用先进技术与公众保持联络。

（2）建立具有相关知识和经过培训的社区居民组织，负责震后人员搜寻和救援工作，并将其列入社区综合防灾计划。

（3）及时而高效地调动部队力量到灾区执行救援任务。

（4）推动制订社区综合应急反应计划，包括人员搜寻、救援、医疗和后勤等。

（5）确保国家重要设施、通信网络以及其他应急相关资源震后能够保持功能，并可继续使用。

中国台湾集集地震时，由于在全岛布设了密集的强震加速度仪台阵，很快就算出了主震和随后发生的余震的参数。在震后102s，就算出了震中位置、震源深度、震级和地震烈度图。这种地震烈度图使应急管理人员及时掌握破坏最严重的地区的位置，并根据灾情给予相应的救援，因而大大地加速了救援工作的进展。

5. 抗震设计规范。建筑抗震设计规范和规程的基本目标是为一个地方的建筑物提供统一的方法来确定建筑物所受到的地震侧力、抗震验算方法和抗震构造措施，计算精度合适，而且确保设计安全和经济。不同地区和国家采取不同的建筑抗震设计规范和规程，通过最大限度地减少地震造成的损失，来应对不同水平的地震风险，来保护人员的生命和财产安全。

抗震设计规范是减轻地震灾害最为有效的一种手段。以往发生过的所有地震灾害都证实了这个结论。美国和日本的抗震设计规范在世界上最为先进。世界上其他大多数国家的抗震设计规范都是在参考美国和日本抗震设计规范的基础上制定的。抗震设计规范的演进可以分为三个阶段：（1）起步阶段：只考虑结构底部剪力，即结构所受到的总地震侧力；（2）中级阶段：引入延性细部设计和动态反应分析；（3）高级阶段：考虑地震时的近场地面运动，地面破坏，非结构构件的作用和保护，重要建筑和结构物在地震后仍能继续使用。现在，所有本书比较研究所涉及的国家的抗震设计规范基本都处于高级阶段。

地震经验表明，建筑抗震设计规范颁布得越早，地震灾害造成的损失就越少。但是，对于抗震设计规范，绝不能仅仅满足于制定和颁布，只有严格监督，认真执行，才能真正起到减轻灾害的效果。

6. 新技术应用。技术正处在迅速发展和变化之中。正是由于有了这种变化，我们就有可能更好地了解风险，因而就能更好地进行风险管理。许多新技术不是已经问世，就是刚刚出现。比如：地理信息系统（GIS）使我们能更好地绘图；互联网可用于管理财务事项和风险管理的决策；遥感技术不但可以帮助我们在地震前获得财产等详细数据，而且可以帮助我们在地震后弄清地震造成破坏的严重程度；智能建筑材料，智能建筑结构，结构控制，地震基底隔震，以及先进的传感器等可以使建筑物免遭地震破坏，保证安全。过去十年中，开发出来的另一套重要工具是各种损失评估方法，这些方法使我们对各种不同地震预期造成的损失有更全面的了解。所有这些技术都为完善我们的整合地震灾害风险管理提供了一个良好的机会。然而一些创新型钢结构房屋，包括高层建筑，在地震时受到非常严重的破坏，濒临倒塌。因此，某些创新，特别是为降低成本而开发的创新技术，可能有潜在的危险，必须谨慎使用。

7. 城市规划。土地利用规划是在一座城市通过土地的合理利用和开发，保护和改善生活、生产和娱乐环境的手段。区划是地震易发区最重要的规划手段。土地利用规划要解决的是单个地块的土地利用和在其上开发的实体形态问题，它可用于明确准许在具体地块上建设的种类和建筑物的类型。投资是引导不在高地震风险区建设居住区的另一个规划手段。城市政府投资建设基础设施，实际上表达了他们对城市未来如何发展的态度。因此，投资是引导城市发展的有效手段，特别是在政府是土地所有者情况的城市化的地区，比如在中国和土耳其。建筑法规是城市规划重要的实施手段。建筑法规可用于地震区建筑场地选择，限制在有严重地震危险的地段开发，对建筑结构系统进行抗震验算和对建筑物采取抗震构造措施。对于有特别地震风险的已开发地段，可采取征地或土地交换等措施。

对于更好地进行城市规划，日本有一些好的经验，值得我们参考，例如：

（1）1995年6月，神户市制定了《神户复兴十年规划》(Kobe Revival Plan，简称KRP)。这个规划的目标是通过发展社区，通过多个利益相关者共同决策加速经济和文化发展，来实现城市复兴。

（2）这个规划分两个阶段实施，以避免无序重建。第一个阶段是快速恢复城市基础设施，第二阶段是创建一个能够抗御灾害的城市。

（3）组织广大市民参与社区建设，从战略上把社区视为实施神户复兴十年规划的动力，因为灾后的社区群体比中央政府更了解民众的需求，实施规划更为热切。

（4）建立防灾和福祉社区（Disaster - preventive

and Welfare Communities，DWCs)，以实施灾害管理计划。防灾和福祉社区以小学学区划分，一般规模大约为一万人。

(5) 制定社区建设基本条例（Community Building Basic Ordinance)。社区要收集公众意见，检查结构的耐久性，并主办灾害模拟演习。

(6) 制定人文社区建设的目标，强调每个人都有安全和自信的生活能力。

8. 建筑物的抗震加固

弄清既有危险房屋和结构物的抗震能力并对其进行抗震加固十分重要，因为在破坏性地震发生时，这些危险房屋和结构物，很可能是危及生命财产安全的最大祸根。

既有危险房屋和结构物的抗震加固要比新建困难得多。过去的经验，特别是中国的经验说明，阻碍抗震加固计划实施的因素很多，主要的可列举如下。

(1) 破坏性地震在同一个地方往往几十年，甚至几百年才发生一次，过去地震时的痛苦经历，随着时间的消逝，从人们的记忆中逐渐淡去。

(2) 地震预报的可信度低，现在还不能准确地预报出未来地震发生的时间、地点和震级，因而无法使人们相信他们将会遭遇到灾害的影响。

(3) 由于缺乏地震知识，政府和有关机构不了解地震险情的特点和震级大小。

(4) 担心会影响和干扰生产活动。

(5) 担心会影响和干扰住房建设。

(6) 房屋抗震加固的费用仍然不很清楚。如果完全按照新建房屋的抗震要求加固，费用可能比新建还要高，而且加固很难得到回报。中国加固房屋的抗震要求低于新建房屋，所以费用较低。

(7) 很难确定合适的安全标准。

(8) 很难对要加固的房屋进行分析计算，因为对于很多老旧房屋，找不到原来的和改建的设计图纸。

(9) 财力的局限。

9. 金融工具

1995年日本兵库县南部地震以后，包括外国人在内的许多人向受灾群众捐款，总数达1800亿日元（15亿美元)，但每个家庭只领到40万日元。

1996年美国旧金山地震后，国家直接向受灾群众提供财政援助。然而，日本阪神-淡路地震以后，一些官员却坚持政府不能向个人提供国家财政援助，因为日本是一个自由经济国家。

日本有一些草根（Grass-root）组织，比如全国工人和消费者保险合作联盟（Zenrosai）和日本消费者合作联盟（JCCU)，在日本阪神-淡路地震以后，帮助灾区人们争取政府援助，满足了他们的需要。

保险能使财产所有者和保险公司共同分担地震损失的风险。地震保险属于大灾保险，与常规保险截然不同。中国在1976年唐山地震以前，没有任何地震保险。近年来，中国国家保险公司启动了一个研究项目，旨在和外国保险公司合作，寻求设立地震保险的途径。但是，直到现在，保险业还没有受理地震灾害保险。日本的地震保险体制是1966年建立的，那是在1964年新潟地震以后。这个保险体制的特点是由日本政府再保险，已经经过数次修改，最近的一次修改是1995年阪神-淡路地震一年以后，即1996年1月。保险总额从1千万日元提高到5千万日元。

参考文献

[1] 中国防震减灾十年目标基本图象. http://www.nj-seism.gov.cn/fzjzmb22.htm

[2] 中华人民共和国防震减灾法.1998. 1997年12月29日第八届全国人民代表大会常务委员会第二十九次会议通过. 1997年12月29日中华人民共和国主席令第94号公布自1998年3月1日起施行.
http://www.gov.cn/ziliao/flfg/2005-09/27/content_70628.htm

[3] 陈建民.《艰难的道路，光辉的历程》-在邢台地震40周年纪念暨学术研讨会上的讲话.2006. http://www.csi.ac.cn/ymd/xgzhxx/dhy2006040401.htm

[4] 国务院办公厅印发国家防震减灾规划（2006~2020年）. 2006.
http://www.cea.gov.cn/news.asp? id=6998

[5] Person，Waverly. 1999. Hearing on the Turkey，Taiwan，and Mexico earthquakes：Lessons Learned.
http://comndocs.house.gov/committes/science/hsy293140.000/hsy293140_1.htm

[6] 河北省地震局.《唐山抗震救灾决策纪实》. 北京：地震出版社，2000.

[7] Katayama，Tsuneo. 1995.

[8] 叶耀先.《结构抗震动力分析方法》. 内蒙古自治区抗震办公室、内蒙古自治区力学学会，1982.

[9] 冶金工业部建筑研究院抗震研究室.《九国抗震设计规范汇编》. 地震出版社，1982.

[10] 纽马克（N. M. Newmark）和罗森布卢斯（E. Rosenblueth）著. 叶耀先、蓝倜恩、钮泽蓁等译.《地震工程学原理》. 中国建筑工业出版社，1986.

[11] Hiroyuki Aoyama（青山博之），“Outline of Earthquake Provisions in the Recently Revised Japanese Building Code Bulletin of the New Zealand National Society for Earthquake Engineering，Vol. 14，No. 2，June 1981.

[12] Ministry of Construction，Housing Bureau and Building Research Institute，Commentary on the Structural Calculation Based on the Revised Enforcement Order，Building Standard Law，Building Center of Japan，Nov. 1980，173pp.

[13] 日本建筑学会（Architectural Institute of Japan，AIJ）等．2000.《阪神-淡路大地震灾害报告》．东京：Report on Hanshin-Awaji Earthquake Disaster. Tokyo：Showa Information Process press（in Japanese）.

[14] 陈寿樑、周勃主编．《中国抗震防灾》．吉林美术出版社，1992.

[15]《建筑抗震设计规范》（GB 500011—2001），http：//www. morgain. com/Help/GB50011 - 2001/CodeForSeismicDesignOfBuldings. htm

[16] SGH，2002. Ji-Ji Taiwan Earthquake，A Report on Building Performance，Building Codes. http：//www. sgh. com/taiwan99/code. html

[17] http：//www. law110. com/biaozhun/biaozhunlaw110200600 8. htm

[18] 中国水利水电科学研究院．《水工建筑物抗震设计规范》．北京：中国水利水电出版社，1998.
http：//www. cws. net. cn/guifan/new_ show. asp? id = 194.

[19] 建设部．2002. http：//www. cin. gov. cn/stand/m1/07. htm

[20] EQE. 1999. Evolution of Seismic Building Design Practice in Turkey，http：//www. google. com/search? q = cache：MybkbqhrLagC：nisee. berkeley. edu/turkey/Fturkrch2. pdf + seismic + design + code + in + Turkey&h1 = en&ie = UTF-8

[21] Halil Sezen，Kenneth J. Elwood，and Andrew S. Whittaker，2000，Evolution of Seismic Building Design and Construction Practice in Turkey，To be submitted to “The Structural Design of Tall Buildings”，http：//geopubs. wr. usgs. gov/open-file/of01-163/web/publication. htm

[22] IISEE. 2002. Seismic Design Code Index.
http：//iisee. kenken. go. jp/net/seismic_ design_ code/index. htm

[23] http：//cat. inist. fr/? aModele = afficheN&cpsidt = 2083584

[24] http：//iisee. kenken. go. jp/net/seismic _ design _ code/mexico/mexico. htm

[25] Cooper，James. D. et al. 1995. Lessons from the Kobe Quake. http：//www. tfhrc. gov/pubrds/fall95/p95a29. htm

[26] SEAONC. 2002. About Us-Origin and History.
http：//www. seaonc. org/member/about/origin. html

[27] ICC，2006，About ICC：Introduction to the ICC，http：//www. iccsafe. org/news/about/

[28] Ghosh. 2002 Ghosh，S. K. 2002. Seismic Design Provisions in U. S. Codes and Standards：A look Back and Ahead. PCI，Fan-Feb.

[29] S. Weber，1985，Cost Impact of the NEHRP Recommended Provisions on the Design and Construction of Buildings，National Institute of Standards and Technology，p. 1-11.

[30] NAHB Research Center，1992，Estimated Cost of Compliance with 1991 Building Code Seismic Requirements，prepared for the Insurance Research Council，Oak Brook IL，August，p. 3.

[31] EQE. 1999. Izmit，Turkey Earthquake of August 17，1999（M7. 4）. An EQE Briefing.
http：//www. eqe. com/revamp/izmitreport/index. html

[32] Chapter 3，The Built Environment，Reducing Earthquake Losses，http：//www. princeton. edu/cgi-bin/byteserv. prl/ota/disk1/1995/9536/953606. pdf

[33] DIS. Kobe Earthquake：effectiveness of Seismic isolation Proven Again.
http：//www. dis-inc. com/br137. htm

[34] James M. Kelly，Base Isolation：Origins and Development，National Information Service for Earthquake Engineering（NISEE），University of California，Berkeley，http：//nisee. berkeley. edu/lessons/kelly. html

[35] Bleiman，D.，et al.，1994，Seismic Retrofit of a Historic Brick Landmark using Base Isolation，Proceedings of the Fifth U. S. National Conference on earthquake Engineering，July 10-14，1994，Chicago IL.，Vol. 1，Oakland CA：Earthquake Engineering Research Institute，p. 590.

[36] USGS. 1996. Damage to the Built Environment，USGS Response to an Urban Earthquake - Northridge? 4.
http：//geology. cr. usgs. gov/pub/open-file-reports/ofr-96-0263/damage?

[37] Sommer，S. and Trummer D.，Issues Concerning the Application of Seismic Base Isolation in the DOE，Proceedings of the Fifth U. S. National Conference on earthquake Engineering，July 10-14，1994，Chicago IL.，Vol. 1，Oakland CA：Earthquake Engineering Research Institute，p. 603.

[38] Pyle S. et al.，1993，LIfe-Cycle Cost Study for the State of California Justice Building，Proceedings of Seminar on Seismic Isolation，Passive Energy Dissipation，and Active Control，ATC 17-1，Redwood City，CA：Applied Technology Council，p. 58.

[39] 周云、邓雪松等．中国（大陆）耗能减震技术理论研究、应用的回顾与前瞻．《工程抗震与加固改造》．第28卷．第6期．2006：1-15.

[40] Novakowski，Nicolas. 2000. Land Use Planning in

Earthquake-prone Areas. http://www.toprak.org.tr/isd/isd_ 39.htm

[41] Roger E. School, Editor. 1982. EERT Delegation to the People's Republic of China - An Information Exchange in Earthquake Engineering and Practice, Earthquake Research Engineering Institute (EERI).

[42] ICLEI (International Council for Local Environmental Initiatives). 1995. Developing a Resilient City in Kobe, Japan, Local Strategies for Accelerating Sustainability, Case Studies of Local Government Success.
http://www3.iclei.org/localstrategies/summary

[43] CGAEC (Committee for Global Assessment of Earthquake Countermeasures). 2000. The Great Hanshin - Awaji Earthquake, Summary of Assessment recommendations, Hyogo Prefectural Government, Japan.

[44] Ye, Yaoxian (叶耀先). 1982. Earthquake Performance of Strengthened Structures, Proceedings of USA - PRC Bilateral workshop on Earthquake Engineering, IEM.

[45] Ye, Yaoxian (叶耀先). 1985. Seismic Strengthening of Existing Structures and Earthquake Disaster Mitigation, Proceedings of US-PRC-JAPAN Trilateral Symposium on Engineering for Multiple Natural Hazard Mitigation, SSB, Beijing.

[46] Ye, Yaoxian (叶耀先). 1986. Earthquake Damage to Brick Buildings and Their Strengthening Techniques, Proceedings of 10th Congress of CIB, Vol. 4, Paris.

[47] 田杰、刘志刚．我国建筑抗震加固的回顾与建议，《工程抗震与加固改造》，第28卷．第6期．2006：16-19.

[48] 钮泽蓁．工业与民用建筑的抗震加固．《工程抗震》．第三期，1985.

[49] 钮泽蓁．工业与民用建筑抗震鉴定标准简介．《抗震防灾对策》．郑州：河南科学技术出版社，1988.

[50] 钮泽蓁．单层空旷砖房承重砖柱抗震能力快速评定方法．《建筑结构》．第三期，1988.

[51] Okada, Tsuneo. 2000. Lessons on Building Performance from the Great Hanshin-Awaji Earthquake Disaster in 1995.
http://www.nd.edu/~quake/Beijing_ Symposium/p-21/I-Okada.pdf

[52] Tong, Sin-Tsuen et al. 1995. Seismic Retrofit of California Bridges, http://www.eqe.com/publications/revf95/cabridge.htm

[53] Dong, Weiming. 1999. Building a Disaster-Resistant Community, FEMA Project Impact, RMS.

[54] Yoshizawa, Akiyoshi. 1999. Kobe Earthquake and Disaster Relief Bill. Seminar on Lobbying, 29 August 1999, Quebec City, Canada.

[55] Insurance Information Institute, Insurance Dictionary, http://www.compuquotes.com/terms/C.html

[56] United States General Accounting Office (GAO), 2003, Report to Congressional Requesters, CATASTROPHE INSURANCE RISKS, Status of Efforts to Securitize Natural Catastrophe and Terrorism Risk.

[57] 陈英方、陈长林．《地震保险》．北京：地震出版社，1996.

[58] Naganoh, Masatake. 1998. Earthquake Insurance System before and after the 1995 Hanshin earthquake Disaster. The 5th Symposium on Earthquake Disaster Prevention. http://www.takenaka.co.jp/takenaka_ e/tech_ report/e1999/e99-o59.html

[59] MSN Money. 2000. The Basics-Get the facts on earthquake insurance.
http://www.moneycentral.msn.com/articles/insure/home/5153.asp

[60] Association of Bay Area Governments. 1999. Money for Mitigating Earthquake Hazards. http://www.abag.ca.gov/bayarea/eqmaps/fixit/money.html

[61] Dong, Weiming. 2001. Catastrophic Risk Modeling and Financial Management, 《Earthquake Engineering Frontiers in the New Millennium》, Proceedings of the China - U.S. Millennium Symposium on Earthquake Engineering, Beijing, 8-11 November 2000, Edited by B. F. Spencer, Jr and Y. X. Hu, Published by the A. A. Balkema Publishers, pp133-138.

第7章 灾后恢复重建

7.1 引言

地震灾害的历史一再告诫我们，对破坏性地震刚刚发生以后面临的两种压力要给予足够的重视。一种是经济、社会、心理和政治压力，表现为要求尽快完成恢复重建。最常见的看法是，希望尽快帮助那些受伤、生活极端困难和财产受到严重损失的灾民。他们最关注的是眼前的、暂时的需要，而不是防止今后灾难不再重演。第二种是刚刚经历的阵痛和希望下次地震安全无恙的压力，表现为要求在震后恢复和重建中，把房子建得越牢靠越好。地震灾害的幸存者，希望他们的新建和修复的房屋和结构物，在未来的地震中要万无一失。

在一次破坏性地震灾害以后的恢复和重建过程中，社区有一个良好的机会去改变地震以前旧有的面貌。灾后恢复重建受多种因素的影响，这些因素包括：财产权属的作用，资金的性质及其到位状况，过去的规划是否可用及其影响，体制架构，法律体系，土地利用和城市规划政策等等。

对受灾地区来说，一次自然灾害以后的恢复重建，不仅是一次把遭受破坏的地区转变为一个可持续社区的良好机会，而且也是一个准备应对下一次灾害的最合适的时机。如果一次地震，或者一次洪水，发生在没有人烟的地区，这个地区就不会有任何灾难发生。因此，自然灾害不仅仅是一个自然现象，而且还是一个社会事件。

过去，我们往往习惯于在自然科学和技术的基础上来分析一次自然灾害引发的后果。现在，我们不得不考虑到自然灾害的社会影响，并且根据社会科学的成果采取更多的行动。在制定恢复重建规划时，必须考虑以下原则。

（1）把减轻灾害对策同社会、经济和环境发展对策整合起来，一起考虑；

（2）要重视多方人员的合作和参与，特别是政府官员和技术专家的参与，同时也要吸收社会学家、心理学家、法律专家以及地震受害者参加；

（3）要根据成本-效益分析、社会平等和环境质量来确定基础设施重建和公用事业服务提供的优先顺序；

（4）所有计划重建的建筑，不仅都应当符合抗御自然灾害规范的要求，而且要注意遵循地方的习俗，并保持地方传统和风格；

（5）尽最大可能地采用地方材料，尽最大可能地再利用被毁建筑的材料和部件；

（6）在减轻自然灾害过程中，要考虑并采用地方的设计和施工手艺；

（7）制定培训计划，重点是恢复重建规划的实施。

唐山市的震后恢复重建工作，大约在地震发生10年以后宣告全部结束。整个恢复重建工作非常成功，特别是在计划经济时代，尤为不易。由于当时国家财政问题的困扰，唐山市的灾后恢复重建的指导方针和恢复重建规划曾先后做过几次修改，这对灾后恢复重建工作和进度都有很大的影响。从原地迁到其他地方重建（易地重建）和采用先进技术和材料等方面的决策，实际上并非十分可行，加之没有很好地做可行性研究，不仅造成了时间的浪费，而且导致造价和成本的增加。

神户市的重建大约用了8年的时间。根据1995年6月颁布的“神户市恢复重建规划”，神户市启动了许多恢复重建项目。灾后恢复重建工作进展很快，也很成功。神户市的经验表明，体制上的低效率是导致次生灾害更为严重的重要原因。国家、县和市政府之间缺乏有效的信息共享，使地震发生后第一时间抢救人员的工作放慢了，而且在地震发生后的相当长的一个段时期内，受灾人员很难得到医疗服务、食物和住房。政府为修复重建私人住房而发放的资金补贴也不能立即到位。因此，应急生存和私人财产的修复重建只能靠他们个人的资金了。

7.2 生活恢复

7.2.1 中国唐山地震案例

地震刚刚发生以后，对遭受地震灾害的广大脱险群众来说，在炎热的夏季，没有饮用水是一个很大的问题。当时曾经采取了以下措施来解决这个问题。

（1）外部援助。用汽车、马车、人力车从北京和周边的县向唐山市运水。

（2）使用存储的水，包括蓄水池、配水厂的蓄水，共约6000t。

（3）使用井水。从市区的30多个自备水源井配上动力取水。

（4）供水到户。用组织全国支援的消防车、洒水车、油罐车运水，定点供水到户，或者把消防水龙带放在加压井边。

食品短缺是地震发生后另一个需要优先考虑的问题。为解决食品供应问题，唐山地震以后采取的办法包括：

（1）在北京和周边县以及其他省份把食物加工好并送往唐山。

（2）空投加工好的食物。

（3）向受灾地区分配和运输了大约15万吨加工好的粮食。

商业网点的恢复也同样非常重要。在7月28日到8月31日期间，在没有付款的情况下，包括粮食、蔬菜、食用油、猪肉、盐、咸菜、苏打粉、肥皂、煤油、妇女卫生巾等在内的11种货物，通过“供给制”免费定量提供。“供给制”是一种用实物支付的体系，即向工作人员和他们的家属提供最基本的生活需要。这种制度在中国革命战争时期实行过，在中华人民共和国成立后的一段时间后也曾经实行过。正常的商业供应体系直到9月1日才得到恢复。到1977年年底，共有520家商业网点恢复运营，为1975年全市所有商业网点的74%。与此同时，恢复和新建了50多家指定出售特定物品的商店及流动售销点。

临时住房建设是震后急需解决的一个迫切问题。到1976年10月底，唐山市共建成37.9万间临时住房，其他受灾地区共建成157万间住房。

棉衣、棉被以及救济款也都及时地发放到处于困境中的受害者手中。

7.2.2 日本阪神-淡路地震案例

1998年5月，灾难受害者生活恢复援助法才颁布，新法无法追溯到用于阪神-淡路地震的情况，因此，大阪地区建立了灾难受害人自援补助金。那些年老且收入低的家庭可从自援补助金得到50~120万日元的补助。符合条件的家庭包括那些住房既没有倒塌，也没有严重损坏和拆除的人家，也包括那些重新居住在永久性住房中的人家。截止到1999年2月，12.4万个家庭已经得到大约1204亿日元的补助金。为恢复生活，还采用了各种各样的社会经济方法。例如：（1）鼓励去发现那些有意义的行动；（2）改善社会福利、医疗和健康看护服务；（3）收养受到地震影响的儿童；（4）保护就业并提供财政支持，以促进自立；（5）信息传播、咨询以及赡养者网络的建立。

为了帮助灾民恢复生活，建立了包含每一个细节的涉及面很广的支持系统，灾民可以通过各种特殊方法获取帮助。在搬进永久性住房以后，那些家中有老人或有家庭成员需要看护的低收入家庭，在5年内每月可得到1.5~2.5万日元的补贴，使他们可以重新过上自立的生活。大阪地区实施的用于恢复生活的贷款项目，由于资金的关系，贷款额限制在100~300万日元之间。为了让这些方法得到实施，大阪地区及神户市将阪神-淡路地震恢复资金规模增加到300亿日元。为增加大阪地区及神户市的原始资金，政府获许发行地方债券，并且用地方补助金税来负担地方债券300亿日元当中的200亿日元的利息。

为了帮助灾民恢复生活，根据所受损害的严重程度，采取各种不同的特殊的优惠政策，如住房贷款公司的贷款特免，清理瓦砾费用纳入公共开支等。而且，在大阪神-淡路地区，地震恢复基金丰富了恢复和重建管理政策，由于内容比较具体，有力地促进了灾民恢复生活的各项计划的实施。

地震以后，迅速查清受灾情况，不仅对于防止地震的次生灾害十分重要，而且可以告知建筑物或住房的所有者，他们的房屋能否继续使用。1990 年发布了一个指南，把房屋分成不安全（红色）、禁入（黄色）和检查（绿色）三类。此后，这一指南被推荐给地方政府，地方政府制定计划培训工程师，建立自己的快速检查系统。然而，一直到 1995 年地震，只在阪神-淡路地区以外的几个地方政府建立了快速检查系统。阪神-淡路地震之后，政府最先实行对建筑物损坏等级进行快速检查。在一个月的时间里，检查了大约 4 万栋公共建筑和 5 万栋住宅。鉴于快速检查的重要性和实际效果，从 1995 年起，所有的地方政府都建立起了快速检查者登记制度，并且对工程师的培训也得以开展起来。

7.3 恢复重建政策

7.3.1 财政政策

中国唐山地震

唐山地震以后的恢复重建是在中国以计划经济为主、只有少量经济活动的时期进行的。当时国民经济处于崩溃的边缘。整个中国社会与世隔绝。唐山大地震发生后，联合国和许多国家表示愿意给予援助，然而，中国政府本着“自力更生，重建家园”的原则，没有接受任何国际和国外援助。

唐山重建资金主要来自中央政府，其余则来自地方政府、集体组织和个人。根据唐山市政府的统计，来自中央政府的恢复重建资金为 43.57 亿元，来自地方政府和个人捐款为 3.14 亿元。

1976 年 10 月，唐山市政府规定，所有唐山市民不许自己建房，这意味着禁止个人建房。这一限制个人住房建设热情的政策没有维持多久，到 1981 年，政府就开始允许个人建房。此外，还允许市民购买建好的住宅建筑。通过这种办法，弥补了住房建设上的财力不足。

国际上的资金援助已断然拒绝了。1989 年，山西省与河北省交界处的大同-阳原地震后，世界银行的贷款，极大地加速了震后的重建工作。此后，接受国际和国外援助便成为一个加速震后重建的好办法。

表 7.1 为 1978、1979、1980 年唐山市震后重建建设资金的划拨额和这 3 年完成额的比较。图 7.1 则为 1978 年到 1980 年的 3 年间，唐山市震后重建建设资金的划拨额和完成额的比较。

1978～1980 年唐山市震后重建资金按项目和行业的划拨额和完成额（百万元） **表 7.1**

项目	划拨额				完成额
	1978 年	1979 年	1980 年	合计	
住宅	22.22	238.1552	245.359	505.7337	346.5707
工业	105.633	67.0386	67.4249	240.0966	187.4122
建筑设备	0	74.3502	13.2005	87.5507	87.5507
城市建设	20	33.924	33.6134	87.5374	74.8627
建筑材料	35.4191	27.7097	0.7345	63.8633	57.6552
金融和贸易	10.26	8.8161	10.9803	30.0564	3.5938
文化、教育和公众健康	3.732	7.286	16.3672	27.8852	15.6817
破坏设备的恢复	4.3485	9.7955	11.9615	26.1055	26.1055
交通、邮电和通信	8.88	5.539	0.367	14.786	10.8717
政府机构	4.1673	0.2484	7.1442	11.5599	6.4916
其他	2.37	27.1373	92.348	121.8553	97.329
总计	217.03	500	500	1217.03	914.1248

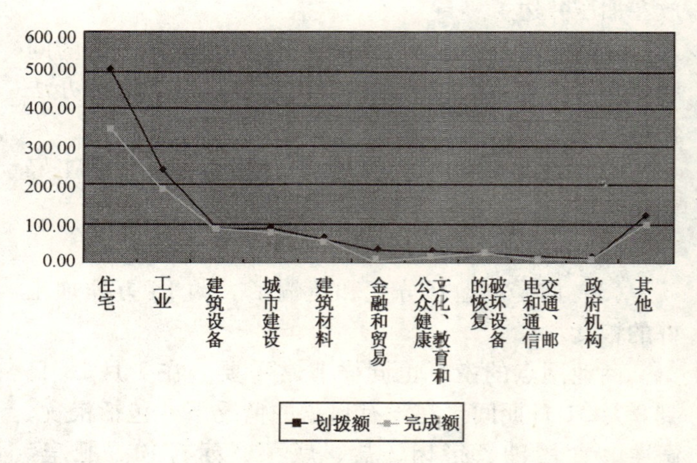

图 7.1 1978～1980 年唐山市震后重建建设资金的划拨额和完成额（百万元）

从图和表可以看出，大多数部门和项目的划拨资金数额都大于完成的资金额。这就是说，震后重建实际完成情况滞后于计划，即在重建初期，划拨资金没有得到有效的利用。造成这种情况的主要原因是：

（1）唐山市老城区的重建规划几经改变；

（2）新规划中的丰润新区没有与原有的县城相整合，建设进度迟缓；

（3）东矿区的建设遇到诸多的困难，主要是因为规划的基础资料不足，例如没有该地区的地形图，公共建筑的数量、规模和地点都没有明确；

（4）测量工作组织得不好，跟不上规划和建设进度。

但是，以后几年，由于国家划拨的重建资金减少，以致重建资金显得十分紧张。

日本阪神-淡路地震

阪神-淡路地震以后，筹集到的重建资金总共有9 000亿日元，其来源和数量如表7.2所示。筹集这些重建资金的目的是：（一）为各项快速恢复活动提供资金；（二）为灾民提供资金救助，并帮助他们重建自己的生活；（三）促进受灾地区长期稳定的全面恢复规划的实施；（四）使所有遭到破坏的地区得以恢复。

阪神-淡路地震以后筹集到的重建资金（亿日元）

表7.2

	兵 库 县	神 户 市	总 计
基本资金	133.3	66.7	200
工作资金（长期贷款）	5866.7	2933.3	8800
总 计	6000	3000	9000

重建资金主要用于以下方面：

（1）用于帮助稳定地震后灾民的生活和增进灾民健康与福祉方面的活动，包括对地震灾民的经济救助，地震灾民住房的重建，帮助地震灾民重建或购买住房的利息补助，租赁私人租房的租金补贴，资助老年人等弱势群体重建住房项目，以及对震后城市复兴规划中的项目提供资助等。

（2）用于促进工业恢复和重建方面的活动，包括为中、小企业的贷款提供利息补贴，向灾民提供开业资金或利息补贴以帮助他们开业或重新开业，通过提供利息补贴推进灾后重建，资助帮助小型企业经营者重新开业的项目，以及资助帮助商业区和零销市场复苏方面的活动。

（3）用于帮助教育和文化事业恢复方面的活动，包括向私立学校重建项目提供利息补贴，资助文化珍品修复费用，以及对受灾地区艺术和文化活动提供资助。

（4）用于有助于受灾地区全面、迅速恢复的其他活动，例如资助地震和恢复项目的纪念活动等。

截止到2003年4月1日，共有57项活动在进行之中。

7.3.2 易地重建问题

日本阪神-淡路地震

遭到1995年阪神-淡路地震破坏的兵库县南部地区是在原址上恢复重建的，所以没有发生易地重建方面的问题。

中国唐山地震

唐山市震后重建规划的指导原则是1976年9月15日提出来的，其要点如下：

（1）备战备荒为人民；

（2）集中发展小城镇，而不是发展大城市；

（3）工农结合，城乡统一；

（4）有利生产，方便生活；

（5）先生产后生活；

（6）所有位于压煤区或采空区上的企业和建筑，以及有严重污染的企业都应搬迁和重建。

根据上述指导原则和河北省政府1976年11月28日关于唐山重建规划的报告，新唐山市分为3个区，即老市区、东矿区和丰润新区。这三个区呈三角形布局，彼此相隔25公里。老市区的规划人口为25万人，在原来的路北区重建，开滦唐山煤矿、唐山钢铁厂和唐山电厂等都在这个区。东部矿区的规划人口为30万人，在原地恢复重建。原来在路南区的政府机关、企业和居民则迁往丰润，建设新区。丰润新区的规划人口为10万人。此外，丰南县城由于建筑物遭到严重破坏，而且地下压煤，也计划搬迁。根据规划，153个单位需要搬迁，涉及的员工有1.84万人，而原来的路南区，则计划放弃不用。1977年5月14日，国务院基本上同意了这个报告。

易地重建遇到了很多困难，由此付出了沉重的代价。现将一些典型的事例归结如下。

丰润新区。经过11年的建设，到1988年底，丰润新区成为一个拥有7.9万人口的小型工业城区。原先设想，建设丰润新区是为了分散地震前在老市区里的企业和人口。但是，实际结果是，丰润新区的人口只有50%是从老市区迁来的，企业只迁来了9个（仅占规划总数的12%），而且还是部分搬迁。原来的唐山老市区人口从1976年地震刚刚过去时的31万人增加到1987年的53万人，远远高于规划的人口数。居住在老城区的人们不愿意搬迁，因为丰润新区没有好的学校，没有好的医院，而且给他们的配偶找份工作也很困难。易地建设丰润新区的决策，显然是考虑不够慎重。

老路南区。最初，原来的路南区不准备再搞建设，而是用作公园和菜地，因为地面建筑物破坏严重，而且地下有可采挖的煤层。然而，由于该区的一些基础设施，如道路、供水、排水、地下管线等，以及工厂的设备还能使用，因此生产恢复很快。这样一来，城市基础设施和包括简易住房在内的生活设施的恢复也就顺理成章。这种恢复的进展越快，易地重建的难度就越高。5年以后，国务院又颁发了新的指导原则，要求控制老城区的建设规模，减少丰润新区的建设规模，重建原来的路南区。于是，老路南区的大多数企业又在原址上恢复重建。路南区的人口由1975年的5.5万人增加到17.353万人，这是当初做重建规划时未曾料到的。这充分说明，易地重建决策必须以可行性研究和深入细致的调查为基础。

开平、固原和东矿区。在规划选址初期，开平镇、固原镇和东矿区的行政和商业中心都计划易地重建。最后，考虑到居民的意愿、建设资金的缺乏以及原有基础设施的存在，又都在原地重建了。

市属地方企业。在规划选址初期，92家大、中型企业和这些企业的4.8万名职工，以及15万家属都计划迁往丰润新区和唐山市周边的11个县及22个工业区。最终，到1989年，实际搬迁的只有9个企业和4万名职工和家属（占计划的20.2%）。

丰南县城。1977年7月决定将丰南县城迁往离县城4km的跨子庄村。到1980年年底，在跨子庄村完成了部分公用设施和住房的建设，耗资299万元。1981年，由于缺乏建设资金和许多企业已在丰南县城原地恢复重建，新县城建设告停。最终，丰南县城还是在原地恢复重建。

滦县县城。这是另一个在早期规划选址中计划易地重建的县城。搬迁的主要理由是县城所在地有潜在的可液化土层，又有活动断层通过，还受洪水的威胁。新县城选在距离老县城3.4km的地方。由于缺乏建设资金（计划投资3900万元，但到1989年年底才得到1900万元），重建工作到1989年年底只好中断。与此同时，原有县城仍按原样恢复重建。结果导致一个县城被分成了两部分。

7.4 临时住房

1975年中国海城地震以后，在救援阶段发生的众多人员伤亡，是灾害风险综合管理不善的一个典型事例。地震发生时正值严寒的冬季，受灾地区大多数临时住房都是用木头和稻草搭建而成极为简易的棚屋，房屋里没有任何取暖设备，周围也没有任何消防设施。地震造成的死亡人数总共为615人，但地震以后冻死、捂死和火灾烧死的人数竟多达713人，比地震造成的死亡人数还要多。由此可见，地震以后搭建的临时棚屋必须有国家或地方建设标准，确保安全，要防寒、防火，适宜居住和生活。

尽管这些临时棚屋在地震发生后非常急需，但当永久性住房建设起来以后，还是要拆除。中国唐山地震和日本阪神-淡路地震的经验都清楚地表明，为临时棚屋找到足够的建设场地是非常困难的，而且需要大量的劳动力来搭建，需要各种设施来维系。因此，我们不得不考虑如何尽可能地减少临时棚屋的数量。可行的办法有：

（1）地震发生后立即对幸存的房屋作快速评定，对破坏较轻的房屋尽快进行维修和加固，供灾民使用；

（2）将永久性住房分阶段进行建设，第一阶段完成以后，可用作临时住所。例如安徽省1991年洪灾以后建设的永久性住房，第一阶段先用砖砌体或钢筋混凝土建房屋的骨架，用作临时住所，以后再逐步完善，建成永久性住房。

图7.2是典型的唐山市沿街建设的临时棚屋，砖墙，油毡屋面，多数是解放军帮助搭建，非常简陋。

在神户，每一个邻里的公共空间，如学校操场和公园等，都建满了临时住房。这种临时住房是钢盒子结构，共两层，内有8个小单元，四周用大约18～20英尺高的栅栏围着，如图7.3所示。临时住房也有一些设施：极小的房间，共用的小厨房和淋浴间。还有一些用帐篷或帆布搭建的棚子，作为临时栖身之所。有些场合，灾民还把玩耍和健身设施，如滑梯和攀登器材等，用作棚屋的支撑框架。有些在学期中间的学校，则用有临时棚屋的学校操场，作为临时教室。

图7.2　唐山市临时抗震棚

(a) 地震以后8个月，多数公共场所，例如这个棒球场，都建起了临时住房

(b) 由箱型结构搭建的典型的临时住房。住户共用厨房和洗浴设施

图7.3　神户市临时住房

7.5　住房重建

7.5.1　中国唐山地震

1976年唐山地震以后，很快就制定了住房重建规划。唐山市的住房重建包括以下4个阶段：

（1）搭建临时抗震棚阶段。地震发生后的最初几天，许多人呆在露天的空地上。为了遮阳、蔽风和挡雨，灾民用旧木杆、垫子、破油毡、塑料布以及从废墟上弄来的其他东西自发搭起临时抗震棚。此外，部队还向政府机关和企业提供了一些帐篷。正是这些临时抗震棚保护了成千上万的灾民，渡过了炎热、多雨的夏季。

（2）搭建简易住房阶段。随着冬季的临近，住房问题显得更加严峻。为解决这一问题，在地震发生后的第十天，也就是1976年8月6日，在唐山抗震救灾指挥部召开的住房建设会议上，通过了一项简易住房建设计划，要求在冬季到来之前建造35.2万间简易住房。简易住房非常简陋，统一规划建设，统一分配。抗震、蔽风、挡雨、御寒、防火等因素在建设过程中都考虑到了。在简易住房建设高峰时期，在建设工地上，每天大约有10万人在工作，其中有6万人来自部队。到1976年11月15日，计划的35.2万间简易住房建成了，这些简易住房可供90万人临时居住。这时，每户家庭就有了1～2间简易住房。值得指出的是，唐山市全年仅有500万元维护费，用以维持这些简易住房的最低功能。

（3）建设半永久性住房阶段。建造半永久性住房是一个值得吸取的教训。因为半永久性住房用了一段时间后，还要拆除，这不仅带来人力、物力和财力的浪费，而且给大规模重建过程中的拆迁和重建规划的实施造成了巨大的困难。直到20世纪的90年代，路南区还有一些半永久性住房。

（4）建设永久性住房阶段。在永久性住房建设初期，计划用5年时间完成全部永久性住房建设，就是在1982年以前完成。然而，由于人口增加引发的建设规模的扩大、房屋建造成本的上涨以及预算的限制，永久性住房建设的完成时间拖后了5年。到1986年7月，除了居民自建的房屋以外，共建成了建筑面积为1122万 m^2 的永久性住房，为原定计划780万 m^2 的144%。这些永久性住房可供22.25万户家庭居住。图7.4是典型的唐山市居民永久性住房。

图7.4　唐山市典型的永久性住房

唐山地震以后住房重建有很多经验教训可以汲取，其中比较重要的有以下几条：

（1）忽略了潜在家庭户数。唐山市重建经历了10年的时间，由于在重建规划中没有考虑到地震时还是儿童，10年后要成家的潜在的家庭户数，以致重建工作结束后，年轻夫妇没有房子住。

（2）不切实际的技术进步要求。在重建初期，提出震后重建一定要反映20世纪80年代的先进技术水平，要求在住房建设中采用新型建筑材料、新的建筑技术和新的结构体系。于是计划建造一批生产新型建筑材料（如加气混凝板、石膏板、无熟料水泥、粉煤灰集料、膨胀珍珠岩等）的工厂，其中一些工厂已经建成，并开始试生产。最终，由于计划脱离实际，建成的工厂大多数都改了生产线，而那些还没有建成的工厂只好停建。生产用于外墙的预应力钢筋混凝土板和加气混凝板的工厂有的准备扩建，有的准备新建。最终，这些工厂由于产品销不出去，造成有些停产，有些停建。追求反映20世纪80年代先进技术水平的设想，造成了一千多万元的经济损失。

（3）除开滦煤矿和中央直属单位的重建资金以外，其他所有重建资金都采取投资包干的办法，即唐山市在收到中央拨款后，要对重建资金包干使用，少了不补，多了不退。多亏采用这种财政体制，使得地方政府在重建过程中力求节约开支，把开销控制在预算的数额之内。1986年重建完成时，国家总投资合计为26.1亿元。

（4）适时修改重建规划，如减少城市规模，包括减少新规划的丰润城区规模，重新利用在最初规划中放弃了的老路南区，控制城市人口，减少土地占用，避免类似项目的重复建设，加快住房建设，大量减少搬迁企业的数量。

（5）建立了一个强有力的指挥部，控制所有重建过程。唐山市建设指挥部是一个综合的领导和决策机构，拥有党、政、治安、采购和司法等方面的管理权限。通过这种方式，使人力、物力和财力得到了合理的利用，避免了重复建设项目的上马，并且由于及时解决了搬迁工作中发生的问题，加快了永久性住房的建设。

7.5.2 日本阪神-淡路地震

1995年阪神-淡路大地震以后，在住房重建方面，主要采取了以下措施。

（1）兵库县在1995年8月制定了为期三年的住房重建计划。这项计划的目标是，在3年内建成125 000套住房。这些住房中，38 600套是受灾重建的公有住房，1 900套是再开发住宅（不包括为低收入者建的住房），16 800套是重建的准公有住房，44 500套是私人建造的住房，其余23 200套住房则由住房和城市开发公司（Housing and Urban Development Corporation）和兵库县公营住房供给公司（Hyogo Housing Supply Public Corporation）提供。1999年完成了目标。

（2）截止到1999年3月1日，计划建成的125 000套住房，90%已经竣工。在建设中，已经考虑了降低低收入住户的租金和老年人的特殊需求。受灾重建的公有住房的租金是根据承租人的收入水平、住房所在的区位和套房建筑面积确定的，以不给住户造成负担为准。例如，在头5年内，年收入为100万日元的住户，租住一套建筑面积为40m^{2}的住房，月租金为6 000日元，而在正常情况下，租住这样的住房，月租金要30 000日元。建设在78个居住小区的3 896套“银色住宅”（Silver Housing）则是专为老年人居住用的，在这些老年人住宅里，安装了紧急救援呼叫设施和自动化的安全监控系统。助老生活顾问（Living Support Advisor）定期走访这些老年人住房，以确保他们生活幸福和及时做出应急反应。集合住宅（8个住宅小区中的261套住房）中设有共用空间，这样老人们就可以积极参与集体生活，从集体活动中享受生活乐趣，这不但比一个人独自活动更为安全，而且避免死于孤独。

（3）对于中、低收入家庭，1996年10月开始颁布了一个新的办法，旨在减轻租住私人住宅的中、低收入家庭的最初的租金负担。在地震中失去了自家房屋、而且又是收入水平在收入群体中处于50%以下的中、低收入家庭，完全符合国家减少租金的政策，而把住房租给这类家庭的房东等也完全符合国家的补贴政策。租金超过60 000日元的，1996～1999年财政年度补贴为30 000日元，2000年财政年度补贴为15 000日元。而租金低于60 000日元的，1996～1999财政年度补贴为租金的二分之一，2000年财政年度补贴为租金的四分之一。

（4）对于希望重建自家住房的人由住房贷款会社（Housing Loan Corporation）提供低息贷款。根据兵库县南部地震重建基金（Hyogoken - Nanbu Earthquake Reconstruction Fund）所规定的利息补贴办法，在这种情况下，实际上完全不需要支付利息。总的来讲，到1998年11月，共有77 000户家庭享受了这种低息贷款。对于老年人拆除和重建住宅，还另有补贴计划。

7.6 经济复兴

7.6.1 中国唐山地震

在唐山地震灾后恢复最初的时候，恢复的基本原则是“先恢复生产，后恢复生活”。根据这个原则，优先恢复工业生产，城市基本功能的恢复则放在了第二位。1976年8月4日，即地震后的第7天，唐山自行车厂开始恢复生产。8月7日，开滦马家沟煤矿部分恢复生产。8月11日，唐山电厂第二机组开始运行。唐山钢铁厂和开滦煤矿这两家唐山最大的企业，分别于9月5日和12月31日恢复生产。1978年工业总产值达21.6982亿元，为1975年工业总产值的96.85%。工业生产的恢复用了2年5个月的时间。

在1976年7月28日到8月31日期间，有11种物品免费定量供应。正常的商品供应系统于9月1日恢复。到1977年年底，520个商业网点得到恢复，为1975年商业网点数的74%。

7.6.2 日本阪神-淡路地震

地震发生后，制定了“灾害恢复贷款计划”和“灾害恢复财政制度”，前者由政府所属的金融机构制定，后者系兵库县和神户市政府制定。低利率，放宽贷款上限，延长贷款期限和偿还期限等内容，在贷款计划和财政制度中都有体现。兵库县南部地震重建基金规定的灾害恢复利息补贴所提供的利息补贴持续了5年，由于实行这种补贴，使贷款的实际利率为零。

为促进地方工业的恢复，地震以后，启动了一些完善商业基础设施项目，如租金合理的租赁工业厂房项目和地方工业恢复和城市再开发相结合的项目等。

为了保证遭受地震破坏地区长期经济发展，对带有长期性的战略性措施给予了更多的关注。这些措施包括，提升神户港的吞吐能力和启动新的工业结构调整项目（如神户 Luminarie 和世界珍珠中心等）。

在神户，由于缺少私人恢复资金，就必须有自上而下的政府领导的重建计划和实施办法。兵库县和神户市通过了补充的恢复计划。根据计划，稳定经济和吸引商业投资等项目放在优先地位，其中包括大型震前城市开发项目。政府资金首先用于公共设施和基础设施的恢复，其次用于与居住和商业有关的赠款和贷款。政府资助的规划人员与社区邻里小组一同工作，征得多数人同意，协商执行计划所需的住宅小区协议。主要的恢复项目包括以下几项：

（1）土地整理项目。这些项目的目标是为将来的道路拓宽项目、开敞空间和其他公共设施项目修订地产边界。这些项目都没有实际建设内容。

（2）城市再开发项目，包括土地再整理及随之而来的建设项目。

（3）住房开发项目，包括分散的场地开发和新的居住小区建设。[1]

7.7 恢复重建模型[2],[3]

震后活动模型是评估破坏性地震灾后行动结果的一个有效的工具。重建模型包括以下阶段：

（1）应急阶段

这一阶段结束的标志是完成以下的活动：

- 被压人员的搜寻和营救；
- 提供应急食品、棚屋及药品和医疗救助；
- 清除主要道路上的建筑垃圾。

（2）恢复阶段

这个阶段主要进行以下三类活动：

- 恢复基本服务，包括主要城市服务、公用事业、交通和运输等设施的恢复，以及可修复的房屋和结构物的修复；
- 提供临时住房和采取措施帮助灾民在身体上和心理上得到恢复；
- 基本清除地震灾害造成的废墟。

（3）恢复重建阶段（重建阶段Ⅰ）

经过这一阶段的努力，受灾地区通过援助，重新恢复到震前的功能水平。重建的长期措施包括房屋和基础设施的重置。

（4）发展重建阶段（重建阶段Ⅱ）

发展重建阶段是灾害相关活动和地区或国家发展联系的纽带。由于地震灾害的后果会在很大程度上影响到今后的政策以及地区或国家的繁荣，因此，在这一阶段，应当采取以下行动，以取得最大可能的效益，并保证地区或国家的发展既不产生更多的灾害性问题，也不会使现有情况恶化。

- 采用改进的和先进的建筑体系和相应技术；
- 在今后的研究和开发项目中吸取这次地震的经验和教训；
- 利用国际援助，取得最佳效果。

通常，第四阶段的持续时间是前三个阶段持续时间的十倍多。

图7.5和图7.6是1976年唐山大地震与1995年阪神-淡路大地震的震后重建模型。基于这些阶段的震后重建模型是评价重建行动结果的有效工具。

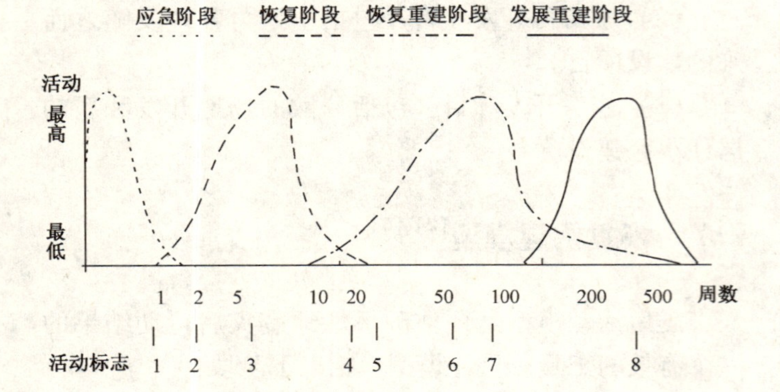

图 7.5 1976 年唐山大地震震后重建模型

1—被压人员的搜寻和营救结束，开始清理死者尸体；

2—开始搭建临时棚屋；3—商店恢复；

4—搭建临时棚屋结束；5—防疫和清尸结束；

6—工业总产值达到震前水平；7—开始大规模住房建设项目；

8—永久性住房建设项目完成

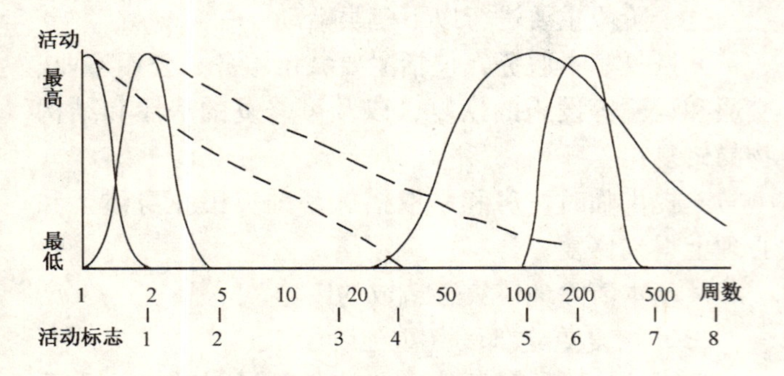

图 7.6 1995 年阪神-淡路大地震的震后重建模型

1—完成应急棚屋提供；2—完成临时住房；

3—开始私人房屋建设项目；4—使用棚屋结束；

5—开始公有住房建设；6—临时住房使用结束；

7—公有住房建设完成；8—继续私有房屋建设

7.8 恢复重建经验

7.8.1 中国唐山地震

解放军部队官兵于 1976 年 7 月 28 日上午 11 时 30 分到达唐山。在地震发生后的三天之内，大约有 10 万部队指战员、2 万医疗工作人员以及 3 万专业人员到达唐山参与搜寻、营救和救援工作。搜寻和营救工作于 1976 年 8 月 11 日结束，当天，最后 5 位井下矿工获救。1976 年 8 月着手编制震后恢复重建规划，来自中央机构和 14 个省的 2300 名专业人员来到唐山，负责制定恢复重建总体规划和各项专业规划。参加重建工作的大约有 10 万工人，其中 7 万人来自唐山市以外的地方。到 1976 年 11 月中旬，搭建了 35.1 万间临时篷屋，临时棚屋建设到此结束。地震发生两年之后，工业生产完全得到恢复。城市基本功能则在地震发生后不到一年的时间里就得到恢复。从 1976 年 8 月 8 日到 1986 年 7 月 28 日，整个震后重建工作大约用了十年的时间。在这十年期间，取得的主要成就可归结如下：

（1）共建成建筑面积 1800 万 m^2 的各类房屋，其中包括：

—住宅 1 122 万 m^2；

—厂房 213 万 m^2；

—学校 77.8 万 m^2；

—医院 19 万 m^2；

—商业和服务业用房 34.59 万 m^2。

（2）完成道路干线 65 条，总长 173km；铺设道路面积 246 万 m^2。

（3）完成供热面积 300 万 m^2。

（4）铺设天然气管线总长 78km。

（5）建成自来水厂 4 个，日供水能力达 22.8 万吨，供水管线总长 893km。

（6）铺设排水管线总长 298km。

（7）受破坏的工业厂房得到修复，生产过程得以改进。

（8）工业总产值达到 37.9432 亿元，相当于 1975 年的 160%。

7.8.2 日本阪神-淡路地震

阪神大地震以后一小时，神户市政厅就成立了由神户市市长为首的救灾指挥部。1995 年 1 月 26 日成立了地震恢复重建总部，负责制定神户市恢复重建规划。同时，成立了地震恢复重建和协调局，负责地震恢复重建总部的协调任务。根据国家恢复重建预算审查截止日期的要求，恢复重建规划必须在 1995 年 7 月以前制定。地震恢复重建总部决定先制定恢复重建规划指针，神户市恢复重建规划研究委员会于 1995 年 3 月 27 日完成了恢复重建规划指针的编制工作。随后，在原神户市重建规划研究委员会的基础上，成立了神户市恢复重建规划委员会。在广泛听取了来自市民、市政府官员和市政府顾问以及各类团体意见和建议的基础上，神户市恢复重建规划于 1995 年 6 月 30 日正式颁布。

震后，疏散和安置人员用的篷屋的搭建工作于 1995 年 8 月 20 日结束。侯用住房一直开设到 1997 年

3月31日，届时32 346间临时住房已经建成。到2000年6月1日所有临时住房均已拆除，场地恢复完成。2000年2月1日，所有受灾家庭户均迁入公共住房。废墟清除工作于1998年3月底全部完成。

根据1995年7月制定的神户市应急住房重建三年规划和1996年7月制定的神户市住房恢复重建规划，计划建造82 000套永久性住房。从1995年10月到1999年4月，共有34 920户提出地震恢复重建住房申请，其中包括20 814户神户市住房，9 541户兵库县住房，另外有4 341户住房由住房和城市开发公司提供，224户住房由神户市住宅公司提供。

土地再整理项目和城市规划到1995年11月才定下来。其中包括：土地再整理项目、城市再开发项目、高品质住宅项目、住宅区综合调整项目以及人口密集的城市中心区调整项目等。到2003年4月1日，为了实施地震恢复重建土地再整理项目，城市再开发项目，以及地震恢复重建城市再开发项目，共成立了57个社区开发委员会。这时，其他的城市再开发项目业已完成。1997年财政年度结束时，再开发协议进展到每个社区，随后，拟定实施计划，批准后实施。居住区和人口密集地区的调整项目和高质量建筑物的建设都在随后进行。在120公顷的项目规划区内的约75公顷海滨地带，规划有一个土地调整项目，即新东部城市中心开发项目，该项目所在地被称为“HAT神户”，HAT是Happy Active Town的缩写，意思是愉快而活跃的镇。到2000年4月，已有3 611住户搬入“HAT神户”的滩之滨和脇之滨（Nada-no-hama and Waki-no-hama）居住区，那时，规划中的10 000套住宅已有7 000套可以提供给用户，划给土地再整理项目的整个地段的小地块的划界工作也已完成。

为了支持创建新社区和恢复正常生活，1997年1月14日颁布了社会经济恢复规划。新的发展措施主要是通过以下办法创建邻里社区：

（1）确定邻里社区重建项目，推进“发扬神户精神”活动，同时扩大对志愿者活动的支持；

（2）通过保护地震受灾人员的健康（如会诊、访问、指导等），心理健康关爱扶持项目，以及减少灾后低收入家庭医疗开支等措施，来构建良好健康氛围；

（3）通过派遣助老生活顾问和向城市老年人家庭分发食品，向地震受灾人员居住的公有住房派遣老年住户生活护理，在老年人家里安装应急联络设施等，使老年人保持心情愉快；

（4）对于儿童和青年人，主要的措施有：采取综合措施帮助受地震影响的儿童，给孩子们建游玩场地，扩大特殊护理，以及改善年轻人成长活动等；

（5）开展有意义的就业和生活救助活动，包括：向地震受灾人员提供最低生活救助，扩大固定财产税特殊减少内容，派遣生活方式恢复顾问，以及启动就业援助项目等。

为了使城市开发建立在当地社区内的互助和自助的基础上，地震后，以“市民福利恢复规划（1995～1997财政年度）”和随后制定的“综合市民福利规划/第二期实施计划”（1997～2001财政年度）为主线，采取了一系列的措施，来应对一些紧迫的问题，例如，恢复福利标准和扩大服务等。特别是这样一些创意，如旨在短期恢复灾区市民日常生活的措施，包括保障地震受灾人员的健康，保障环境卫生，身心健康保健，临时住房，为遭受破坏的市属住房住户提供援助，支持当地志愿者行动，以及支持社区开发等。2002年2月，为了在21世纪初城市开发的基础上，全面而系统地提升市民的健康和福利，制定了“神户市2010年市民综合福利规划”（2002～2010财政年度）。这项规划的想法是，与各相关机构和单位合作，推进以当地社区内互助和自助为基础的城市开发体制建设，这种体制不但可从个性上满足市民的广泛需要，同时，还可保障市民的尊严，尊重个体的独立和选择的自由。为此，规划并实施了7个项目。

“神户港功能的恢复和提升项目”是7个项目中排在首位的项目。计划用大约两年的时间，恢复神户港的功能，并在此基础上，将其提升到亚洲航母港的地位。所有港口设施的重建工作已于2000年6月1日完成。重建的168个泊位已经竣工，新建的5个泊位在隧道建设竣工后运营。2002年9月，停靠岸集装箱船只是1994年9月的94.9%，神户集装箱吞吐量是1994年9月的60.7%；在对外贸易方面，出口额为3 547亿日元，为1994年9月的106.5%，进口额为1 366亿元，为1994年9月的90.3%，国外贸易船只驶入585次，为1994年9月的97%。

为了推动和促进灾区的恢复和重建，规划并实施了4个恢复重建专项，即：（1）上海-长江流域贸易促进项目；（2）卫生保健公园项目；（3）新型工业结构形成项目；（4）阪神-淡路地震纪念馆项目。

还有一个项目是2000年10月提出的“神户市城市恢复重建规划促进项目”。该项目的主要目的是，列出重建规划后 5 年所遗留的问题，并提出有效的解决措施，从而使恢复重建工作进展更快。这一项目的根基是在社会经济方面市民生活的重建，城市活动的复苏，城市规划和住房的安全与保障。从创建一个推动市民与商界合作框架的角度出发，优先选出了 16 项措施。

在 2001 年到 2005 年期间，新的城市环境标准规划的第二阶段，也将作为一项基本政策纲要，付诸实施。规划的第二阶段将以 1996 年到 2000 年规划的第一阶段的实施结果为基础，并根据经济状况和 1999 年在神户市民参与下所做的重建工作总结和检查的结果，加以调整。

在神户，为了实现全面恢复，城市开发是在“神户城市恢复重建规划促进计划”（预计完成时间是 2005 年）和更详细的“新城市环境标准规划”（2001 年 6 月修订，预计完成时间是 2005 年）的基础上进行的。迄今为止，这些规划已洐生出 640 多项政策和措施。除了 16 项行动计划以外，神户市还采用了一套数字指标，帮助公众来评估项目进展及政策措施的效果。

神户市总人口由 1995 年 1 月 10 日国家统计的 1 423 792人，增加到 2003 年 4 月 1 日的 1 509 647 人，上升了 6%。

表 7.3 是 1976 年唐山地震和 1995 年阪神-淡路地震以后恢复重建活动持续时间的对比。从表可以看出，阪神-淡路地震后的恢复重建比唐山地震以后的恢复重建更为迅速。

1976 年唐山地震和 1995 年阪神-淡路地震以后恢复重建活动持续时间的对比　表 7.3

活动内容	1976 年 7 月 28 日 唐山地震		1995 年 1 月 17 日 阪神-淡路地震	
	持续时间（周）	完全恢复日期	持续时间（周）	完全恢复日期
被压人员的搜寻和营救	1		1	
临时住房建成	18	1976.11.15	5	
电力供应	5～106	1978.8.10	1（7 天）	1995.1.23
通信	5	1976.9.15	2（15 天）	1995.1.31
供水	16	1976.10.31	13（91 天）	1995.4.17
火车	12	1976.10.31	31	1995.8.23 2001.7.7
公路桥梁	16	1976.8.10	37	1996.9.30 1997.6.16
排水设施			19（135 天）	1995.5.31
工业用水			12（84 天）	1995.4.10
			7（35 天）	1995.2.20
供气			12（85 天）	1995.4.11
港口				1997.4.1
永久性住房建设的准备	100	1978.7	100	1997.1
完成公有住房建设	480		400	2002.8
重建工作完成	500	1986.7	400	2002.8

7.9　结语

1. 正确对待震后面临的压力。地震灾害的历史反复告诫我们，要充分关注一次破坏性地震后所面临的两种压力。一种是经济、社会、心理和政治压力，希望尽可能快地恢复和重建。主要是希望能尽快地帮助那些受伤的人，生活无着落的人和财产遭受损失的人。人们最关心的是满足当前需求，而不是未来灾害会带来什么影响。另一种是今后不要再发生类似灾难的压力，刚刚过去的痛苦经历，在人们心里萦绕。人们希望这样的灾难今后不再重演，所以对减少未来地震灾害风险特别关心，要求在灾后重建中注意改进，使重建和修复的房屋和构筑物能够更好地抗御未来的地震，确保今后再次发生同等的地震时，能够安全无恙。

2. 恢复重建规划。自然灾害之后的恢复和重建不仅是把破坏性的地区改造成为可持续社区的大好机会，而且也是为下一次地震灾害做好准备的恰当时机。灾后恢复和重建同财产权属、可动月的资金数量和特点、原先是否有规划和地震对规划的影响、体制框架、法律体系、土地利用和城市规划政策等密切相关。

当一次地震或洪水发生在无人区时，不会造成任何灾害。因此，自然灾害不仅是一种自然现象，而且还是一种社会现象。过去，我们习惯于以自然科学和技术为基础，分析一次自然灾害引发的后果。现在，我们还必须以社会科学为基础，考虑一次地震灾害的社会影响，并采取更多的行动。在制定恢复重建规划时，应当考虑以下原则。

（1）减灾战略要同社会、经济和环境发展战略相结合；

（2）关注伙伴合作关系，特别是政府官员和技术专家的参与。同时还要吸收社会学家、心理学家、法律专家和受灾群众参与规划的制定；

（3）根据成本-效益分析，社会公平和环境质量，优先安排基础设施和公共服务设施的重建；

（4）所有要重建的房屋，不仅应当符合抗御自然灾害法规的规定和要求，而且要注意尊重当地的风俗和习惯，保持地方传统和风格；

（5）尽最大可能利用当地材料，尽最大可能再利用破坏房屋留下的可用材料和构件；

（6）考虑采用当地在减轻自然灾害方面的设计和施工技巧；

（7）开展以实施恢复和重建规划为重点的培训项目。

3. 中国唐山地震震后恢复重建。唐山市的重建，在地震发生后十年基本完成。恢复和重建相当成功，特别是在中央计划经济时期，更为难得。但是，由于资金问题，唐山市的恢复重建指导方针和恢复重建规划曾经几度修改，对恢复重建有很大的影响。部分易地重建和采用先进技术与材料的决定并不切实可行，丧失了时间，并且由于没有很好地做可行性研究而使恢复重建费用增加。

4. 日本阪神-淡路地震震后恢复重建。神户市的恢复重建大约花了八年时间。根据1995年6月颁布的《神户复兴十年规划》，神户市启动了很多恢复重建项目。应当说，神户市的恢复重建是很快的，是成功的。地震以后，神户市发现，体制上的缺陷使次生灾害更为严重。国家、县和市政府之间缺乏有效的信息共享，使震后的人员营救工作不能快速展开。在地震后的一个相当长的时间里，被疏散的灾民都难以得到医疗服务、食品和住房。政府拨给私人恢复和重建住房的资金没有及时到位，这样一来，灾民在紧急情况下继续生存和私人财产的恢复重建就只能依赖个人的资金。

神户市恢复重建的经历为我们提供了一些重要的经验教训，比如：

（1）接受过宣传教育并得到授权的社区是灾害管理的实际单位，培育有自助自救能力的社区是最重要的，最基本的。

（2）建筑物和基础设施能够经受住地震考验是抗灾城市的基本要求。

（3）体制和办事程序，政府之间、市政府和居民之间，以及居民之间的信息交流和医疗后勤非常重要，必须能不间断地、有序地运行。不仅是为了预防灾害，而是要当作日常工作的一部分。

（4）要制定恰当的恢复重建政策，即使在困难的情况下也有必要，因为它可以减少计划实施期间的矛盾。

（5）为快速决策，应急和短期事项最好采取自上而下的方式来处理，而长期规划则需要用提供参与机会和共同分享的办法，调动各方面的积极性去实施，以取得预期的和可持续的成果。

（6）如果在居民、专家、企业和政府之间有一种合作文化，则恢复重建的进展将会更加有效，更加顺利。

神户市通过自上而下和合作方式，实现了城市房屋、结构物和基础设施的快速恢复和重建。通过恢复和重建，社会也在向前发展。一些社区发现，人们之间的联系和相互关心确实是应对地震灾害的重要力量。而且，人们之间的这种亲密联系无疑会改进和推动恢复重建项目的实施。但是，有几个社区，在公布私有土地再区划和再开发时，却发生了严重冲突。在那些还没有社区功能的地方培育社区功能是一个至关重要的社会目标。

神户市已建立了一个城市官员的、有关灾害管理和恢复重建经验的数据库。这个数据库已向公众开放，而且其他城市的市政府可以从中了解神户市灾害管理的具体细节。此外，如有要求，神户市还可以派遣他们的官员到受灾城市，给以具体帮助。

5. 临时住房。临时住房虽然在一次大灾之后非常需要，但等到永久性住房建成之后就要拆除。一些研究人员曾经探索跳过临时住房，建设逐步到位的永久性住房，如先建好房屋的骨架，再逐步建维护结构等，但至今没有取得实质性的进展。唐山地震和神户地震灾后恢复重建的经验清楚地表明，很难找到足够的空地建设临时住房，即使能够找到，还需要用大量的劳动力去搭建，需要有市政公用设施的支持。因此，我们必须考虑如何尽可能地减少临时住房的数量。减少临时住房的办法有：

（1）地震后立即修复和加固遭受破坏的房屋；

（2）开发能够分阶段建设的建筑体系，第一阶段建设完成后，就可用作临时住房。比如，1991年中国安徽省水灾后，砖结构和钢筋混凝土结构房屋的骨架建成后，就用它作为临时住房，以后再继续建设成永久性住房。

参考文献

[1] Johnson, Laurie A. 2000. Kobe and Northridge Reconstruction-A Look at Outcomes of Varying Public and Private Housing Reconstruction Financing Models. Presented at the EuroConference on Global Change and Catastrophe Risk Management: Earthquake Risk in Europe, IIASA, Laxenburg, Austria, July 8, 2000.

[2] 叶耀先．强震后的恢复与重建决策．《第一届两岸地震学术讨论会论文集》．地震出版社，1992：248-263.

[3] 叶耀先、张佑启、刘志刚、胡健颖、刘红星、雷运清、刘启明、杨明等．1993.《震后恢复与重建的技术与政策》．建设部抗震办公室资助科研项目．中国建筑技术发展研究中心研究报告：

（一）强震后的恢复与重建决策；

（二）澜沧、耿马地震后的恢复重建；

（三）1976 年唐山大地震震后恢复重建调研报告；

（四）震后重建的经济恢复与决策模型；

（五）震后城市恢复与重建的系统动力学模型-仿真与决策；

（六）地震灾区震后恢复重建的若干规定（建议稿）。

第8章 建设抗灾城市

8.1 地震造成的人员伤亡分析

8.1.1 死亡人数同地震发生时间和地震烈度的关系

1976年中国唐山地震和1995年日本阪神-淡路地震的震级、震源深度和震中地震烈度的数值都很接近。这两次地震都发生在早晨，唐山地震发生在当地时间凌晨3点42分，阪神-淡路地震发生在当地时间清晨5点46分。根据对发生在土耳其东部、日本和希腊发生的地震造成的死亡人数的统计，如图8.1所示，这个时间在一个昼夜中是地震死亡人数最高的时段。[1],[2]

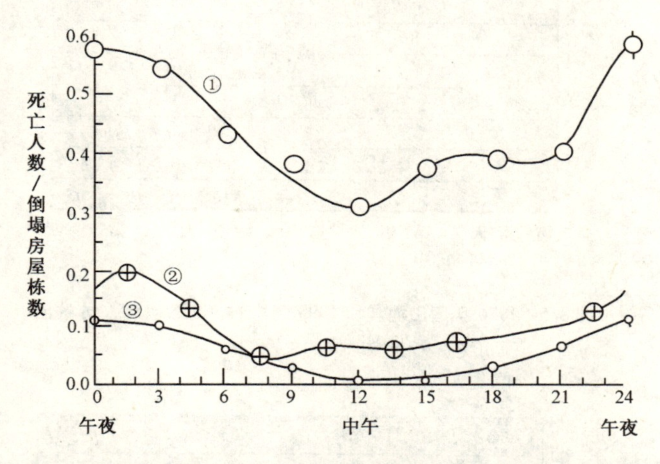

图8.1 地震发生时间和由于房屋倒塌而造成的死亡人数之间的关系
①土耳其东部（1912～1983） ②日本（1872～1978）
③希腊（1904～1986）

图8.2为1976年唐山地震后统计的地震死亡率和地震烈度的关系。从图可见，地震烈度越高，地震死亡率也越高。

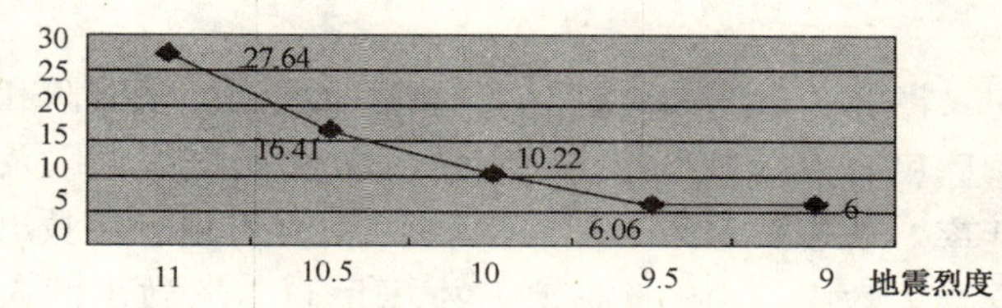

图8.2 1976年唐山地震死亡率和地震烈度的关系

8.1.2 日本阪神-淡路地震

遭受地震沉重打击地区在地震发生后第一时间内所采取的最紧迫的行动就是搜寻和营救人员，以及扑灭火灾。来自消防队、日本国民自卫队（Japan Ground Self Defense Force，JGSDF）以及警察部门执行了人员搜寻和营救任务。据估计，地震后大约有2万人被困在倒塌的建筑物中，其中1.5万人是被当地社区居民营救出来的。

9 000名日本国民自卫队队员于地震发生1天半后，即1月18日下午6:00才到达受灾最严重的地区。表8.1是由消防队、日本国民自卫队救出来的人数。[3]如表8.1所示，被救人员总计3 286人，其中，消防队解救了1 912人，日本国民自卫队解救了1 374人。与当地社区居民解救的人数相比，他们对人员搜寻和营援救行动的贡献可以说是十分有限的。

消防队和日本国民自卫队搜救的人数　表8.1

		1月17日	1月18日	1月19日	1月20日	1月21日	1月22日	1月23日	1月24日~2月3日	合计
存活	消防队	396	123	70	18	6	4	2	0	619
	国民自卫队	32	66	44	12	3	0	0	0	157
	总计	428	189	114	30	9	4	2	0	776

续表

		1月17日	1月18日	1月19日	1月20日	1月21日	1月22日	1月23日	1月24日~2月3日	合计
死亡	消防队	137	320	385	185	146	86	14	20	1 293
	国民自卫队	56	288	431	234	85	30	66	27	1 217
	总计	193	608	816	419	231	116	80	47	2 510
死亡和存活人数合计		621	797	930	449	240	120	82	47	3 286
存活率（%）		69	24	12	6.7	7.8	3.3	2.4	0	23.6

资料来源：Katayama，Tsuneo. 2001.

图 8.3 和图 8.4 是阪神-淡路地震后，消防队和日本国民自卫队各自救出的存活人数和死亡人数以及存活率。从表 8.1 和图 8.3、图 8.4 可以看出，在救出的存活人数中，由消防队和日本国民自卫队救出的人数分别为 619 人和 157 人，生存率分别为 33.4% 和 11.4%。这主要是因为日本国民自卫队到达地震灾区太晚了。图 8.4 中的存活率可说明，如果日本国民自卫队到达地震重灾地区更早一些的话，就可能有更多的人被救活。日本国民自卫队丧失了“营救人员的黄金时间”。

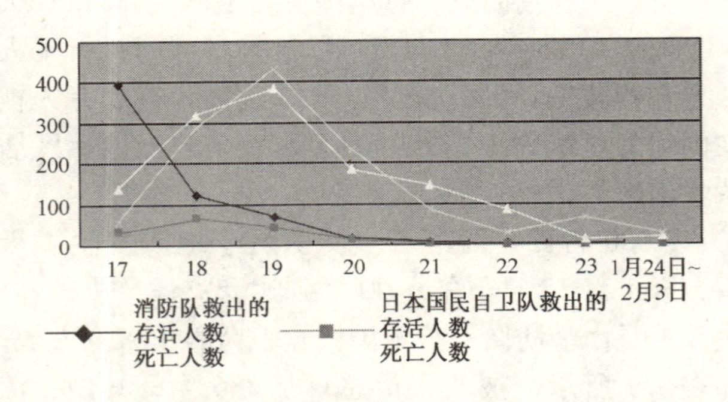

图 8.3 阪神-淡路地震后消防队和日本国民自卫队所救人员的存活数和死亡数

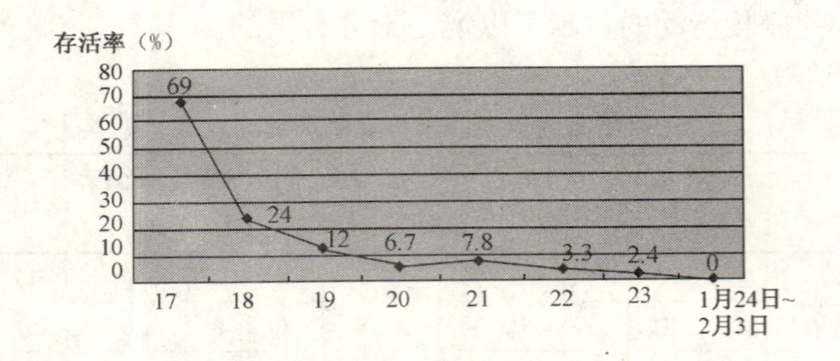

图 8.4 阪神-淡路地震后消防队和日本国民自卫队所救人员的存活率

8.1.3 唐山地震与阪神-淡路地震人员伤亡的比较

表 8.2 是 1976 年唐山地震和 1995 年阪神-淡路地震造成的伤亡人数。从表中可以看出：

（1）唐山地震导致的死亡人数比阪神-淡路地震高出 38.47 倍。

（2）唐山地震导致的受伤人数比阪神-淡路地震高出 3.8 倍。

1976 年唐山地震和 1995 年阪神-淡路地震的伤亡人数

表 8.2

项　　目	1976 年唐山地震	1995 年阪神-淡路地震
死亡人数	242 769	6 308 +2（失踪）
受伤人数	164 051	43 177

表 8.3 为 1976 年唐山地震和 1995 年阪神-淡路地震不同抢救时间的救出人数和存活人数。图 8.5 为 1976 年唐山地震和 1995 年阪神-淡路地震人员救出率（%）和抢救时间的关系。图 8.6 为 1976 年唐山地震和 1995 年阪神-淡路地震救出人员存活率（%）和抢救时间的关系。从图 8.5 和图 8.6 可以看出：

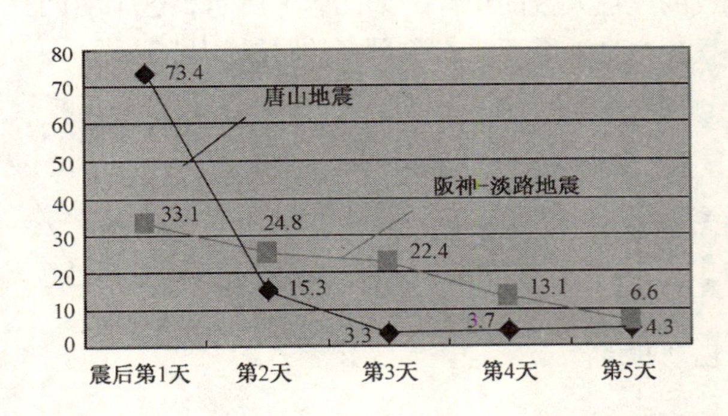

图 8.5 1976 年唐山地震和 1995 年阪神-淡路地震人员救出率（%）和抢救时间的关系

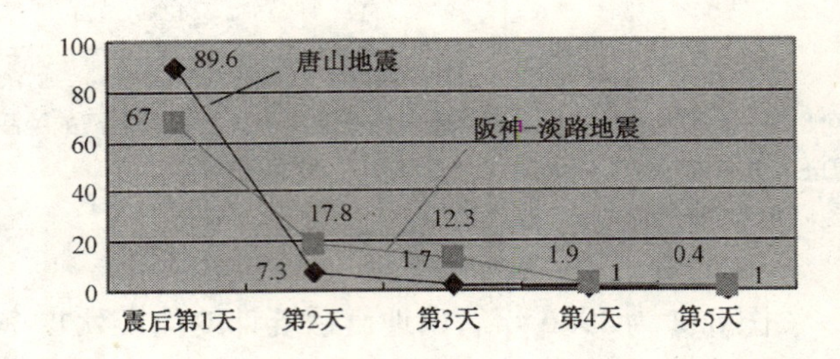

图 8.6 1976 年唐山地震和 1995 年阪神-淡路地震救出人员存活率（%）和抢救时间的关系

（1）阪神-淡路地震后，被救出来的人员中有80.3%是在震后头三天中救出的。而唐山地震后，头三天里救出的人员救占震后总救出人员总数的92.0%，比阪神-淡路地震后头三天里救出的百分比高。

（2）除震后第一天外，在以后的4天里，阪神-淡路地震后救出人员的存活率都比唐山地震后救出人员的存活率高。这可能是由于阪神-淡路地震后的治疗和护理条件优于唐山地震以后的情况。

1976年唐山地震和1995年阪神-淡路地震不同抢救时间的救出人数和存活人数　　表8.3

抢救时间（震后天数）	救出人数		存活人数	
	唐山地震	阪神-淡路地震	唐山地震	阪神-淡路地震
1	7 849	604	6 774	486
2	1 638	452	552	129
3	348	408	128	89
4	399	238	75	14
5	459	121	34	7
合　计	10 693	1 823	7 563	725

图8.7和图8.8分别是1976年唐山地震和1995年阪神-淡路地震死亡率和死者年龄的关系。从图可见，在阪神-淡路地震时，死亡者中大于50岁年龄段的人员所占比重远高于50岁以下年龄段人员，这部分人占到死亡人员总数的68%（参见图8.8）。然而，在唐山地震时，56岁以上年龄段的死亡人员只占死亡人员总数的16.2%，而死亡人数中，8～15岁这一年龄段的人所占比重最高（参见图8.7）。究其原因，可能是因为兵库县南部地区的老龄人口所占比重远高于唐山地区，以及不同年龄组的人口占总人口的比重不同。

唐山地震表明，地震发生后，当地社区和邻里内部的自救和互救是营救地震被困人员的最为及时、最为有效的办法。1976年唐山地震发生后，大约60万人被困在倒塌的建筑物里，其中80%是靠自救和互救解脱出来的。驻唐山市的部队官兵人数只占进入唐山市救援部队官兵总人数的20%，但他们解救出来的人数却占到了进入唐山市救援部队官兵解救的总人数的96%。

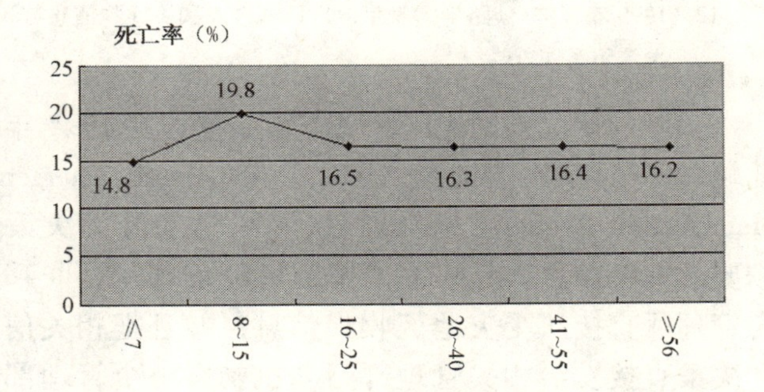

图8.7　1976年唐山地震时不同年龄组死亡人员数占死亡人员总数的比重（%）

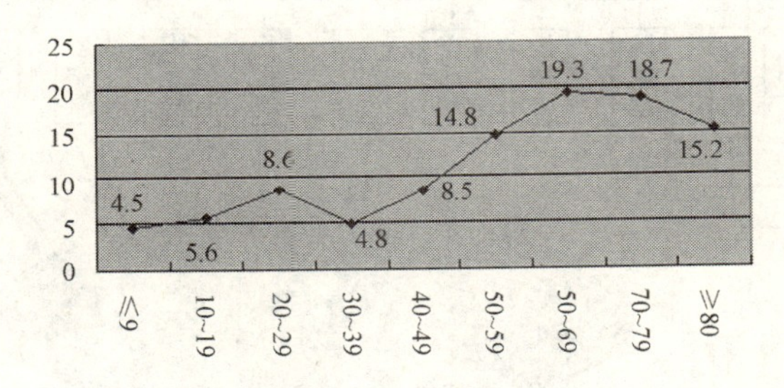

图8.8　1995年阪神-淡路地震时不同年龄组死亡人员数占死亡人员总数的比重（%）

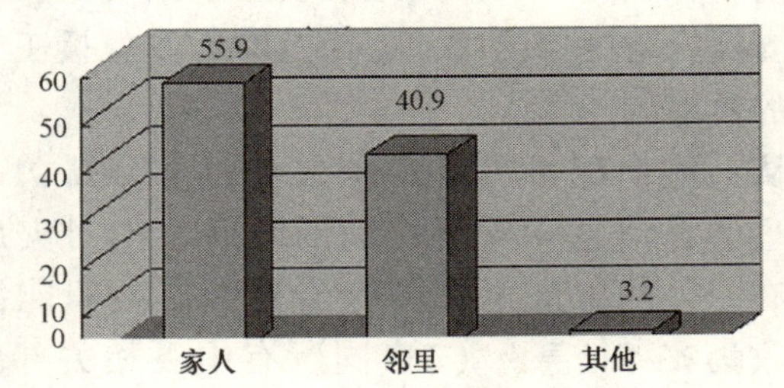

图8.9　不同救助者救出人员数占总救出人员数的比重（%）

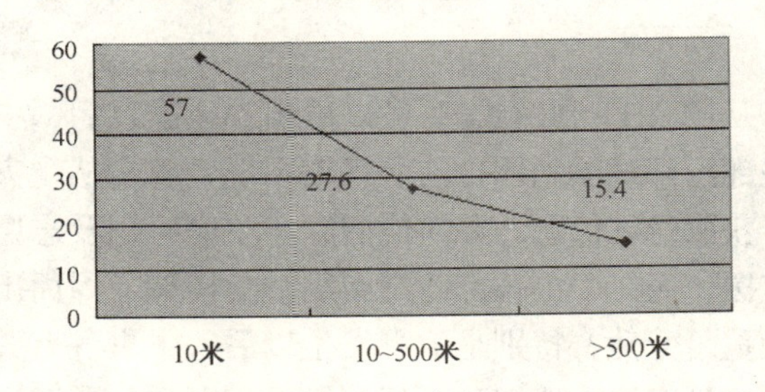

图8.10　不同距离（米）的救助者救出人员数占总救出人员数的比重（%）

图 8.9 所示为不同救助者救出人员数占总救出人员数的比重（%），这是根据震后对 431 名地震后被困人员的调查结果绘制的。从图可见，在这些被困人员中，有 96.8% 是被家人或邻居解救出来的。这充分说明，地震发生以后，社区和邻里范围内的自救和互救是多么重要。

图 8.10 是离被困人员不同距离（m）的救助者救出人员数占总救出人员数的比重（%），这是根据对 1 172名获救人员调查的结果绘制的。从图 8.10 可以清楚地看出，84.6% 的获救人员是在 500m 范围内的救助者从被困的房屋里解救出来的。

8.2 决策制定

唐山地震和阪神-淡路地震发生以后，中国政府和日本政府都没有能及时地做出反应。原因之一是两个国家都采用了"垂直分工管理体制"。图 8.11 为唐山地震发生以后中国政府和民间的信息流和支援流示意图。图 8.12 为阪神-淡路地震发生以后日本政府和民间的信息流和支援流示意图。

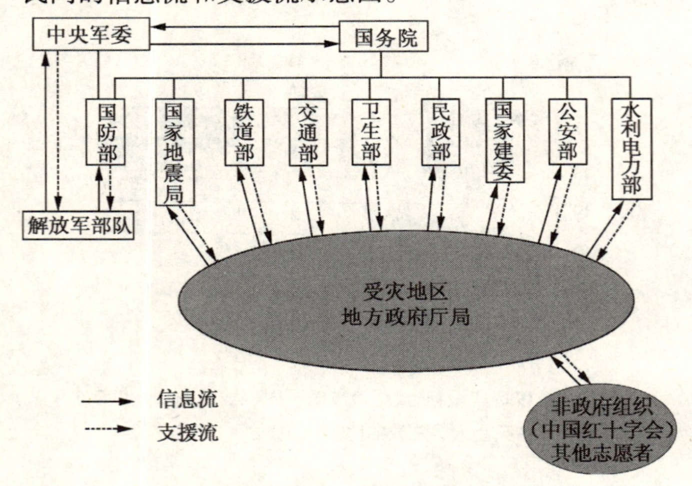

图 8.11　1976 年唐山地震发生以后中国政府和民间的信息流和支援流示意图

从图 8.11 和图 8.12 可以看出，地震以后，中央各有关部门都试图利用自己所管辖系统，各自从受灾地区政府获取受灾信息，并向他们和非政府组织及志愿者提供支援，而在中央各部门之间则缺乏协调，因而出现大量的重复劳动。特别是地震发生以后，中央各有关部门直接给受灾地区地方政府相关厅局打电话，了解灾情和援助需求，并直接给与支援。日本阪神-淡路地震时，电话系统只有 25% 因遭到地震破坏而失灵[4],[5]，但地震刚过，电话就因为线路过于繁忙而难以接通了。造成这种情况的一个重要原因，就是垂直分工管理体制。这样，就导致已经掌握的灾害信息不能及时地传达到所需要的人的手中。在唐山地震后，电话线路并没有像阪神-淡路地震以后那样忙碌，这是因为地震发生后 5 个小时内，还没有掌握地震灾害消息。因此，垂直分工管理体制的弊端没有明显地表露出来。

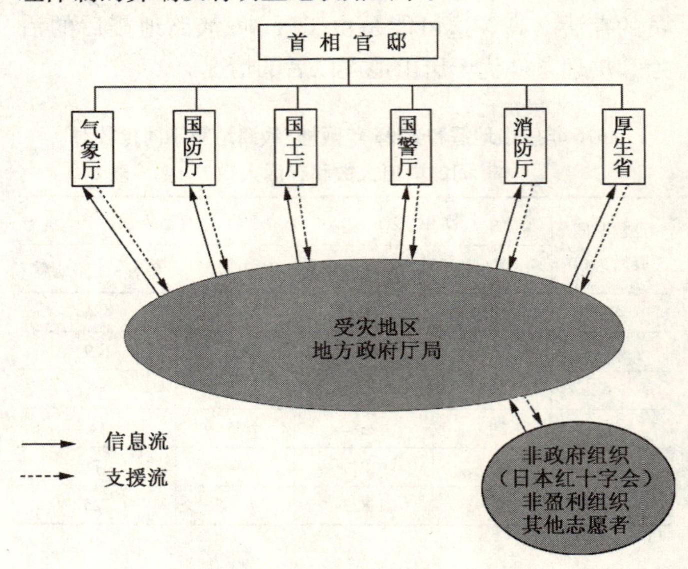

图 8.12　1995 年阪神-淡路地震发生以后日本政府和民间的信息流和支援流示意图

美国的情况则同中国和日本不一样。在 1994 年的北岭地震时，联邦应急管理厅（Federal Emergency Management Agency，FEMA）统一采集和分发决策所需要的灾害信息，起到了"控制塔"的作用。联邦应急管理厅直接从受灾地区收集信息，并且把相关信息和决策直接发给相关管理部门和机构。每个管理部门和机构都按联邦应急管理厅的决定执行。图 8.13 为 1994 年北岭地震以后美国政府间的信息流和支援流示意图。实践证明，这种由一个机构集中处理信息和支援行动的管理体制，在大地震发生以后可以使信息传递和支援行动更为迅速，更为及时，使救援工作收到最大的效果。

从上述情况可见，在中央政府里，设立一个统一管理灾害信息和支援行动的政府机构对灾后救助是很有好处的。这个机构应当具有三项职能：（1）实时收集灾害信息；（2）同所有中央相关部门、地方政府相关厅局和其他相关机构取得联系，并对他们的活动进行协调；（3）集中信息管理，以便及时做出决策。[6]

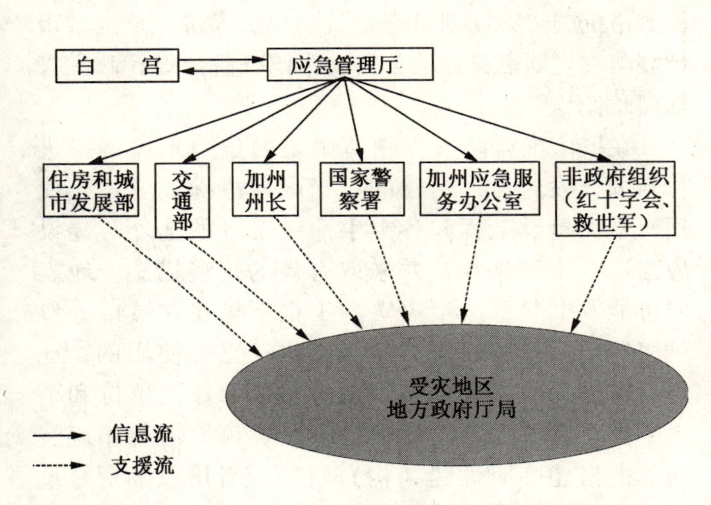

图 8.13 1994 年北岭地震以后美国政府间的信息流和支援流示意图

8.3 资源管理

在日本，阪神-淡路地震发生之前，人们都认为在兵库县南部地区不会有大地震发生，当地政府也没有为应对地震灾害而储备物资，因为他们是根据成本-效益原则来防备灾害的。灾害救援志愿者，如神户合作组织（Coop-Kobe）、非政府组织（NGO）、非营利组织（NPO）等，地震以后在人力、资金、食品和救灾物资等方面提供了诸多的援助，而且在地震发生后，立即采取行动搜寻和营救被困人员，在阪神-淡路地震以后，他们的贡献获得了社会的公认。他们的这些行为并不是高层决策的结果，而是这些组织自己做出的决定。

在中国，唐山地震发生前，曾经预测在北京、天津和唐山地区可能会发生一次震级为Ⅵ级的地震。在中国地震烈度区划图上，唐山市的地震基本烈度为Ⅵ度。按照当时的国家建筑抗震设计规范，地震基本烈度为Ⅵ度地区的房屋建筑，在设计时不需要进行抗震验算，也不需要采取抗震构造措施。因此，唐山市政府对破坏性地震丝毫没有准备，当然，也不会制定地震灾害应急反应计划。当时，在中国也没有非政府组织（NGO）、非营利组织（NPO）以及其他类似的组织。灾害救助工作是由政府、部队和政府派遣的有关单位来完成的。

在美国，加州地方政府和美国联邦政府都有应对紧急事件（如北岭地震等）的计划。州长应急事务办公室（Office of Emergency Services，OES）在灾害应急反应期间，对州属机构和资源进行协调。应急事务办公室在灾害发生之前就制定了详细的州的应急预案。联邦应急管理厅（FEMA）有自己的运作预案，负有协调联邦机构的全部责任。各个政府部门、厅局和行政隶属单位都是“总互助协议”（Master Mutual Aid Agreement）的签约单位，根据这项“总互助协议”，在某个紧急事件发生期间，只要一个单位有请求，其他被请求的单位就有义务给予支援。根据这一协议，请求方无需向支援方支付费用，即应急期间的相互援助是无偿的。非政府组织（如美国红十字会和救世军等）都是救援活动方面的专业机构，他们同官方合作，并根据官方的意见协调自己的行动。北岭地震对灾害预案和各机构之间协调的效果做了一次很好的检验，证明由于这些预案、协调和互助协议，使得这次地震所造成的生命和财产损失降到了最低程度。

中国唐山地震所造成的人员伤亡远比日本和美国的地震所造成的人员伤亡高得多。日本阪神-淡路地震的生命和财产损失远比美国的高得多。通过上述比较，我们可以得出以下结论：（1）灾前是否制定灾害应急预案，对紧急事件发生时能否及时做出反应至关重要，有应急预案，灾害发生时就能及时地做出救援反应；（2）应当根据互助的原则来有效地利用资源；（3）政府应当与非政府组织、非营利组织以及其他志愿者组织合作。

8.4 城市规划和恢复重建规划

无论是唐山地震，还是阪神-淡路地震，都向我们提出了诸多的问题，例如：如何创建一个能抗御地震灾害的城市？如何提升中国城市中砖结构住房居多的住宅小区和日本城市中木结构住房的抗震性能，减少这些房屋的易损性？以及在下一次大地震发生后，如何更好地制定和实施恢复重建规划？

在中国，为了提高城市的综合抗震防灾能力，减轻地震灾害，根据《中华人民共和国城市规划法》、《中华人民共和国防震减灾法》等有关法律、法规，建设部制定的《城市抗震防灾规划暂行规定》、《城市抗震防灾规划补充规定》和《城市抗震防灾规划管理规定》分别于 1985 年 1 月、1987 年 9 月和 2003 年 9 月 19 日颁布。[7]根据这些规定，所有位于地震基本烈度为 VI 度及更高烈度（地震动峰值加速度≥0.05g）的城市，都要编制《城市抗震防灾规划》。

城市抗震防灾规划是城市总体规划中的专业规划，其规划范围应当与城市总体规划相一致，并与城市总体规划同步实施。城市抗震防灾规划编制应当达到的基本目标是：当遭受多遇地震时，城市一般功能正常；当遭受相当于抗震设防烈度的地震时，城市一般功能及生命线系统基本正常，重要工矿企业能正常或者很快恢复生产；当遭受罕遇地震时，城市功能不瘫痪，要害系统和生命线工程不遭受严重破坏，不发生严重的次生灾害。

城市抗震防灾规划应当包括下列内容。其中，抗震设防标准，建设用地评价与要求，抗震防灾措施应当列为城市总体规划的强制性内容，作为编制城市详细规划的依据。

（1）地震的危害程度估计，城市抗震防灾现状、易损性分析和防灾能力评价，不同强度地震下的震害预测等。

（2）城市抗震防灾规划目标、抗震设防标准。

（3）建设用地评价与要求，包括：城市抗震环境综合评价，包括发震断裂、地震场地破坏效应的评价等；抗震设防区划，包括场地适宜性分区和危险地段、不利地段的确定，提出用地布局要求；各类用地上工程设施建设的抗震性能要求。

（4）抗震防灾措施，包括：市、区级避震通道及避震疏散场地（如绿地、广场等）和避难中心的设置与人员疏散的措施；城市基础设施的规划建设要求；城市交通、通信、给排水、燃气、电力、热力等生命线系统，及消防、供油网络、医疗等重要设施的规划布局要求；防止地震次生灾害要求；对地震可能引起水灾、火灾、爆炸、放射性辐射、有毒物质扩散或者蔓延等次生灾害的防灾对策；重要建（构）筑物、超高建（构）筑物、人员密集的教育、文化、体育等设施的布局、间距和外部通道要求；以及其他措施等。

城市抗震防灾规划应当按照城市规模、重要性和抗震防灾的要求，分为甲、乙、丙三种模式。位于地震基本烈度Ⅶ度及Ⅶ度以上地区（地震动峰值加速度≥0.10g 的地区）的大城市应当按照甲类模式编制。中等城市和位于地震基本烈度Ⅵ度地区（地震动峰值加速度等于0.05g 的地区）的大城市按照乙类模式编制。其他在抗震设防区的城市按照丙类模式编制。抗震防灾规划应当由省、自治区建设行政主管部门或者直辖市城乡规划行政主管部门组织专家评审，进行技术审查。专家评审委员会的组成应当包括规划、勘察、抗震等方面的专家和省级地震主管部门的专家。甲、乙类模式抗震防灾规划评审时应当有三名以上建设部全国城市抗震防灾规划审查委员会成员参加。全国城市抗震防灾规划审查委员会委员由国务院建设行政主管部门聘任。

在城市抗震防灾规划所确定的危险地段不得进行新的开发建设，已建的应当限期拆除或者停止使用。重大建设工程和各类生命线工程的选址与建设应当避开不利地段，并采取有效的抗震措施。地震时可能发生严重次生灾害的工程不得建在城市人口稠密地区，已建的应当逐步迁出；正在使用的，迁出前应当采取必要的抗震防灾措施。任何单位和个人不得在抗震防灾规划确定的避震疏散场地和避震通道上搭建临时性建（构）筑物或者堆放物资。重要建（构）筑物、超高建（构）筑物、人员密集的教育、文化、体育等设施的外部通道及间距应当满足抗震防灾的原则要求。

在日本，《东京城市建设灾害防备规划》（Tokyo's Preparedness Plan for Urban Construction）是解决上面所提到的问题的一个很好的例子。这项规划是按照以下步骤制定的。

（1）通过地震风险评估，弄清哪些地方是地震高风险地区。地震风险评估包括房屋建筑倒塌风险、地震火灾风险、人员伤亡风险和地震疏散风险等。根据房屋建筑倒塌风险和地震火灾风险合成图，高风险地区位于东京内城区的中央商务区（CBD）一带，即从日铁（JR）山手县向外到第七环路。其他的高风险地区是沿日铁中央县向西的地区。

（2）弄清未来可能发生的地震。通常认为，今后100 年到200 年内，日本近海将会发生大地震。但是，在此之前，可能会发生好几次陆地地震，而且袭击东京的就是下一个大的地震。

（3）对下一次可能发生在东京的大地震进行损失评估。假想以1991 年预报的震级为7.9 级的海上地震为未来的地震情景，则估计将有47.7 万栋住房被烧毁；8 800 人死亡，死因主要是地震火灾。假想以1997 年预报的震级为7.2 级的陆地地震为未来的地震情景，则约有32.4 万栋住房将被焚毁，12 万栋房屋将会倒塌，2 000 人将因房屋倒塌而丧生，5 800 人将因地震火灾而断送生命。从比较1923 年发生的关东大地震、1995 年发生的阪神-淡路大地震、1991 年预测要发生的海上大地震和1997 年预测要发生的陆地大地震所造成的损失，可以看出，在阪神-淡路地震时，死亡的6 348人主要是由于房屋建筑的倒塌，而不是像1923年的关东地震那样，主要是因为地震引发的大火。1923年的关东地震，10万人因地震后的大火而丧生或失踪。1923年地震后，许多人是死在户外的马路上，而在神户，大火烧死的500人，都是被困在倒塌的房屋里。因此，最为重要的问题是，把那些密集的木结构房屋的居住区改变为防火和抗震的居住区。

（4）为抗灾城市制定城市规划和城市抗灾促进规划。1969年提出了古都（Koto）三角形地区6个防灾基地的开发规划，并于1972年开始，通过城市再开发项目实施。防灾生活区开发项目是1982年规划的，自1993年以来，已在16个区实施。这个项目的想法是：建设防火带，把防灾地区分割成小的地块；用防火带围成的防灾生活区面积平均约为80公顷，大小相当于一个小学或初中的地域；在这个地域内，确保有开敞的空间；拓宽狭窄的道路；更新老旧的木结构房屋；提高现有木结构房屋的防火能力。

（5）编制城市重建手册。《东京都城市重建手册》和《东京都生活恢复手册》已分别于1997年和1998年出版。这两个手册的作用就像是东京都政府的城市恢复和重建行动战车的两个车轮。根据这两本手册，城市重建规划要根据以下资料编制：

• 抗灾城市促进规划和城市基础设施建设规划；
• 东京都长期滚动规划，东京再开发总体规划和东京住房建设总体规划；
• 大地震灾害分布图。

上述资料中，前两类规划可在下一次大地震到来之前制定，第三项则在大地震发生之后绘制。

阪神-淡路地震以后的重建规划和重建工作是在1968年重新制定并于1992年修订的正常的《城市规划法案》，而不是1995年2月制定的《城市重建特殊法案》指导下进行的。[8]

在美国，联邦应急管理厅（FEMA）和美国规划协会（American Planning Association，APA）合作制定了《灾后恢复和重建规划》（Planning for Post-Disaster Recovery）。这个规划阐述了社区在灾害发生以前，为准备灾后恢复和重建所能做的10件事。通过这10件事，可以把坏事变成好事，即把一次自然灾害变成一次发展机会。通过灾后恢复和重建，把受灾的地区建设成为更安全、更可持续、更能抵御灾害的工作和生活的地方。这10件事是：

（1）把灾前规划和恢复重建规划融入到现在正在进行的规划工作中去。也就是说，把现行的有关经济发展和经济适用住房（affordable housing）或历史性建筑保护等的城市规划工作，扩展到包括规划地区地震易损性的评估和针对易损建筑物采取的措施。

（2）制定以社区为基础的灾后反应规划。从社区取得的地震风险情景和案例，可以帮助社区评估自身拥有的资源，并制定出地震发生之前社区组织和政府机构联系的办法。安排所有社区人员在当地消防部门进行第一时间的救助或搜救培训，使社区人员知晓应急规划，掌握救助或搜救方法，一旦灾害发生，立即按规划采取行动。

（3）制定为社区人员提供应急和临时住房计划。在计划中，要力图考虑文化和社会背景，同时要考虑应急和临时住房的地点。一个好的规划，应当能够满足特殊人群或弱势群体的需要，这些人群包括低收入家庭居民、老年人和残疾人等。

（4）在灾害发生之前，明确适用于老旧地区的经济救助项目。老旧地区一般都有许多在结构上易损的住房和其他建筑物。诸如住房或经济复兴等救助项目，常常都有助于灾后恢复和重建。

（5）加固既有住房和其他建筑物，使其能抗御未来的地震灾害。

（6）明确权属类型，并同地震易损地区的商界合作，以了解他们的需要。地震造成的财产损失大多没有上保险，这就给私营经济的恢复带来了更多的困难，而且成为震后恢复过程中最难以处理的问题。地震以前编制的恢复和重建规划，应当帮助人们对震后经济有更好的了解。在地震发生前，研究震后恢复和重建问题及其对策，要通盘考虑包括私营业界和公共行业在内的各方的利益。

（7）对社区内的建筑物进行调查，列出需要恢复的建筑物清单，并抓住减轻灾害的机遇。

（8）了解地震风险如何随所在的地点而变化。地震破坏通常发生在这样一些地方，如离开断层最近的地段，土层松软的地段，以及那些地面可能下沉或滑动的地段。在专门研究制定的地震小区划图上，标明了地震易发地区的所有已知的活动断层，熟悉和备有这类地图非常必要。

（9）通过土的取样，了解社区地下的土层情况。地震时的地震动同土层情况有着密切的关系。松软的黏土层上的地震动一般要比坚硬土层和砂土土层上的地震动大，而坚硬土层和砂土土层上的地震动又比坚硬的岩石层上的地震动大，有时可大到两倍。

(10) 在规划编制过程中，应有地震风险区划图。[9]

8.5 经济损失分析

8.5.1 中国唐山地震

1976年唐山地震造成的经济损失没有系统的数据。地震造成的唐山市和天津市的经济损失总计大约为100亿元，如表8.4所示。表中不包括北京市和农村地区的经济损失。

1976年唐山地震造成的经济损失（万元）表8.4

城市	固定资产净值	一般流动资产	住房	个人财产	产出	在建项目	合计
唐山	44 800	9 900	17 500	10 000	190 000	10 200	282 400
天津	230 000	20 000	54 500	20 000	291 400		715 900

8.5.2 日本阪神-淡路地震

1995年阪神-淡路地震造成的直接经济损失见表8.5和图8.14及图8.15。从表和图可以看出，这次地震造成的直接经济损失来源可以分为5类。

(1) 房屋建筑破坏的损失。这项损失高达5.8万亿日元，占直接经济损失总值的58.43%。

(2) 港口、工商业机械与设备和高速公路的破坏。这3项损失合计占损失总值的21.96%。其中：港口破坏的损失为1.0万亿日元，占直接经济损失总值的10.07%；工商业机械与设备的损失为6 300亿日元，占直接经济损失总值的比重为6.35%；高速公路破坏的损失为5 500亿日元，占直接经济损失总值的比重为5.54%。

(3) 铁路、文化和教育设施、公共民用工程设施和电力的破坏，这4项损失合计占损失总值的12.14%。其中：铁路破坏的损失为3 439亿日元，占直接经济损失总值的3.46%；文化和教育设施破坏的损失为3 352亿日元，占直接经济损失总值的3.38%；公共民用工程设施的损失为2 961亿日元，占直接经济损失总值的2.98%；电力破坏的损失为2 300亿日元，占直接经济损失总值的2.32%。

(4) 煤气、保健医疗和福利设施、通信和农林水产业的破坏，这4项损失合计占损失总值的6.06%。其中：煤气破坏的损失为1 900亿日元，占直接经济损失总值的1.91%；保健、医疗和福利设施破坏的损失为1 733亿日元，占直接经济损失总值的1.75%；通信设施的损失为1 202亿日元，占直接经济损失总值的1.21%；农业、林业和水产业破坏的损失为1 181亿日元，占直接经济损失总值的1.19%。

(5) 供水设施、污水和粪便处理设施和其他设施破坏，这4项损失合计占损失总值的1.40%。其中：供水设施破坏的损失为541亿日元，占直接经济损失总值的0.54%；填筑土地破坏的损失为64亿日元，占直接经济损失总值的0.06%；污水和粪便处理设施破坏的损失为44亿日元，占直接经济损失总值的0.04%；其他设施破坏的损失为751亿日元，占直接经济损失总值的0.76%。

从上述可见，对于一个现代城市，减轻地震灾害的首要任务是保障房屋建筑在地震时的安全，其次是力求港口、工商业机械与设备和高速公路在地震时免遭破坏。从1995年阪神-淡路地震的经验来看，如果这4个方面的工作做好了，就可以减少80.39%的直接经济损失。

1995年神户地震的直接经济损失　　表8.5

项　目	亿日元	子　项	亿日元
房屋建筑	58 000		
铁　路	3 439		
高速公路	5 500		
公共民用工程设施	2 961		
港　口	10 000	神户港口等的公共设施	7 600
		民用设施	2 400
填筑的土地	64		
文化和教育设施	3 352	县立学校	141
		私立学校	340
		县立大学	3
		社会教育	362
		文化资产	99
		市立学校	1 705
		国立和公立大学	91
		私立大学	379
		体育	139
		文化设施	93

续表

项目	亿日元	子项	亿日元
农业、林业和水产	1 181	农地	244
		渔港	199
		水产工业	48
		市场	245
		改造的山地	82
		农业生产设施	105
		林业生产设施	17
		食品相关设施	241
保健、医疗和福利设施	1 733	医院	666
		试验和研究设施	9
		火葬场	11
		福利相关设施	404
		合作设施	322
		门诊部	274
		卫校	19
		康复中心	28
污水和粪便处理设施	44		
供水设施	541	供水	493
		工业供水	48
煤气	1 900		
电力	2 300		
通信	1 202	电信	984
		广播	35
		兵库卫生通信	8
		有线电视	175
商业和工业机械与设备	6 300		
其他	751		
合计	99 268		751

资料来源：Hyogo Prefecture，1995.4.5。

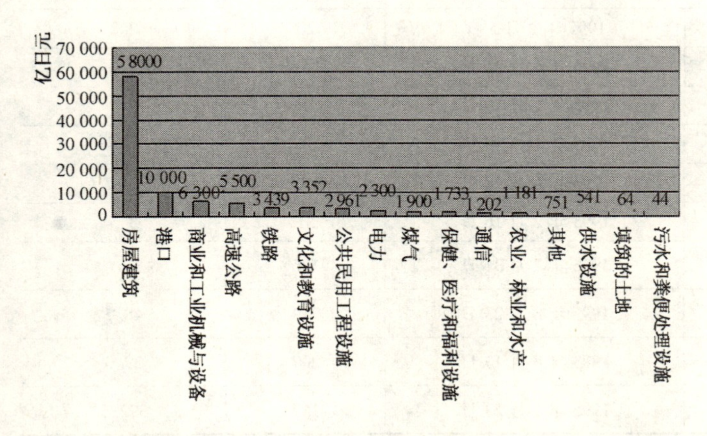

图 8.14 1995 年阪神-淡路地震的直接经济损失（亿日元）

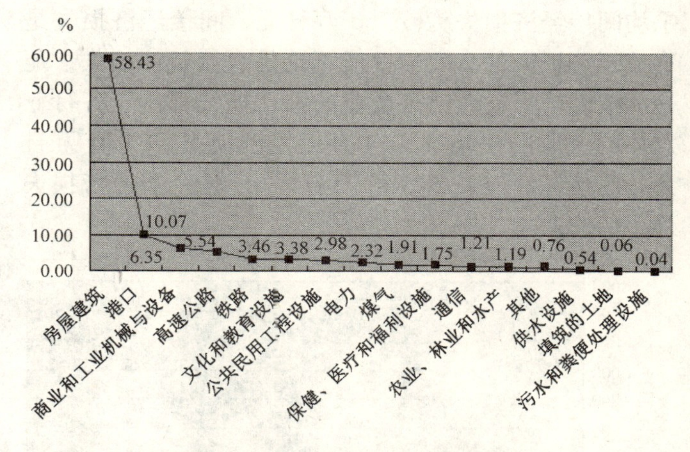

图 8.15 1995 年阪神-淡路地震的各项直接经济损失占总损失的比重（%）

神户商业和工业协会在地震发生半年和一年以后，在受地震影响的 10 个城市和 10 个镇对地震造成的经济影响进行了调查。表 8.6 所示的经济损失的简要数据是从第二次调查（样本量为 1 246）结果得出的。根据表中数据，并考虑到企业的规模效应，Toshihisa Toyoda 先生指出，直接经济损失为 10.5 万亿日元，间接损失为 10.4 万亿日元。这就是说，阪神-淡路地震造成的直接经济损失和间接经济损失在数额上基本相同。[10]

日本阪神-淡路地震工业企业直接和间接经济损失（万日元）

表 8.6

行业	直接经济损失		间接经济损失	
	企业个数	企业平均损失	企业个数	企业平均损失
制造业和采矿	301	107 090	230	37 630
建筑	169	2 410	85	6 760
批发和零售	280	18 650	231	12 730
金融和房地产	55	16 960	34	9 710
交通和港口	81	148 580	64	112 430
服务业和其他	200	22 910	166	22 070
合计	1 086	51 020	810	28 840

资料来源：Toyoda，Toshihisε，1997。

图 8.16 所示为日本 1995 阪神-淡路地震造成的各行业直接经济损失和间接经济损失比较。从图可见：

（1）建筑企业是唯一的间接经济损失大于直接经济损失的行业，所调查的 169 个建筑企业的平均直接经济损失为 2 410 万日元，所调查的 85 个建筑企业的平均间接经济损失为6 760万日元，间接经济损失是直接经济损失的2.8倍，但不论是直接经济损失，还是间接经济损失，建筑企业的平均损失都低于各行业总体的企业的平均损失（直接经济损失51 020万日元，间接经济损失28 840万日元），是企业经济损失最小的行业。

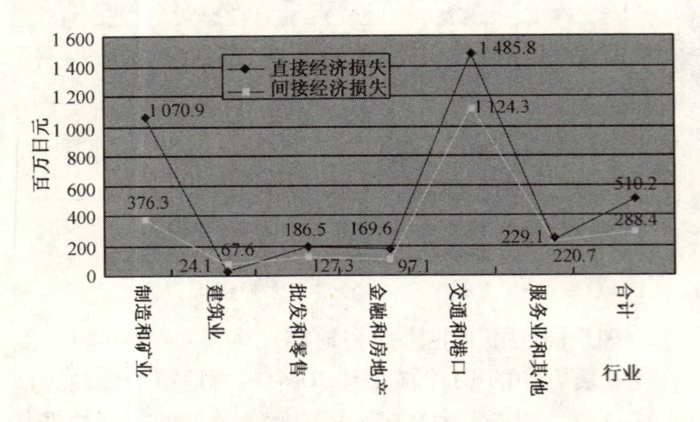

图8.16 日本1995阪神-淡路大地震造成的行业直接经济损失和间接经济损失比较

（2）直接和间接经济损失最大的是交通和港口企业，直接经济损失和间接经济损失分别为148 580万日元和112 430万日元；其次是制造业和矿业，直接经济损失和间接经济损失分别为107 090万日元和37 630万日元。

（3）批发和零售业、金融和房地产业以及服务业和其他行业的企业的平均直接和间接经济损失相差不多，平均损失处于上述两者的中间位置。

表8.7为1995年阪神-淡路地震造成的铁路线路的不通期间和修复天数。从表可见，最难修复的是神户高速南北线，0.4km就用了157天，合每公里392.5天；其次是神户新交通六甲轻轨线、神户高速东西线、神户新交通轻轨线和神户高速甲阳线，修复天数分别为219天，209天，196天和44天，合每公里修复天数分别为48.7天，29.0天，30.6天和20.0天；其他线路每公里的修复天数都在20天以下；神铁三田线和栗生线修复最快，只用了3天的时间。

1995年阪神-淡路地震造成的铁路线路的不通期间和修复天数 表8.7

线段	不通区间	不通区间里程（km）	不通期间（从1995年1月17日至）	修复天数	每公里修复天数
JR新干线	京都-姬路	130.7	1995年4月8日	82	0.6
JR（东海道、山阳线）	尼崎-西明石	48.2	1995年4月1日	75	1.6
（福知山线）	土冢口-广野	37.2	1995年1月21日	5	0.1
（和田山甲线）	全线	2.7	1995年2月15日	30	11.1
阪神（本线）	甲子园-元町	18	1995年6月26日	161	8.9
（武库川线）	全线	1.7	1995年1月26日	10	5.9
阪急（神户线）	西宫北口-三宫	16.7	1995年6月12日	147	8.8
（甲阳线）	全线	2.2	1995年3月1日	44	20.0
（伊丹线）	全线	3.1	1995年3月11日	54	17.4
（今津线）	全线	9.3	1995年2月5日	20	2.2
神铁（有马线）	全线	22.5	1995年6月22日	157	7.0
（三田线）	全线	12	1995年1月19日	3	0.3
（栗生线）	全线	29.2	1995年1月19日	3	0.1
山阳	西代-明石	15.7	1995年6月18日	183	11.7
神户市营地下铁	阪宿-新神户	8.8	1995年2月16日	31	3.5
神户新交通　轻轨	全线	6.4	1995年7月31日	196	30.6
六甲轻轨	全线	4.5	1995年8月23日	219	48.7
神户高速（东西线）	全线	7.2	1995年8月13日	209	29.0
（南北线）	全线	0.4	1995年6月22日	157	392.5

表8.8为1995年阪神-淡路地震造成的公路线路的不通期间和修复天数。从表可见，总的来说，公路线路的修复天数要比铁路线路多得多。阪神高速道路的修复时间最长，神户线花了621天的时间才完全修复；摩耶-深江段和柳原-京桥段的修复时间分别为601天和547天；京桥-摩耶段的修复则用了399天；海岸线和北神户线的修复时间分别为227天和68天。名神高速道路的西宫-府县境和中国自动车道的西宫北-府县境和第二神明道路的伊川谷-须磨段修复时间分别为194天、186天和86天。

1995年阪神-淡路地震造成的公路线路的不通期间和修复天数 表8.8

线 段	不通区间	不通期间（1995年1月17日至）	修复天数
阪神高速道路			
（神户线）	全线	1996年9月30日	621
	（京桥—摩耶）	1996年2月19日	399
	（柳原—京桥）	1996年7月17日	547
	（摩耶—深江）	1996年8月10日	601
（海岸线）	全线	1995年9月1日	227
（北神户线）	全线	1995年2月25日	68
名神高速道路	西宫—府县境	1995年7月29日	194
第二神明道路	伊川谷—须磨	1995年2月25日	68
中国自动车道	西宫北—府县境	1995年7月21日	186
国道43号	西宫—岩屋	1995年1月17日	0
国道2号	若宫—岩屋	1995年1月17日	0

关于铁路线路和公路线路的间接经济损失，如果统计出震前各线路平均每日可获得的收入，则可根据表8.7和表8.8所列出的修复天数不难分别算出。

8.6 社会恢复

8.6.1 日本神户市社会恢复

神户复兴规划[11]

神户市的土地面积为550km²，人口为1 506 112人。神户市的财政预算为160亿美元。为了从物质实体、社会、经济和制度上把神户市建设成为一个能抗御灾害的城市，神户市于1995年6月制定了为期10年的《神户复兴规划》（Kobe Revival Plan，KRP），其内容和章节如图8.17所示。[12]这个复兴规划的目标是运用“多个利益相关人员决策方法（multi-stakeholder decision-making process）”，通过扶植和培育社区，以及加强经济和文化建设等，来推进城市的复兴。近期目标是尽快恢复城市基础设施，远期目标是创建一个能抗御灾害的社会。

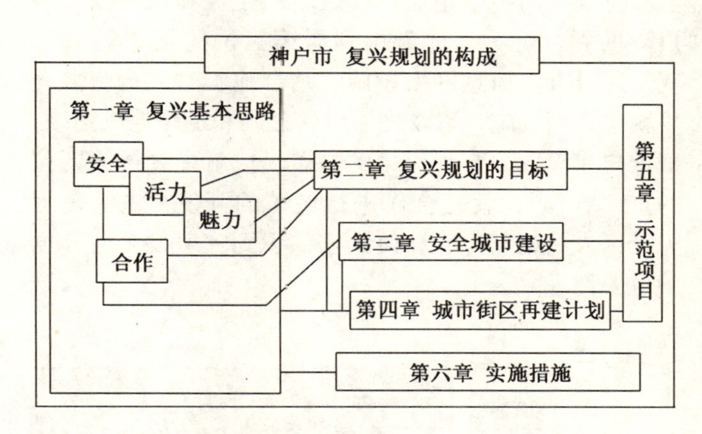

图8.17 《神户市复兴规划》的构成

在这项规划中，社区被视为驱动单位。这样，在一次地震灾害发生以后，社区里的人群团队就能够对当时紧急的需要做出比中央政府有效得多的反应。为了实施这一规划，建立了“防灾和福利社区（Disaster-preventive and Walfare Communities，DWCs）”。驱动单位按小学校划分为若干更小的区，每个小区一般大约有1万人。目前，已有187个这样的小区成立了“防灾和福利社区”。驱动单位要收集公众意见，检查结构物的耐用性，并举办防灾演习。

成就

1999年，神户市对《神户复兴规划》进行了评估。评估时，召开了14次讨论会，对1万市民进行了调查。第一个五年《神户复兴规划》运行的成就，主要从以下五个方面来评估：

（1）市民生活的再建；

（2）社区的安全性和可持续性；

（3）经济的恢复和复兴；

（4）城镇的吸引力；

（5）城镇合作开发。

图8.18为《神户复兴规划》实施第一个5年期间所取得的成就。成就中列居首位的是“安全”。安全包括两个方面，一是市民生活的恢复，另一个是社区

的安全和耐久。在市民生活的再生中，主要包括住房、就业、医疗服务、严重破坏地区的再开发和对个体的资助等5个方面；在社区的安全和可持续方面，主要是提高生命线工程和基础设施的耐久性、为市民提供信息和制定安全社区条令。成就中列居第二位的是“活力”，体现在经济的恢复。经济恢复主要是从金融上支持既有的中小企业，开设新的企业和恢复提升神户港的吞吐能力。成就中列居第三位的是“魅力”，就是通过开发信息网络设施，结合地震时人员疏散开发城市休闲设施，以及将河床、公园和道路连成网络，把神户建设成为有吸引力的城市。成就中列居第四位的是“合作”，就是合作进行城镇的开发，主要是促进社区人员相互沟通和使大家认识到灾害发生时互助的重要性。

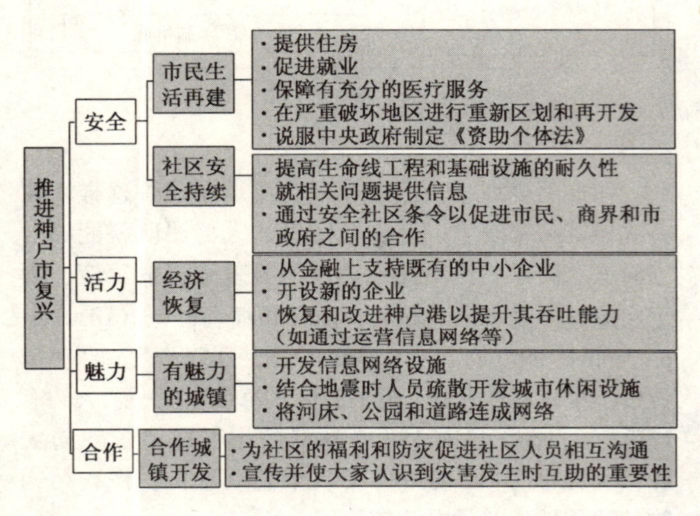

图 8.18 《神户复兴规划》实施第一个5年期间取得的成就

《神户复兴规划》实施第一个5年期间所取得的成就是巨大的，这主要是市民、市政府、商界、专家和来自其他城市的志愿者之间精诚和高效合作的结果。但是，紧赶的复兴项目也带来了许多问题，比如，私有土地权属和社区退化之间的冲突。此外，《神户复兴规划》自身的修订也是政治改进的一项成就，因为在日本的公共管理中，具体评估长期规划是很少见的。

神户市已经建起了14.9万栋住房，重建了基础设施和交通网络，并建立了社区单元以确保防灾规划得以顺利实施。大概有40%的老人和50%以上的年轻人都参与了社区团队，神户市设想在《神户复兴规划》实施的下一个5年里，更进一步地发扬这种精神。通过规划的实施，社会也有了很大的进步。人们发现，社区里的这种联系和精神，不但可以增进一个邻里的灾后恢复能力，而且无疑会提升各种项目的执行效率。

突出问题和预期结果

2000年，神户市政府宣布，物质实体的恢复已经完成。但是后来，政府认识到还存有许多突出的问题，例如：(1) 有些市民失去了工作岗位，看病遇到困难，部分原因在于搬迁；(2) 经济必须要复兴；(3) 防御灾害的城市开发还必须要继续和保持下去。政府认识到，创建一个能够抗御灾害的社区，需要继续努力，而且很多要采取的行动都是相互关联的。要实现神户复兴的目标，不仅需要各代人和不同阶层人士的支持，而且要把这些要采取的行动纳入日常的管理框架。图8.19为《神户复兴规划》的思路框架，所有尚未解决的问题都已反映在这个框架之中，由于图中的市民生活恢复、城市活动恢复和建立安全而可持续的社区等三大战略是互相关联的，因而，下一个层次的战略所希望得到的结果也是紧密相关的。

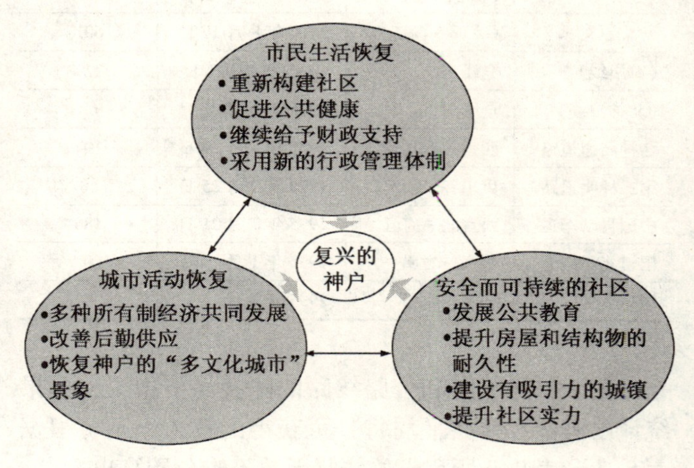

图 8.19 《神户复兴规划》思路框架

资料来源：http://www.city.kobe.jp/cityoffice/06/013/program/2-2.htm

经验

神户市的恢复和重建工作为城市防灾提供了许多重要的经验，其中主要的有：

(1) 一个经过培训和有实力的社区是灾害管理实践的基本单位，培育社区自身的互救和自救能力至关重要；

(2) 房屋、结构物和工程设施自身能够抗御地震灾害是对一个抗灾城市的基本要求；

(3) 体制程序，信息沟通（政府之间、市政府和市民之间、以及市民之间的信息流）和医疗后勤都非常重要，在这些方面都应当规范地运作，不仅是为了预防灾害，而应当纳入日常的工作；

（4）无论在什么情况下，都需要弄清楚哪些政策对于恢复重建是合适的，因为，这样做可以减少项目实施过程中发生的矛盾；

（5）对于紧急、短期的问题，为了决策迅速，采用自上而下的方式是最好的。但是，对于需要实施的长期的规划，就需要采取公众参与的方法，以求得到合理、可行、而且可持续的方案；

（6）假如市民、专家、商界和政府之间有合作文化背景，则恢复重建过程必将更有效率，更为健康。

《神户复兴规划》指标

2002年，在经过调查、召开研讨会和向专家咨询之后，神户市建立了45个量化指标（表8.9），并用这些指标对与下一层次战略相关的16个项目进行进度管理。每个指标都有要达到的数字目标。项目的进度报告每年向公众公布。当所有这些目标都达到的时候，就可以认为，《神户复兴规划》实现了。

《神户复兴规划》的指标　　　　表8.9

指　标	现状	开始时间	目标	截止时间
社区老年人参与率	38.10%	2000年3月	60%	2006年3月
有老年人关怀的以社区为基础的组织*百分率	93%（161个学区）	2002年1月	100%（172个学区）	2006年3月
社区年轻人参与率	10～12：80% 13～15：73% 16～18：42%	2000年3月	10～12:85% 13～15:75% 16～18:45%	2005年3月
财政支持商业设施再利用个数	4个商业街	2001年3月	10个商业街	2005年3月
财政支持商业的社区个数	9个社区	2001年3月	30个社区	2005年3月
城镇开发圆桌会议**设立百分率	93%（161个学区）	2000年3月	100%（172个学区）	2005年3月
城镇开发圆桌会议议程拓展率	37%（64个小学区）	2000年3月	100%（172个学区）	2005年3月
防灾和福利社区***建设率	97%（167个学区）	2002年1月	100%（172个学区）	2005年3月
住房耐久性检查	60%通过	2000年3月	75%通过	2003年3月
港口货物处理量	4000万吨	2000年3月	5500万吨	2005年3月

注：* Community Based Organization，CBO。

** Town Development Roundtable，TDR。

*** Disaster prevention and Welfare Community，DWC。

成效

通过自上而下决策和合作的方法，神户市城市结构从实体上得到了迅速的恢复。通过这种过程，社会进步也得以实现。一些社区发现，实际上，人与人之间的联系和团结互助，是应对地震灾害的最为关键的力量。同时，这种联系和团结互助必然会提高恢复重建项目的实施效率。但是，在一些社区里，在为了再区划和再开发而涉及私有土地方面，也存有严重的矛盾。对于那些防灾能力薄弱的社区，着力培育和提升他们的防灾能力是一项至关重要的社会目标。

从政治上讲，当面临大地震灾害时，如何通过更系统的方式，更好地识别和选择适合具体情况的政策和方法，并以物质增长为导向，将是神户下一阶段所面临的挑战。解决这些问题，也将有助于神户的管理策略，在环境方面更为可持续。

神户已经建立了一个有关灾害管理和恢复重建的城市官方经验的数据库。这一数据库已向公众开放。其他市政府可以向神户市索取灾害管理方面的更为详细的资料。同样，神户市也可以根据受灾城市的要求，派遣其官员到受灾城市给予更为具体的帮助。

预算和财政

神户市是《神户复兴规划》恢复重建活动的人员和设施的主要提供者。为了从实体上重建神户，在灾后的第一年，即1995年，中央政府从专用账户里向神户市提供了3.4万亿日元的财政资助。在灾后的第一时间，神户周边的城市就向神户市派遣工作人员，他们一直工作到神户市比较稳定以后才撤回。尽管来自其他地方政府的工作人员已经撤回了，但来自中央政府的每年1 200亿日元的财政支持仍然保留了下来。

因为《神户复兴规划》和相关项目要10年才能完成，在这期间，预计需要花费12万亿日元来实施。因此，除了国家财政支持以外，为了实施《神户复兴规划》里的长期项目，神户市还必须在财力、人力和设备等方面自找出路。

8.6.2 唐山市社会恢复[2],[15],[16],[17]

灾后防疫

唐山地震发生在夏天，地震夺走了唐山市16万多人的生命。地震后，有些尸体被挖了出来，有些则仍被压在倒塌的建筑物里，清尸工作十分困难和繁重。河北省抗震救灾指挥部经过调查确定，把尸体埋在离开市区5公里以外的8个深葬公墓里，埋深均在1m以上。防疫人员和医疗队伍紧密配合以解放军部队为主的清尸队伍，将漂白粉洒在尸体上和尸体停放的地方，以消毒杀菌。为了解这种处理尸体的方法会不会污染环境，产生传染疫病，清尸防疫研究组先后采集尸体、尸坑、尸坑周围的空气、地下水和自来水，以及掩埋尸体的菜地上长出的白菜和萝卜等标本共394份，分别进行检验和分析，结果均未发现伤寒、痢疾、霍乱等肠道致病菌种。

保护水源和饮用水消毒是防止流行病暴发的重要措施。震后，固定水源都由解放军和民兵看守，卫生人员定时消毒；每一水车和抗震棚中各家各户和集体缸里的水和水桶里的水都有卫生人员消毒；农村主要通过修复简易自来水和机井，以及清掏大口井供水。由于采取了这些措施，控制了肠炎和痢疾等疾病的扩散。

为消灭灾区的蚊蝇，中央政府及时调灭虫飞机于1976年8月9日、8月16日、8月23日和9月5日先后4次（每次持续2~3天）对唐山市区、郊区、东矿区和丰南县城进行了药物喷洒。1977年7月28日和8月18日，又用飞机普遍喷洒2次。此外，灾区还动用31辆消洒车、1 900架喷雾器、5万多具家用小喷子和数百吨杀虫药剂，广泛开展地面消杀。通过这些措施，防止了蚊蝇对疾病的传播。

对于患有传染病的灾民，及时进行治疗，并采取隔离措施，控制了传染源。

为预防流脑、乙脑、流感、痢疾、伤寒和副霍乱等流行性疾病的传染，根据唐山地区近十年的疫情发展变化，在震后的第一个冬季和春季重点抓了流脑和流感的预防接种工作。全地区成人接种了400万人份的流感疫苗，儿童打了200万人份的流脑预防针。由于采取这些措施，使这两种疾病的发病率分别比常年同期下降95%和71%。入夏后，集中抓了痢疾、乙脑、伤寒和副霍乱的预防，对乙脑、伤寒和副霍乱，以打预防针为主，对痢疾则以清理废墟和粪便垃圾污物、恢复卫生设施、开展讲卫生和消灭疾病的综合措施为主。

通过上述措施，达到了唐山市震后无大疫的目标。原来预计地震以后的第二年可能会有近百万人发病，结果到8月份，发病人数仅为8.3万人，第二年全年也没有超过10万人。

生活恢复

唐山市社会生活的恢复，以居住生活为主线，大致可以分为3个阶段，即应急反应阶段、住简易房阶段和向住永久性住房过渡阶段。现将这3个阶段的情况简述如下。

（1）应急反应阶段。这个阶段大致是从震后1~2天到震后1~2个月。震后1~2天是灾区人民生活最为艰难的日子，由于中央政府获得准确的灾情信息较晚，救灾人员和物资还没有到达，同时灾民尚处在恐惧和悲痛之中。本书著者叶耀先在震后第二天下午到达唐山市灾区，见到的灾民，面部表情冷酷，没有哭泣，悲痛至极。他们见面的第一句话就是问："你家死了几口人?"那时，只有极少数灾民能够得到救济物资。1976年7月29日（即震后第二天）下午，中国人民解放军开始向灾民空投食品等救济物资，获得救济物品的人数逐日增加。根据对1 512名灾民的调查，震后当天获得救济物资的灾民人数只有6.6%，震后2天获得救济物资的灾民人数增加到24.9%，第三天和第四天以后，这个数字分别增加到45.8%和73.2%。

在应急反应阶段，对灾民生活物资的供应实行了建国以前和建国初期采用过的"供给制"，即通过灾民所在的单位，街道办事处或解放军官兵根据政府制定的定额，免费发放救济物资。对2 208名灾民获得食品方式的调查表明，在震后3~10天，在这些被调查的灾民中，46%灾民是通过"供给制"渠道获得的，25%灾民是通过解放军空投获得的，24%灾民是通过自己扒挖获得的，另有5%灾民则是亲友给予的。而据对另外2 172名灾民获得食品方式的调查则表明，在震后10~50天，在这些被调查的灾民中，81%灾民是通过"供给制"渠道获得的，6%灾民是通过解放军空投获得的，10%灾民是通过自己扒挖获得的，另有3%灾民则是亲友给予的。

由于灾后不可能马上给所有灾民提供临时住房，在震后1~2周到震后1~2个月里，许多家庭同其他家庭人员住、吃在一起，过着临时大家庭生活。根据对1 367名灾民的调查，在震后1个月里，住、吃在一起的占76%。

在这个阶段，绝大多数灾民住过简易防震棚和帐篷，根据对1 512名灾民的调查，住过简易防震棚的占77.4%，住过帐篷的占14.5%。

(2) 住简易房阶段。这个阶段大致是从震后3个月到数年。1976年8月，即震后不到一个月，政府就开始部署修建简易住房。当时的建房方针是："发动群众，依靠集体，自力更生，就地取材，因陋就简，逐步完善。"同时，提出简易住房要符合"防震、防雨、防火、防寒、防风"等要求。1976年9月，修建简易住房进入高潮，到1976年11月15日，唐山市建成简易住房35万间。入冬前，灾民都从防震棚搬进了简易住房。

(3) 向住永久性住房过渡阶段。这个阶段大致是在震后数年。1976年8月，在开始部署修建简易住房的同时，政府就着手规划灾后重建。1978年，唐山市恢复重建工作正式展开，到1987年7月，恢复重建工作胜利完成。

一般认为，新唐山市是在废墟上重建的。实际上，地震以后很快就建起了几十万间简易住房，当时有70多万人口。所以，准确地说，新唐山市是在"简易城市"的基础上重建起来的。

在"简易城市"的基础上重建，遇到的最大问题是，通过"搬迁倒面"，为永久性住房建设腾出场地。1978年计划在采煤波及区和规划边缘区选10个点，建设26.5万m^2平房（占住宅总建筑面积的5%），作为恢复建设的周转用房。周转用房建成以后，可腾出650多亩住宅建设用地，在这些土地上可建设30万m^2的4~5层楼房。此外，在钓鱼台等地建设93万m^2楼房住宅小区7个，建成后可腾出1950亩建设用地，为大规模住房建设提供场地。整个"搬迁倒面"，由市区外围开始，逐步转向市内。

"搬迁倒面"是一项涉及千家万户的复杂的工作。唐山市政府为此做了大量的工作。1979年7月10日颁发了《唐山市城市各项建设拆迁房屋暂行规定（草案）》，对拆迁、建设、安置和私房等问题做了明确的规定。为了加速重建，1979年9月30日又颁布了《关于拆除私房补偿暂行办法》，根据宪法第8、9条的精神，对补偿原则和办法做了具体规定。同时还颁布了《唐山市私有房屋拆迁评价标准》、《拆迁拆议书》和《关于搬迁倒面房屋分配的暂行规定》。后者对1979年和1980年建设的半永久和永久性住宅在搬迁倒面中的分配做了具体规定，违反规定者除纪律处分外，予以强行搬迁。实践证明，这些规定并没有完全解决搬迁倒面中遇到的问题，以至影响到恢复重建的速度。1981年4月，随着市外住宅小区的建成，施工现场逐步转入市内。为加速搬迁倒面，政府除提出具体要求外，还颁发了《关于搬迁倒面若干问题的规定》。该规定对居民搬迁、公建搬迁、搬迁补助、搬迁倒面后简易住房的拆迁和回收、搬迁中的奖惩和搬迁机构等均有明确的规定。此后，又颁发了《关于恢复建设期间加强城市建设管理若干问题的暂行规定》。这些规定保证了搬迁倒面工作的顺利进行。1981年8月，唐山市召开了全市搬迁工作会议，针对住宅建设配套工程建设跟不上，住房分配上的不正之风，少数群众的无理要求和搬迁倒面工作不力等问题提出了解决办法。1982年10月29日，唐山市7届人大第一次会议通过了《唐山市恢复建设时期搬迁倒面若干问题的规定》，使搬迁倒面工作有了法规的约束。

从上述可见，在唐山市震后恢复重建中，由于对灾后临时住房缺乏研究，对在简易城市基础上恢复重建的困难认识不足，没有注意吸取国外的成功经验，因而使恢复重建工作遇到了诸多的阻碍。比如，前南斯拉夫1963年斯科普里地震以后，在应急反应阶段就强调永久住房的建设，并确定了简易住房的标准，使简易住房的建设规模大为减少，避免了搬迁倒面。

生产恢复

煤炭工业是唐山市的主要工业，在全国占有重要位置。地震后到8月中旬，开滦煤矿全矿区有70%的开采水平和60%的采煤工作面被水淹没，56%的井下主排水泵房和53%的主扬程排水泵被淹，排除井下积水成了恢复生产的关键。震后3天，全矿区恢复电力供应。到1978年1月，共排除矿井巷道积水1.6亿多万吨，修复巷道370多km，修复100多个采煤工作面，抢修33 000多台机电设备，修复地面建筑100多万m^2。到1977年12月，原煤平均日产量已达到地震以前的水平。

唐山钢铁厂地震时也遭到了破坏。1976 年 8 月 25 日出第一炉钢，1977 年 12 月，日产钢 8.2 万吨，超过了地震以前的生产水平。

陶瓷工业震后很快恢复了简易生产，经过 1977 年的大规模修复和重建，到 1980 年底基本恢复到震前的生产水平。

轻工业生产直接关系到抗震救灾和人民生活。各企业职工本着自力更生、艰苦奋斗、积极排险、因陋就简、就地取材和先易后难的精神，能恢复一条生产线就恢复一条生产线，能恢复一个车间就恢复一个车间，到 1977 年 3 月，即震后 8 个月，唐山地区 692 个县和市辖区以上的受灾企业中，有 666 个恢复了生产，占受灾企业总数的 96%。

生命线系统恢复

供电。地震后，唐山发电厂和陡河发电厂都遭到了严重的破坏，主要由于发电厂和变电站房屋倒塌，里面的设备被砸坏，造成供电完全中断。供电系统的恢复可分为 4 个阶段。第一阶段是把北京的电力送到唐山。地震后当天，从北京调来发电车，为指挥部供电。第二天 18 时，玉田到唐山的输电线路得到恢复，使北京的电力送到了唐山。震后第三天恢复了向市区水源地、机场和开滦煤矿送电。第二阶段是把一路受电发展到由北京、天津、承德和秦皇岛 4 路受电。1976 年 8 月 7 日恢复了市区 20 多条主要街道的路灯供电，8 月 10 日唐山市郊区 10 个县全部恢复供电。第三个阶段为增加供电能力。1976 年 8 月 27 日唐山地区电力负荷增加到 13.8 万千瓦，其中煤矿用电达 4 万千瓦，183 个工矿企业恢复供电。第四个阶段是恢复发电厂发电。1976 年 11 月 15 日唐山发电厂全厂 10 台机组全部并网发电。1978 年 8 月 10 日陡河发电厂的 4 台机组全部并网发电。

供水。唐山市震后供水中断，主要是由于供水厂房、水塔等建筑以及地下管网和井管破坏所造成。许多管线被倒塌的建筑物压住，难以抢修。本着先水源后管网和先干管后支管的恢复原则，唐山市于 1976 年 8 月 10 日全市恢复供应饮用水，10 月 10 日供水能力恢复到了震前的水平。唐山市在震后不能统一供水阶段，以每个补压井或水厂为基地，把市区划分为若片，建立临时公用水栓，实行分区供水。在各片干管打通恢复后，及时并网，实行统一供水。天津市则在 1976 年 8 月底恢复供水。

通信。唐山市震后通信完全中断。主要原因是：通信建筑倒塌，设备被砸坏；市内线路被倒塌房屋砸断；架空明线倒杆、断线、混线等。地震当天上午利用未破坏的地下电缆，接通了北京的第一条线路，下午接通了与省会石家庄的联系，开始收发电报。地震后的第二天，开通了唐山到北京、天津、石家庄、沈阳的直通电路。1976 年 7 月 31 日原有线路基本开通。1976 年 9 月 1 日完全恢复通信。

交通。唐山和天津两市道路因房屋倒塌而堵塞，严重影响交通。唐山市内南北干线堵塞，震后 10 多个小时不能通车；通往丰润的唐丰路由于市内交通不畅和缺乏熟练交通指挥人员，压车达 10 余公里；天津市和平区 80% 道路堵塞；唐山市胜利桥震毁，使市区与东矿区及外地交通暂时中断；宁河县蓟运河大桥倒塌，切断了通达到天津的道路。所有这些，都严重地影响了灾后的抢救工作。根据尽快简易恢复通车的原则，采用临时加固，垫实被毁公路，架设舟桥、木便桥、摆渡和浅水徒涉等措施，到 1976 年 8 月 15 日，唐山地区恢复了临时通车。1977 年 1 月 20 日，全部公路恢复通车。本着先修通后完善，先干线后支线和专线的原则，铁路交通恢复工作进展很快，到 1976 年 10 月底全部恢复，铁路运输能力基本达到震前的水平。

供气。唐山市管道煤气和瓶装液化气系统地震后破坏轻微，1976 年 8 月底基本恢复。瓶装液化气震后不仅满足原有用户的需要，而且供应了几百个外来的医疗队，对救护伤员起了重要的作用。

医疗。震后中央政府从 25 个省市抽调 8 900 多名医务人员到灾区支援，震后不到半年，唐山地区恢复的简易医院、病床、医务人员平均达到震前的 90% 以上，公社级卫生院规模普遍超过地震以前，保证了灾区的医疗和防病条件。

机场。唐山机场跑道震后基本完好，仅一些房屋建筑遭到严重破坏。震后机场仍可运行，运送了大量的伤员和救灾物资。

唐山市震后城市主要功能恢复情况如图 8.20 所示。

人口变动

唐山市 1966 ~ 1986 年人口的机械变动情况如表 8.10 所示。根据表 8.10 绘制的唐山市 1966 ~ 1986 年年平均人口（人）变动和唐山市 1966 ~ 1986 年年人口净迁入率（‰）分别如图 8.21 和图 8.22 所示。

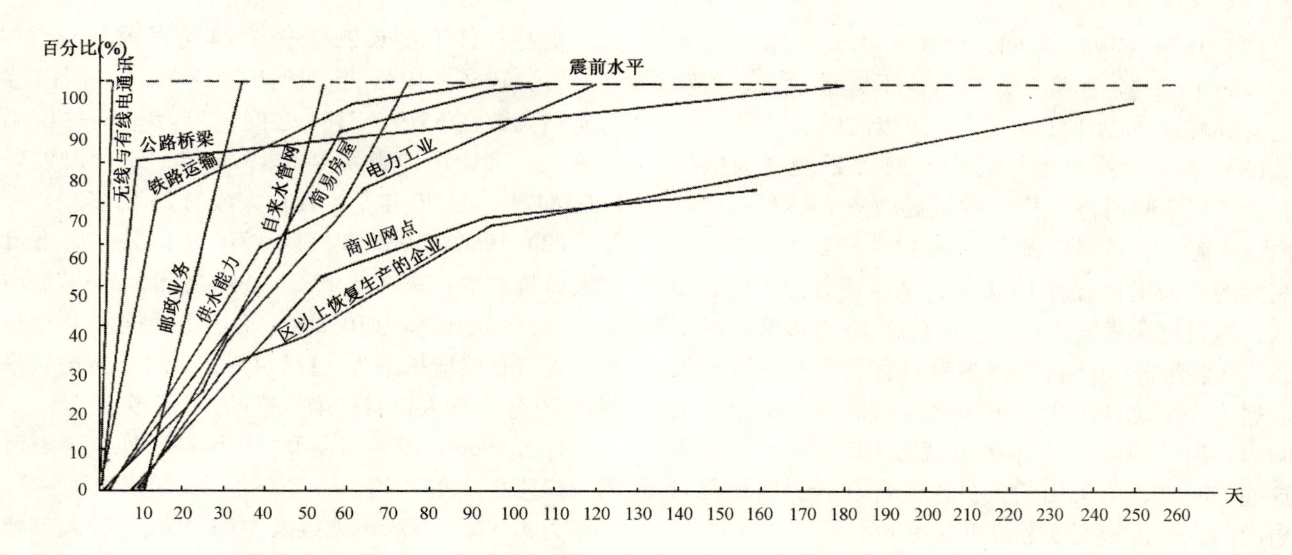

图 8.20 唐山市震后城市主要功能恢复情况（简易住房按 35.1 万间计算）

唐山市 1975～1986 年人口的机械变动情况

表 8.10

年份	年平均人口（人）	迁入人口（人）	迁出人口（人）	迁入率（‰）	迁出率（‰）	净迁入率（‰）
1966	1063095	8566	22371	8.0	21.0	－13.0
1967	1075476	8276	4809	7.6	4.5	3.1
1968	1090910	10091	18982	9.2	17.4	－8.2
1969	1098649	11436	2679	10.4	23.7	－13.3
1970	1103822	9714	2436	8.8	21.9	－13.1
1971	1115798	10774	10730	9.7	9.6	0.1
1972	1133924	13346	10783	11.7	9.5	2.2
1973	1153543	11874	5946	10.3	5.1	5.2
1974	1171708	20544	11678	17.5	10.0	7.5
1975	1188140	20478	14146	17.2	11.9	5.3
1976	1133572	17396	17025	15.3	15.0	0.3
1977	1093054	47320	15573	43.3	14.2	29.1
1978	1152370	63070	10892	54.7	9.4	45.3
1979	1208873	178554	17455	147.7	14.7	133.3
1980	1245395	33026	16821	26.5	13.5	13.0
1981	1277402	25902	16790	20.3	13.1	7.2
1982	1313153	29380	11785	22.4	8.9	13.5
1983	1342111	16454	13841	12.2	10.3	1.9
1984	1358394	21177	12701	17.0	9.3	7.7
1985	1375554	13858	13037	10.0	9.5	0.5
1986	1397439	19930	10780	14.3	7.7	6.6

资料来源：参考文献 [2]，第 205 页

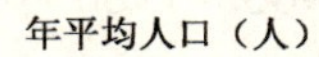

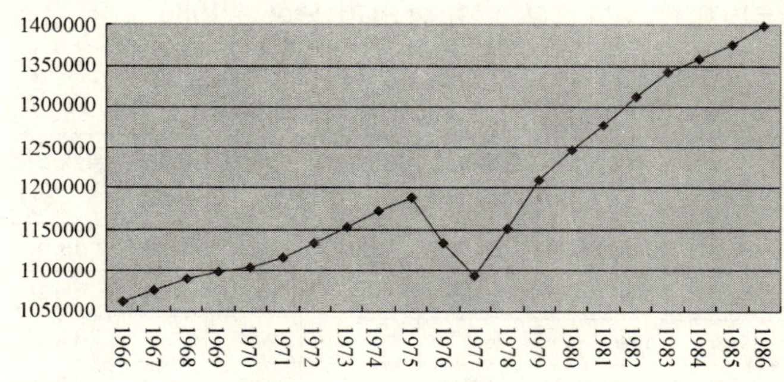

图 8.21 唐山市 1966～1986 年年平均人口变动

净迁入率（‰）

126.0 106.0 86.0 66.0 46.0 26.0 6.0 -14.0

1966 1967 1968 1969 1970 1971 1972 1973 1974 1975 1976 1977 1978 1979 1980 1981 1982 1983 1984 1985 1986

图 8.22 唐山市 1966～1986 年年人口净迁入率（‰）

从表 8.10 和图 8.21 及图 8.22 可见：

（1）1975～1979 年间，唐山市年均人口变动很大，经历了一个快速下降和快速上升的阶段，1977 年下降到谷底，年平均人口为 1 093 054 人；以后年平均人口迅速上升，1979 年上升到 1 208 873 人，超过了地震以前的年平均人口。

（2）1976～1980 年间，唐山市年人口净迁入率（‰）经历了一个急速上升和急速下降的阶段，1979 年上升到峰顶，1981 年恢复到地震以前的水平。

（3）表中的统计数字是以户籍关系变动为依据的，地震以后临时进入唐山的抗震救灾人员没有统计在内。实际上，从地震发生的 7 月 28 日到 7 月 31 日，在短短的 4 天里，就有 15 万多人从全国各地来到唐山灾区，进行抗震救灾工作，其中包括 10 万多解放军官兵，2 万多医务人员和 3 万多政府官员和专业技术人员。据不完全统计，唐山市在地震以后不到 1 个月的时间内，向外地转移的伤病员就有 105 589 人。如果把这些临时进、出唐山的人员也统计在内，则地震以后唐山的人口机械变动数量更为惊人。

唐山市 1966～1986 年人口的自然变动情况如表 8.11 所示。表中统计的地域范围含重建后的丰润新区，故表中数字和表 8.10 略有不同。图 8.23 和图 8.24 分别为根据表 8.11 绘制的唐山市 1966～1986 年年均死亡人口（人）和唐山市 1966～1986 年年均人口自然增长率（‰）。

唐山市 1966～1986 年人口的自然变动情况　　表 8.11

年份	总人口（人）	出生人口（人）	死亡人口（人）	出生率（‰）	死亡率（‰）	自然增长率（‰）
1966	1065603	23413	6893	22.0	6.0	16.0
1967	1085349	20121	5922	18.7	5.5	13.2
1968	1096471	26637	5884	24.4	5.4	19.0
1969	1100827	26096	6798	23.8	6.2	17.6
1970	1106816	25595	6511	23.2	5.9	15.5
1071	1124780	23620	6317	21.2	5.7	14.2
1972	1143068	22896	6350	20.2	6	14.2
1973	1164018	19484	5916	16.9	5.1	11.9
1974	1179397	13766	6617	11.7	5.6	6.1
1975	1196882	15609	7133	13.1	6	7.1
1976	1070262	14546	144184	12.8	127.2	-114.4
1977	1115846	19360	6047	17.7	6.1	11.6
1978	1188894	24619	5579	21.4	4.8	16.6
1979	1228780	22126	5684	17.8	4.6	13.2
1980	1262009	22669	5982	27.7	4.7	13.0
1981	1292794	28745	6032	17.2	4.6	12.6
1982	1333512	31208	6093	26.2	5.1	12.1
1983	1350710	21056	5762	15.6	4.2	11.4
1984	1366078	17786	5913	13.0	4.3	8.7
1985	1385029	17122	6374	12.4	4.6	7.8
1986	1409848	20264	6576	14.5	4.7	9.8

资料来源：参考文献［2］，第 202 页

从表 8.11 和图 8.23 及图 8.24 可以看出：

（1）1966～1986 年，除 1976 年以外，唐山市年均死亡人数在 5579～7133 之间，20 年平均每年死亡 6219 人。而唐山地震发生的 1976 年，死亡人数高达 144 184 人，是 20 年平均死亡人数的 23 倍多。

（2）1966～1986 年，除 1976 年以外，唐山市年均人口自然增长率在 6.1‰～19‰之间，20 年平均每年人口自然增长率为 10.2‰。而唐山地震发生的 1976 年，人口自然增长率为 -114.4‰，人口自然增长率下降达 20 年平均人口自然增长率的 11 倍多。

（3）1966～1986 年，除 1976 年以外，唐山市年均人口死亡率在 4.2‰～6.2‰之间，20 年年均人口死亡率为 5.0‰。而唐山地震发生的 1976 年，人口死亡率高达 127.2‰，是 20 年平均人口死亡率的 25 倍多。

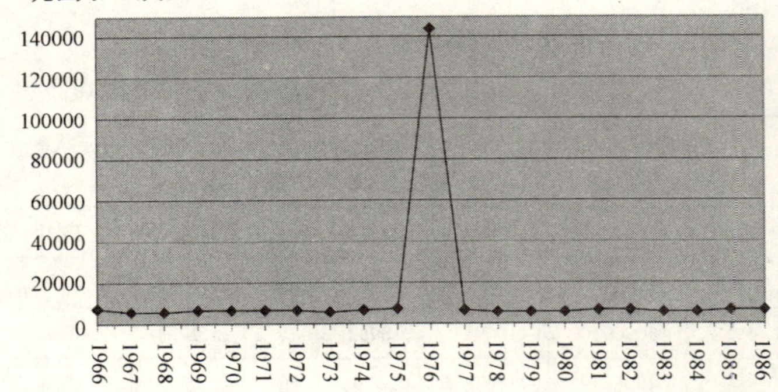

图 8.23　唐山市 1966～1986 年年均死亡人口（人）

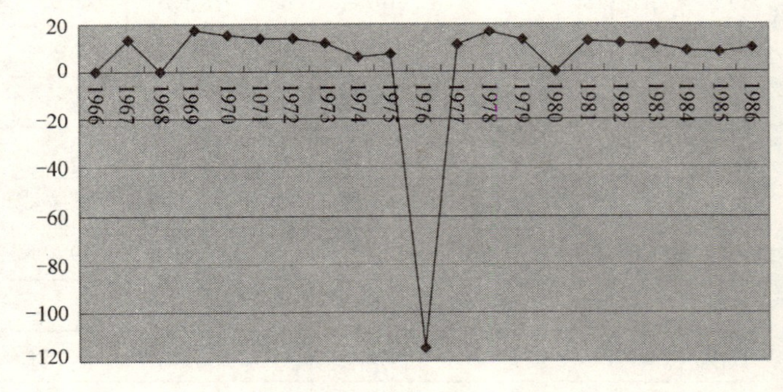

图 8.24　唐山市 1966～1986 年年均人口自然增长率（‰）

8.7　灾害垃圾管理

8.7.1　综合灾害垃圾管理规划

一场大地震灾害以后留下来的垃圾，不仅数量巨大，会造成一系列的公共健康和安全问题，而且对灾

后恢复重建速度也会产生重大的影响。如果考虑一下1976年唐山地震，1995年的阪神-淡路地震，1994年的美国北岭地震，以及其他许多破坏性地震以后清扫垃圾的规模和所付出的代价，马上就会明白，在一次大地震发生以前，就制定出综合灾害垃圾管理规划实施是多么重要！这样做，显然就可以避免日后从垃圾堆放场地转移大量的垃圾。

在美国，已经制订了《综合废弃物管理防灾规划》（Integrated Waste Management Disaster Plan）。该规划在每一章的开始都有一个清单。在清单里汇总了地方政府和指定的垃圾管理经理及其团队所应承担的任务，该规划共有17章，即：（1）政府协调；（2）灾前评估；（3）垃圾管理计划；（4）临时堆放场地；（5）合同；（6）补偿；（7）互助；（8）路边收集计划；（9）建筑物拆除计划；（10）家庭危险废弃物和防灾规划；（11）公共信息计划；（12）利用再生产品重建；（13）标准化的应急管理体制；（14）应急和灾害宣布程序；（15）国家自然灾害援助（NDAA）项目；（16）联邦政府公共援助项目；（17）案例研究。

如果在大地震以后还没有制订产品再生和再利用计划，则必须处理成百万吨的地震垃圾。美国洛杉矶市制订了一项《拆除和垃圾转运计划》，来处理1994年北岭地震时造成的垃圾。洛杉矶市收集了288万t地震垃圾，回收了162.98万t，回收率达56.6%。通过回收和拆除计划，洛杉矶市节约了大约635万m^3垃圾的堆放场地。美国的圣塔-克拉日塔（Santa Clarita）市有14万人口，位于离1994年北岭地震震中12km的地方。全市因地震造成的经济损失估计约为3亿美元。该市估计，市里免费提供清运和回收的地震垃圾在25万t以上，回收率达到了97%。通过回收和利用地震造成的垃圾，地方当局不但可以节约垃圾堆放场地，有助于实现2000年废弃物减量50%的要求，而且还有可能在建筑垃圾处理领域扩展现有的业务，培育新的商机。

8.7.2　可持续的灾后重建

一次大地震以后，就会形成大量的建筑垃圾，这是全世界都在重复发生的事情。出于经济发展和环境保护的需求，人们以不同的形式对地震垃圾进行再利用。有的用机器，有的用手工。有的规模大一些，有的规模小一些。对于房屋和建筑垃圾，无论是来自然灾害以后的废墟清理，还是来自人类的建设活动，它们的回收利用都是节约能源、节约时间、节约资金和其他资源的大好机会。此外，房屋建筑和工程建设的废弃物的回收利用和控制管理还可节省土地，并可为处理其他类型的垃圾创造更好的机会。

地震以后，首先需要考虑的必然是经济再生。因为经济再生是物质重建的前提，只有经济再生，人们才能做出自己的选择，来完成他们自己的恢复和重建任务。通过建筑材料的回收和再利用，遭受地震破坏的社区可以节省地震垃圾的清运和倒出费用，节省有价值的资源。同时，还可在当地直接创造就业岗位，并解决一部分清运问题。1963年前南斯拉夫的斯科比耶（Skopje）地震以后，包括金属丝和管件在内的大部分地震垃圾，在重建过程中都得到了回收和再利用。此外，还研究出一种估计由于地震使房屋倒塌而可能产生的垃圾体积和数量的方法。现在，在有自然灾害风险的地区，这个方法已在制订备灾规划时得到应用。[13]

8.8　采用环境友善技术

日本在震后重建中，采用了不少环境友善技术，比如：[14]

（1）铁路抗震技术；

（2）对于高架公路和地铁，考虑竖向地震动技术；

（3）节能技术，第一座装备太阳能电池的样板住房已经竣工；

（4）移动式垃圾粉碎和回收再利用机械系列，这些机器可以将石头、混凝土块碾成细小碎粒，这些细小碎粒可在现场用作路基材料和重建工程中的其他骨料。

8.9　结语

1. 搜寻和营救。地震后，在遭受地震严重袭击的地区，搜寻、营救和灭火是立即要采取的最为紧急的行动。1995年日本阪神-淡路地震以后，消防部门、日本地面自卫队（the Japan Ground Self Defense Force，JGSDF）和警察部门的人员都在灾区进行搜寻和营救。但有人估计，地震后大约总计有2万人被埋在倒塌的房屋下面，他们中大约有1万5千人是当地社区的居民救出来的。

在地震发生后大约1天半的时间，日本地面自卫队的9千名官兵于1月18日早晨6时到达受灾最严重的地区。地面自卫队和消防部门共救出3 286人，其中消防部门救出1 912人，地面自卫队救出1 374人。与当地社区居民救出的人数相比，地面自卫队和消防部门在搜寻和营救行动中起到的作用较小。

1976年唐山地震和1995年阪神-淡路地震的人员伤亡数字表明，唐山地震的死亡人数和受伤人数分别是阪神-淡路地震的38.47倍和3.8倍。阪神-淡路地震死亡率较高的是50岁以上的人群，这部分人的死亡人数占死亡总数的比重为68%。但是，唐山地震时，56岁以上的人死亡人数只占总人数的16.25%，最高的死亡率发生在8~15岁的人群。究其原因，可能是在兵库县南部地区，年老者人数比唐山地区多得多，而且不同年龄人群占总人口的比重也有所不同。

地震后，及时、就近自救和互相救助是营救的一种有效方式。1976年唐山地震以后，大约有60万人被埋在倒塌的建筑物下面，他们中80%的人是以自救和互相救助的方式获得解救的。驻扎在唐山的部队，人数只占进入灾区执行营救任务的部队总人数的20%，而他们救出来的人却占部队救出总人数的96%。对431名被埋人员的一项调查表明，他们中96.8%的人是家里人和邻居解救出来的。可见自救和互相救助是多么重要！对1172名救出人员的调查显示，84.6%的救出人员是从营救人员到被埋人员所在地距离为500米内的房屋下面救出的。

2. 地震灾害防备规划。在日本，东京的城市建设地震灾害防备规划是一个很好的例子。这个规划包括以下内容。

（1）通过地震风险评估，确定高风险地区。

（2）确定地震环境。

（3）东京下次大地震的损失评估。

（4）城市规划和抗灾城市建设促进规划。

（5）城市重建手册。

（6）重建规划和重建工作。

美国“灾后恢复和重建规划”是美国规划协会（American Planning Association，APA）和联邦应急管理厅（FEMA）合作制定的。规划提出了要办的十件事。社区做了这10件事，就有可能把一个不能抗灾的社区建设成为一个安全的、更加可持续的和更能抗灾的生活和工作的地方。这十件事是：

（1）把防灾规划和恢复重建规划纳入正在实施的规划中。

（2）制定以社区为基础的灾害反应规划。

（3）制定为社区提供应急和短期住房的策略。

（4）灾前确定适用于旧区的经济援助计划。

（5）加固住房和其他房屋，使之能抗御未来的地震震动。

（6）明确权属模式，与易受灾地区的企业一起工作，预见他们的需求。

（7）列出社区内需要在地震后修复和加固的建筑物清单，寻求减少损失的时机。

（8）了解风险如何随地点而变化。

（9）取土样。

（10）把绘制地震危险图纳入规划设计过程。

3. 社会恢复。为了建设在物质上，社会、经济上，以及体制上都能抗灾的城市，如前所述，神户市于1995年6月制定了《神户复兴十年规划》，旨在通过社区发展和多个利益相关者共同决策来加速经济和文化发展，以实现城市复兴。现在已建成187个防灾和福利社区（DWCs）。

神户市于1999年对《神户复兴十年规划》进行了评估。评估有广泛的公众参与，包括14次研讨会和对1万市民的问卷调查。从5个方面来评价《神户复兴十年规划》前5年实施取得的成就：（1）市民生活恢复；（2）持久稳定的社区；（3）经济恢复；（4）有吸引力的城镇；（5）联合的城镇发展。评估认为，通过市民（包括从其他城市来的志愿者）、专家、商人和市政府之间的合作，恢复和重建工作以高效的方式取得了相当可观的成绩。但是，紧赶的恢复重建项目仍然带来了一些问题，如私有土地权属和社区退化之间的矛盾等。此外，《神户复兴十年规划》本身的修改也是政治进步的一个表现，因为在日本的公共管理中，对长期规划做具体评估并不常见。

4. 建筑垃圾管理。一次大地震灾害之后，留下来的建筑垃圾不仅数量巨大，还会引发一系列公共卫生和安全问题，而且还在很大的程度上影响灾后恢复和重建的速度。从1976年中国唐山地震、1995年日本阪神-淡路地震、1994年美国北岭地震以及许多其他破坏性地震之后清除废墟的数量之大就可以清楚地看出，在地震灾害发生之前，制定综合的建筑垃圾管理规划，有计划地转移数量巨大的建筑垃圾是多么重要。

美国已经制定了综合废弃物管理防灾计划。这个计划在每一章的开头都列有清单，概括了当地政府、主要指派的建筑垃圾管理人员和团队要执行的任务。这个计划共分为17章：（1）政府协调；（2）灾前评估；（3）垃圾管理计划；（4）临时堆放场地；（5）合同；（6）补偿；（7）互助；（8）路边收集计划；（9）建筑物拆除计划；（10）家庭危险废弃物和防灾计划；（11）公共信息计划；（12）利用再生产品重建；（13）标准化的应急管理体制；（14）应急和灾害宣布程序；（15）国家自然灾害援助（State Natural Disaster Assistance，NDAA）项目；（16）联邦政府公共援助项目；（17）案例研究。

作为房屋建筑和基础设施的恢复和重建的前奏，灾后必须优先安排经济恢复。这样，人们就能够做出他们自己的选择，安排他们自己的恢复和重建。通过从破坏建筑取下的建筑材料的再利用，受灾的社区可以节省建筑垃圾的运输和倾倒费用，节约有价值的资源，同时，还能直接为地方创造就业机会，解决一些清扫问题。1963年南斯拉夫斯科比耶（Skopje）地震以后，大多数建筑垃圾，包括配线和管道，在重建过程中都得到了再利用或再生利用。对由于一次地震造成建筑物倒塌所产生的建筑垃圾的体积和数量，已经开发出一种估计方法。现在，制定自然灾害危险地区的灾前防备计划时，已经采用这个方法。

参考文献

[1] 傅征祥、李革平．《地震生命损失研究》．地震出版社，1993.

[2] 邹其嘉、王子平、陈非比、王绍玉主编．《唐山地震灾区社会恢复与社会问题研究》．地震出版社，1997.

[3] Katayama，Tsuneo. 2001. Lessons from the 1995 Great Hanshin Earthquake of Japan with Emphasis on Urban Infrastructure Systems.
http：//rattle. iis. u-tokyo. ac. jp/kobenet/report/pub1. html

[4] Kobe Municipality. 2000. Kobe Recovery Records for the Great Hanshin Awaji Earthquake

[5] City of Kobe. 2002. The Great Hanshin-Awaji Earthquake Statistics and Restoration Progress. http：//www. city. kobe. jp/cityoffice/06/013/report/1-1. html

[6] Nara，Yumiko et al. http：//www. aepp. net/parikhNara. pdf

[7] 建设部．2003.《城市抗震防灾规划管理规定》．中华人民共和国建设部令．第117号．http：//www. cin. gov. cn/law/depart/2003092901. htm

[8] Nakabayashi，Itsuki. 2001. How Shall Tokyo be Reconstructed after the next big earthquake?：The 1995 Great Hanshin-Awaji earthquake and Tokyo's Preparedness Plan for Urban Reconstruction. Comprehensive Urban Studies. No. 75，pp. 97-118.

[9] APA（American Planning Association）. 1999. 10 Steps Communities Can Take to Prepare for Earthquakes，http：//www. planning. org/newsreleases/1999/ftp0804. htm

[10] Toyoda，Toshihisa. 1997. Economic Impacts and Recovery Process in the Case of the Great Hanshin Earthquake，Fifth U. S. /Japan Workshop on the Urban Earthquake Hazard Reduction，Pasadena.

[11] ICLEI-Canada，2002，Case Study #80，Kobe：Developing a Resilient City，http：//www. google. com/search? hl = en&q = indicators + for + the + KRP&btnG = Google + Search

[12]《第1章 復興計画推進プログラムの基本的考え方》
http：//www. city. kobe. jp/cityoffice/06/013/program/1-1. htm

[13] PRDU（Post-war Reconstruction and Development Unit）. 2002. Recycling and Sustainable Post-disaster Reconstruction. http：//www2. york. ac. uk/dcpts/pol：/prdu/worksh/recyc. pdf

[14] UNEP（United Nations Environment Programme）-IETC（International Environmental Technology Center. 1995，Rebuilding Kobe：A Chince for Innivative City Planning，INSIGHT，Spring' 95 Edition. http：//www. unep. or. jp/ietc/Publications/INSIGHT/Spr-96/2. asp

[15] 叶耀先，地震区建筑设计与城市规划，《中美通过建筑、城市规划和工程减轻地震灾害讨论会论文集》，1981年11月2~7日．中国，北京，中国国家建委抗震办公室、美国国家科学基金会，1981.

[16] 中国建筑技术发展研究中心，1976年唐山大地震震后恢复重建调研报告，1991年12月．

[17] 赵志林，唐山地震震后恢复概述，地震灾区恢复重建管理和技术研讨会论文，建设部抗震办公室，1993.

第9章 中国-日本防灾和灾害应急管理比较[1],①

9.1 引言

应急管理（Emergency Management）即紧急事件管理，它是针对特、重大事件灾害的危险处置提出的。危险包括人的危险、物的危险和责任危险。人的危险有生命危险和健康危险；物的危险指对物质财富的威胁；责任危险则源于法律上的损害赔偿责任，即第三者责任险。危险是由意外事件，意外事件发生的可能性，以及意外事件可能发生的危险情景构成。应急管理就是对意外事件的这些环节进行的管理。虽然并非所有的紧急事件都是灾害，但所有的灾害都是紧急事件。

人和动物对于意外事件发生信息的感知相同，但反应则不同。动物只能本能地规避。人类则有应变能力，能对所获得的灾情信息进行综合分析，从而选择最佳的应对行动。对特、重大事件灾害的应变能力是国家、社会、地区、单位、家庭和个人安全文化基本素质的标志。事实上，如果一个国家、一个社会、一个地区、一个单位、一个家庭和一个人具备较强的安全减灾文化素养和良好的心理素质，无论遇到什么样的突发性事件灾害，都能找到从容得当的应急处置办法。

灾害管理包括灾前的减灾、防备、预报、预警和应急；灾后的应急、恢复和重建。以后则是为准备对付下一次灾害而做的减灾、防备、预报、预警和应急（图9.1）。可见灾害管理是一个闭环系统。在整个灾害管理闭环周期中，应急管理虽然只是时间很短暂的一个阶段，但从保护人员和灾后恢复重建来说，它却是一个极为重要的阶段，因为良好的应急管理不但可以在很大程度上减少伤亡，而且为以后的恢复重建的顺利进行打下基础。应急管理周期通常由4部分组成：（1）减轻行动期，旨在减轻可能发生的紧急事件的严重程度和影响；（2）防备行动期，旨在使防灾机构有能力处理紧急事件造成的后果；（3）反应行动期，旨在控制紧急事件的负面影响；（4）恢复行动期，旨在恢复基本服务和正常运行，时间几乎与反应行动期同步。

本章在论述日本和中国防灾和灾害应急管理的体制、对策和特点的基础上，对中国和日本的防灾和灾害应急管理进行比较，最后阐述日本防灾减灾的经验和对中国的启示和建议。

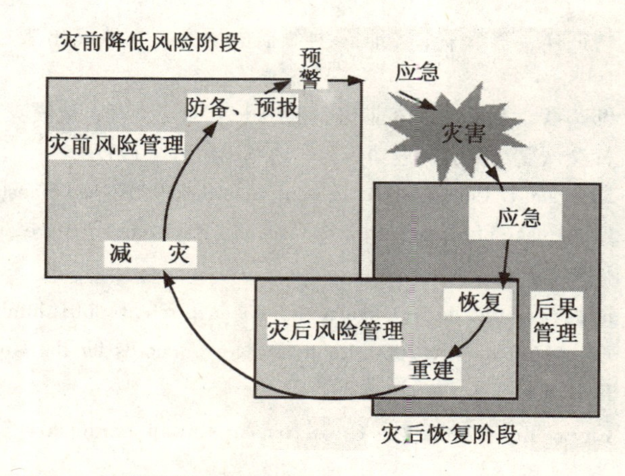

图9.1 灾害闭环和灾害管理

① 本章系根据叶耀先在2004年5月14日～19日，中央组织部、民政部和国家行政学院共同举办的省（部）级干部灾害应急管理专题研究班上讲授的材料写成。

9.2　日本防灾和灾害应急管理的体制和对策

9.2.1　日本的灾害

日本位于地震和火山活跃的环太平洋活动带。日本的国土面积虽然仅为全球面积的0.25%，但发生的地震次数和活火山分布占全球的比重却很高。1994年到1998年，全世界发生6级以上地震454次，其中95次发生在日本，占全球总数的20.9%[①]。全球共有活火山829座，其中86座在日本，占全球总数的10.4%[②]。再者，由于特殊的地理、地形和气象条件，日本还经常遭受台风、暴雨和大雪等灾害袭击。

自然灾害每年都给日本造成巨大的生命和财产损失。截至1950年，大台风和大地震夺走了1000多人的生命。由于诸如国土保全项目的推进，天气预报技术的改进，灾害信息传输系统的完善，以及灾害管理系统的建立等防灾措施的进步，自然灾害造成的死亡和失踪人数显现减少的趋势。但是，1995年的阪神-淡路大地震却造成6 438人死亡。于是担心海沟型大地震有可能在东海地区发生。可见，巨大的自然灾害仍然在威胁着人类。

9.2.2　日本防灾进展

日本的防灾法制和体制建设历史如表9.1所示。从表可见，日本的防灾法律比较齐全，120多年前就开始在防灾方面立法，不但各个灾种有法可依，而且还有涵盖各个灾种的基本防灾法律，即《灾害对策基本法》。《灾害对策基本法》对各个灾种的防灾对策进行整合，避免了执行中相互脱节和相关机构互相扯皮的现象。

日本的法制建设、灾害管理计划和机构历史

表9.1

年　份	灾害管理法律	灾害管理计划和机构
1880	•自然灾害备荒储蓄法（1899年废止）	•日本地震学会成立
1884		•内务省测量司启动全国天气预报
1896	•河川法（1964年全面修订）	
1897	•防冲刷法，森林法（1951年全面修订）	
1899	•灾害准备基金特别会计法（1911年废止）	
1908	•洪水预防协会法	
1911	•治水费资金特别会计法	
1925		•东京大学地震研究所成立
1941		•海啸报警机构成立
1947	•灾害救助法（10月） •消防组织法（12月）	
1948	•消防法（7月）	•建设省成立，地震防灾调查会成立
1949	•防洪法（6月）	
1950	•受灾农林水产设施恢复补贴暂行措置法（5月）	
1951	•受灾公共土木设施恢复事业费国库负担法（3月）	•京都大学防灾研究所成立
1952	•气象业务法（6月）	•国家消防总部成立
1955	•受灾农林渔业者融资暂行措置法（8月）	
1956	•海岸法（5月）	•气象厅成立
1958	•滑坡防止法（3月）	
1960	•治山治水紧急措置法（3月）	•自治省消防厅成立
1961	•灾害对策基本法（11月）	•远地海啸报警系统启用 •防灾日创立
1962	•大雪地区对策特别措置法（4月） •处理指定特别严重灾害的特别财政援助法（9月）	•中央防灾会议设置

① 内阁府根据日本气象厅数据和USGS提供的世界数据所做的统计

② 内阁府根据日本气象厅数据统计

续表

年　份	灾害管理法律	灾害管理计划和机构
1963		•防灾基本计划制定 •国立防灾科学技术研究所设立
1964	•全面修订河川法（7月）	•测地学审议会的地震预报建议
1966	•地震保险法	
1969	•陡坡坍塌灾害防止法（7月）	•地震预报协调委员会设立
1970	•海洋污染防止法（12月）	
1972	•推进减灾集体移民特别财政补助法（12月）	
1973	•活动火山周边地区避难设施整备法（7月，1978年修改为活动火山特别措置法） •灾害慰问金支付法（9月）	•火山喷发预报计划建议
1974		•火山喷发预报协调委员会设立 •国土厅成立
1975	•石油工业基地和其他石油设施灾害防止法（12月）	
1976		•地震预报推进总部设立
1978	•大规模地震对策特别措置法（6月，地震防灾基本计划）	
1980	•地震防灾对策强化地区地震对策紧急整备事业特别财政措置法（5月）	
1984		•国土厅防灾局成立
1985		•日本国际紧急救援队组建成立
1987	•日本国际紧急救援队派遣法（9月）	
1989		•国际减灾10年（IDNDR）总部设立
1992		•南关东地区直下型地震对策大纲制定

续表

年　份	灾害管理法律	灾害管理计划和机构
1995	•阪神-淡路大地震复兴基本方针和组织法（6月） •部分修改1961年灾害对策基本法（6月） •地震防灾对策特别措置法（6月） •部分修改灾害对策基本法和大规模地震对策特别措置法（11月） •建筑物抗震加固促进法	•防灾基本计划修订 •地震调查研究推进总部设立
1996	•特定非常灾害灾民权益保护特别措置法（6月）	
1997	•密集市街地区减灾促进法（5月）	•防灾基本计划修订（6月）
1998	•灾民生活重新安排支援法（5月）	
1999	•核灾害对策特别措置法	•地震防灾基本计划修订（7月）
2000	•土、砂沉积灾害地区防灾对策推进法（5月）	•国际防灾联络会议设立 •防灾基本计划修订（5月、12月）
2001		•政府省、厅重组，内阁府防灾部门设立

按照防灾法律颁布的时间顺序，比较重要的防灾法律有：《河川法》，《防冲刷法》，《森林法》，《灾害救助法》，《消防组织法》，《消防法》，《防洪法》，《气象业务法》，《海岸法》，《滑坡防止法》，《治山治水紧急措置法》，《灾害对策基本法》，《大雪地区对策特别措置法》，《地震保险法》，《陡坡坍塌灾害防止法》，《海洋污染防止法》，《活动火山特别措置法》，《石油工业基地和其他石油设施灾害防止法》，《大规模地震对策特别措置法》，《地震防灾对策强化地区地震对策紧急整备事业特别财政措置法》，《国际紧急救援队派遣法》，《地震防灾对策特别措置法》，《建筑物抗震加固促进法》，《特定非常灾害灾民权益保护特别措置法》，《密集市街地区减灾促进法》，《灾民生活重新安排支援法》，《核灾害对策特别措置法》，以及

《土、砂沉积灾害地区防灾对策推进法》等28项防灾法律。

第二次世界大战以后，日本的防灾对策和法制建设历史和巨大灾害之间的关系如表9.2所示。从表可见，巨大的灾害和可能发生巨大灾害的预测，推动着防灾法规的制定和修订，使灾害管理日益加强和完善。1946年发生的南海地震引发了次年《灾害救助法》的颁布。1959年发生的伊势湾台风是日本灾害管理的转折点。这次灾害使日本从此走向灾害综合规划和管理的新阶段，1961年颁发施行的《灾害对策基本法》和1962年成立的中央防灾会议就是这个阶段的标志。1964年新潟地震以后的第二年，颁发了《地震保险法》。1976年日本地震学会发表的东海地震发生可能性的研究报告，促使《大规模地震对策特别措置法》（地震防灾基本计划）于1978年诞生。1995年发生的阪神-淡路大地震促使一系列原有地震防灾法规的修订和新的地震防灾法规的问世。1999年发生的JCO核事故使《核灾害对策特别措置法》于当年降生。1999年发生广岛暴雨，次年《土、砂沉积灾害地区防灾对策推进法》就应运而生。

日本第二次世界大战以后防灾对策和法制建设历史和巨大灾害之间的关系　表9.2

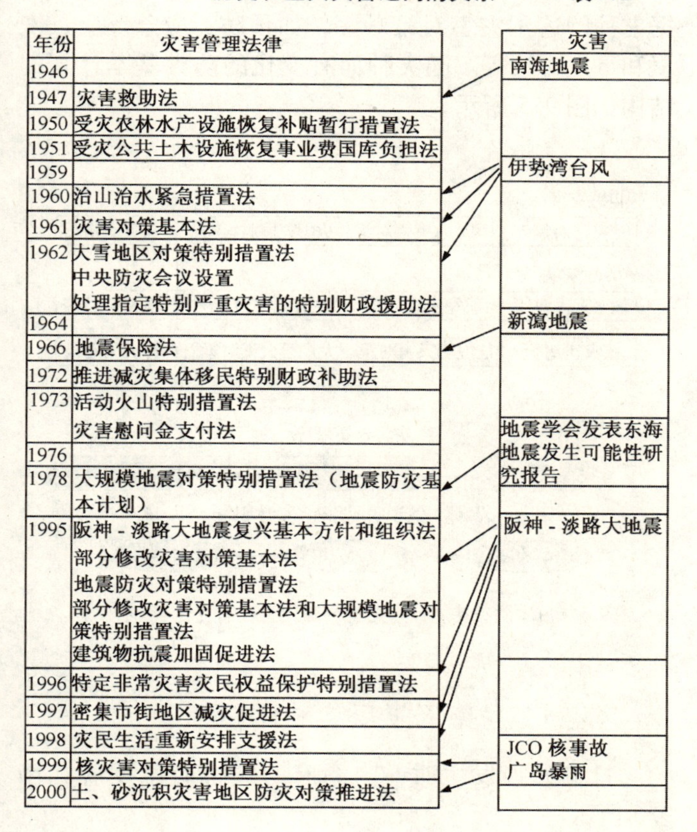

年份	灾害管理法律	灾害
1946		南海地震
1947	灾害救助法	
1950	受灾农林水产设施恢复补贴暂行措置法	
1951	受灾公共土木设施恢复事业费国库负担法	
1959		伊势湾台风
1960	治山治水紧急措置法	
1961	灾害对策基本法	
1962	大雪地区对策特别措置法 中央防灾会议设置 处理指定特别严重灾害的特别财政援助法	
1964		新潟地震
1966	地震保险法	
1972	推进减灾集体移民特别财政补助法	
1973	活动火山特别措置法 灾害慰问金支付法	
1976		地震学会发表东海地震发生可能性研究报告
1978	大规模地震对策特别措置法（地震防灾基本计划）	
1995	阪神-淡路大地震复兴基本方针和组织法 部分修改灾害对策基本法 地震防灾对策特别措置法 部分修改灾害对策基本法和大规模地震对策特别措置法 建筑物抗震加固促进法	阪神-淡路大地震
1996	特定非常灾害灾民权益保护特别措置法	
1997	密集市街地区减灾促进法	
1998	灾民生活重新安排支援法	
1999	核灾害对策特别措置法	JCO核事故 广岛暴雨
2000	土、砂沉积灾害地区防灾对策推进法	

9.2.3 日本灾害管理的法律制度和体制

1. 灾害对策基本法

《日本灾害对策基本法》包括以下内容：

（1）明确管辖权和灾害管理责任；

（2）灾害管理体制；

（3）灾害管理计划；

（4）灾害预防；

（5）灾害应急对策；

（6）灾害恢复；

（7）财政金融措置；

（8）灾害紧急事态。

2. 防灾体制

为了有效地进行灾害管理，中央政府、地方政府和指定的行政机关和公共单位，必须根据《灾害对策基本法》制定防灾计划并予以实施。日本防灾组织及其在防灾计划的编制和实施方面的职责如图9.2所示。从图可见，各级防灾会议是该级防灾计划的编制机构。指定行政机构包括内阁府和24个省、厅，都是国家灾害管理机构。指定公共单位包括运输、电力、煤气等领域的60家公司，如日本银行、日本电信电话株式会社、日本红十字会和日本广播公司等。

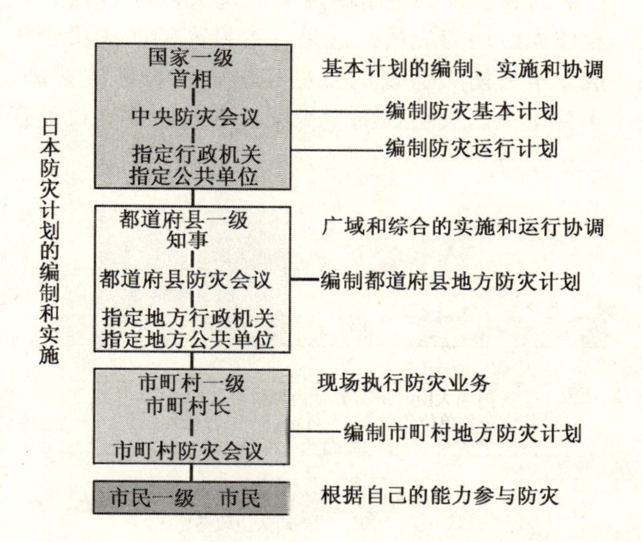

图9.2 日本防灾组织及其在防灾计划的编制和实施方面的职责

2001年，日本中央政府机构重组，内阁府成为国家灾害管理的行政机构。内阁府灾害管理政策统括官负责防灾基本政策和防灾计划的制定，协调各省、厅的活动，以及巨大灾害的响应。此外，作为负有特殊使命的大臣，还新设立了“防灾担当大臣”职位。图9.3为重组后的中央省、厅和内阁府的防灾组织结构。阪神-淡路大地震以后，为了改善和加强在诸如巨大灾害、严重事件和事故等的应急状态下危机管理的功能，加强了政府机构，设立了负责危机管理的内阁官房副官房长和内阁信息采集中心等职位和机构。

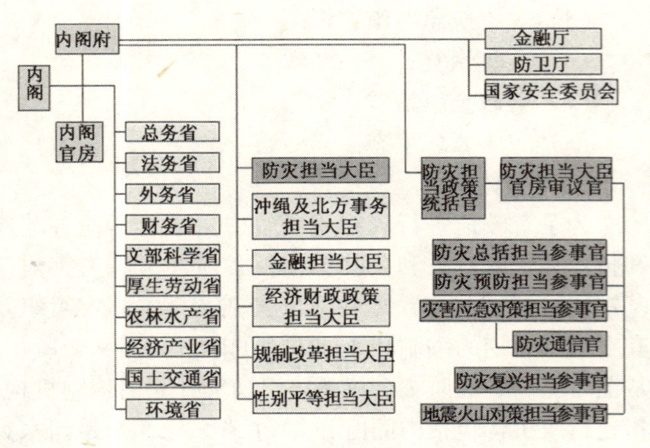

图9.3 2001年日本中央政府机构重组后的中央省、厅和内阁府的防灾组织结构

中央防灾会议的主席由内阁总理大臣（首相）担任，全体大臣均为成员，这是日本最高的防灾决策机构。成立中央防灾会议的目的是推进综合防灾措施。图9.4为中央防灾会议的组织图。中央防灾会议的任务是：

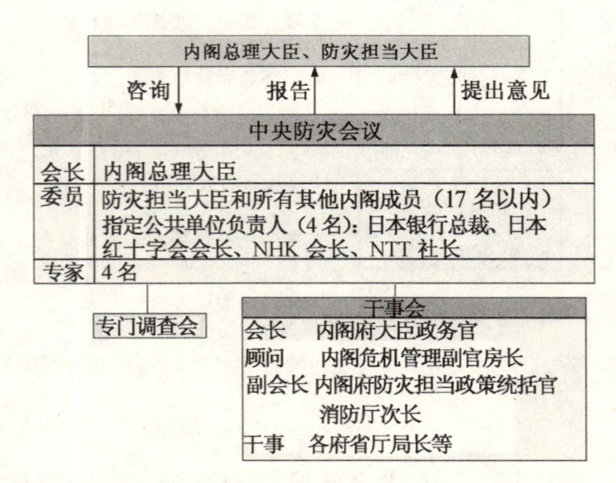

图9.4 中央防灾会议的组织图

（1）制定和推动实施基本防灾计划，草拟地震防灾计划；

（2）制定和推动实施大灾紧急措置计划；

（3）根据内阁总理大臣和/或防灾担当大臣的要求，商讨有关防灾的重要事项，如防灾基本方针、防灾对策、宣布灾害紧急状态等；

（4）向内阁总理大臣和防灾担当大臣就有关防灾的重要事项提出建议。

3. 防灾计划

日本大的防灾计划有3种，即：

（1）防灾基本计划：包括各种防灾计划的基本活动，这些活动是国家防灾对策的基础。在防灾层面上，防灾基本计划是中央防灾会议根据《灾害对策基本法》第34条制定的全国性的总的计划，是国家最高层次的计划。

（2）防灾业务计划：这是指定的行政机构和指定的公共单位根据防灾基本计划编制的计划。

（3）地区防灾计划：这是都道府县和市的防灾会议根据防灾基本计划和地方具体情况编制的计划。

1995年，根据阪神-淡路大地震的经验，对防灾基本计划做了全面的修订。

计划明确了中央政府、公共单位和地方政府在实施防灾对策中的责任。为了方便参照对策，计划还根据灾种阐述了灾害对策顺序，如预防、应急反应、恢复和重建对策等。随灾种而有变化的防灾基本计划的结构如图9.5所示。

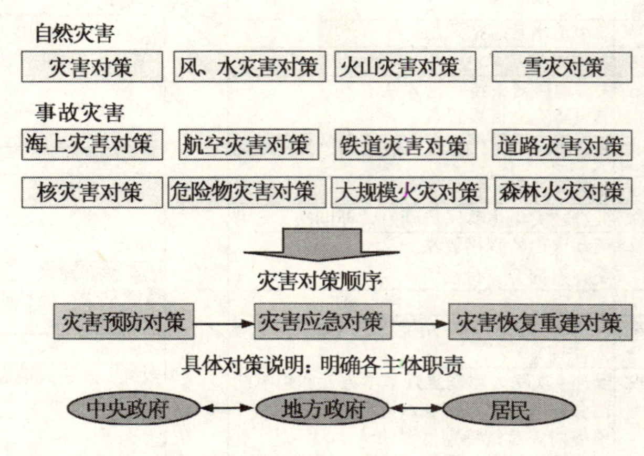

图9.5 日本防灾基本计划结构（随灾种而有变化）

9.2.4 日本灾害应急对策

日本灾害发生时，内阁府的灾害应急反应如图9.6所示。

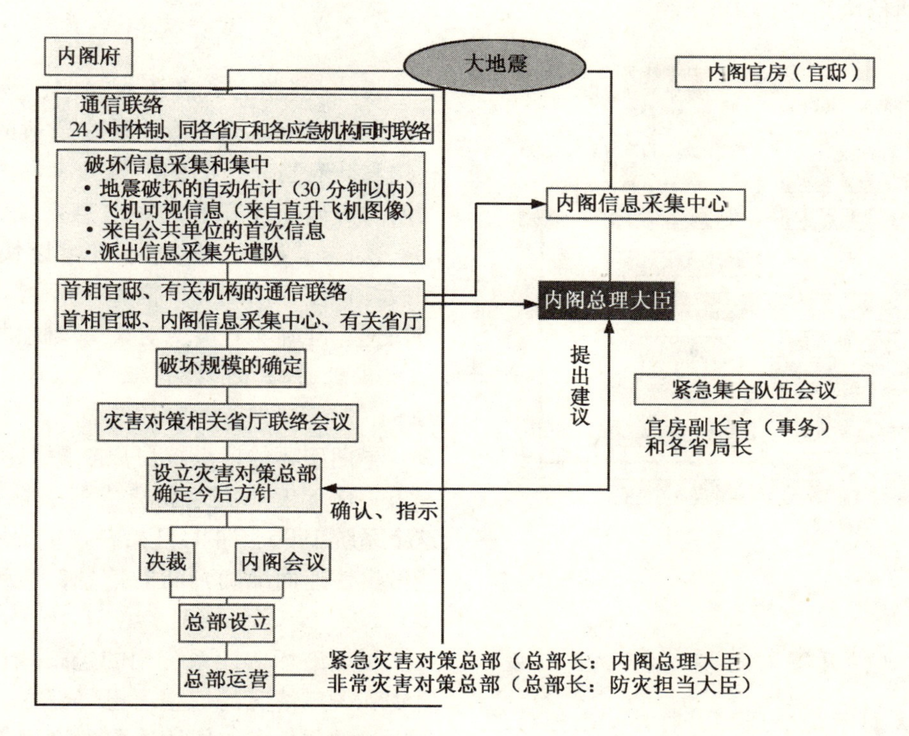

图9.6 灾害发生时内阁府的灾害应急反应

灾害发生时，中央和地方政府必须立即收集破坏的情况和规模信息，对所收集到的信息做出分析，并告知有关人员和机构。然后建立灾害应急对策实施体制。灾害应急对策的具体内容包括：提供有关避难的建议和指示，组织灭火，灾民救助，确保紧急运输，以及公共设施的应急恢复等。在发生灾害的市町村和都道府县，必须设立灾害对策本部，并调动所有人力物力实施灾害应急对策。当大规模灾害发生时，中央政府可以根据具体情况设立非常灾害对策总部（防灾担当大臣为总部长）或紧急灾害对策本部（内阁总理大臣为本部长），以推进灾害对策和实施。

灾害发生后，在国家层面，各省、厅的局长级官员立即到首相官邸集合。利用从有关机构获得的信息和从防卫厅或警察厅从直升飞机拍摄的灾区破坏影像，用早期评估系统（Early Evaluation System，EES）即可了解具体破坏情况。有了这些信息，到首相官邸集合的官员就可以更好地了解破坏情况。在对破坏信息做进一步分析以后，立即向首相报告，这样就可以及时地做出基本决策。

当灾害规模超出地方政府反应能力时，警察厅、消防厅和/或海上保安厅可给予广泛的灾害应急援助，根据都道府县知事的请求，可派自卫队参与应急救援活动。

中央政府还可派遣政府调查团到灾害现场并在那儿建立现场对策本部，以获得更详细的信息，便于及时采取对策。

9.2.5 日本信息和通信系统

为有序地实施灾害预防、灾害应急和灾害恢复和重建对策，快速而准确地收集、处理、分析和传播灾害信息是重要的前提。

在日本，除了通过气象防灾信息系统，河流、流域信息系统，道路灾害信息系统等收集和分析灾害信息以外，还有多种防灾通信网络，如连接国家机关的中央防灾无线通信系统，连接消防机构的消防防灾无线网，以及不仅同地方政府防灾机构相连，而且同地方居民相连的都道府县和市町村防灾无线网等。

假设由于灾害引起公用电话过分拥挤或破坏，内阁府还设有中央防灾无线通信系统，以确保指定的行政机构和指定的公共单位之间的通信畅通。除了设有电话和传真热线专用的通信网络以外，还设有传送可视数据的回路，以便能收到从直升飞机等获得的影像，能举办远程会议。此外，还设有一个可以利用全球通信网络的采用卫星通信回路的备用通信系统。

日本防灾相关通信网络如图 9.7 所示。

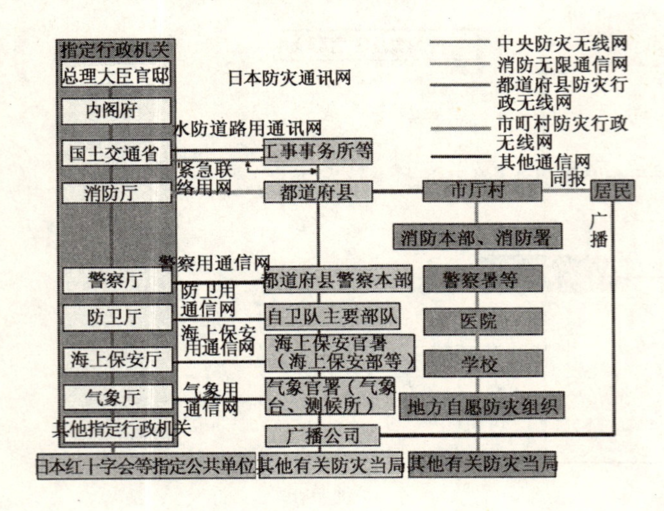

图 9.7　日本防灾相关通信网络

9.2.6　日本地震灾害对策现状和今后发展

日本的地震防灾对策是根据都道府县知事拟订的地震防灾紧急事业 5 年计划和根据这个计划提出的国家特别财政措施而付诸实施的。这个计划和措施出台的依据则是为吸取 1995 年 1 月发生的阪神-淡路大地震的教训而在同年 7 月颁发实施的《地震防灾对策特别措置法》。地震防灾对策的实施在积极的地震防灾设施整备等方面已经取得了许多成果。

但是，南关东直下型地震、东海地震、东南海-南海地震有可能发生并可能造成重大灾害的预测，迫切要求鉴定建筑的抗震性能和建立一个地震发生时能做出良好的应急反应的地震防灾体制。为建立这样的可操作的危机管理体制，需要：

（1）明确中央政府和地方政府的作用和目标，并构筑一个有效的联络网络；

（2）建立一个广域防灾体制；

（3）推进地方防灾对策和居民、企业、非盈利组织（NPO）和行政管理机构之间的合作伙伴关系；

(4)各种组织参与防灾,使整个社会共同投入防灾。

近年来，日本的社会状况正在发生重大变化，例如，经济增长缓慢下降、低生育率和转向老龄化社会等。就需要一些新的、同社会状况重大变化相适应的防灾对策，比如，在防灾领域引入市场原理，在预算有限的情况下必须从软件和硬件两个方面推进效果好和效率高的防灾对策，以及采用信息技术等先端技术等都是十分必要的。

9.2.7　地震防灾信息系统（DIS）

阪神-淡路大地震再次说明，快速估计破坏程度和范围，尽早掌握灾情并采取合适的措施，以及相关机构和政府当局之间的信息共享和协调的重要性。内阁府防灾局正在开发灾害信息系统（Disaster Information System，DIS）。这个系统可以快速确定破坏范围和破坏程度，使相关机构和政府当局能共享信息，并对快速、准确实施应急对策决策提供支持。

早期破坏估计系统（Early Estimation System，EES）

早期破坏估计系统可以在短时间和数据有限的情况下，估计出一次地震造成的破坏范围和破坏数量。这个系统 1996 年 4 月开始在日本使用，其目的是提供能做出快速而准确判断的信息，使政府迈出最初的一步。

早期破坏估计系统用的包括地质、地形、土、建筑物和人口情况的数据库已经建立。它可用来根据气象厅的地震信息，估计地震烈度网格分布、建筑物的破坏和人员伤亡。当地震烈度等于或大于日本地震烈度表的Ⅳ度时，早期破坏估计系统就自动开始运行，并能在地震发生以后的 30 分钟内提供破坏估计报告，图 9.8 为早期破坏估计系统的流程。

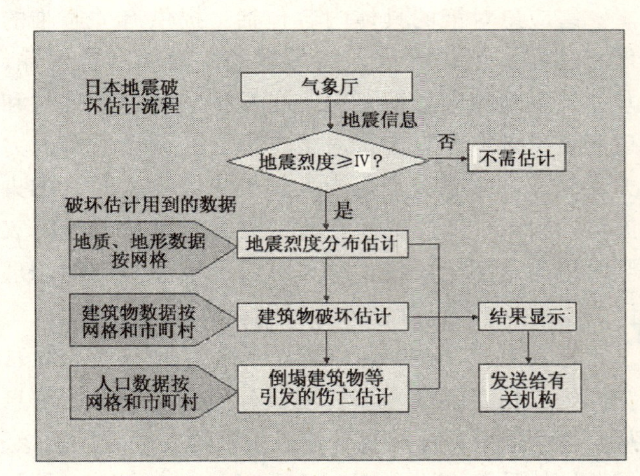

图 9.8　日本早期地震破坏估计流程

应急对策支持系统（Emergency Measure Support System，EMS）

应急对策支持系统旨在使灾害发生时各相关机构和政府当局能共享信息，并支持政府的各项应急政策的实施。

应急对策支持系统有一个包括基础设施（如公

路、铁路等）信息和防灾设施（如消防站和医院等）信息的数据库。它可同时演示破坏信息和用地图演示所采取的应急对策实施情况，供相关机构和政府当局分享和参考。

9.2.8 日本2003年5月26日傍晚本州岛东北地区里氏7级地震应急反应

地震一发生：东北地区新干线列车自动停止运行；东北电力公司建在宫城县女川和牡鹿两町交界处的核发电站正在运转的发电机自动关机；震情严重的岩手县和宫城县内的水泥、炼油、造纸等工厂生产线自动停止运转；东北地区乃至关东地区的家庭煤气在自控仪的作用下自动关闭。

震后1~2分钟：电视显示东北地区发生地震，从电视台预先架在楼顶的摄像机拍下的录像可见震中城镇大片房屋摇晃，从直升机转播可见仙台市一栋小楼起火；警察厅和岩手、宫城、山形等县警察总部启动灾害警备对策总部，从地方警察机构收集灾害信息；消防厅启动对策总部，按预案要求，了解和掌握情况；陆上自卫队东北方面总参谋部进入非常状态，并派员到灾区。

震后6分钟：日本首相宫邸综合减灾危机管理中心启动地震应对室；召开由相关部、厅的局长级干部参加的紧急会议，决定由地震应对室收集相关信息；内阁府、海上保安厅、国土交通省、总务省等启动应对室或联络室。

震后21分钟：驻扎在山形县东根市的日本航空自卫队第6飞行队和驻扎在青林县八户市的第9飞行队等所属的14架直升机出动，前往震区观察事态。第9飞行队所属的直升机发现岩手县二户市发生火灾。

震后1.5小时：日本内阁负责防灾的大臣在首相宫邸举行记者招待会，宣布政府对这次地震判断：有一些损失，但规模不大，暂不必启动灾害对策总部。

震后2小时：日本防卫厅长召集各局局长举行紧急会议，研究收集的震情和应采取的对策。

9.2.9 日本洪水灾害对策[①]

日本河流的主要自然特征是河流比降大，降雨量高，尤其是雨季和台风季节，常发生短时暴雨。降雨开始后，很短时间内就产生洪水，并且洪水历时相对较短。正常时期和洪水时期的流量相差很大，洪水流速极快，冲刷力极大。由于日本多山，因此人口、资源和主要城市大多集中在占国土总面积10%左右的冲积平原上，即所谓的洪泛区上。也就是说，日本全国约50%的人口和75%的财产集中在洪泛区。日本很早就开始对付洪涝灾害，但近年大洪水仍不断出现。防洪工程是日本最主要的防洪措施之一。1896年《河川法》颁布以后的100年间，建设了一些较大的河流防洪项目。1960年由于伊势湾台风造成的重大灾害而颁布了《治山治水紧急措施法》。根据该法提出了第一个"洪水工程5年计划"。1964年对《河川法》进行了修订，从此，以前一直按地区进行的河流管理开始按各个河系进行，并制订了"基础河流工程计划"。日本防洪对策对经济和城市发展做出了较大贡献。然而，至今防洪改善水平仍落后于需要。日本防洪对策通过在"基础河流工程计划"基础上制定的每个河系的规划目标得以执行，主要做了堤防、河道展宽、大坝、滞洪区、泄洪道和防洪设施工程。对大河（指109条一级河流系统），目标是提供与100~200年一遇的降雨强度相适应的设施，但当前目标是到21世纪初提供与30~40年一遇降雨强度相适应的设施。对中小河流，目标是提供与30~100年一遇的降雨强度相适应的设施，但当前目标是到21世纪初提供与5~10年一遇的降雨强度相适应的设施。1996年6月，河流理事会（River Council）提出"面向21世纪的未来河岸工程方法"报告。据此，建设省制定了第9个"洪水工程5年计划"（1997~2001年）。为了配合新方法，正在研究如下新的对策：

（1）针对整个集水区制定综合防洪对策，即制定大范围综合防洪对策，以使洪水损失减至最小。

（2）提高防洪设施的可靠性，将兴建超级堤防和加固已有堤防。然而，直到最近，日本河堤还没有考虑抗震设计，因此迫切需要在堤防中考虑抗震。

（3）让河流与自然环境相适应。

① http：//www. cws. net. cn/cwsnet/jzzhxin/2001-lwxj/17. html

9.2.10 日本《防灾白书》

日本的《防灾白书》每年出版，由内阁府编，财政部印刷局发行，2003年版包括以下章节。

第1部分 灾害状况与对策
第1章 我国的灾害状况
1. 易发生灾害的日本国土
2. 自然灾害状况
3. 2003年发生的重大灾害与对策
4. 新的防灾对策趋向
第2章 我国灾害对策的推进状况
1. 灾害对策的推进体制
2. 有关灾害对策措施
3. 防灾预算
4. 自然灾害对策
4-1 地震灾害对策
4-2 风灾和水灾对策
4-3 火山灾害对策
4-4 雪灾对策
5. 事故灾害对策
6. 近年发生的重大灾害恢复对策
第3章 国民防灾活动
1. 国民防灾意识
2. 国民防灾活动
3. 从生活考虑的防灾建设
第4章 世界自然灾害与国际防灾合作
1. 世界自然灾害状况
2. 国际防灾战略的推进
3. 亚洲地区多国防灾合作的推进
4. 国际防灾合作现状
第2部分 2002年度防灾措施执行情况
第1章 概要
第2章 法令整备
第3章 科学技术研究
第4章 灾害预防
第5章 国土保护
第6章 灾害复兴等
第3部分 2004年实施的防灾计划
第1章 概要
第2章 科学技术研究
第3章 灾害预防
第4章 国土保护
第5章 灾害复兴等

9.3 中国防灾和灾害应急管理的体制和对策

9.3.1 中国的灾害

中国有一半人口生活在地震烈度为≥Ⅶ度的地震区，这些地区占全国国土面积的1/3。世界上发生在大陆的震级为$M \geqslant 7.0$的地震有1/3发生在中国大陆，世界大陆地震造成的死亡人数50%在中国。中国22个省会城市，2/3百万以上人口城市位于地震高危险区。北京、昆明、呼和浩特、乌鲁木齐、兰州、银川、拉萨、太原、海口、台北位于烈度Ⅷ度和Ⅷ度以上地震区。1950～1999年，28万人死于地震，直接经济损失1 076亿元。在这期间，1975年海城地震、1976年唐山地震和1999年台湾集集地震等3次发生在城镇的地震造成的死亡人数和直接经济损失分别占87.5%和81.4%；台湾地震死亡人数虽只占8%，但直接经济损失却占65.7%。20世纪城市灾害损失有增无减，发达国家也不例外。国际减灾10年，并没有遏制灾害增长的势头。

中国大陆洪涝灾害面积达73.8万km^2，波及8%的国土，50%的人口，3 500万公顷丰产土地，国家工农业总产值的60%，以及100个以上大中城市。每年受灾面积平均达1 000万公顷。大陆洪水受灾面积每10年成倍增长：1970年代为23万km^2；1980年代为61万km^2；1990年代为124万km^2。直接经济损失1994年为901亿元，1995～1998年年均为1 760亿元。1960年代以来，每年死亡人数不下4 000人。在水灾损失中，增长最快的是城市及城市化发展地区，在这些地区，涝灾在水灾损失中所占的比例呈增长趋势，损失为河道洪水的2倍。因为以城市为重点防护对象，江河层次化防洪格局基本形成，城市因河道堤防溃决而遭受淹没的可能性已经很小。在同等降雨下的内涝损失呈增长趋势，城市防洪排涝问题日益突出。

中国是受热带气旋（台风、风暴）影响最大的国家之一。热带气旋每年平均登陆我国10次。1994年浙江温州9 417台风造成经济损失达200亿元、伤亡1 100余人。

中国城市火灾起数和直接经济损失有增无减。近5年来，火灾起数由1998年的14万增加到2002年的26万，每年死亡人数2 330人，直接经济损失均在14亿元以上。

9.3.2 中国灾害管理的法制和体制

中国国际减灾十年委员会组织制定的《中华人民共和国减灾规划（1998～2010）》于1998年4月29日经国务院批准实施。这个规划包括：

一、自然灾害及减灾工作基本情况

（一）自然灾害概况

（二）主要减灾工作

（三）主要经验和问题

二、减灾工作的指导方针、主要目标、任务和措施

（一）减灾工作的指导方针

（二）减灾工作的主要目标

（三）减灾工作的主要任务和措施

三、减灾工作的重要行动

（一）农业和农村减灾

（二）工业和城市减灾

（三）区域减灾

（四）社会减灾

（五）减灾国际合作附件：

1. 正在实施的减灾项目

2. 备选减灾项目

这个规划不含香港特别行政区及台湾省和澳门地区。

中国防震减灾法规有：《地震监测设施和地震观测环境保护条例》（1994），《破坏性地震应急条例》（1995），《防震减灾法》（1998），《地震预报管理条例》（1998）和《地震安全性评价管理条例》（2002）等。

中国防洪减灾法规有：《防洪法》（1998），《防汛条例》，《河道管理条例》，《蓄滞洪区安全与建设指导纲要》和《长江、黄河、淮河、海河防御特大洪水方案》等。

中国自然灾害责任机构如表9.3所示。从表可见，我国国务院没有像日本那样的中央防灾会议，也没有全面负责各灾种防灾的部长及其办事机构，各灾种防灾分别由相关的部门管理。

中国自然灾害责任机构　　表9.3

职　责	责 任 者
总领导、协调	国务院
地震、火山	国务院抗震救灾指挥部、地震局、建设部、民政部、地方政府
洪水、雨涝、干旱	国家防汛抗旱总指挥部、水利部、气象局、民政部、地方政府
滑坡、泥石流、地面沉降	国土资源部、民政部、地方政府
风暴潮、台风、赤潮、海冰	国家海洋局、民政部、地方政府
雪、雨、风	中国气象局、民政部、地方政府
农业病虫害、森林火灾	农业部、林业部、地方政府

中国国际减灾委员会，由国务院领导任主任，相关部的部长为成员，日常工作由民政部承担。

国家防汛抗旱总指挥部由国务院领导任总指挥，日常工作由水利部承担。办公室负责掌握全国汛情、旱情、灾情和各地防汛抗旱工作情况，提出防汛抗旱措施和工作部署意见；组织编制、修订大江大河的防御洪水方案；根据汛情、旱情提出重要工程的调度意见，并组织实施。

国务院抗震救灾指挥部由国务院领导任总指挥，日常工作由中国地震局承担。

9.3.3 中国灾害应急对策

根据《破坏性地震应急条例》，国务院防震减灾工作主管部门指导和监督全国地震应急工作，国务院有关部门按照各自的职责，具体负责本部门的地震应急工作；造成特大损失的严重破坏性地震（造成严重的人员伤亡和财产损失，使灾区丧失或者部分丧失自我恢复能力，需要国家采取相应行动的地震灾害）发生后，国务院设立抗震救灾指挥部，国务院防震减灾工作主管部门为其办事机构，国务院有关部门设立本部门的地震应急机构；县级以上地方人民政府防震减灾工作主管部门指导和监督本行政区域内的地震应急工作。破坏性地震发生后，有关县级以上地方人民政府应当设立抗震救灾指挥部，对本行政区域内的地震应急工作实行集中领导，其办事机构设在本级人民政府防震减灾工作主管部门或者本级人民政府指定的其他部门。

应急行动包括：（1）制定国家、部门和地方应急预案，内容有：应急机构的组成和职责；应急通信保障；抢险救援的人员、资金、物资准备；灾害评估准备和应急行动方案。（2）临震应急，内容有：地震临震预报，宣布预报区进入临震应急期，并明确临震应急期限和应采取的行动。（3）震后应急，内容有：宣

布灾区进入震后应急期，并指明震后应急期限，组织实施破坏性地震应急预案，及时将震情、灾情及其发展趋势等信息报告上一级人民政府。

我国洪涝灾害应急管理除法规以外，还有[①]：

（1）组织体系：1950年中央政府成立防汛总指挥部，省市县各级都有防汛指挥组织体系。国家防汛总指挥部总指挥由主管防洪的副总理担任。

（2）防洪预案：全国大江大河和中小河流都制定了防洪预案，包括预报、测报、防洪调度、抢险组织，药物供应。

(3)指挥系统:全国2万多个水文水情站,水情、雨情半小时以内全部到国家防汛总指挥部办公室。灾情通过组织系统及时上报。国家防汛总指挥部办公室及时掌握全国气象、雨情、水情、工程出险等情况,包括群众受淹、转移等。及时掌握、会商、做出指挥决策部署。

（4）抢险队伍：全国有100多支国家级的防汛机动抢险队，44支省级防汛机动抢险队，250多支市县级防汛抢险队。解放军成立了19支应急抢险部队，这是专业队伍。同时组织大量的群众防汛队伍，随时准备参加抗洪抢险，应对突发性的险情。

（5）防汛物资：国家一级分布在各地仓库都储备了大量的抢险物资，省市县级储备充足的抢险物资。

民政部制定有应对突发性自然灾害工作规程，内容包括：灾害损失情景；启动程序；响应措施；民政部启动应急响应，进入紧急应对状态；灾情信息发布；开展紧急救助；评估灾情；落实综合协调；开展救灾捐赠；实时工作报告；响应的终止。

民政部应对突发性自然灾害工作规程的灾害损失情景和响应级别如表9.4所示。

9.3.4 综合防洪对策

在经济快速增长期间，洪泛区城镇化迅速发展。城镇地区的人口和财力迅速增加，城市核心功能迅速增强，而且农田和林地在无序的城镇化发展中也被迅速地占用。这就造成了滞水和蓄水功能降低，从而增大了洪水期间河流流量。提供的防洪设施跟不上城镇化发展速度，因此从1964年开始，洪水安全水平下降，洪灾频繁出现在城镇地区。防洪对策实施越多，城镇功能和居民区越集中在洪泛区，从而使洪灾造成的潜在损失增大。为扭转这种状况，从1975年开始，在一些区域，如大城市的河流流域，提出了“综合防洪对策”[②]（图9.9）。

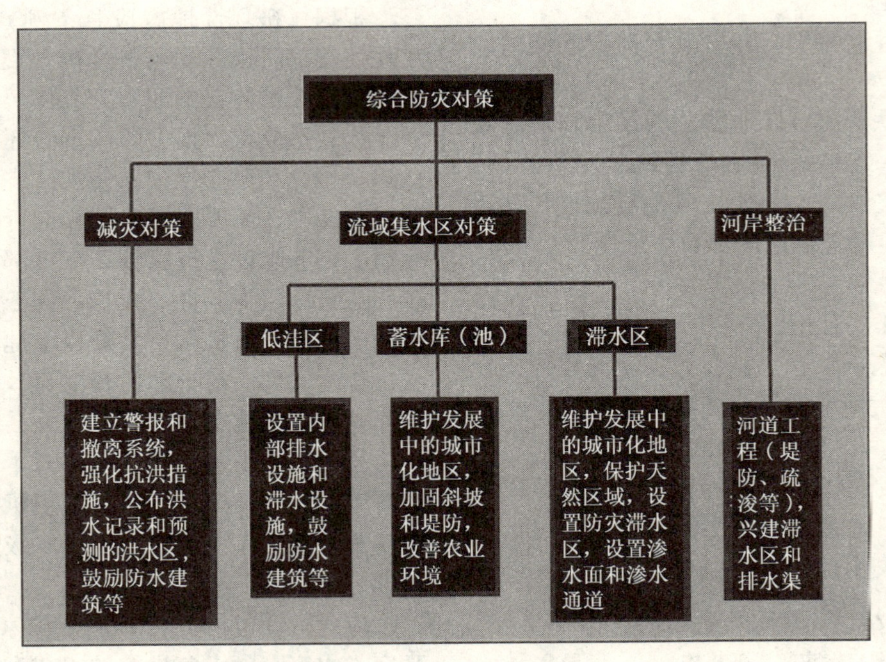

图9.9 洪涝灾害综合防灾对策

① http：//news. xinhuanet. com/video/2003-06/13/contetn-918209. htm

② http：//www. cws. net. cn/cwsnet/jzzhxin/2001 – lxxj/17. html

民政部应对突发性自然灾害工作规程的灾害损失情景和响应级别 表9.4

	因灾死亡（人）	转移安置（万人）	倒塌房屋（万间）	破坏性地震
四级响应	30~50	10~30	1~10	1. 死亡：20~50人 2. 紧急转移安置群众：10~30万人 3. 房屋倒塌和严重损坏：1~10万间
三级响应	50~100	30~80	10~15	1. 死亡：50~100人 2. 紧急转移安置群众：30~80万人 3. 房屋倒塌和严重损坏：10~15万间
二级响应	100~200	80~100	15~20	1. 死亡：100~200人 2. 紧急转移安置群众：80~100万人 3. 房屋倒塌：15~20万间
一级响应	200以上	100以上	20以上	1. 人员死亡：200人以上 2. 紧急转移安置群众：100万人以上 3. 房屋倒塌：20万间以上

9.4 日本防灾经验和对中国的启示

9.4.1 把城市列为防灾的重点，建设防灾城市

表9.5为1976年中国唐山地震和1995年日本阪神-淡路地震参数和破坏比较。从表可见，两次地震有许多相同的地方，比如：（1）发震时间分别在凌晨和清晨，这都是人们熟睡和尚未起床的时间；（2）震级相近，震中烈度大致都相当于中国地震烈度表的Ⅺ~Ⅻ度；（3）持续时间都是接近20s；（4）震源深度都在地下12~16km；（5）破坏最严重的地域都在城市，分别是本国历史上首次和第二次发生在城市的地震灾害；（6）两者都是本国最为严重的自然灾害；（7）唐山地震的极震区呈椭圆形，而阪神-淡路地震的极震区则为宽度大约1km的狭长地带（图9.10）。但是也有不相同的地方，那就是：（1）唐山地震死亡242 769人，是阪神-淡路地震死亡人数6 348人的38.2倍；（2）阪神-淡路地震破坏损失1 120亿美元，是唐山地震破坏损失150亿美元的7.5倍。但是，阪神-淡路地震破坏损失只占当年日本全国GDP的2.3%，而唐山地震破坏损失却占当年中国全国GDP的10%；（3）震后火灾是加重阪神-淡路地震灾害的重要因素，烧毁了相当于美国70个城市街坊；1976年唐山市的现代化程度远不及神户市，加上震后下雨，没有出现火灾。

中国唐山地震和日本阪神-淡路地震参数和破坏比较 表9.5

	中国唐山地震	日本阪神-淡路地震
发震时间	主震：1976年7月28日上午3:42（当地时间） 余震（M7.1）：1976年7月28日下午6:45	1995年1月17日上午5:46（当时时间）

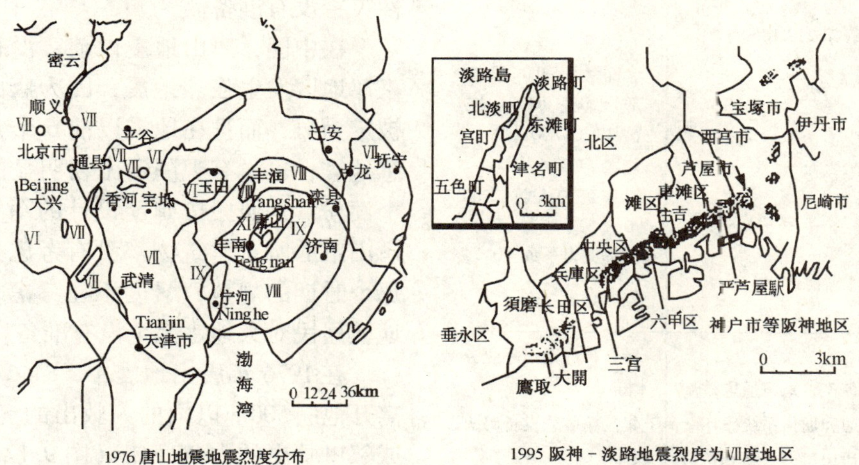

1976唐山地震地震烈度分布

1995阪神-淡路地震烈度为Ⅶ度地区

图9.10 唐山和阪神-淡路地震地震烈度分布（各按本国地震烈度表）

续表

	中国唐山地震	日本阪神-淡路地震
震级	7.8（CMA）	7.3（JMA），6.9（Mw*）
持续时间	14~16s	20s
震源深度	地表下12~16km	地表下16km
震中位置	39°38′N 118°11′E 唐山市市区东南路南区吉祥路	34°36′N 135°02′E 淡路岛北部
震中烈度	XI（中国地震烈度表**） VI-VII（日本地震烈度表***）	XI-XII（中国地震烈度表） VII（日本地震烈度表）
地面运动	震中地区没有记录	-竖向和水平向运动同时发生 -水平向最大加速度：817cm/sec² -水平向最大速度：150cm/sec
死亡人数	242 769	6 348
受伤人数	164 851（严重受伤）	43 177
经济损失中国1976价格；日本1995价格	-直接经济损失：50亿美元 -基本功能恢复费用：50亿美元 -间接经济损失：100亿美元	-破坏损失：1 120亿美元（2.3%日本GDP） -民间财产损失：500亿美元 -基本功能恢复费用：1 000亿美元 -经济混乱和业务中断损失：500亿美元
房屋破坏	-全部倒塌：32 219 186间	-全部倒塌：100 302栋 -部分倒塌：108 741栋 -破坏：227 373栋 -烧毁：7 456栋 -无家可归人数：300 000 （底部剪力系数=0.2）
设施破坏	-煤矿全部停产，地下通道被淹 -电力、交通和通信系统破坏 -大多通向唐山市的公路和铁路不通	-所有神户港国际业务中断 -集装箱装载设备码头破坏 -所有通向神户市的公路和铁路不通

续表

	中国唐山地震	日本阪神-淡路地震
火灾	-由于主震后即降雨，震后没有发生火灾	-震后火灾烧毁70个相当于美国的城市街坊
严重程度	-1556年陕西华县地震以来最严重的地震灾害	-1923年关东大地震以来最为严重的地震灾害
地点和经验	-中国历史上首次发生在城市的地震灾害	-1948年福井地震后历史上第二次城市地震

在阪神-淡路地震中，现代房屋、设施和高架高速公路倒塌，高架高速铁路毁坏，现代港口运输中断等事例尖锐地指出，同城市坚固的外表相反，现代化城市在灾害面前却非常脆弱。这个比较充分说明，一次发生在城市，特别是现代化的大城市和都市连绵区的地震会给人类带来多么巨大的灾难。因此，把城市和都市连绵区列为防灾的重点，仔细考虑城镇的安全，把城市规划和建设成为抗灾的城市和灾害管理的基地是万万不可忽视的重大课题。

9.4.2 建设有防灾意识、有训练、有防备、有信息的社区

在日本，1991年首相府调查显示：在东海地区，43.3%的居民认为大地震可能在他们地区发生，在全日本，22.9%的居民认为大地震可能在日本发生，而在近畿（日本西部）只有8.4%的居民认为大地震可能在他们地区发生，所有在近畿地区的兵库县和受灾市居民和政府都没有想到会发生大地震，因而对突发性灾害没有准备。

在中国，唐山地震以前，没有人想到会在唐山和京津地区发生强烈地震，因为唐山市的地震基本烈度被定为Ⅵ，而且在地震以前6个月没有发生过一次有感地震，也没有观测到比较明显的地震前兆。除了一个面粉厂是照搬按Ⅷ度设计的图纸建造的以外，几乎唐山市的所有建筑物都没有考虑抗震设防，因为按照那个时期的规范，Ⅵ度不在考虑之内。唐山市和京津地区居民对大地震完全没有准备。

在1976年唐山地震中，84.6%的被救出者是被在离开他们500m以内的人救出的（图9.11），而被家人或邻里救出的占96.8%（图9.12）。唐山地震60万人被压，80%靠自救或被近邻救出。占进唐山救援部队总数20%的驻唐山部队救出部队总救出人员的96%。神

户市3.5万人要救助，被家人和近邻救出的2.7万人，占77.1%。救出人员存活率，震后1天唐山为89.6%，神户为67%；震后3天唐山为1.7%，神户为12.3%；震后5天神户为0.4%，唐山则更低（图9.13）。

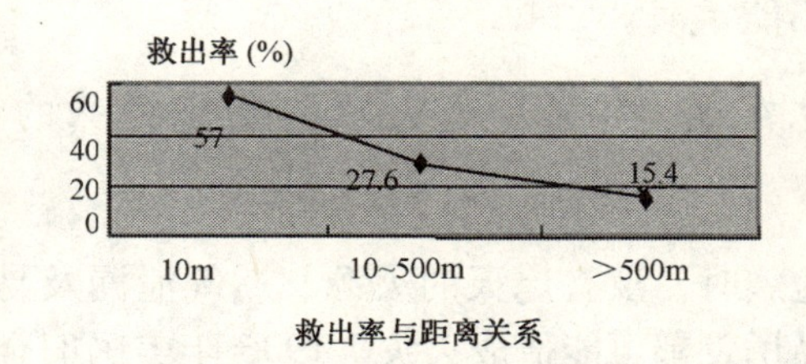

图9.11 1976年唐山地震被救出人员救出率与距离关系

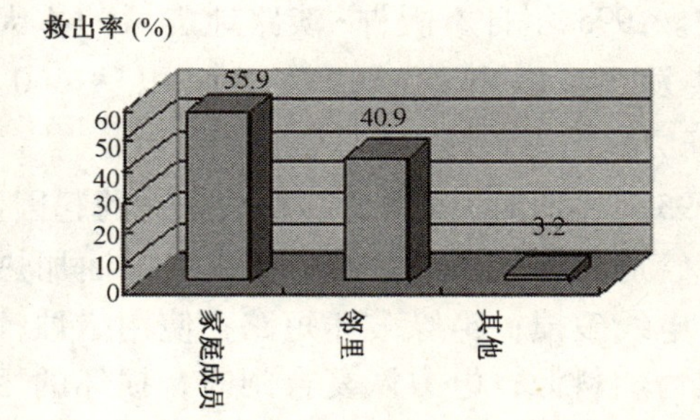

图9.12 1976年唐山地震被救出人员救出率与营救者关系

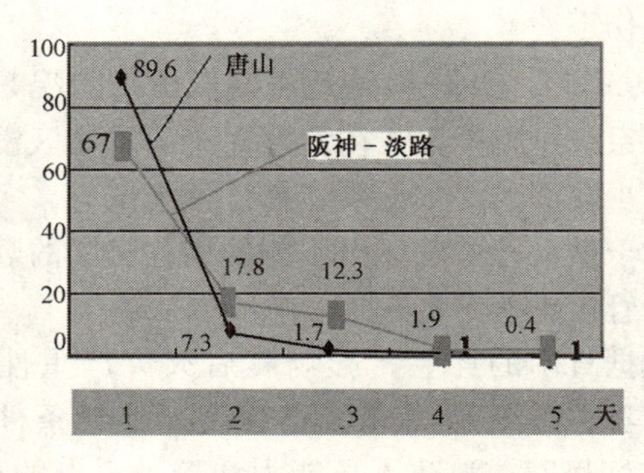

图9.13 1976年唐山地震和1995年阪神-淡路地震幸存率

由此可见，社区救助是震后挽救生命的最有效手段，震后3天以内是挽救生命的最关键时段。所以，只有以社区为单位，把人员组织起来，提高他们的灾害防备意识，给他们以必要的训练，建立和他们通信的渠道，使他们能及时了解灾害信息，才能减少人员伤亡，才能有效地应对突发的灾害事件。

9.4.3 从中央到地方建设能及时准确掌握灾害信息、职责明确、整合高效的防灾信息系统和体制

唐山地震和阪神-淡路地震后，都曾经因为缺少灾害管理人员和缺少灾害信息或不能及时传递灾害信息而给灾后救助和恢复带来了诸多的困难。比如日本兵库县第一次应急救援指挥部会议应到21人，实到只有知县等5人；管理部办公室只到了2人。人少事多，不可能及时处理。由于没有能力采集信息，就无法了解破坏全貌，因而就不可避免地要根据不充分的信息采取应急措施。

灾害信息拥有情况大致有3种：一是完全没有灾害信息，如1976年中国唐山地震和1999年土耳其伊兹米特（Izmit）地震；二是至少有部分灾害信息，但未及时传送到决策者和有关人员，如1995年日本阪神-淡路地震；三是有信息，而且及时传送到有关人员，如1999年中国台湾集集地震。1976年中国唐山地震，震后498分钟才获得破坏信息，震后738分钟建立指挥部，震后1 438分钟部队进入灾区救援。1995年日本阪神-淡路地震，震后30分钟就获得破坏信息，震后43分钟建立指挥部，但震后2 174分钟自卫队才进入灾区救援，原因是等待县知事的请求。1999年中国台湾集集地震，震后反应最快，1.7分钟就获得完整的破坏信息，震后29分钟建立指挥部，部队在同一时刻就进入灾区救援。日本阪神-淡路地震和中国台湾集集地震后之所以能快速获得破坏信息，主要是建立了早期灾害快速估计系统，并有多种有线和无线通信网络系统。

根据日本的经验，中国需要考虑：（1）使中国国际减灾委员会具有类似日本中央防灾委员会的职责，并调整成员；（2）在国务院设立防灾局，统一管理各灾种防灾，并在地方设立相应的机构，明确各级职责；（3）建立遍及全国的早期灾害快速估计系统和灾害管理决策支持系统；（4）建立多种无线通信网络系统；（5）加强防灾研究。

9.4.4 建立齐全的防灾法律和规范、标准体系，并根据灾害实践和科技发展及时修订

日本阪神-淡路地震83.3%的人因建筑物倒塌而

死亡（图9.14）。中国因建筑物倒塌而死亡的比例更高。

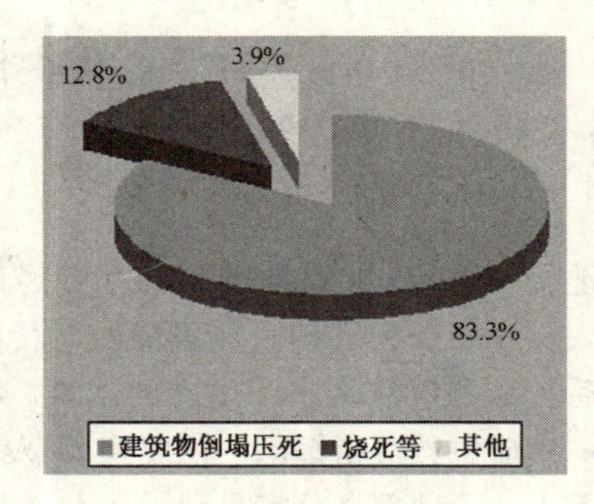

图9.14　1995阪神-淡路地震神户市死亡者的死因

资料来源：兵库县检察医，1995，神户市内における检死统计

日本1981年颁发了新的建筑抗震设计规范。1995年阪神-淡路地震以后对不同建造年代的劲性钢筋混凝土房屋的破坏调查情况说明：1981年以后建造的，81%以上轻微破坏或完好；而1950年以前建造的则100%严重破坏或倒塌（图9.15）。可见制定建筑标准、规范，并及时修订多么重要。

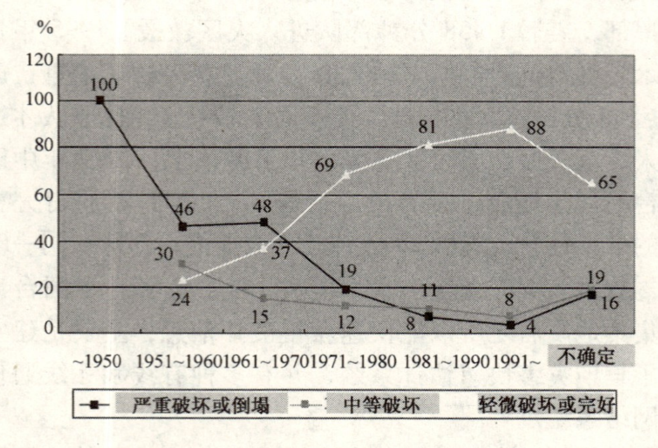

图9.15　不同建造年代劲性钢筋混凝土房屋的破坏

日本在大灾害当年或稍后都制定相关的减灾法律。统管各个灾种的《灾害对策基本法》尤其值得关注。中国很需要对减灾法律、建筑标准和规范进行梳理，凡是没有的，应尽快补上。日本在阪神-淡路地震发生之前71年就有了建筑抗震设计规范，之前24年就有了现代建筑抗震设计规范；美国在北岭地震之前61年就有了建筑抗震设计规范，之前23年就有了现代建筑抗震设计规范；地震死亡人数较少。土耳其沿用日本和美国建筑抗震设计规范的时间虽然很早，但因建筑质量不能保证，而使规范的应有作用未能得到发挥。我国1974年才颁发第一本建筑抗震设计规范，两年后发生唐山地震，规范的作用无法显示。我国第一个建筑抗震设计规范晚到建国后25年才颁发，这是一个需要深刻汲取的教训，今后绝不能重演。

9.4.5　对震后火灾消防要有特殊的计划和措施

地震时，没有熄灭的火源、燃气泄漏及易燃、易爆物品诱发都可能造成火灾。1906年美国旧金山地震损失40亿美元，80%以上来自火灾。1923年日本关东地震，烧毁房屋47.7万栋，人多死于火灾。1976年唐山地震，震后引起多处起火，幸震后降雨，未酿成火灾。1995年日本阪神-淡路地震后的4天内，神户市共发生148起火灾，烧毁面积达660 000m^2，6 900栋房屋化为灰烬。

1995日本阪神-淡路地震震后火灾的起因主要有：天然气管道破裂；在倒塌的房屋里，煤油加热器没有关闭；电线破损；绝缘破坏短路；使用蜡烛；木屋和汽车成为燃料源；电力恢复合闸时，损坏的用具，线路和灯具点燃可燃物。

震后灭火难点在于：大量火灾同时集中发生；街道被倒塌的建筑垃圾堵塞；交通堵塞；救人优先；供水系统破坏；消防站、防火用蓄水池和消防队员受到破坏或伤害。

1995日本阪神-淡路地震震后消防状况是：现行的防火系统作用不大；在发生火灾的居住区没有喷淋系统；少数消防水龙头系统有自备水供应，多数消防系统由于供水管道破坏而不能使用；房屋的竖管系统由于竖管接头破坏而不能工作。

根据日本的经验，影响震后火灾严重性的因素有：火源；燃料种类和密集程度；天气条件；供水系统完好程度；消防人员能力和接近火点的可能性。减少震后火灾损失的措施有：为应急车辆通行，保持道路和桥梁畅通；为消防保持供水系统完好；采用有铁丝网的玻璃做外窗；采用防火或不燃建筑材料；通道或空地要做好防护；采用混凝土环形防火墙；采用防火建筑；有替代的输水系统；保护消防站和消防人员等。

根据日本的经验，中国有必要对地震以后的消防问题进行专题研究，制定相关的法律和措施。

9.4.6 根据国家面对的新情况采取防灾对策，慎重采用防灾新技术

日本将根据经济增长缓慢下降、低生育率和转向老龄化社会等新出现的社会经济状况提出相适应的防灾对策。中国经济快速增长、人口趋向老龄化、城镇化快速推进，如何根据这些新情况，制定与其相适应的防灾对策是迫切需要考虑和解决的问题，如在防灾对策中引入市场机制，圈定重点防灾区，加强防灾宣传教育，出版防灾年报等。

1995年阪神-淡路地震之前，日本在芦屋滨（Ashiyama）沿芦屋（Ashiya）海边镇建成了多栋高层钢结构住宅。地震后，采用厚钢板的钢柱居然出现水平裂缝。因此，美国和日本的专家都认为，采用防灾新技术需要谨慎。

根据亀田弘行教授的研究，从1906年旧金山地震到现在，致力于减轻地震灾害的地震工程已经进入了第三代，即信息技术和整合地震工程。第三代地震工程采用智能建筑系统模型和信息技术与整合的减灾思路，是在复杂的城市灾害，近场强地动记录和土的条件作用等因素作用下催生的。体现这个减灾思路的减灾措施、信息和通信系统、系统方法和新建筑不断涌现。

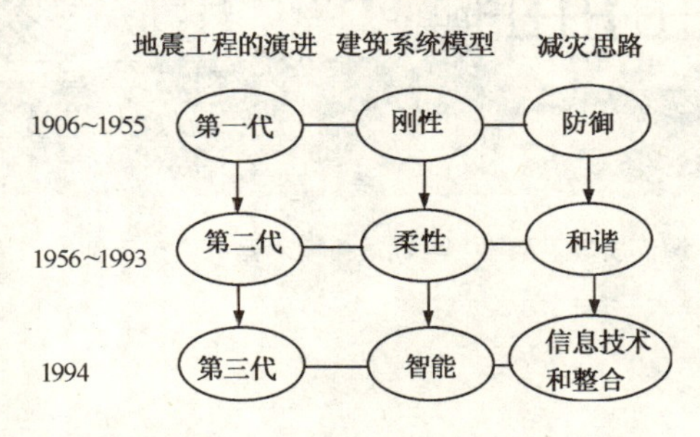

图9.16 地震工程的演进

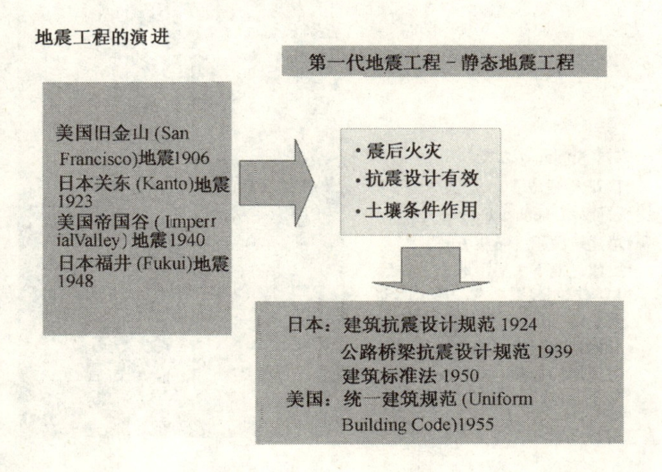

图9.17 第一代地震工程，即静态地震工程

地震工程的演进见图9.16。图9.17、图9.18和图9.19分别表示第一代地震工程，即静态地震工程；第二代地震工程，即动态地震工程和第三代地震工程，即信息技术和整合地震工程见图。

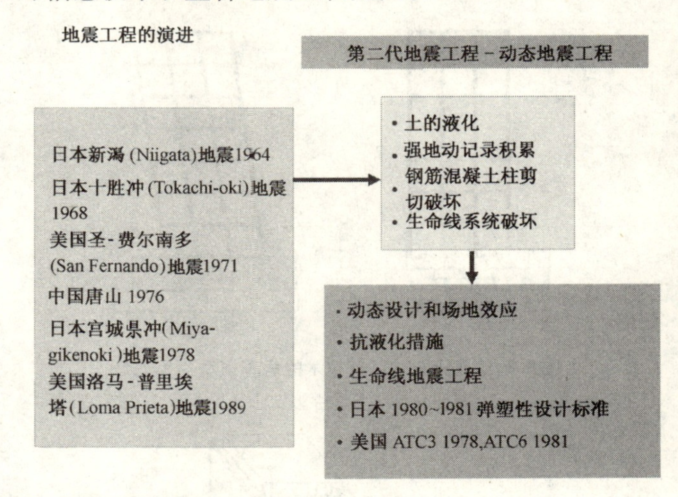

图9.18 第二代地震工程，即动态地震工程

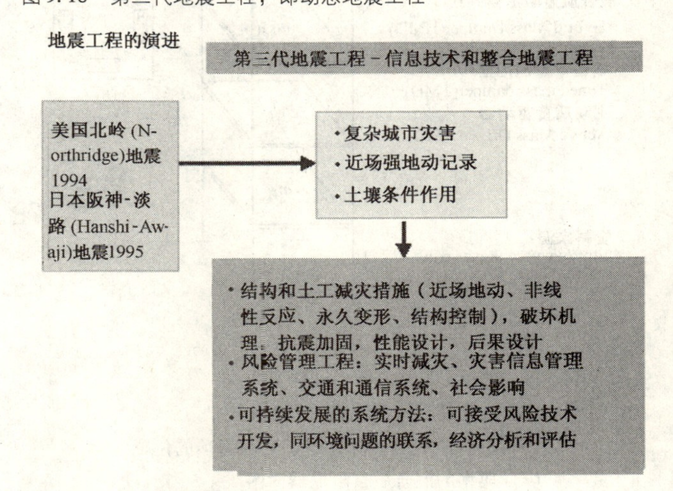

图9.19 第三代地震工程，即信息技术和整合地震工程

在基础和上部结构之间，设置隔震层的基底隔震技术在1995年阪神-淡路地震中反应良好，所有采用这种在基础和上部结构之间设置隔震层的基底隔震技术的建筑都基本完好。震后，这种技术在日本震后重建中得到了迅速的推广。在中国，基底隔震技术也获得了广泛的应用。图9.20为在振动台上实验时，采用基底隔震技术的房屋模型同未采用基底隔震技术的房屋模型在输入地震波作用下反应的比较。

各种阻尼器，如调谐质量阻尼器等，以及主动质量驱动器等通过试验研究和地震的检验，证明采用这些新技术的房屋具有良好的抗震性能，在高层建筑和桥梁结构中获得了越来越多的应用。图9.21为线性黏

滞液体阻尼减震器。图 9.22 和图 9.23 分别为这些新技术试验和应用的示例。

图 9.24 为日本静冈县热海後樂園（Atami Korakuen）饭店，房屋总建筑面积为 26421m²，地上共有 19 层。该建筑于 1996 年建成，采用了 192 个摩擦阻尼器，旨在削减地震动。

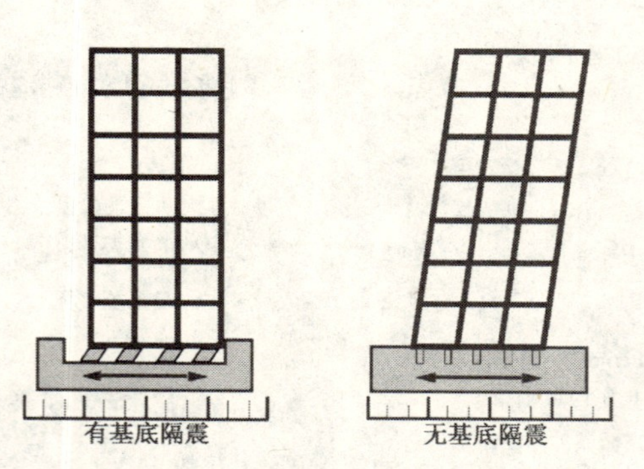

图 9.20　有无基底隔震技术的房屋模型在输入地震波作用下反应的比较

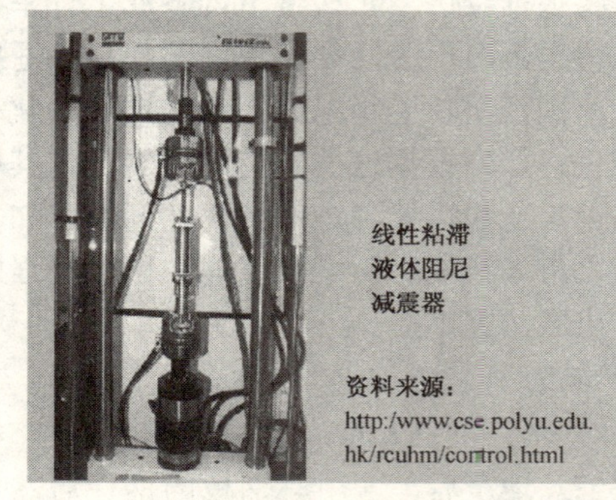

图 9.21　线性粘滞液体阻尼减震器

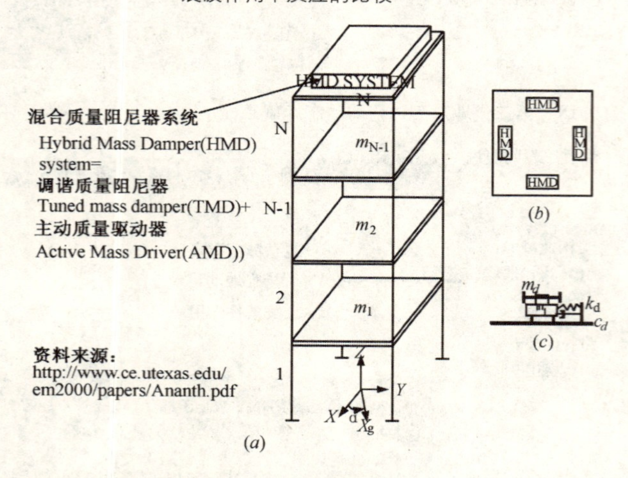

图 9.22　混合质量阻尼器系统试验模型
（*a*）N 层扭转耦合建筑的理想化模型
（*b*）混合质量阻尼器（HMD）在房顶的位置
（*c*）典型的混合质量阻尼器简图

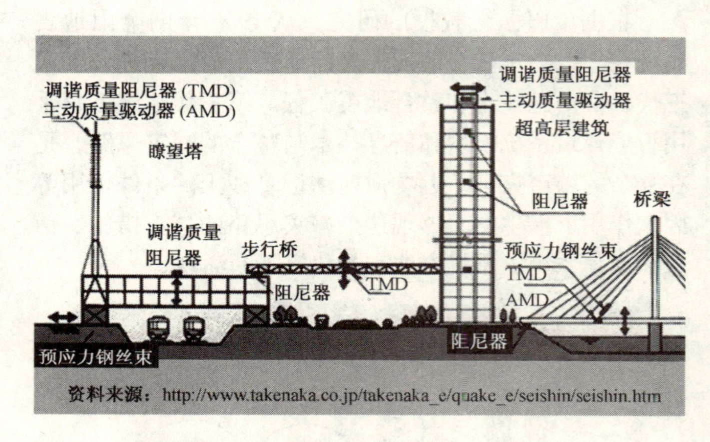

图 9.23　调谐质量阻尼器、主动质量驱动器等应用示例

日本热海後樂園（Atami Korakuen）饭店
静冈县（1996 建成）
设计：Takenaka Corporation
总建筑面积：26 421m²
层数：地上 19 层
结构控制装置：192 个摩擦阻尼器
目的：消减地震振动
资料来源：
http://www.takenaka.co.jp/takenaka_e/quake_e/seishin/seishin htm

图 9.24　1996 年建成的日本静冈县 Atami Korakuen 饭店，采用 192 个摩擦阻尼器，旨在削减地震动

大阪 Applause 大厦
- 1992 年建成
- 设计：Takenaka Corporatio
- 总建筑面积：96 793m²
- 层数：地下 3 层，地上 34 层
- 结构控制装置：主动质量驱动器，48t（用于直升机临时降落）
- 目的：消减强风或中、小地震时房屋的振动（同时双向振动）

图 9.25　1992 年建成的日本大阪 Applause 大厦，采用主动质量驱动器，旨在削减强风或中、小地震时房屋的振动

图9.25为位于日本大阪的阿普劳斯（Applause）大厦。总建筑面积为96793m^2，地下3层，地上34层，1992年建成。该建筑物采用了主动质量驱动器（48t），旨在削减强风或中、小地震时房屋的同时双向振动。

近年来，各种阻尼器在中国桥梁和建筑物中应用越来越多。例如：坐落在北京长安街上的银泰中心是目前北京市最高的建筑，高度为249m，62层，设计时采用了73个液体粘滞阻尼器，以提高结构的抗风能力；郑州会展中心设置了36套调谐质量阻尼器（TMD），以减少会议厅2层舞厅可能引起的振动；南京长江三桥引桥设置了54个阻尼器；江阴大桥将设置4个特大型阻尼器等。

9.5 结语

1. 应急管理。应急管理（Emergency Management）即紧急事件管理，它是针对特、重大事件灾害的危险处置提出的。危险包括人的危险、物的危险和责任危险。人的危险有生命危险和健康危险；物的危险指对物质财富的威胁；责任危险则源于法律上的损害赔偿责任，即第三者责任险。危险是由意外事件，意外事件发生的可能性，以及意外事件可能发生的危险情景构成。应急管理就是对意外事件的这些环节进行的管理。虽然并非所有的紧急事件都是灾害，但所有的灾害都是紧急事件。

2. 应急管理周期。应急管理周期通常由4部分组成：（1）减轻行动期，旨在减轻可能发生的紧急事件的严重程度和影响；（2）防备行动期，旨在使防灾机构有能力处理紧急事件造成的后果；（3）反应行动期，旨在控制紧急事件的负面影响；（4）恢复行动期，旨在恢复基本服务和正常运行，时间几乎与反应行动期同步。

3. 日本防灾经验和对中国的启示。主要有：

（1）把城市列为防灾的重点，建设防灾城市。

（2）建设有防灾意识、有训练、有防备、有信息的社区。

（3）从中央到地方建设能及时准确掌握灾害信息、职责明确、整合高效的防灾信息系统和体制。

（4）建立齐全的防灾法律和规范、标准体系，并根据灾害实践和科技发展及时修订。

（5）对震后火灾消防要有特殊的计划和措施。

（6）根据国家面对的新情况采取防灾对策，慎重采用防灾新技术。

参考文献

[1] 叶耀先．中国-日本防灾和灾害应急管理比较．《灾害应急管理》．李学举主编．北京：中国社会出版社，2005.

[2] Ye Yaoxian（叶耀先）and Norio Okada. 2003，Integrated Earthquake Disaster Management - Comparative Study between Tangshan（China）and Hanshin - Awaji（Japan）Earthquakes，IMDR Research Booklet No. 1，Division of Integrated Management for Disaster Risk，Disaster Prevention Research Institute，Kyoto University，Japan

[3] Cabinet Office Government of Japan.（日本内阁府）2002，Disaster Management in Japan

[4] Ye Yaoxian（叶耀先）. 2000. Urban Disaster Management and Planning in China，Training Course on Sustainable Urban Development and Disaster Management，11 - 24 Dec. Shanghai，China，UNCRD and shanhai Municipal Government.

[5] Ye Yaoxian（叶耀先）and Teizo Fujiwara. 1998. Post - Earthquake Conflict for Urban Aseismic Planning Comparing the 1976 Tangshan Earthquake and the 1995 Hyogoken - Nanbu Earthquake，Proceedings the 1976 Tangshan Earthquake and the 1995 Hyogoken - Nanbu Earthquake，Proceedings of the 10th Earthquake Engineering Symposium，Vol. 3，P. 3581 - 3586，Yakohama，Japan

[6] 叶耀先．1991，当代防灾水平和减轻灾害方法．中国减灾，1991（2）：19-22.

[7] 叶耀先．1985，中国减轻地震灾害的经验与对策．世界地震工程，1985.（2）：1-9.

[8] Ye Yaoxian（叶耀先），Liu Xihui. 1980. Experience in Engineering from Earthquake in Tangshan and Urban Control of Earthquake Disaster. *The 1976 Tangshan，China Earthquake，Papers presented at the 2nd U. S. National Conference on Earthquake Engineering Held at Stanford University，August 22 - 24*，1979，EERI，9-31.

第10章 非结构地震性状[1],[2],[3],[4],[5]

10.1 引言

按照结构的定义，房屋可以分为结构和非结构两个部分。

一栋房屋的结构部分是指房屋中承受重力荷载、地震荷载、风荷载、雪荷载以及其他类型荷载的那部分。结构部分通常包括：梁、板、柱、桁架、支撑、承重墙（设计用来承受房屋的重量和/或侧力的墙体）和基础（如筏式基础、独立基础和桩基础）等。结构部分通常需要结构工程师作计算分析和设计。

一栋房屋的非结构部分是指房屋中结构部分以外的其他各个部分，以及房屋内部的陈设。非结构部分通常包括：隔断墙、墙体饰面、天棚（吊顶）、门窗、灯具、家具等各种陈设，计算机、空调机、电视机等各种电器设备和办公用设备等。非结构部分通常不需要结构工程师作计算分析和设计，而是由建筑师、机械工程师、电气工程师或室内设计师指定，或者在没有专业人员参与的情况下，由业主或使用者自行购置和安设。正因为如此，地震时，非结构的破坏概率通常要比结构的破坏概率高得多。

从抗震设计的角度，房屋建筑中的非结构可以分为两类：一类是对侧移敏感的非结构；另一类是对加速度敏感的非结构。对侧移敏感的非结构包括天棚、高的隔墙、竖向管道以及建筑立面的饰面等。由于这些非结构构件在房屋的上部同房屋建筑的结构有多处连接，所以它们随着房屋整体变形而变形。这类非结构构件的破坏取决于房屋的层间侧移。与此相反，对加速度敏感的非结构通常是同楼板或墙上的某一处相连，而不是像对侧移敏感的非结构是同房屋结构有多处相连。对加速度敏感的非结构主要是机械和电气非结构构件，如锅炉，压力容器，变压器，发电机和空调机等。办公室的分隔墙、重的家具、贮藏架、书架等也是对加速度敏感的非结构构件。[6]

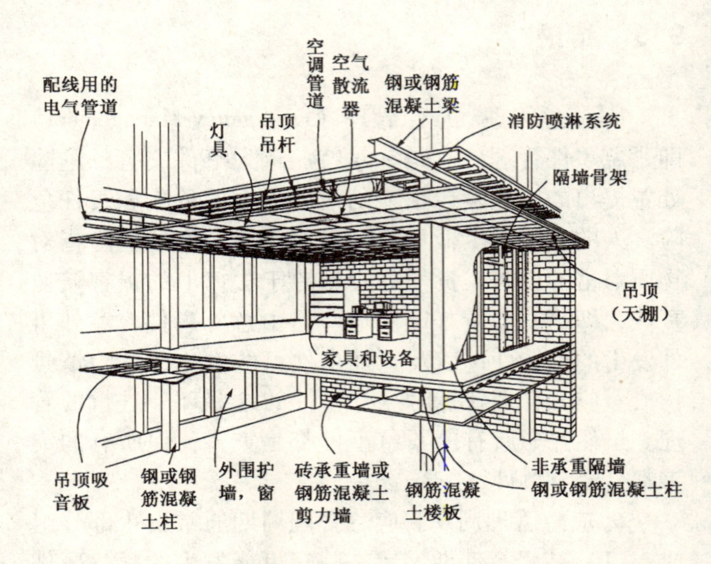

图10.1 房屋的结构和非结构构件

10.2 非结构地震安全的重要性

房屋的非结构是为了直接满足使用人员的需要而设置的。地震时，非结构的破坏或功能丧失可能会带来四种灾害：（1）人员伤亡：直接危及室内人员、甚至户外人员的生命安全；（2）财产损失：非结构构件价值占整个房屋价值的比重日益提高，一旦破坏会造成重大的经济损失；（3）运营中断：非结构破坏可能导致设施，特别是应急设施，不能继续使用；（4）修复费用高：非结构修复费用约为房屋总修复费用的40%～70%。

几十年来，中国和包括美国、日本在内的世界上大多数国家的抗震设计规范都采用这样的设计原则，即“小震不坏，中震可修，大震不倒”。但是，近20年来的强烈地震灾害清楚地表明，这个长期沿用的设计原则并不合适。例如，1994年美国的北岭地震，只有2%的房屋遭到严重破坏，损失大约20亿美元。但是，直接和间接的经济损失却高达440亿美元，20亿美元的房屋结构破坏损失只是总损失的一个很小的部分。实际上，除了建筑业以外，其他的行业都蒙受了严重的长期损失。

10.2.1　人员伤亡

地震时，非结构构件的破坏或塌落可能造成人员伤亡，这方面的事例在以往的地震中屡见不鲜。例如：固定在吊顶上的比较重的灯具因连接破坏而坠落，吊顶本身塌落，隔断墙倒塌，窗户、镜子或其他的玻璃破碎，高而重的橱柜倾倒，进气隔栅掉落，消防器材破坏，疏散设施失灵，燃油贮存器破坏，煤气管线或其他内有有毒物质的管线破裂，房屋的饰面砖或预制混凝土板掉落，石棉制品破碎，围护墙倒塌等都是对房屋的室内人员和临近房屋的室外人员生命安全的威胁（参见图10.2）。

10.2.2　财产损失

对于大多数商业建筑，如果总的费用为100%，则基础和上部结构的费用约为20%～25%，而机械、电气和建筑等非结构构件的费用却为其余的75%～80%。

地震时，非结构的破坏会造成巨大的财产损失（图10.3）。这可从下列地震灾害实例和分析清楚地看出来。

（1）1971年美国圣-费尔南多地震后，对25栋商业建筑的调查表明：在总损失中，结构破坏造成的损失占3%，电气和机械设备破坏造成的损失占7%，外饰面破坏造成的损失占34%，内饰面破坏造成的损失占56%。可见，损失主要来自非结构的破坏。

（2）1971年美国圣-费尔南多地震后，对离震中较远的50栋高层建筑所进行的调查表明：所有房屋都没有严重的结构破坏，但非结构破坏却比较严重。非结构破坏包括：43栋建筑隔墙破坏，18栋建筑电梯破

(a) 玻璃碎片从多层房屋的上部掉落

(b) 办公室隔墙、吊顶和灯具破坏

(c) 家具贮藏室内吊顶和灯具掉落

(d) 入口处楼板底部重的粉饰层掉落

图10.2　1994年美国加州北岭地震时可能导致人员伤亡的非结构构件破坏

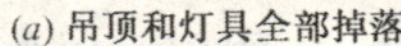

(a) 吊顶和灯具全部掉落

(b) 工业仓库货架上的物品全部毁坏

图 10.3　1994 年美国加州北岭地震时导致财产损失的非结构构件破坏

坏，15 栋建筑窗户破坏，8 栋家用空调系统破坏。这些数据说明，在中等强度的地震动时，非结构破坏所造成的损失比结构损失大。

（3）1989 年洛马-普里埃塔地震以后，旧金山的两座图书馆遭到破坏，由于室内陈设的破坏，每一座图书馆的损失都在 100 万美元以上。修复费用主要花在添置书架，重新装钉受到破坏的书籍，重新整理图书和上架。单是少数珍稀图书的重新装钉就花了 10 万美元。

（4）1989 年洛马-普里埃塔地震以后，对旧金山湾区的 8 座博物馆进行了调查，发现 50 万件展品中有 150 件遭到破坏，损失大约 1 000 万美元。旧金山的亚洲艺术博物馆，馆藏艺术品价值约 30 亿美元，地震时，有 26 件艺术品遭到破坏，损失 300 万美元，为馆藏艺术品价值的 1%。所有这 8 座博物馆，在地震发生以前，都采取了一些抗震措施，否则损失将会更大。

（5）在 1971 年美国圣-费尔南多地震时，有一座 7 层楼的假日旅馆，地震破坏造成的损失约为建筑造价的 10% 左右，约为 36.3 万美元。在这些损失中，结构破坏损失仅为 5 万美元，其余 31.3 万美元均为非结构破坏所造成。

（6）1972 年尼加拉瓜马那瓜地震也有类似的情况。震后，他们对大型多层办公用房所做的调查指出：这些房屋的结构的抗震性能很好，地震时基本没有遭到破坏，但非结构的破坏却比较严重，修复费时，而且费用很高，说明这些房屋的建筑设计是失败的。

（7）据前美国联邦应急管理厅估计，如果在圣安德烈斯、豪伍尔德和纽泡尔特-印格赖伍德等断裂带再次发生强烈地震，可能造成的直接经济损失大约为 1680 亿美元，其中室内陈设破坏造成的损失约为 580 亿美元，占总损失的 1/3。如果再加上其他非结构破坏的损失，则非结构破坏所占的比重还要大。

（8）随着科学和技术的进步，以及人民生活水平的提高，房屋建筑的非结构造价占建筑总造价的比重也日渐上升。有人估计，非结构的破坏和功能丧失所造成的总损失，可能高达房屋建筑造价的 10 倍。

世界各国的抗震设计规范和标准通常都把避免或减少人员伤亡放在首位，而将避免或减少财产损失放在第二位。从政府的角度来看，这无疑是正确的决策。但对于设计人员，就不能忽视减轻财产损失，因为业主会由于地震破坏而支付额外的费用。再者，如果财产损失严重，特别是昂贵的非结构的破坏，可能会给一个社区或一个国家带来严重的经济灾难。

10.2.3　运营中断

非结构构件的破坏除了危及人员安全，造成财产损失以外，还会使设备和设施运营中断。而设备和设施运营中断，就会使震后工厂停产或减产。诚然，造成设备和设施运营中断的还有许多其他的外部因素，诸如：供电和供水中断，交通设施破坏，市民秩序混乱，治安问题和宵禁等。这些问题都是业主无法控制的，不属于我们讨论的范围。

保障建筑设施在地震时能够连续运转是对非结

构抗震性能提出的新要求。这就是说，要求把房屋的非结构系统设计成能够经受强烈地震袭击，地震时和地震后都能保持其性能而不致使房屋的功能丧失，从而导致运营中断。

在1971年美国圣-费尔南多地震时，洛杉矶有一座27层的高层建筑，只受到轻微至中等强度地震动的袭击，在这座房屋内办公的几家公司就受到3.7万美元的损失，这主要是由于电梯失灵而使雇员工作受到影响。房主财产损失约为10.8万美元，主要是修理电梯及隔墙等费用。在这座房屋附近有一座19层的办公大楼，楼内的电梯并未破坏，但用户仍然花费1.4万美元用于清除室内破坏物及恢复。这两栋房屋内均设有强震仪，所记录到的地面运动最大加速度只为这次地震中记录到的地面运动加速度最大值的1/5。有时上述损坏虽非影响震后活动的主要因素，但其后果却不容忽视。例如银行需要时刻保持其业务活动功能及与外界通信联系功能，通信中断、计算机破坏或文件散乱，有形损失虽不甚大，但停止运营费用却很昂贵。

1971年美国圣-费尔南多地震时，两座医院遭受破坏而不能继续使用，医院的救护车被倒下的车库屋顶砸坏。在1972年尼加拉瓜马那瓜地震中，中央消防站的大门因地震而打不开，致使消防车不能开出。1976年中国唐山地震时，所有地面长途电话通信设施均被倒塌的房屋砸坏，致使灾情不能及时通达中央政府。这仅是三个设计未能确保房屋连续运营的例子。现在，连续运营的概念已为很多抗震设计规范所采用，并且成为防灾规划的一部分。应当强调指出的是，设计人员应当懂得，确保房屋或社区所必需的重要设施在震时及震后能正常运转是自己不可推卸的责任。为此，有些抗震设计规范引入大于1.0的重要性系数，以保障重要非结构系统的地震安全。

1994年美国加州北岭地震，使10座医院不得不暂时关闭，将病员转移到其他医院。这些医院建筑的主体结构只有轻微破坏或者没有破坏，之所以关闭是因为水系统破坏。地震时，当消防喷淋器、冷却水和其他输水管线破裂后，就发生漏水。医院工作人员显然不能切断水源，漏水达好几个小时。有一家医院因屋顶水箱破坏，房屋内有些地方积水深度达2英尺之多。在另一家医院，冷却水管穿过伸缩缝，地震时遭到破坏使应急发电机失灵。其他的破坏还有：玻璃破碎，灯具摇晃破坏，电梯配重破坏，以及丧失应急电源等。斯尔马尔（Sylmar）的霍乃-克罗斯（Holy Cross）医疗中心因空调系统破坏而关闭（图10.4）。

1989年洛马-普里埃塔地震以后，曾经对32个数据处理设施作过调查。调查发现，地震以后，至少有13个设施暂时中断运行，中断时间在4到56小时之间，主要原因是外部电源中断。至少有3个数据处理设施备有不间断电源或应急供电系统，地震后仍能正常工作。

要确保连续运营就需要各有关专业设计人员密切合作。因为，当建筑正常运转时，结构系统、建筑系统、机械系统和电气系统是一个不可分割的整体，任何一个系统出现问题，运营都会中断。

为了进一步了解地震时非结构的破坏可能带来的灾害，以及避免或减轻这种灾害的责任者，根据以往强烈地震的经验而编制的相应的表格如表10.1～表10.3所示。表中采用了按非结构的功能分类。从表中可以看出，对非结构的地震安全负有责任的人员包括：建筑师、结构工程师、机械工程师、电气工程师、室内建筑师、业主和经理人员。

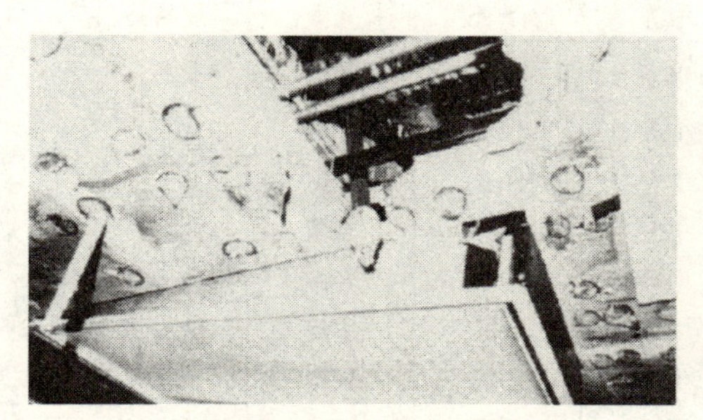

(a) 斯尔马尔的奥里乌-未幽(Olive View)医院喷淋管道破裂

(b) 斯尔马尔的霍乃-克罗斯医疗中心空调系统破坏

图10.4　1994年美国加州北岭地震时导致运营中断的非结构构件破坏

建筑非结构的地震险情和责任者 表 10.1

非结构类别	示例		可能发生的险情				设计和选择的责任者
			人员伤亡	经济损失	功能丧失	结构损坏	
附属构件	外墙		严重	中等	严重	严重	建筑师
	玻璃、玻璃窗		中等	中等	中等	轻微	建筑师
	饰面、贴面		中等	中等	轻微	轻微	建筑师
	檐口、女儿墙		中等	轻微	轻微	轻微	建筑师
	装饰		轻微	轻微	轻微	轻微	建筑师
隔墙	嵌固的墙体	一般的	轻微	中等	轻微	中等	建筑师、室内建筑师
		楼梯周围的	中等	中等	轻微	轻微	建筑师、室内建筑师
		电梯井筒	轻微	中等	严重	轻微	建筑师、室内建筑师
		防火隔墙	中等	中等	中等	轻微	建筑师
		机械井筒	严重	中等	严重	中等	建筑师
	可拆除的隔墙	定等级的	严重	中等	中等	中等	建筑师
		非定等级的	轻微	轻微	中等	中等	建筑师
	可取代的隔墙	定等级的	轻微	中等	中等	中等	建筑师
		非定等级的	轻微	轻微	轻微	轻微	建筑师、室内建筑师、业主
	可动的隔墙		轻微	中等	轻微	中等	建筑师
	玻璃隔墙		轻微	轻微	轻微	轻微	建筑师、业主
	高度较低的不到顶隔墙		轻微	轻微	轻微	轻微	建筑师、业主
吊顶	防火的		中等	中等	中等	轻微	建筑师
	非防火的		中等	中等	中等	轻微	建筑师
	T形钢外露的		中等	轻微	中等	轻微	建筑师
	金属的		轻微	中等	轻微	轻微	建筑师、业主
	灰泥粉刷的		轻微	中等	轻微	轻微	建筑师
设施	计算机		轻微	严重	严重	轻微	业主
	文字处理机		轻微	中等	严重	轻微	业主
	烹调用具		中等	中等	中等	轻微	业主
	洗碗机		轻微	中等	轻微	轻微	业主
	电冰箱		轻微	中等	中等	轻微	业主
	医疗诊断设备		轻微	严重	严重	轻微	业主
	医疗处理设备		中等	严重	严重	轻微	业主
	机床等加工设备		中等	严重	严重	轻微	业主
	制造、刨光设备		中等	严重	严重	轻微	业主
	楼梯间		中等	中等	严重	轻微	建筑师
家具与陈设	家具		轻微	中等	轻微	轻微	业主
	文件柜		中等	中等	轻微	轻微	业主
	书柜（架）		中等	中等	轻微	轻微	业主
	药品		轻微	中等	中等	轻微	业主
	食品		轻微	中等	中等	轻微	业主
	货架		中等	中等	中等	中等	业主
	产品、材料		中等	中等	中等	轻微	业主
	艺术品		轻微	严重	严重	轻微	业主

机械非结构的地震险情和责任者

表 10.2

非结构类别	示例	可能发生的险情				设计和选择的责任者
		人员伤亡	经济损失	功能丧失	结构损坏	
能源	锅炉	中等	中等	中等	轻微	机械工程师、电气工程师
	冷凝器	轻微	中等	中等	轻微	机械工程师、电气工程师
	空气处理器	轻微	轻微	中等	轻微	机械工程师、电气工程师
	贮液气	轻微	轻微	中等	中等	机械工程师、电气工程师
	热交换器	中等	轻微	中等	轻微	机械工程师、电气工程师
	压力容器	中等	中等	中等	轻微	机械工程师、电气工程师
	泵、阀门	轻微	轻微	中等	轻微	机械工程师、电气工程师
	烟道、排气孔	轻微	轻微	中等	轻微	机械工程师、电气工程师
	加热器（油）	中等	轻微	中等	轻微	业主
配管	水管	轻微	轻微	中等	轻微	机械工程师、电气工程师
	蒸气管	严重	轻微	中等	轻微	机械工程师、电气工程师
	导管	轻微	轻微	中等	轻微	机械工程师、电气工程师
	煤气管	严重	轻微	中等	轻微	机械工程师、电气工程师
设施	电梯	轻微	中等	严重	轻微	机械工程师、电气工程师
	移动式楼梯	轻微	中等	严重	轻微	机械工程师、电气工程师
	装卸设备	轻微	中等	严重	轻微	机械工程师、电气工程师
	运输设备	轻微	中等	中等	轻微	机械工程师、电气工程师

电气非结构的地震险情和责任者

表 10.3

非结构类别	示例	可能发生的险情				设计和选择的责任者
		人员伤亡	经济损失	功能丧失	结构损坏	
能源	变压器	轻微	中等	中等	轻微	机械工程师、电气工程师
	开关装置	轻微	中等	中等	轻微	机械工程师、电气工程师
	马达、控制器	轻微	轻微	中等	轻微	机械工程师、电气工程师
通信	电话	轻微	轻微	中等	轻微	机械工程师、电气工程师
	无线电	轻微	轻微	轻微	轻微	机械工程师、电气工程师
	电视机	轻微	中等	轻微	轻微	机械工程师、电气工程师
配电	电缆管道	轻微	轻微	轻微	轻微	机械工程师、电气工程师
	汇流排、电缆槽	轻微	轻微	轻微	轻微	机械工程师、电气工程师
终端	电源插座	轻微	轻微	轻微	轻微	机械工程师、电气工程师
	照明	轻微	轻微	轻微	轻微	机械工程师、电气工程师

10.2.4 修复费用高

对于遭到地震破坏的房屋，在地震以后修复时，非结构构件破坏所需要的修复费用占整个房屋修复费用的比重很高。神田（Kanda 的音译）和平川（Hirakawa 的音译）对经受 1995 年阪神-淡路地震的 210 栋钢筋混凝土房屋的结构构件、非结构构件和其室内陈设损失占总损失的比重作了分析，得到的结论是，非结构损失占总损失的比重为 40%[7]。塔海威（Taghavi S.）和密润达（Miranda E.）对医院、宾馆和办公楼等类建筑的结构构件、非结构构件和其室内陈设损失占总损失的比重作了分析，得出的结论是，对于医院、宾馆和办公楼等类建筑，非结构构件损失占总损失的比重分别为 48%、70% 和 62%。[8] 上述两项研究的结果如图 10.5 所示。

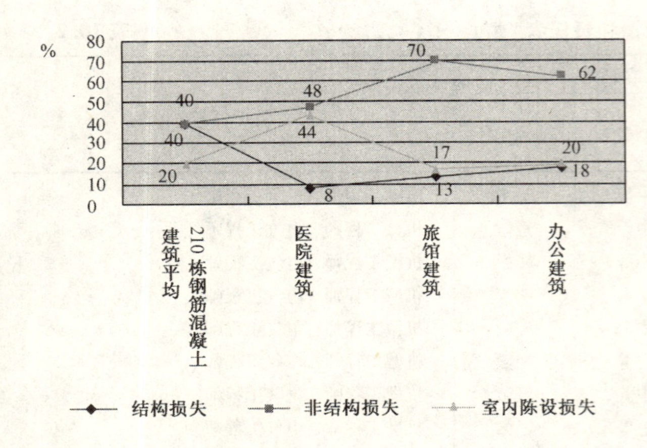

图 10.5 1995 年阪神-淡路地震房屋建筑结构、非结构和陈设地震损失占总损失的比重（%）

对非结构的地震破坏，人们有一个认识过程。1964 年日本新潟地震时，由于砂土液化，钢筋混凝土房屋倾斜。1968 年日本十胜冲地震时，钢筋混凝土房屋遭到严重破坏。但是，这两次地震非结构构件的破坏都不很严重。随后，在 1978 年，日本发生了三次地震，非结构遭到了很大的破坏。一月份发生的伊豆大岛地震，外墙等非结构构件遭到严重破坏，木结构住宅内墙面砂浆饰面大量脱落。二月份发生的第一次宫城县冲地震，许多房屋的玻璃破碎。六月份发生的第二次宫城县冲地震，房屋的结构与非结构构件都遭到严重破坏，在一座 3 层楼的钢结构房屋里，几块预制钢筋混凝土幕墙掉落，高压釜蒸养轻混凝土板（ALC）也遭到严重破坏，有些掉落在外墙的外侧。1983 年，日本海中部地震也造成许多房屋的玻璃破碎。通过这些实际地震灾害，日本对非结构构件的抗震经验总结和研究工作引起重视，并不断提出新的抗震设计要求。

中国过去，甚至直到今天，抗震设计的主要责任仍然落在结构工程师的肩上。实际上，对于单体建筑的抗震设计，建筑师和结构工程师应当共同承担责任，而在房屋体形的确定和非结构设计方面，建筑师负有更为重要的责任。

计算机等数据处理设施和高层建筑里的电梯是近代城市的重要设施，中国此类设施经过地震考验者殊少，本章对其在国外近年强震中所遭受的破坏及抗震设计经验着重作了阐述。

10.3 建筑非结构

一般说来，当房屋的结构系统较柔且连接点未按控制部件相互作用的要求设计时，房屋（特别是现代房屋）的建筑系统和部件在地震时常会遭到较大的破坏。

10.3.1 隔墙

现代多层或高层建筑中的非承重隔墙在地震时破坏的主要原因是主体结构框架的畸变或层间侧移。笨重的圬工砌筑非承重隔墙还会改变主体结构的动力性状，甚至会成为建筑倒塌的重要原因。社会福利机构建筑里的重要隔墙，往往各个楼层都有，这些隔墙一般都经过专门设计，能够适应主体结构的变形。但是，一般办公楼的隔墙，也是各层均有，通常都没有经过专门设计。因为这些隔墙移动或更换比较频繁，采取专门抗震措施需要增加造价，从经济上不合算。但是，对这个问题正在作进一步研究，因为随着房屋室内装修水平的日益提高，甚至隔墙轻微破坏，其修理费用也可能是很高的。

楼梯周围的隔墙倒塌往往会使楼梯无法通行。例如，马那瓜的尼加那瓜中央银行建筑，在 1972 年 12 月 23 日马那瓜 6.2 级地震时，楼梯周围的空心砖隔墙倒塌，楼梯间被倒塌的废墟堵塞，如图 10.6 所示。[9]

图 10.6 马那瓜的尼加那瓜中央银行建筑，在 1972 年马那瓜地震时，楼梯周围的空心砖隔墙倒塌，倒塌的碎砖块堆满了楼梯间

从隔墙本身来说，连接和接缝不牢靠，隔墙自身材料的脆性，以及隔墙的刚度与主体结构的刚度不协调等都是造成隔墙破坏的重要原因。从 1985 年墨西哥和智利地震以及其他国外地震调查来看，隔墙的地震

破坏有以下几条规律。

（1）无筋圬工砌筑的隔墙最易遭到破坏，甚至在Ⅵ度或Ⅶ度地震影响区就有可能发生破坏；

（2）用灰泥粉刷的隔墙最易产生裂缝和剥落，特别是在采用柔性结构框架的高层建筑中，尤为突出；

（3）采用钢或木龙骨的非浆砌隔墙，地震时表现良好；

（4）设计成能控制位移的隔墙可以减少破坏，但目前尚未经受强烈地震的考验，且其成本与效益关系尚不甚清楚。此类隔墙目前正在作进一步研究，实际应用甚少。

在1976年7月28日中国唐山地震时，房屋的主体结构完好，而非承重隔墙遭到破坏的情况多发生在钢筋混凝土结构房屋中。钢筋混凝土结构房屋一般有纯框架、框架-剪力墙和剪力墙等三种抗侧力结构体系。纯框架建筑地震时层间侧移较大，其非结构填充墙普遍受到破坏，一般为墙面出现交叉裂缝，或在墙体与梁、柱接合处出现水平和竖向裂缝，严重者局部倒塌。框架-剪力墙结构体系房屋的填充墙一般在地震时破坏较轻。剪力墙结构体系房屋，地震时层间侧移最小，其非承重墙的破坏也甚为轻微。在北京市，采用此类结构体系的房屋的填充墙，地震时都没有明显的裂缝。

非承重隔墙的地震破坏同所选用的材料有关。唐山地震表明：焦碴或陶土空心砖非承重隔墙，地震时破坏最为严重；黏土砖隔墙普遍破坏；轻质材料隔墙破坏较轻，轻质板材隔墙的抗震性能又优于轻质块材隔墙。例如，加气混凝土条板隔墙、碳化石灰板隔墙和木丝板隔墙一般只在个别条板拼接处出现微小裂缝，而加气混凝土砌块隔墙则裂缝较多，有的为斜向裂缝。纸面石膏板隔墙具有较好的抗震性能。例如，唐山地震以前，在北京饭店东楼17层客房中曾试用木龙骨钉纸面石膏板隔墙和加气混凝土砌块隔墙，震后前者完好，后者则出现裂缝。

非承重隔墙的地震破坏同隔墙与主体结构连接方式有关。中国多采用刚性连接。地震以后的调查表明：长而高的且与主体结构拉结不良的隔墙，或未砌到梁或板的底部、上端留空的隔墙，破坏普遍较重；在框架柱中留有钢筋并与墙体有较好拉结的隔墙，震后裂缝较少；在隔墙里配有钢筋混凝土带或砖配筋带并与柱子有较好拉结的隔墙，破坏轻微或基本完好。

由两种材料砌筑的墙体，如板条抹灰墙和砖墙，空心砖墙和实心砖墙接槎砌筑，或隔墙中有消火栓、镜箱等嵌入物时，震后两种不同材料交接处大多出现裂缝。砖隔墙上端没有和梁或板底卡紧且砂浆不饱满、接槎不好的，震后常在交接处出现通长水平裂缝。

10.3.2　连接部位和变形缝

1976年唐山地震以后，对北京、天津、唐山等地的建筑物调查发现，建筑物的连接部位和变形缝的破坏主要有以下几种情况。

建筑物在平面外形的变化连接部位、高低错落悬殊部位以及刚度突然变化且未设置防震缝的部位通常是薄弱的部位，地震时常常在这些部位出现裂缝。

建筑物设置了变形缝，但只按伸缩缝和沉降缝要求设计，不符合防震缝的要求，地震时常会发生装修及墙体破坏现象。这方面的事例很多，例如：内框架或混合结构的变形缝处没有设置双墙，开口一侧的墙体因缺少拉接，常遭破坏；变形缝处构造做法不符合抗震要求，地震时也常发生破坏；高层建筑防震缝采用柔性构造，虽然多数基本完好，但也有少数遭到破坏；房屋楼盖的变形缝，采用富有弹性的橡胶条填缝，震后一般保持完好，但楼盖结构留有变形缝，而垫层和面层部位没有留缝者，震后楼面往往出现裂缝。

10.3.3　女儿墙和突出构件

女儿墙是地震时最易遭受破坏和倒塌的建筑构件。但是，至今在许多建筑物，特别是老旧建筑物中仍大量存在。因此，应对女儿墙的地震安全给予更多的关注。女儿墙及突出构件在地震时的表现大致有以下几条规律。

（1）女儿墙和突出构件的倒塌常常是由于锚固不牢靠或锚固老朽失灵所致；

（2）突出屋顶的构件和女儿墙在地震时由于对地面运动的放大作用而受到很大的加速度，这是造成其倒塌或破坏的主要外因；

（3）女儿墙和突出构件的毁坏不仅会造成其本身功能的丧失，而且会造成人员伤亡，甚至会砸坏邻近的房屋，特别是高层建筑的女儿墙和突出构件，一旦倒塌，危害更大；

（4）有些房屋建筑在其入口或其附近设有单层雨棚，雨棚的顶盖仅用柱来支承，看上去非常现代化，但地震时表现却很不好。例如，在1971年美国圣-费尔南多地震时，位于斯尔马尔（Sylmar）的奥里乌-未幽社区医院（Olive View Community Hospital）的钢筋混凝土雨棚倒塌，使位于其下方地面的车辆，包括救护车，被压住而不能使用，如图 10.7 所示。1985 年墨西哥城地震，也有许多雨棚在地震时倒塌。

图 10.7　奥里乌-未幽社区医院（Olive View Community Hospital）的钢筋混凝土雨棚，在 1971 年美国圣-费尔南多地震时倒塌，应急救护车无法开出

中国常用的女儿墙有以下几种：

（1）现浇或预制钢筋混凝土女儿墙；

（2）金属栏杆女儿墙；

（3）组合女儿墙，即采用砖砌体加钢筋混凝土柱的女儿墙；

（4）砖砌女儿墙。

钢筋混凝土女儿墙和金属栏杆女儿墙由于其强度高，整体性好，且一般与下部结构连接比较牢靠，地震时表现最好。在有条件时，应尽可能采用这两类女儿墙。

组合女儿墙的抗震性能一般不如上述两种女儿墙，但比砖砌女儿墙好。采用此类女儿墙时，应使钢筋混凝土柱与下部结构连接牢固，柱与填充砖墙应有钢筋拉结，上部钢筋混凝土压顶内的钢筋与柱内钢筋应绑扎牢固，钢筋混凝土立柱间距不宜过大。

砖砌女儿墙，包括砖砌实心墙、带砖柱实墙、砖砌漏空女儿墙等，地震时最易遭受破坏。在 1976 年唐山地震时，倒塌和破坏者甚多。在天津市，旧建筑的砖砌女儿墙和高门脸严重破坏和倒塌的很多；在新建筑中，高度不大、做法合理的砖砌女儿墙破坏较少，只有个别的倒塌。在北京地区，破坏不多，倒塌也只是个别的。在唐山市地震烈度高达Ⅹ度以上的地段，高度不大的砖砌女儿墙的破坏程度基本上和主体结构一致，很少有主体结构未倒，而女儿墙倒塌的事例。

砖砌女儿墙的破坏有几种情况。一是整片倒塌；二是由于女儿墙变形缝的宽度不够或女儿墙上端的钢筋混凝土压顶和铁管扶手没有断开，地震时在变形缝处发生碰撞，造成墙体开裂、外闪或局部倒塌；三是由于屋面板伸入墙内削弱了墙体与主体结构的连接，或因屋面防水毡嵌入墙体而使女儿墙根部截面削弱，地震时常在女儿墙根部与屋面交接处出现局部水平裂缝和通长水平裂缝，严重者整片墙体外闪；四是有的砖砌女儿墙外向面开裂，屋面雨水浸入，砖砌体长期受冻融而破坏，强度降低，地震时女儿墙与屋面交接处出现通长裂缝，朝北一侧破坏尤为明显；五是有的砖砌女儿墙砌有屋顶平台照明用的钢筋混凝土灯杆，由于灯杆高，地震时灯杆位移较大而使女儿墙产生裂缝；六是有的女儿墙在转角处或局部突起处（如在墙内埋设旗杆等）产生斜裂缝；七是有的砖砌女儿墙因砂浆标号过低，施工质量差，地震时女儿墙部分倒塌、部分酥裂；八是有的砖砌漏空女儿墙因整体性差，地震时钢筋混凝土压顶下部的砖砌栏杆下形成薄弱环节，而先行折断。

根据中国多次强震调查结果，采用砖砌女儿墙时应特别注意满足下列要求：

（1）不宜将女儿墙直接砌在屋面板上；

（2）避免因屋顶板插入墙内而使女儿墙根部与主体结构连结削弱；

（3）宜在女儿墙脚油毡翻起处用豆石混凝土压牢，以免因油毡嵌入而削弱女儿墙根部截面；

（4）女儿墙顶部应采用现浇通长钢筋混凝土压顶；

（5）在女儿墙内不宜埋设灯矸、旗杆、大型广告牌等构件，如屋顶设有这些构件，则应尽可能不要同女儿墙拉结；

（6）女儿墙上除排水口外，不宜再开设其他洞口，如暗灯盒、排气口等；

（7）女儿墙的变形缝应留有足够宽度，缝两侧女儿墙的自由端应予加强；

（8）无锚固的砖砌漏空女儿墙不宜采用。

10.3.4　围护墙

围护墙的地震破坏主要是由于墙体与主体结构连接不牢，墙体材料脆性以及刚度不协调所造成。本书所涉及的强烈地震的经验表明，围护墙的抗震经验和措施主要有：

（1）笨重的预制钢筋混凝土构件必须与主体结构有可靠的连接。对于这类构件，用短角钢连接并不能保证地震安全。如1978年日本仙台地震时，预制钢筋混凝土外围护墙就是因为锚固不牢而倒塌的，如图10.8所示。现在许多国家的抗震设计规范对此已有严格的规定，并已研究出经济有效的连接方法。但是，由于连接数量很多而且尚未经受过强烈地震的考验，因而需要进行更多的实验室试验。

图10.8 1978年日本仙台地震时，预制钢筋混凝土外围护墙因锚固不牢而倒塌

（2）根据对1985年墨西哥地震中位于墨西哥城的25幢有笨重外围护墙的房屋的调查资料，位于湖区的18幢房屋中，有10幢房屋的外围护墙基本完好，3栋房屋的外围护墙有轻微破坏，5幢房屋的外围护墙破坏严重；所有位于过渡区的7栋房屋的外围护墙地震时表现都很好。由此可见，对于笨重的外围护墙体系，现代设计和施工方法尚不能适应，需要有更多的震害和实验室试验数据以改进其分析模型和设计方法。特别是，为了进一步了解高层建筑的重型外围护墙在受到层间侧移时的性状，更需进行实验和分析研究。

（3）刚性的混凝土砌块或砖砌筑的填充墙地震时常常遭受严重破坏，并会改变结构框架的动力性能。在1985年墨西哥地震中，此类事例屡见不鲜。

（4）墙体的砖和石材饰面，地震时常会出现裂缝，有时塌落，除非有良好的拉结，方可避免。

（5）轻质幕墙，包括楼盖间的玻璃嵌入墙，只要细部安装牢靠，地震时一般保持完好，但在接近结构破坏区位和变形很大的部位则属例外。

（6）围护墙系统和部件如果经过仔细设计，允许有适当移位，则一般在地震时均表现良好，破坏者殊少。

10.3.5 玻璃

根据对1985年墨西哥地震调查所搜集的300余幢房屋震害资料，玻璃破坏同下列因素有关：

（1）房屋的层间侧移；

（2）结构破坏的严重程度；

（3）非结构破坏的严重程度；

（4）低层、中层和高层结构房屋的平面尺寸和体形；

（5）相邻房屋的高度；

（6）窗框的类型；

（7）玻璃面积大小；

（8）玻璃嵌装类型；

（9）窗的形状。

根据对本书比较分析涉及的地震的玻璃灾害进行的研究分析，可以得到以下看法。

（1）地震时，结构或外墙遭受破坏的商业建筑有一半以上玻璃破碎，其中四分之一破碎严重。

（2）地震时，层间侧移或位移大的柔性建筑的玻璃破碎程度比层间侧移或位移小的较为刚性的建筑的玻璃破碎程度要大3~4倍。地震时因受到的侧力大或层间位移大而造成结构和非结构破坏的建筑，其玻璃严重破碎的可能性也大。

（3）对于体形复杂或不规则的房屋建筑，其结构破坏和玻璃破碎程度要比规则体形建筑的相应破坏程度大2倍。

（4）当一座房屋的相邻房屋的高度为其本身高度的25%~75%时，这座房屋的玻璃破碎程度要比那些相邻房屋高度不在此范围的房屋的玻璃破碎程度大2倍，这是由于相邻房屋在地震时可能发生碰撞的缘故。

（5）窗户的玻璃面积小时，其玻璃破碎程度比窗户的玻璃面积大时要低得多。玻璃破碎程度随着窗户玻璃面积或尺寸的增大而增加，最高可达3倍。一般，窗户玻璃尺寸为1.5m^2左右，且窗户面积小于2.0m^2时，玻璃破碎程度最低。

（6）竖向窄条形玻璃的破碎程度要比横向窄条形或方形玻璃的破碎程度大2倍。

（7）镶嵌玻璃的框架较为柔性时（如金属框架），其玻璃破碎程度要比刚性框架的玻璃破碎程度大2倍。

由上述可见，玻璃在地震时破碎同玻璃形状、尺寸和窗框体系有着密切的关系。因此，需要通过进一步试验研究确定上述变量在已知层间侧移下的精确限值，并将其用于设计。

玻璃幕墙和金属幕墙的抗震性能同玻璃和金属之间的间隙有关。在美国中等地震时，玻璃幕墙和金属幕墙表现良好，而在1985年墨西哥地震时，在墨西哥城，甚至在最严重的破坏区，其表现也是好的。例如图10.9

所示的建筑，其玻璃幕墙经过精心设计，经受强烈地动考验，仍保持完好。

卫生间的镜子地震时很容易遭受破坏。1994 年 1 月 17 日美国加州北岭地震时，洛杉矶县凡-路斯（Van Nuys）的假日旅馆卫生间的大片玻璃破碎，使卫生间里洒满了玻璃碎片，如图 10.10 所示。

图 10.9　1985 年墨西哥地震时，这栋位于墨西哥城的房屋，玻璃幕墙经过精心设计，震后完好无损

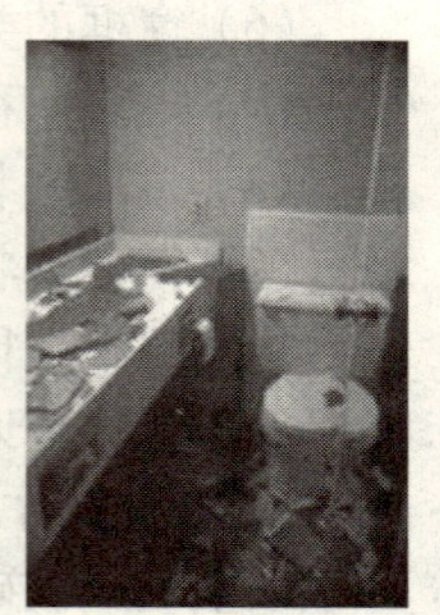

图 10.10　1994 年美国北岭地震时，洛杉矶县凡-路斯（Van Nuys）的假日旅馆卫生间的大片玻璃破碎，使卫生间里洒满了玻璃碎片

10.3.6　天棚（吊顶）

地震时，由于地面发生水平和竖向运动，悬挂的天棚系统特别容易遭受破坏。如 1999 年中国台湾集集地震时，竹山镇竹山高中育乐堂破坏轻微，但轻钢架顶棚掉落严重，如图 10.11 所示。

图 10.11　1999 年中国台湾集集地震时，竹山镇竹山高中育乐堂天棚掉落

常用的天棚系统在地震时的表现可归结如下。

（1）带暗拉件的外露 T 形格构式悬挂天棚地震时表现很不好，特别是有重型灯具和拉结不牢的地方。

（2）暗键悬挂天棚比嵌入体系抗震性能好，因为其装配质量易于保证。

（3）细部设计控制水平和竖向振动的天棚体系和部件能减少地震破坏。但是，这种办法尚未经受过实际地震考验。

（4）老式悬挂天棚系统在系统的各构件之间没有可靠的连接，地震时 T 形杆拉长或从墙体支承处拉脱，其抗震性能很不好。最近几年，一些规范要求连接件和灯具必须有牢靠的金属丝直接与结构相连。

（5）用于敞开平面办公用房的很大的悬挂天棚系统尚未经受过地震的考验。虽然已在试验室做了一些小型天棚试验，但大型天棚仍没有好的抗震措施。

10.3.7　家具和设备

强烈地震的经验表明，现代建筑即使地震时结构破坏轻微或没有损坏，也可能由于室内家具和设备的破坏而造成使用功能丧失和重大的经济损失。在这方面，主要的经验教训可列举如下。

（1）在工业研究和教育建筑中，试验室设备在地震时很可能受到破坏。这些设备一旦破坏，修复费用非常昂贵，而且有些设备如果倾倒或破坏还可能带来次生灾害。

（2）医院设备一旦破坏，会对诊断和手术能力产生严重影响。假如设计只考虑保障人的生命安全和防止房屋结构倒塌，对于现代建筑是不可取的。因为这种设计思想不能保障房屋内的陈设和非结构的地震安全，而房屋内的陈设和非结构的价值常常占房屋总价值的 80% 以上。1994 年美国北岭地震时斯尔马尔县（Sylmar County）医院建筑的地震性状就很能说明问题。这栋房屋经受相当于建筑总重量的底部剪力作用［参见图 10.12（*a*）］，房屋的结构系统并没有出现明显的破坏。但是，房屋内的陈设和非结构系统却受到了严重的破坏。如图 10.12（*b*）和（*c*）所示。由于房屋内的陈设和非结构系统的破坏，医院失去了功能，不得不将病人转移到其他医院。[10]

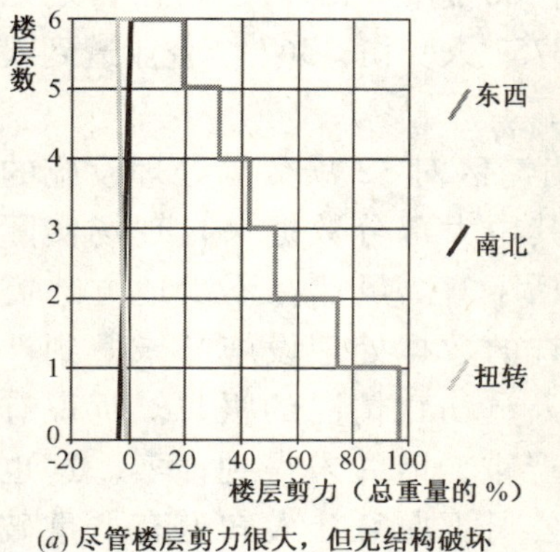

(*a*) 尽管楼层剪力很大，但无结构破坏

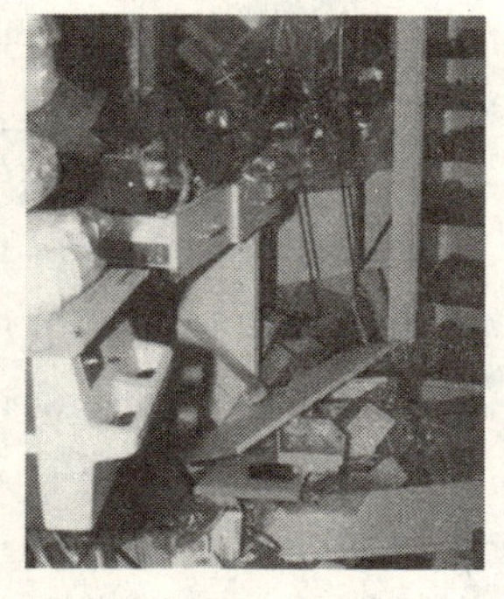

(*b*) 血液实验室陈设破坏

(*c*) 病人档案室破坏

图 10.12 1994 年美国北岭地震时斯尔马尔県（Sylmar County）医院建筑结构和非结构性状对比

图 10.13 1979 年美国埃尔森特罗地震时，帝国县服务大楼办公室里的文件柜倾倒将门堵住

（3）在办公用的建筑中，自由搁置的文件柜和书柜应加锚固，否则很易倾倒。例如，在 1979 年美国埃尔森特罗地震时，帝国县服务大楼里的文件柜倾倒，堵塞了出入口，如图 10.13 所示。对于开敞平面的办公楼，这类问题特别严重，而且室内陈设的破坏可能超过房屋本身的破坏。

（4）由于室内家具和设备安排方式的关系，敞开式办公楼里的家具和设备最易遭到破坏。

（5）刚性建筑里室内陈设的地震破坏程度一般比柔性建筑里的室内陈设的破坏程度小。

（6）桌上的设备，诸如打字机和计算机终端，可用安全带固定，以防止地震时从桌面滑落。

（7）柜子只要与房屋结构锚固好，地震时不会遭受破坏。

特别值得指出的是，关于房屋内部陈设在地震时的破坏规律至今尚甚少研究，定量资料和数据更是缺乏。因为这类问题的严重性在美国 1964 年阿拉斯加地震以后才开始暴露，所以研究工作在 1971 年美国圣-费尔南多地震后才着手进行。

前已述及，地震时，刚性结构（最典型的是钢筋混凝土剪力墙结构）房屋内的陈设和设备受到的破坏程度要比柔性结构（如框架结构）房屋内的陈设和设备轻得多。1972 年尼加拉瓜马那瓜地震时，两座邻近房屋的破坏就是最有说服力的例子。一座是美洲银行，采用刚性的钢筋混凝土剪力墙结构，结构本身对称布设，因而侧移及扭转都很小，震后结构基本完好，室内陈设等非结构破坏轻微，稍加修理即可继续使用。另一座是中央银行，采用较柔性的框架结构，而且结构体形突变，电梯墙偏心布设，震后不仅房屋的结构体系破坏严重，而且室内陈设等非结构也遭到严重破坏，修复时不得不拆除顶层。又如，在 1984 年的摩根山 和 1986 年的勒维斯山两次地震中，采用钢结构抗力矩框架的圣克拉拉某服务大楼里的陈设破坏严重，尽管其他结构或非结构均未发生破坏。特别值得注意的是第一次地震后加上斜撑的架子，在第二次地震时表现良好。办公室家具地震时倾倒可能伤人，这是不言而喻的。但是，造成众多人员死亡的事例尚未发现。

对于经常要移动的设备，显然不能套用适用于其他非结构部件的锚固方法。此时，细心选择安放地点，使其在地震时万一发生倾倒也不致伤人或砸坏其他设施，不失为一种有效措施。

现在大家公认，震后制造工厂能力的恢复主要取决于室内设备和陈设的破坏程度，而房屋破坏程度则影响不大。因为，如果设备完好，且有电源，即使房屋坏了，在临时工棚里也可以生产。可见，对于制造业来说，保护室内设施多么重要。但也应当注意，室内陈设和设备的破坏主要是由于其所在房屋倒塌所引起，因此，保证房屋的地震安全是保护室内设施的极为有效的措施。

此外，现代制造厂房内的设施和物品（包括生产设备和产品）的价值往往要比房屋本身的价值大得多。高技术工业，诸如电子工业、航天工业等尤其如此。这些高精尖工业生产的产品体量虽不大，但却十分昂贵。博物馆和艺术馆也有类似的情形。近年来已对既能保护这些艺术品又不影响展示的抗震措施开展研究，但尚未获得系统的成果。

10.3.8 楼梯

美国1964年阿拉斯加地震和1971年圣-费尔南多地震，以及其他强烈地震表明，楼梯本身是地震易损的部件，而且可能会对整个房屋结构的抗震不利。楼梯是人员通行的要道，其本身或其周围部件受到破坏都可能造成不能通行或在最急需使用楼梯时发生险情。例如，1972年尼加拉瓜马那瓜地震时，中央银行大楼的楼梯间被倒塌物堆积堵塞，影响震后人员通行。

楼梯间地震破坏和抗震经验可归结如下。

（1）楼梯可起斜撑作用，使结构刚度增大；楼梯和主体结构可能会发生相互作用；这些在设计时都应当予以考虑。

（2）刚性的楼梯井必须同水平隔板或楼盖板很好地连成整体。因为楼梯井可能与房屋其他部分反应不同，从而引起较大的相对运动。

（3）老旧房屋的无筋砖墙或砌块墙楼梯井破坏可能会阻塞出口，使人员难以疏散。

10.3.9 数据处理设施

1989年10月17日，在美国加州的圣克鲁斯山脉地下18km深处发生7.1级地震，一般称为洛马-普里埃塔地震，震中在圣克鲁斯东北16km和圣何塞南30km处。8000km^{2}的地域遭到破坏。强烈震动的时间虽然不到15s，但却使168亿美元的巨额财富付之东流，造成63人死亡，3757人受伤，367个企业遭到毁坏，12 000人无家可归。

地震后，在旧金山湾区对32项数据处理设施的地震表现作了调查，其中大部分数据来自现场实际观测，有些则根据电话了解。虽然在不少地方地震动相当强烈，但所调查的数据处理设施却未遭到严重破坏，且未发现有人员伤亡情况的报告。听说有些数据处理系统破坏严重，但并未得到证实。这也有可能是由于厂家和公司不愿意让人知道有严重破坏。在调查有些数据处理设施时，有关人员对设施破坏和中断使用时间不愿涉及，破坏照片则更难取得。经过调查组多方努力，所取得的32项数据处理设施的基本情况汇集在表10.4中。表10.5则为这些数据处理设施在这次地震中的实际表现。现将有关数据处理设施的各部分具体地震表现及抗震经验与建议简述如下。

（1）高位楼板

在所调查的32项数据处理设施中，有25项采用了高位楼板。关于这种楼板，大约三分之一没有资料。在找到资料的高位楼板中，楼板高度在25.4~50.8cm之间变化，楼板每块尺寸为61.0~91.4cm见方不等。从表10.5可见，有4个数据处理设施的高位楼板发生破坏，但都比较轻微。破坏现象从在笨重设备作用下压弯到两个以上板块移位等均有所见。楼板支墩锚固（用螺栓或胶）没有发现破坏。

（2）数据处理设备

所调查的数据处理设备多支承在脚轮上，也有同时放在台面上或锚固的，从表10.5可见，32项设施中，有26台设备发生移动或滚动，移动距离大到1.2m。脚轮上的钢丝夹一般不大生效。地震时，夹子脱离脚轮，设备可随处滚动，滚动距离从数厘米至数米。许多设备移动或滚动到邻近的设备，但没有发现有功能严重丧失的情况。有些设备，支承在脚轮或平台上，地震时滑动或滚动至楼板开洞处，因周边无护板而倾斜，但未发生倾覆。

有些数据处理设施的电源电缆或通信电缆被震断，光纤接头破坏。导致这种破坏的主要原因可能是电缆缺乏足够的可伸缩余量或设备产生的位移过大。

美国1989年洛马-普里埃塔地震旧金山湾区数据处理设施 表10.4

序号	设施所在城市	结构类型	土或基础	设施所在位置	高位楼板（cm）			应急电源	使用中断			
					高度	方板尺寸	锚固方式		电	给水	电话	排水
1	San Francisco	钢框架	—	地下室	—	—	—	无	是	非	非	非
2A	Oakland	钢筋混凝土	桩基	2B/5**	45.7	91.4	锚固	无	是	非	非	非
2B	Oakland	钢筋混凝土	桩基	2B/5	—	—	—	有	是	非	非	非
3	Alameda	木	填土	1/1	—	—	—	无	非	非	非	非
4	Alameda	钢框架、木	桩基	2/2	30.5	91.4	锚固、支撑*	无	是	是	—	是
5	Alameda	—	桩基	1/2	—	—	—	无	非	非	非	非
6	Alameda	—	桩基	1/2	25.4	61.0	锚固	无	非	非	是	非
7	Alameda	钢框架	桩基	2/2	45.7	61.0	锚固、支撑	无	是	是	非	非
8	Mountain View	钢筋混凝土	桩基	2/2	45.7	61.0	—	—	非	非	—	非
9	Santa Clara	钢筋混凝土	桩基	1/2	45.7	91.4	锚固、支撑	—	是	是	是	—
10	Sunnyvale	钢筋混凝土	桩基	1/2	50.8	61.0	锚固	—	非	非	非	非
11	Santa Clara	—	—	1/1	—	—	—	—	非	非	非	非
12	Santa Clara	钢筋混凝土	桩基	1/1	—	—	—	—	非	非	非	非
13	San Jose	钢筋混凝土	桩基	3/5	—	—	—	—	非	非	非	非
14	Sausalito	钢筋混凝土	—	1/2	48.3	61.0	—	—	非	非	非	非
15	San Francisco	钢框架	桩基	24/42	—	61.0	粘固***	无	是	非	非	非
16	San Francisco	钢框架	桩基	34/42	—	—	—	有	是	非	非	非
17	Oakland	钢框架	桩基	11/25	—	61.0	粘固	无	是	非	非	非
18	San Jose	钢框架	硬土	3/3	—	61.0	锚固	无	是	是	是	非
19	San Jose	—	硬土	2/2	—	—	—	无	非	非	非	非
20	San Jose	—	硬土/基岩	1/3	—	—	—	—	非	非	非	非
21	San Jose	—	硬土	B/2	—	—	—	无	是	非	非	非
22	Santa Cruz	钢筋混凝土	砂土	B/6	25.4	76.2	粘固	有	是	非	非	非
23	Santa Cruz	—	硬土	1/1	—	—	—	无	是	非	非	非
24	San Mateo	钢框架	基岩	1.2/2	45.7	61.0	锚固	有	是	非	非	非
25	Palo Alto	钢框架	硬土	1/2	45.7	61.0	锚固	有	是	非	非	非
26	Palo Alto	钢筋混凝土	硬土	2/8	45.7	61.0	粘固、支撑	有	是	非	非	非
27	Palo Alto	钢框架	硬土	1.2/2	45.7	61.0	粘固	无	非	非	非	非
28	San Francisco	钢筋混凝土	硬土	2/2	—	—	—	无	波动	非	非	非
29	Livermore	钢筋混凝土	硬土	4/7	—	—	—	无	非	非	非	非
30	Milpitas	钢框架	硬土	1/2	—	—	—	无	非	非	非	非
31	San Francisco	无筋砌体	硬土	1/3	—	—	—	无	非	非	非	非
32	Daly City	—	硬土	—	—	—	—	无	是	非	非	非

注：* 锚固指用螺栓等将高位楼板的支墩同楼板锚固在一起。支撑指设在高位楼板支墩之间的斜撑。

** 在设施所在位置的列中，B代表地下室，分子代表设备所在的楼层，分母代表房屋的总层数。

*** 粘固指用胶将支墩同楼板粘结在一起。

美国1989年洛马-普里埃塔地震旧金山湾区数据处理设施的震害 表10.5

序号	设备支承方式			楼板洞口周围护板	地震破坏情况				磁带脱落损坏	台面设备落地	备用数据处理设施	备震计划	设施停止运行时间（h）
	锚固	脚轮	调平器		倾覆	滑动（cm）	高位楼板	天棚					
1	—	—	—	—	无	无	无	无	无	非	有	—	12
2A	非	是	非	有	无	15.3~20.3	无	无	—	—	无	有	—
2B	—	—	—	有	无	—	—	无	—	—	无	有	0
3	非	是	是	—	无	无	无	无	—	—	有	有	0
4	非	是	非	有	无	5.1	无	有	有	非	有	有	56

续表

序号	设备支承方式			楼板洞口周围护板	地震破坏情况				磁带脱落损坏	台面设备落地	备用数据处理设施	备震计划	设施停止运行时间（h）
	锚固	脚轮	调平器		倾覆	滑动（cm）	高位楼板	天棚					
5	非	是	非	—	无	2.5~5.1	无	无	有	非	无	有	0
6	非	是	非	无	无	2.5	无	有	有	非	有	有	0
7	非	是	非	无	无	7.6	轻微	—	有	非	有	有	56
8	非	是	非	无	无	无	无	无	无	非	—	有	12
9	非	—	—	有	无	—	无	有	有	—	无	有	—
10	非	—	—	有	无	有	无	无	无	非	有	有	0
11	非	—	—	—	无	轻微	无	无	—	非	无	有	0
12	—	—	—	—	无	轻微	—	无	—	非	无	有	0
13	—	—	—	—	无	无	—	无	无	—	无	无	0
14	—	—	—	—	无	无	无	无	无	—	—	有	0
15	非	是	是	无	无	15.2~91.4	有	有	—	非	—	—	18
16	非	是	非	无	无	2.5~5.1	无	无	无	—	—	—	—
17	非	是	是	无	有	30.5~91.4	有	有	有	有	—	—	24
18	非	是	是	无	无	2.5~30.5	无	有	无	有	—	有	36
19	非	是	是	无	无	有	无	有	—	—	—	—	13
20	非	是	是	无	无	有	无	有	无	—	—	—	—
21	非	是	是	无	无	有	无	有	无	—	—	—	15
22	非	是	是	无	无	有	无	无	无	—	—	—	0
23	非	是	是	无	无	有	无	无	无	—	—	—	12
24	非	是	是	是	有	轻微	无	无	无	—	有	有	0
25	非	是	是	无	无	轻微	无	无	有	—	无	有	—
26	非	是	是	无	无	轻微	无	无	—	—	无	有	—
27	非	是	是	无	无	61.0~71.1	无	有	有	—	无	有	5
28	非	是	是	无	无	有	无	有	有	—	无	无	11
29	非	是	是	无	无	有	无	无	无	—	无	有	0
30	非	是	是	无	无	有	无	无	—	—	—	有	0
31	非	是	是	无	无	有	无	有	—	—	无	无	0
32	—	—	—	—	—	有	—	有	—	—	无	有	4

（3）磁带和磁带柜

地震时磁带柜的破坏有多种形式，从柜子框架变形到倾覆均有发生。当柜子有抗震斜撑或锚固在墙上时，有些磁带由于过于强烈的摇晃而移位。而在其他情况下，放在有斜撑的柜子里的磁带则一般不会移位。

（4）台面上的设备

有很多报告说明，台式设备从台面掉在楼面或地面的事例很多，其中，多数为小型微机。这些掉落在楼、地面的设备一般破坏都很轻微，稍加修理即可使用。

（5）吊顶

天棚吊顶板移位和掉落者甚多，所调查的数据处理设施中约有40%发现天棚板下落，但一般只有少数几块，而且未发现有损坏设备或造成人员伤亡的情况。这主要是因为吊顶板很轻的缘故。

（6）公用设施

数据处理设施不能继续工作的主要原因是电源中断。供水中断的事例也有，但为数不多。排水系统破坏殊少，仅在一处发现。在旧金山的彭涅苏勒有一个数据处理设施所在处，15.2cm的喷洒水的灭火管线破裂，水流满了高位地板下面，致使运行中断。有些采暖、通风和空调设备移位，使空调发生短暂中断。

（7）抗震经验与建议

1）放在地面以下（例如地下室等）的设备一般

不易遭到破坏，即使损坏也很轻微。可见，把数据处理设施放在地下室是很有效的抗震措施。

2）地震时设备移位，如放在脚轮上的设备因滚动而移位，或放在台面上的设备因滑动而移位，一般能防止倾覆，但却不能避免设备内部损坏。有些设备地震时移位达1.2m。

3）高位楼板的开洞处应有防护颚边，以防止设备移位越过洞边掉入洞口或倾倒。一旦发生倾倒情况，要想扶正一般需要2～4h。具体时间需视是否有适当的起重设备而定。

4）安在设备脚轮上的锁定卡夹一般都不能如所设想的那样发挥作用，许多卡夹在地震时失去作用，设备仍可自由移动。

5）放置设备的调节平台，通常由竖直向的螺杆和支承平台构成。地震时，螺杆常因设备滑动而弯曲。因此，在设计时应注意加强。

6）同设备或接线盒相连的电线和通信电缆，在连接处可能由于设备移位过大而断开。因此，在设计时应注意留有活动余量。

7）磁带和盒式存储器柜，如果不按抗震要求设计，如不加斜撑或不加固、以及没有锚固等，则在地震时将会倾倒，且磁带和盒式存储器可能离位。这种情况一旦发生，数据将很可能遭到破坏。

8）在安装计算机设备和其他非结构构件时，要特别注意安装的质量。有些计算机设备的破坏就是由于螺帽没有拧紧，地震时设备跳离平台而造成的。造成这种情况的原因常常是赶进度，工人加班，过于劳累等。

9）微机从桌上掉落地面后，一般破坏均很轻微，仍可继续使用。如果地面铺上地毯，则损坏将更会减轻。

10）在数据处理中心，将桌子、文件柜、书架及其他家具做适当锚固和对设备采取抗震措施同等重要，因为这是保护设备地震安全的重要措施。地震后，使数据处理中心恢复运行的最大困难常常是家具倾倒和倾斜所造成的。在上述美国发生的地震中，有一个数据处理中心，家具倒塌堵塞了房间的唯一的一个出入口。所幸的是，当时机房内无人。在这种情况下，人员很难进入机房检查设备震害情况。在另一家数据处理中心，汲取以往地震的经验，对家具作了锚固，情况就完全不同。

11）数据处理设备在洛马-普里埃塔地震时所发生的破坏现象，如连接断开，设备支承掉入楼板洞口而引起设备倾斜，存储器柜倾覆，支承弯曲，吊顶板下落，家具倾倒堵塞出入口等完全是意料之中的事。蒙受这方面的损失主要是由于缺乏必要的抗震设计规定和漠视非结构抗震问题的重要性所造成。

12）制订或修订数据处理设施的抗震设计规定是十分紧迫的任务。中国石油化工总公司抗震办公室已于1990年8月颁发了“计算机及其附属设备抗震鉴定与减震规定”。美国等一些国家也有相应的规定，但需要根据实际地震破坏和经验加以修改、补充和简化。有些问题尚需通过研究才能做出合适的规定。例如，哪些数据处理设备需要锚固，哪些设备可以允许其在地震时滑动而不需要锚固，高位楼板如何隔震，数据处理中心与其分中心和外界通信问题如何保证，以及数据处理中心所需的公用设施如何设计才能确保地震安全等。有一个数据处理中心的冷凝机地震时停止运行，不能制冷，致使数据处理设备不能恢复工作，后来采取人工启动，经过几个小时才使设备冷却下来。如何解决这些问题，都需要作深入的研究。

10.4 机械非结构

现代建筑的功能和能否正常使用往往取决于其环境、服务和交通及通信设施的状况。一座房屋在遭遇到强烈地震时，可能主体结构完好而得以幸存，但由于非结构等次级系统的破坏而使房屋数日甚至数周或更长一段时间无法使用。例如像医院、急救中心、消防站、警察局等类建筑，如果遇到上述情况而在震后中断使用，则问题就很严重。美国1964年阿拉斯加地震和1971年圣-费尔南多地震就有不少这方面的事例。以后，加州政府颁布了1973年加州医院法，对各类次级系统，特别是机械、电子系统、泵和电梯等的设计和安装提出了明确而严格的要求。对于新建房屋，改善和提高这些系统的抗震性能并不困难，但对于包括医院在内的许多既有建筑，如有易损系统，除非部分重建，要想加固颇为困难。此外，这些系统一般均很复杂，其中任何一部分破坏都可能使整个系统中断使用。

10.4.1 一般机械设备

根据近年来国内外强震经验，一般机械非结构的震害与抗震经验可归结如下。

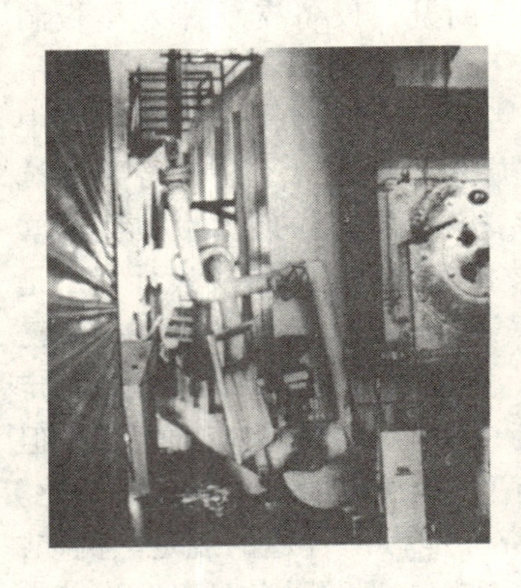

图 10.14 1971 年美国圣-费尔南多地震时，奥里乌-未幽医院里的锅炉移位近 1m，造成连接管线严重破坏。

图 10.15 1978 年日本仙台地震时，一个陈列室的设施遭到严重破坏

图 10.16 美国 1971 年圣-费尔南多地震时，一台重 13t 的冷却器因无锚固而移位

（1）重型设备，如冷却器、锅炉、泵等必须有牢靠的锚固，以避免连接管线破坏或断裂。例如，在 1971 年美国圣-费尔南多地震时，奥里乌-未幽医院里的一些锅炉移位近 1m，造成连接管线严重破坏，如图 10.14 所示。

（2）支承在无约束的隔振座上的机械设备，地震时易发生移位，从而可能会导致连接辅助管线的破坏。

（3）设置在房顶上的机械设备，地震时常常比设置在较低楼层或地下室内的机械设备更易遭到破坏，这是因为地震时房屋建筑系统对地面运动有放大作用，而使房顶上的最大反应加速度大于其下各层最大反应加速度的缘故。

（4）无斜撑的悬挂重型设备，在中等强度地震时管线就有可能断裂。

（5）较重的、内有暖通管道的天棚格架和扩散管道应有可靠的锚固，以防止地震时塌落。例如，1978 年日本仙台地震时，一个陈列室的室内设施遭到严重破坏，进气导管和灯具从天棚上拔出，掉在楼板上被砸碎，就是由于锚固不牢的缘故（图 10.15）。

（6）管线系统的重量一般较轻。因此，只要有牢靠的支承，地震时一般表现都很好。

机械设备一般都比较笨重，因而地震时诱发的惯性力也较大。如果锚固牢靠，则破坏可以大为减轻。地震时，管道系统本身一般表现良好，但与设备连接的部位则易遭破坏。机械设备一旦受到破坏，修复十分昂贵。

泵及其他较重的设备需采取有效的措施抵抗地震动所产生的侧力，以免地震时滑出基底之外。例如，在 1971 年美国圣-费尔南多地震时，有一台重为 13t 的冷却机，由于没有锚固，地震时惯性力使机器产生很大的滑移，如图 10.16 所示。

10.4.2 城市通信和管线网络

城市通信网络主要由电缆及导线管、电线杆和交换台站组成。电信交换台站建筑里的主要设备有：蓄电池及其支承框架、接线台、使转换开关冷却的空调设备、数据处理设备以及录音磁盘贮存器等。长途通信网络包括微波传输塔、天线等。在过去的强烈地震中，电信交换台建筑内的主要震害现象是高而狭长的接线开关设备架倾倒（图 10.17）。为防止倾倒，可采用侧向斜撑保护。这项抗倾覆措施现在已获得广泛应用。

没有锚固的设备和设施地震时易遭破坏。例如，1985 年智利地震时，奥克西奎姆（Oxiquim）化工厂的未锚固的化学贮罐遭到了破坏。这些罐的容量约为 200 000 加仑左右，支承在整备好的土层上且多数位于陡坡上。地震时，罐身滑移，连接管线破坏。震后，将连接管线改为柔性的，以防止再发生地震时连接破坏，图 10.18 为智利靠近比尼亚德尔马的奥克西奎姆（Oxiquim）化工厂贮罐之间的典型的柔性连接。

图10.17 1971年美国圣-费尔南多地震时电话接线开关架倾倒

图10.18 奥克西奎姆（Oxiquim）化工厂贮罐之间的典型的柔性连接

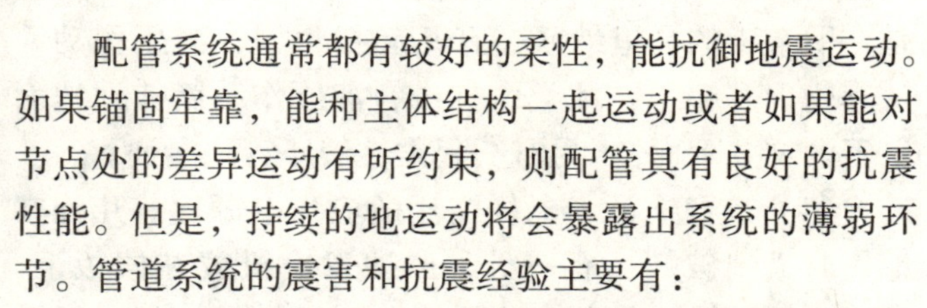

配管系统通常都有较好的柔性，能抗御地震运动。如果锚固牢靠，能和主体结构一起运动或者如果能对节点处的差异运动有所约束，则配管具有良好的抗震性能。但是，持续的地运动将会暴露出系统的薄弱环节。管道系统的震害和抗震经验主要有：

（1）一般说来，管道的抗震性能良好。但是，水平方向的管线一般比竖向管线更易遭受破坏。

（2）管线的破坏大多数发生于节点或与设备的连接部位。

（3）较重的热水器和水箱应与相连的结构牢固连接。

（4）喷水器系统一般具有较好的抗震性能，但是现代大型系统可能会损坏邻近的材料，穿透墙体和天棚。

（5）地震时，煤气系统如果遭到破坏，可能是造成火灾的根源。

10.4.3 电梯

在美国1971年圣-费尔南多地震时，洛杉矶市许多房屋结构表现良好，但其中的电梯却遭到破坏而不能使用。其破坏现象有：配重脱离导轨，计有674处；机械室内的控制板、马达和牵引机械倾覆或移位；提升间吊索被其突出部分弄坏等。这次地震以后，加州于1975年制订并颁布了《电梯抗震设计规定（电梯安全令）》。1981年，《国家电梯和自动扶梯安全规范》（National Safety Code of Elevators and Escalators）增加了一个有关抗震设计规定的附录。这个附录和加州的规定内容十分相似。比如，两个规定都主张：将机械室内的设备锚固，减少吊索可能因提升间突出物而破损，降低配重导轨的柔性等。两个规定的一个比较大的差别是，加州规定允许采用抗震开关或者脱轨检测器，而美国国家规定则要求采用抗震开关。两个规定的另一个不同之点是，加州规定不仅要求新建电梯必须遵守外，还要求既有电梯应在规定颁布后的7年内达到规定的要求，而国家规定则仅要求新设电梯和翻建电梯必须符合规定要求。

上述规定颁布以后，美国又发生了两次地震。一次是1987年怀提尔那罗斯地震，洛杉矶一带的电梯受到影响。另一次就是1989年10月的洛马-普里埃塔地震。地震后不久，即向9个大型电梯服务公司发出调查表，7个公司作了答复，汇总结果如表10.6所示。

在洛马-普里埃塔地震时，电梯集中较多的地区，地面震动强度为中等，因而没有发现与电梯有关的人员伤亡。

上述两次地震都表明：钢框架结构房屋内的电梯损坏较为严重，这大概同这类结构较柔有关。地震时，旧金山地区的电梯的表现不如洛杉矶地区，可能是因为旧金山钢框架结构房屋较多，而洛杉矶则多采用钢筋混凝土框架体系的缘故。

1. 电梯的震害

（1）配重系统

从表10.6可见，有98个配重在地震时脱离导轨。有3份答卷称，多数脱轨系3.6kg的轨道。脱轨的原因有：轨道支托弯曲，固定轨道支托的螺栓破坏，轨道支托过柔，以及轨道弯曲等。有一部电梯的配重框架发生变形。在斯坦福大学的7个配重脱轨事件中有6个配重高于轿箱。所有答卷均指出，当配重在房屋结构里处于高位时容易脱轨，但有一个破坏事例为配重在房屋的顶部和底部均有。

1989 年美国洛马-普里埃塔地震电梯地震性状调查结果

表 10.6

序号	地震性状和破坏现象	出现左列情况的电梯数
1	配重脱离导轨	98
2	导轨弯曲	38
3	配重导轨损坏	79
4	配重导轨止动器损坏	41
5	原有导轨锚固损坏	38
6	加固的导轨锚固损坏	4
7	加固的支托损坏	8
8	轨道系杆损坏	88
9	配重-轿箱碰撞	6
10	控制器移位	1
11	马达等移位	1
12	轿箱损坏	66（61 台不能开动）
13	地震触发器无损坏	145
14	地震触发器损坏	30
15	触发器损坏但未拨动	5
16	脱轨触发器启动，未脱轨	—
17	脱轨触发器启动，脱轨	59
18	无脱轨触发器，脱轨	10
19	脱轨感知线路断开	5
20	轿箱导轨出问题	15
21	提升间吊索损坏	10
22	液压电梯损坏	34

关于配重脱轨的详细资料非常缺乏，98 个脱轨事件中，知道脱轨原因的只有 7 起。脱轨同轨道尺寸、支承间距、系杆间距、支托的强度和刚度、系杆的强度和刚度、结构系统、房屋的地震反应以及锚固破坏之间的关系不甚清楚。但是，有 3 栋房屋的电梯在地震时的表现给我们以很大的启发。由于这三栋房屋距离很近，所以经受的地面运动大致没有过大差异。这三栋房屋都是几年以前建造的，其间对电梯的设计要求有所不同。其中，最早建造的一栋采用 3.6kg 轨道，且以后又增加了系杆，地震时 80% 配重脱离导轨。另一栋是稍后建造的房屋，也采用 3.6kg 轨道，但有较强的支托，地震时仅有 20% 的配重脱离导轨。新近建造的第三栋房屋采用 6.8kg 轨道，地震时没有出现问题。这说明，电梯配重脱轨同采用 3.6kg 轨道及安装细节有关。但是，为数众多的采用 3.6kg 轨道的电梯在地震时又并未出现问题，这说明这种轨道还是可以用的，只是必须要有较强较刚的支托。

（2）轿箱。有 6 起事件为配重脱轨后，电梯仍在运行，配重打击轿箱。在一座医院里，有一个配重击穿了轿箱顶。对于大多数电梯，由于按规定要求在设计时就采用了防止此类事故的地震安全装置，没有出现此类破坏。地震时，有一个轿箱脱轨。另有一起比较严重的破坏是，在离旧金山机场不远的一家旅馆里，屋顶上的水箱翻倒使电梯机房造成严重破坏。

（3）液压电梯。在洛马-普里埃塔地震中，液压电梯的破坏较在怀提尔那罗斯地震时更为严重。造成这种情况的一个重要原因可能同土的液化有关。尤其是在旧金山的马里纳区，有几起报告说，液压作动筒从其槽内升起（在此类电梯中，液压作动筒伸到地面以下电梯井下面）。另有一起柔性液压管线漏油。

（4）应急电源。电梯需用的应急电源，有几处在地震时遭到破坏。有一处，柴油发电机放在楼板上，其下面是油箱，油由电动泵从油箱送给发电机，但是由于电动泵未与应急电源相接，因而发电机不能工作。尽管平时对此作过检查，但并未暴露出此类问题。

（5）其他损坏。地震时有几处提升间发生破坏，如饰面掉落、门破坏、钢索挡板破坏等，但并未造成配重脱轨。有三处楼层选择磁带破坏。有三起调速箱钢索绞在凸轮上。有一起钢索与支托缠结在一起，从其绞轮拔出。

2. 电梯的地震安全装置

目前有两种提高电梯地震安全和减少电梯损坏的装置，即地震安全开关和配重脱轨检测器。按规定，当电梯运行速度大于 45.7m/min 时，就需要采用这类装置。对需要加固的房屋，如果该房屋设计标准低于电梯的标准，则可暂不考虑上述要求。在洛马-普里埃塔地震中，这些暂缓采取地震安全装置的电梯大多数在地震时发生问题，甚至在没有严重破坏的房屋中也未能幸免。

地震安全开关一般放在房屋顶部的电梯机房内，用来检测房屋的振动，通常是测量竖向或/和水平向加速度。选择损坏阀限以下的某一加速度作为触发加速度（规范最大允许值为 0.15g），当地震动使地震安全开关达到这个触发加速度时，如果轿箱仍在运动，则地震安全开关可令轿箱运行至离其最近的楼层并自动打开电梯门后停住。

配重脱轨监测器系用来感知配重是否脱离其轨道的。此监测器的构造和原理是：在一根导轨邻近设置一绷紧的金属丝，连在配重框架上的环则穿过此金属丝，如果此环同金属丝接触，则表示配重已经脱离其导轨，且控制柜的继电器断开，必须用手动才能复位，如果继电器断开时，轿箱仍在运行，则轿箱将进入紧急停车，然后离开配重继续运行至离其最近的楼层（运行速度小于45.7m/min），打开电梯门后停住。这种保护电梯的方法叫做“弦上环”系统。

对于那些老的只有简单控制系统的电梯，地震安全装置仅能使电梯停住。这虽然可以避免一旦配重脱轨可能发生的撞击，但围困在轿箱里的人员仍无法走出，其后果只能是，在电梯内的人员必须做较长时间的十分可怕的等待。

假如地震时地震安全装置受到触发，则在恢复运行前必须请合格的电梯维修人员对电梯损坏情况进行检查，但是至今对这种震后检查尚无明确的规定，致使各个公司各行其事，没有统一的章法可循。

3. 电梯抗震经验

（1）机房锚固和吊索损坏问题在现行的美国规范中已有明确要求，从美国这两次地震来看，规范的规定是合适的。有些老旧的锚固松动或拔出，在维修时应加以注意。

（2）这两次地震中，许多电梯配重脱离其导轨，说明现行美国规范的规定需待修订。配重脱轨常与采用3.6kg轨道有关。尽管采用3.6kg以上轨道的电梯的配重脱轨少些，但许多采用3.6kg轨道的电梯配重并未脱轨，这说明造成脱轨尚有其他原因。从调查看，这些原因不外是：支托和系杆过柔，支托和系杆强度不足，配重导轨安装质量差，以及老旧膨胀锚定破坏等。因此，为了避免配重脱轨，需对其产生原因作全面分析，然后提出有效的改进措施。

（3）电梯的地震表现同房屋所采用的结构体系有关，钢框架结构房屋里的电梯一般表现较差，这可能是因为受到的加速度较大或所受到的加速度与配重-导轨系统产生共振的缘故，关于电梯损坏与房屋结构特性之间的关系，尚需作进一步研究。

（4）为数众多的配重-轿箱碰撞说明，现有的地震安全装置不能像我们所设想的那样工作。这两次地震所暴露出来的诸多问题，如开关可能因电源中断或维修不佳而不能动作，“弦上环”系统可能因金属丝断开或锈蚀而不起作用，以及非地震误动作等，均有待在修订规范时加以考虑。

（5）对于医院等重要设施内的电梯，通常不能停止运行。因此，地震安全装置不能像一般房屋中的电梯那样，一旦触发即运行至邻近楼层停止，必须等维修公司来人检查后才能恢复运行，而应当在触发后仍可慢速运行直至来人检查。医院等重要设施内的地震安全装置应当按此原则进行设计，并对规范作相应的修改。

（6）为提高电梯的地震安全，对电梯的震害及其原因作深入研究，积累震害数据是一项十分重要的任务。

10.5 电气非结构

较重的电气设备，如开关设备、变压器及蓄电池等是电气系统中最易遭受地震破坏的部分。应急系统都要求有电源，地震时即使设备完好，如电源中断，应急系统仍然无法使用。

电气非结构的震害和主要经验有：

（1）装在凹处或表面的灯具与悬吊灯具相比，一般在地震时不易受损。图10.19为美国1971年圣-费尔南多地震时奥里乌-未幽医院底层接待厅灯具的破坏。

（2）隐藏在悬吊天棚内的灯具应与天棚格架牢固连接或者从房屋结构单独设置支撑。

（3）用蓄电池作应急照明电源对地震时各项应急活动特别重要，因而必须妥善锚固。

（4）应急用的发电机必须确保安全，使电源系统破坏或蓄电池倾倒等情况不致发生。

（5）电气控制板或配电板应妥善锚固，以免弄断电线和切断电源。

（6）电气管线在地震时一般表现很好。

（7）刚性铜电气汇流条应与房屋的结构妥善拉结。

图10.19 美国1971年圣-费尔南多地震时奥里乌-未幽医院底层接待厅灯具破坏

（8）电气燃油泵地震时易因断电而损坏。

美国1971年圣-费尔南多地震表明，电梯在地震时极易受到破坏，其破坏现象主要的有：

（1）电梯载人间和配重在导轨系统里脱出轨道；

（2）整个导轨系统与结构分离；

（3）移动电缆被卷入提升间；

（4）重量很大的配重砸坏提升间墙体或割断移动电缆；

（5）控制及发电机系统翻倒；

（6）门和框架系统破坏。

电话系统在地震之后呼叫次数骤然猛增，实践证明也应列为易损系统。

自从1971年美国圣-费尔南多地震之后，计算机数据处理系统的复杂性与重要性大大增加。由于这种系统尚未经强烈地震考验，所以其在大地震时究竟表现如何尚难预料。对于大型计算机系统，可以想见，放置计算机的楼盖由于缺乏侧向斜撑，其抗震性能不易保证。近年来，一些试验表明，计算机浮搁在楼面上不加锚固，且只允许在有限距离内滑动可能是一种良好的抗震方案。但是，对于大型计算机，最好还是锚固牢靠。在1978年日本仙台地震时，由于没有锚固，微机发生倾倒。一些未锚固的设备遭到破坏（图10.20）。

图10.20 1978年日本仙台地震时，微机倾倒在楼面上

10.6 非结构震害控制[11]

地震时，地面运动对房屋的非结构构件主要有三个方面的作用。

（1）对非结构本身的惯性作用或振动作用。地震时，一个物体所受到的惯性力同其质量和所受到的反应加速度成正比。所以，非结构构件的重量越大，地震时所受到的惯性力也大。地震时，房屋对从其基底输入的地震动有放大作用 通常从房屋的底层到顶层，反应加速度呈增加趋势。所以，非结构构件所在楼层离地面越高，地震时所受到的反应加速度越大，因而所受到的惯性力也越大。可见，非结构构件重量越大，离地面越高，地震时越容易遭到破坏。

（2）房屋结构系统摇晃时迫使非结构构件变形。房屋结构系统的侧移同系统自身的侧向刚度有关，结构系统的侧向刚度越大，其侧向变形就越小。侧向变形越小，地震时非结构构件就越不容易遭到破坏。钢筋混凝土剪力墙结构系统的侧向刚度很大，所以，采用这种结构系统的房屋里的非结构构件，地震时一般都很少破坏。地震时，非结构构件是否破坏还同其自身的抗变形能力有关，脆性材料（如玻璃、石膏等）的非结构构件特别易遭地震破坏。

（3）相邻两座房屋因摇晃而互相碰撞。这种情况多发生在同一设施的主楼和其翼楼之间。主要是由于抗震缝的宽度不足所引起。

避免地震时非结构构件破坏的措施主要有二：一是将其与主体结构系统用柔性连接隔开；二是将其与主体结构系统牢固地连接在一起。

地震时，强烈的地面运动从房屋的基础传向房屋，建筑、机械和电气等非结构构件随着房屋的反应而产生运动。此时，房屋的主体结构系统和非结构构件就发生相互作用。这种相互作用可以分为两类：一类是主体结构系统的反应对非结构构件的影响；另一类是非结构构件对主体结构系统反应的影响。主体结构系统越柔，非结构构件就越容易受到破坏。

主体结构系统的反应对非结构构件的影响可用图10.21所示的仓库建筑来说明。图10.21a所示为美国加利福尼亚州科林伽（Coalinga）的一座工厂仓库建筑的内视照片。该仓库的跨度为100英尺，采用钢抗力矩人字形框架，屋盖设有斜撑，但在侧墙上没有纵向支撑。图10.21b为该仓库在1983年科林伽（Coalinga）地震后的外视照片。地震后，轻钢屋盖完好，但是，石棉水泥波纹围护墙板大多遭到严重破坏，说明非结构构件应与主体结构系统有牢靠的连接。

(a) 地震前内视照片

(b) 地震后外视照片

图 10.21 美国加利福尼亚州科林伽（Coalinga）的一座工厂仓库

图 10.22 首层柔性建筑地震时倒塌

图 10.23 柯尔朵瓦（Cordova）建筑地震破坏

对房屋地震性状的分析说明，许多房屋在地震时之所以遭到破坏，乃是因为在设计时忽略了非结构构件对主体结构系统反应的影响。以下实例可以充分说明这个问题。

（1）图 10.22 所示为位于阿尔及利亚埃尔-阿斯南姆（El Asnam）的一家医院的门诊部，为 4 层钢筋混凝土结构房屋，首层为柔性，房屋在这一层出现刚度和强度的突然变化，竖向刚度和强度严重不连续。位于房屋一角的刚性楼梯和钢筋混凝土剪力墙是地震时造成房屋倒塌的罪魁祸首。通常都把楼梯视为非结构构件，而在大多数情况下，楼梯与房屋主体结构的连接是刚性的，特别是钢筋混凝土结构房屋。如图所示，楼梯的休息平台与钢筋混凝土柱在其中部刚性连接，这样就使钢筋混凝土柱成为短柱，从而使抗剪要求比不考虑楼梯时算出的提高一倍。这座地震以前新建的房屋，在 1980 年埃尔-阿斯南姆（El Asnam）地震时，因柱子遭到剪切破坏而使整个房屋倒塌，就不足为怪了。类似的情况也见诸于钢结构房屋。图 10.23 为柯尔朵瓦（Ccrdova）建筑，1964 年美国阿拉斯加地震时，二楼以下的东南角的钢柱发生严重局部失稳，南立面的钢筋混凝土围护外墙板因与钢柱没有可靠的连接而塌落。

（http://nisee.berkeley.edu/bertero/html/slides.html）

（2）图 10.24 为尼加拉瓜马那瓜的一栋 2 层钢筋混凝土房屋，在 1972 年发生的马那瓜地震时遭到破坏。从图可见，在钢筋混凝土柱间砌筑有砖墙，而这种填充砖墙通常被视为非结构构件，在抗震计算分析时一般不予考虑。但是，由于有填充砖墙，使钢筋混凝土柱在其中部受到约束，使柱子的长度缩短，从而导致柱子折断。

（3）图10.25所示为委内瑞拉加拉加斯的门尼-格兰地（Mene Grande）建筑在1967年加拉加斯地震时遭到破坏的照片。该建筑为16层，平面呈H形，采用钢筋混凝土框架结构，在房屋的4个外角有贴面砖墙。设计时没有考虑贴面砖墙和主体结构的相互作用。从图可见，地震时，不仅房屋下面几层的贴面砖墙遭到严重破坏，而且首层的钢筋混凝土角柱破坏也十分严重。这说明，考虑非结构构件和主体结构系统的相互作用是多么重要。地震以后，这栋房屋采取增加剪力墙和加固8根角柱的办法进行了修复和加固。

（4）图10.26所示为委内瑞拉加拉加斯的卡泊瑞-瑞西顿西阿（Capri Residencia）公寓建筑，共12层，采用钢筋混凝土框架结构，首层空旷，用作停车场，四角外墙为砖填充墙。在1967年加拉加斯地震时，房屋的非结构构件和结构构件都遭到了严重的破坏。从图可见，下面几层的砖填充外墙和内部的隔墙完全毁坏，必须拆除重建；第三层角柱的顶部，也遭到破坏。值得指出的是，这栋房屋所采用的是非常柔性的结构体系。圣-浩赛（San Jose）建筑就在这栋房屋的旁边，它是一栋10层的钢筋混凝土建筑，地震时完全倒塌，砸死了45人。靠近圣-浩赛（San Jose）建筑的是第一广场公寓建筑，地震时完好无损，因为这栋房屋采用的是剪力墙结构，剪力墙提供了很大的侧向刚度和抗侧力能力。

（5）图10.27所示为委内瑞拉加拉加斯的柯来尔（Coral）公寓建筑，采用钢筋混凝土框架结构体系，外墙为砖填充墙，有很长的悬挑梁。砖填充墙被视为非结构构件，在设计计算时未予考虑。从图可见，地震时，第二层、第三层和第四层的部分砖填充墙毁坏塌落。砖填充墙的毁坏还导致这些墙体周围的梁和柱出现严重破坏。

（6）图10.28所示为委内瑞拉加拉加斯的第一广场公寓建筑。这是一栋12层的钢筋混凝土房屋，有突出屋顶的小房间和4层的地下停车场。房屋的两个方向都采用剪力墙结构，有错层。剪力墙使房屋具有很大的侧向刚度和侧向强度，在1967年加拉加斯地震时，房屋结构系统和非结构构件均完好无损。

（7）图10.29所示为危地马拉古兰（Gualan）的天主教男子学校的教学楼，在1976年2月4日危地马拉古兰7.5级地震时，房屋的西部柱子遭受地震破坏，主要原因是忽略了非结构墙体的作用。[12]

图10.24 尼加拉瓜马那瓜的2层钢筋混凝土房屋，由于未考虑填充砖墙作用，地震时，钢筋混凝土柱折断

图10.25 委内瑞拉加拉加斯的门尼-格兰地（Mene Grande）建筑，由于没有考虑非结构构件和主体结构系统的相互作用，在1967年加拉加斯地震时，非结构构件和主体结构都遭到破坏

图10.26 委内瑞拉加拉加斯的卡泊瑞-瑞西顿西阿（Capri Residencia）公寓建筑，在1967年加拉加斯地震时，房屋的非结构构件遭到了严重的破坏

图10.27 委内瑞拉加拉加斯的柯来尔（Coral）公寓建筑，在1967年加拉加斯地震时，部分砖填充墙毁坏塌落，砖填充墙体周围的梁和柱也出现严重破坏

图10.28 委内瑞拉加拉加斯的第一广场公寓建筑，由于采用钢筋混凝土剪力墙结构体系，在1967年加拉加斯地震时，房屋结构系统和非结构构件均完好无损

图10.29 危地马拉古兰天主教男子学校教学楼，西部柱子因忽略非结构墙体的作用而遭到破坏

10.7 非结构抗震设计规定[13]

10.7.1 非结构抗震设计的演进

1964年美国阿拉斯加地震以前，非结构的破坏和抗震设计很少有人注意。那时，设计人员往往只注意如何减轻抗侧力结构的损坏，而建筑、机械、电气等非结构的抗震只能留给制造厂商和安装承包单位去考虑了。实际上，制造厂商和承包商也不太关心这方面的问题。

在1964年阿拉斯加地震及以后发生的几次地震中，由于非结构破坏所造成的损失超过了由于结构破坏所造成的损失。于是，非结构的抗震设计开始受到关注。1978年6月，美国在国家科学基金会和国家标准局的资助下，由应用技术协会会同加州结构工程师协会编辑出版了《供修订房屋建筑抗震设计规范用的暂行规定（ATC 3-06）》。[14]这个规定的第八章“建筑、机械和电气部件和系统”对非结构的抗震设计做了比较全面而系统的规定。1985年和1988年版的美国《统一建筑规范》，对非结构构件的地震侧力都有规定。对于军用设备，在1973年出版的美国《三军服务手册》里的“建筑抗震设计”中，规定了必须考虑的侧力。在前美国应急管理厅的资助下，以《应用技术协会规范（ATC 3-06）》为基础，作为《国家减轻地震灾害计划》的一部分的“减轻非结构破坏的设计规定”中，对非结构抗震设计作了系统的规定。该规定于1985年问世。上述有关规定除规定了地震侧力计算方法以外，还专门对设计与构造要求作了规定。

中国在1976年唐山地震以后，开始注意非结构抗震问题，但直至1990年1月1日施行的《建筑抗震设计规范（GBJ 11-89）》[15]均未对非结构抗震设计作出系统规定。2001年施行的《建筑抗震设计规范》（GB 500 011—2001）共有13章，其中第13章为非结构构件，计有21条，从一般规定，基本计算要求，建筑非结构构件的基本抗震措施，以及建筑附属机电设备支架的基本抗震措施等4个方面对非结构构件抗震设计作了比较系统的规定。[16]

世界各国抗震设计规范中关于非结构抗震设计的规定方面的情况如表10.7所示。从表可以看出，所列的33个国家中，20个国家的建筑抗震设计规范对非结构抗震设计作了程度不同的规定。

世界各国抗震设计规范中关于非结构抗震设计的规定简况

表10.7

序号	国别	抗震设计规定名称	将非结构划分成的类别数			地震侧力规定		构造措施规定	
			1	2	3	有	无	有	无
1	阿尔及利亚	建筑条例					√		√
2	阿根廷	阿根廷抗震设计规范	√			√			√
3	澳大利亚	抗震建筑设计	√			√			√
4	奥地利	奥地利标准					√		√
5	保加利亚	地震区建筑规范	√				√	√	
6	加拿大	加拿大国家建筑规范	√			√			√
7	智利	智利建筑抗震设计规范	√			√*		√	
8	中国	建筑抗震设计规范		√		√		√	

续表

序号	国别	抗震设计规定名称	将非结构划分成的类别数			地震侧力规定		构造措施规定	
			1	2	3	有	无	有	无
9	哥伦比亚	建筑抗震规定	√			√			√
10	古巴	结构设计标准					√		√
11	萨尔瓦多	抗震设计规定	√			√	√		
12	埃塞俄比亚	建筑实施规范				√			√
13	法国	地震区建筑规范	√			√			√
14	德国	地震区建筑：设计荷载，结构分析和设计	√			√*			√
15	希腊	建筑抗震设计规定	√			√*			√
16	印度	结构抗震设计标准	√			√*			
17	印度尼西亚	建筑抗震规范		√		√		√	
18	伊朗	伊朗建筑抗震规范	√			√		√	
19	以色列	建筑荷载：地震	√			√			√
20	意大利	地震区建筑技术条例					√		√
21	日本	日本建筑抗震设计新法				√		√	
22	墨西哥	墨西哥抗震设计规定	√				√	√	
23	新西兰	一般结构设计和建筑设计荷载规范	√			√			√
24	尼加拉瓜	建筑规范					√		√
25	秘鲁	国家建筑抗震标准	√			√			√
26	菲律宾	国家建筑结构规范	√			√			
27	葡萄牙	葡萄牙抗震结构规范					√		√
28	罗马利亚	抗震规定	√			√		√	
29	西班牙	抗震规范					√		√
30	土耳其	灾区结构规定					√		√
31	前苏联	建筑标准和规定					√	√	
32	美国	统一建筑规范	√			√			√
		应用技术协会规定			√	√		√	
33	委内瑞拉	地震区建筑暂行技术规定					√		√

注：表中带*号的为仅规定地震侧力比一般情况增大几倍。

10.7.2 中国非结构抗震设计规定

中国《建筑抗震设计规范》（GBJ 11-89）是在原《工业与民用建筑抗震设计规范（T311-78）》的基础上修订更名而形成的，已于1990年1月1日起施行。关于非结构抗震设计，该规范没有设专章论述，而是散见于有关条文中。规范所指的非结构构件包括以下3类：（1）附属的结构构件，如女儿墙、高低跨封墙、雨篷等；（2）装饰物，如贴面、顶棚、悬吊重物等；（3）围护墙和隔墙。实际上，这3类非结构构件都属于建筑非结构。对机械和电气非结构，该规范没有规定。

对非结构抗震设计，规范提出了3项基本要求：（1）附属于结构的构件应与主体结构有可靠的连接或锚固；（2）围护墙和隔墙应考虑对结构抗震的不利或有利影响，应避免因设置不合理而造成主体结构的破坏；（3）装饰贴面与主体结构应有可靠连接，应避免吊顶塌落伤人，应避免贴镶或悬吊较重的装饰物。

2001年颁布施行的《建筑抗震设计规范》（GB 500 011—2001），把非结构构件分为两类：一类是建筑非结构构件；另一类是支承于建筑结构上的附属机电设备。建筑非结构构件是指建筑中除承重骨架体系以外的固定构件和部件，主要包括非承重墙体、附着于楼面和屋面结构的构件、装饰构件和部件、固定于楼面的大型储物架等。建筑附属机电设备是指为现代建筑使用功能服务的附属机械、电气构件、部件和系统，主要包括电梯、照明和应急电源、通信设备，管道系统，采暖和空气调节系统，烟火监测和消防系统，公用天线等。

该规范规定：（1）非结构构件应根据所属建筑的抗震设防类别和非结构地震破坏的后果及其对整个建筑结构影响的范围，采取不同的抗震措施；当相关专门标准有具体要求时，尚应采用不同的功能系数、类别系数等进行抗震计算。（2）附属于建筑的电梯、照明和应急电源系统、烟火监测和消防系统、采暖和空气调节系统、通信系统、公用天线等与建筑结构的连接构件和部件的抗震措施，应根据设防烈度、建筑使用功能、房屋高度、结构类型和变形特征、附属设备所处的位置和运转要求等，按相关专门标准的要求经综合分析后确定。但下列附属机电设备的支架可无抗震设防要求：重力不超过1.8kN的设备；内径小于25mm的煤气管道和内径小于60mm的电气配管；矩形截面面积小于0.38m^2和圆形直径小于0.70m的风管；以及吊杆计算长度不超过300mm的吊杆悬挂管道等。

10.7.3 日本非结构抗震设计规定

在《日本抗震设计新法》中，对非承重构件的抗震设计有简要的规定，内容可归纳如下：

（1）建筑物非承重构件的设计应做到地震时建筑物遭到破坏，但尚能保持最低限度的使用功能。

（2）在抗震上应特别注意的非承重构件有：临

街、临广场建筑物的外墙及其附属构件，面向建筑物的疏散通道、楼梯内墙、隔墙及其附属构件。

(3) 对设计用地震系数和层间变位作了规定。对于重要的非结构构件，水平地震系数取1.0；对于不太重要的非结构构件则取0.5；天棚、灯具等竖向地震系数取1.0。至于层间变位，则规定非承重墙和竖向管道设计用的层间变位为1/150。

(4) 在选择构造方法和进行构件设计时，必须掌握其在地震作用（惯性力、变位等）下要有多大的抗力和变形能力，各类构件及其节点均应设计成具有足够的抗力和变形能力。

在《日本建筑结构抗震条例》中，对附属物的侧向地震力有具体规定。

1985年，日本建筑学会发布了《非结构构件抗震设计和施工指南》[17]，该书包括：(1)《非结构构件抗震设计指南》，包括总则、基本方针和抗震设计等3章，每章只有3条，共9条，是一个只有6页的指南；(2)《非结构构件抗震设计指南》解说，对指南中的9条，逐一做了说明；(3)《非结构构件抗震设计和施工要领》，包括16章和两个附录，内容非常详尽。

10.7.4 美国非结构抗震设计规定

美国主要有3个规定涉及非结构的地震侧力计算。

(1)《统一建筑规范》(United Building Code) 规定了非结构构件的设计地震侧力计算方法，但对构造措施则没有做出具体的规定。

(2)《三军服务手册》(Tri-Services Manual Provisions) 中有军用设施的抗震设计规定。对于非结构构件，主要是规定了地震侧力的计算方法。和《统一建筑规范》一样，对于大多数非结构构件也采用等效静力法。建筑非结构构件的地震侧力计算方法和《统一建筑规范》相同，而机械和电气设备的设计地震侧力则通过反应谱而得到。机械和电气设备分为两类：一类是位于地面或结构底部上的设备；另一类是在地面或结构底部以上的设备。对于后者，计算地震侧力时要比前者增加一个结构系数。

(3)《国家减轻地震风险计划》(National Earthquake Hazards Reduction Program, NEHRP) 规定和《统一建筑规范》一样，也是采用静力分析方法计算非结构所受到的地震侧力。但是，在计算时，NEHRP规定把非结构构件分为两类：一类是建筑非结构构件；另一类是机械和电气非结构构件。此外，还引进了抗震性能等级和抗震性能系数。

对于同一设备（例如往复式制冷机）和同样的地震险情，按照《统一建筑规范》和《三军服务手册》规定算出的锚固的设计侧力，相差不大。但是，按照《国家减轻地震风险计划规定》算出的锚固的设计侧力要比按照《统一建筑规范》和《三军服务手册》规定算出的锚固的设计侧力大得多。

10.8 结语

1. 非结构。非结构是指房屋中结构部分以外的其他各个部分，以及房屋内部的陈设，通常包括：隔断墙、墙体饰面、天棚（吊顶）、门窗、灯具、家具等各种陈设，计算机、空调机、电视机等各种电器设备和办公用设备等。非结构通常不需要结构工程师作计算分析和设计，而是由建筑师、机械工程师、电气工程师或室内设计师指定，或者在没有专业人员参与的情况下，由业主或使用者自行购置和安设。正因为如此，地震时，非结构的破坏概率通常要比结构的破坏概率高得多。

2. 非结构的重要性。房屋的非结构是为了直接满足使用人员的需要而设置的。地震时，非结构的破坏或功能丧失可能会造成人员伤亡，财产损失，运营中断，而且修复费用高。非结构修复费用约为房屋总修复费用的40%～70%。

3. 抗震设计原则的反思。"小震不坏，中震可修，大震不倒"，这个长期沿用的设计原则并不合适，需要重新考虑。例如，1994年美国的北岭地震，只有2%的房屋遭到严重破坏，损失大约20亿美元。但是，直接和间接的经济损失却高达440亿美元，20亿美元的房屋结构破坏损失只是总损失的一个很小的部分。实际上，除了建筑业以外，其他的行业都蒙受了严重的长期损失。因此，随着建筑性能的提升，制定非结构抗震设计规范尤为重要。

4. 建筑师的责任。我国过去，甚至直到今天，抗震设计的主要责任仍然落在结构工程师的肩上。实际上，对于单体建筑的抗震设计，建筑师和结构工程师应当共同承担责任，而在房屋体形的确定和非结构设计方面，建筑师负有更为重要的责任。

参考文献

[1] 叶耀先、钮泽蓁．《非结构抗震设计》．抗震设计丛书．

北京：地震出版社，1991.

[2] EERI（Earthquake Engineering Research Institute），1986，Reducing Earthquake Hazards：Lessons Learned from Earthquakes，Publication No. 86～02，November 1986，pp. 145～156

[3] FEMA（Federal Emergency Management Agency），1994，Reducing the Risks of Nonstructural Earthquake Damage，A Practical Guide.

[4] EERI，1984，Nonstructural Issues of Seismic Design and Construction，Publication，No. 84～04

[5] Ye Yaoxian（叶耀先）and Henry Lagorio，Editors，1981，Proceedings of the PRC - USA Joint Workshop on Earthquake Disaster Mitigation Through Architecture，Urban Planning，and Engineering，Beijing，China，November，1981

[6] Naeim F.，1999，Lessons Learned from Performace of Nonstructural components during the January 17，1994 Northridge Earthquake，http：//www. aees. org. au/Proceedings/2005 _ Papers/31_ Haider. pdf

[7] Noriyuki Takanashi and Hitoshi Shiohara，2004，Life Cycle Economic Loss due to Seismic Damage of Non-structural Elements，13th World Conference on Earthquake Engineering，Vancouver，B. C.，Canada，August 1～6，2004，Paper No. 203

[8] Taghavi S. and Miranda E.，2002，Seismic Performance and Loss Assessment of Nonstructural Building Components，Proceedings of 7th National Conference on Earthquake Engineering，Boston，MA，2002

[9] EERC（Earthquake Engineering Research Center），The Earthquake Engineering Online Archive，William G. Godden（Vol 4）Collection：GoddenJ94
http：//www. nisee. berkeley. edu/elibrary/getimg? id = GoddenJ94

[10] Farzad Naeim and John A. Martin，Impact of the 1994 Northridge Earthquake on the Art and Practice of Structural Engineering，http：//www. johnmartin. com/publications/1994Northridge/2004%20Naeim%20Paper. pdf

[11] NISEE（National Information Service for Earthquake Engineering），Non-structural Components，University of California，Berkeley，http：//www. nisee. berkeley. edu/bertero/html/non-structural_ components. html#j81～j82

[12] Earthquake Engineering Research Center，，The Earthquake Engineering Online Archive Karl V. Steinbrugge Collection：S5077，http：//www. nisee. berkeley. edu/elibrary/getimg? id = S5077

[13] IAEE（Internatonal Asociation of Earthquake Engineering），1984，Earthquake Resistant Regulations，A World List - 1984. 904 Pages.

[14] Applied Technology Council（ATC），1978，《The Tentative Provisions for the Dvelopment of Seismic Regulations for Buildings》，ATC Publication ATC 3-06，NBS Special Publication 510，NSF Publication 78-8，June 1978，514 Pages.

[15]《建筑抗震设计规范》（GBJ 11-89）. 北京：中国建筑工业出版社，1989.

[16]《建筑抗震设计规范》（GB 500011—2001）. 北京：中国建筑工业出版社，2001.
http：//www. morgain. com/Help/GB50011—2001/CodeForSeismicDesignOfBuldings. htm

[17] 日本建築学会. 1985.《非構造部材の耐震設計指針・同解説および耐震設計・施工要領》（Recommendations for Aseismic Design and Construction of Nonstructural Elements）

全书参考文献

[1] AIJ (Architectural Institute of Japan) . 1995. Preliminary Reconnaissance Report of the 1995 Hyogoken-Nanbu earthquake. English Edition.

[2] AIJ (Architectural Institute of Japan) and et al. 2000. Report on Hanshin-Awaji Earthquake Disaster. Tokyo: Showa Information Process press (in Japanese) .

[3] APA (American Planning Association) . 1999. 10 Steps Communities Can Take to Prepare for Earthquakes, http://www.planning.org/newsreleases/1999/ftp0804.htm.

[4] Anagnos, Thalia. 1998. Estimation of Damage and Loss, Western States Seismic Policy Robert V.

[5] Arya, A. S., Ye, Yaoxian, Boen, T. and Ishiyama, Yuji. 1986. Guidelines for Earthquake Resistant Non-engineered Construction, IAEE, Tokyo.

[6] AS/NZS . 1999. "Risk Management, AS/NZS 4360: 1999," Joint Australian/ New Zealand Standard prepared by the Joint Technical Committee OB/7 - Risk Management, Strathfield, NSW, Standards Association of Australia.

[7] Association of Bay Area Governments. 1999. Money for Mitigating Earthquake Hazards. http://www.abag.ca.gov/bayarea/eqmaps/fixit/money.html.

[8] Bhattacharya, S. 2002, Analysis of Reported Case Histories of Pile Foundation Performance During Earthquakes, Proceedings of 7th Young Geotechnical Engineers Symposium 2002, 17th—19th July, Dundee, U. K., http://www2.eng.cam.ac.uk/~sb353/YGES2002.pdf.

[9] Brannigan, Aaron. 1999. The Hyogoken - Nanbu Earthquake, Japan, 1995, http://www.brunel.ac.uk/depts/geo/iainsub/studwebpage/brannigan/Kobe.html.

[10] BRI (Building Research Institute) . 1996, Final Report on Damage Survey of 1995 Hyogoken-Nanbu Earthquake, BRI, MOC (Ministry of Construction) (in Japanese) .

[11] Britton, N. R. 2000. "Making the Master Plan Work - A Commentary on the EqTAP Project, Proceedings of the Second Multi-lateral Workshop on Development of Earthquake and Tsunami Disaster Mitigation Technologies and Their Integration for the Asia-Pacific Region, EDM-RIKEN, Kobe, March 1-2, 2000, EDM Report No. 4, pp. 13-18.

[12] CAIRC (Comanion Animal Information and Research Center) . 1998. City Planning That Enables People and Companion Animals to Live Together? A Growing Trend Towards Allowing the Keeping Pets in Cllective Housing (Apartment, Condominiums), Letter from CAIRC, January 1998 Vol. 2 No. 1. http://www.cairc.org/e/newsletter/1998/9801.html.

[13] CGAEC (Committee for Global Assessment of Earthquake Countermeasures) . 2000. The Great Hanshin - Awaji Earthquake, Summary of Assessment recommendations, Hyogo Prefectural Government, Japan.

[14] Chen, Dasheng. 1930. Field Phenomena in Meizoseismal Area of the 1976 Tangshan Earthquake, The 1976 Tangshan, China Earthquake, Papers presented at the 2nd U. S. National Conference on Earthquake Engineering held at Stanford University, August 22~24, 1979, EERI .

[15] 陈寿梁，主编.《中国抗震防灾》，1992.

[16] City of Kobe. 2000. Records of Rehabilitation of Kobe City following Great Hanshin-Awaji Earthquake.

[17] City of Kobe. 2002. The Great Hanshin-Awaji Earthquake Statistics and Restoration Progress. http://www.city.kobe.jp/cityoffice/06/013/report/1-1.html.

[18] CIWMB (California Integrated Waste Management Board). 2001. Executive Summary, Integrated Waste Management Disaster Plan, Incorporating Guidance on Disaster Debris Management for Local Governments. http://www.ciwmb.ca.gov/Disaster/DisasterPlan .

[19] Clark, Karen M., et al. 1998. Estimating the Risk: Hazard Loss Estimation.

[20] CNCIDNDR. 1998. The National Natural Disaster Reduction Plan of the People's Republic of China (1998-2010) .

[21] CNCIDNDR. 1999. Brief Introduction of China National Committee for IDNDR.

[22] COGJ (Cabinet Office Government of Japan) . 2002. Disaster Management in Japan.

[23] Cooper, James. D. et al. 1995. Lessons from the Kobe Quake. http://www.tfhrc.gov/pubrds/fall95/p95a29.htm.

[24] CUREE (California Universities for Research in Earthquake Engineering) and RMS (Risk Management Software, Inc.). 1993. Assessment of the State of the Art Earthquake Loss estimation Methodologies. Task 1 Final Report (Draft) .

[25] DIS. Kobe Earthquake: effectiveness of Seismic isolation Proven Again. http://www.dis-inc.com/br137.htm.

[26] Dong, Weiming. 1999. Building a Disaster-Resistant Community, FEMA Project Impact, RMS.

[27] Dong, Weiming. 2000. Catastrophic Risk Modeling and Financial Management, presented to US-China Millennium Symposium.

[28] EDM (Earthquake Disaster Mitigation Research Center. RIKEN). 1998. Proceedings of the Multi-lateral Workshop on Development of Earthquake and Tsunami Disaster Mitigation Technologies and Their Integration for the Asia-Pacific Region, Kobe, September30 - October 2, 1998, EDM Report No. 2.

[29] EDM (Earthquake Disaster Mitigation Research Center. RIKEN). 2000. Proceedings of the Second Multi-lateral Workshop on Development of Earthquake and Tsunami Disaster Mitigation Technologies and Their Integration for the Asia-Pacific Region, Kobe, March 1 ~2, 2000, EDM Report No. 4.

[30] EEI (Earthquake Engineering Research Institute). 1999. Research Needs Emerging from Recent Earthquakes, Recommendations from a workshop organized by the EERI for the National Science Foundation.

[31] EERI. 2000. Finacial Management of Earthquake Risk.

[32] EERI. 1995. Geotechnical Reconnaissance of the Effects of the January 17, 1995, Hyogpken-Nanbu Earthquake, Japan. http://www.ce.berkeley.edu/Programs/Geoengineering/research/Kobe/
KobeReport/title.html.

[33] Enomoto, Takahisa et al. 2000. Summary on Time Historical Survey for damage Aspects due to the 1995 Hanshin-Awaji Great Seismic Disaster. Comprehensive Urban Studies, No. 72, 2000, pp. 205-218.

[34] EQE. 1999. Izmit, Turkey Earthquake of August 17, 1999 (M7.4). An EQE Briefing. http://www.eqe.com/revamp/izmitreport/index.html.

[35] EQE. 1999. Evolution of Seismic Building Design Practice in Turkey, http://www.google.com/search? q = cache: My-bkbqhrLagC: nisee.berkeley.edu/turkey/Fturkrch2.pdf + seismic + design + code + in + Turkey&h1 = en&ie = UTF-8.

[36] Fujimoto, Tateo, Editor. 1999. Great Hanshin Earthquake Disaster and Economy Recovery, Tokyo: Keiso Shobo Press (In Japanese).

[37] 藤原悌三等，1995，平成7年兵庫県南部地震とその被害に關する調查研究，平成6年文部省科学研究费研究成果報告書（課題番号06306022）.

[38] Fujiwara, Tezo. 1996. Damage Varification by Evidence Analysis based on Survey of the 1995 Hyogoken-Nanbu Earthquake, DPRI, Kyoto University (in Japanese).

[39] General Office of State Council. 2000. State Emergency Response Plan for Damaging Earthquake (revised version, in Chinese).

[40] GeoRisk (2000), Risk management terminology, http://www.georisk.com.

[41] Gere, James M. & Shah, Haresh C. 1980. Introduction, The 1976 Tangshan, China Earthquake, Papers presented at the 2nd U. S. National Conference on Earthquake Engineering held at Stanford University, August 22-24, 1979, EERI.

[42] Ghosh, S. K. 2002. Seismic Design Provisions in U. S. Codes and Standards: A look Back and Ahead. PCI, Fan-Feb.

[43] Hirayama, Yosuke. 1999. Collapse and Reconstruction: Housing Recovery Policy in Kobe after the Great Hashin Earthquake. http://www.portnet.ne.jp/~ vivo/hirayama/kobe1.html.

[44] Hooke, William. 1999. A Federal Perspective on the Economic Impacts of Natural disasters, Earthquake Quarterly-Fall 1999.

[45] Housler, E. A. and Sitar, N. 2001, Performance of Soil Improvement Techniques in Earthquakes, Fourth International Conference on Recent Advances in Geotechnical Earthquake Engineering and Soil Dynamics, paper 10.15, http://ce.berkeley.edu/~hausler/papers/PAPER10~15.pdf.

[46] Hu, Yuxian. 1980. Some Engineering Features of the 1976 Tangshan Earthquake, The 1976 Tangshan, China Earthquake, Papers presented at the 2nd U. S. National Conference on Earthquake Engineering held at Stanford University, August 22 ~24, 1979, EERI.

[47] 胡聿贤. 中国大陆的地震工程研究 《第二届两岸地震学术研讨会论文集》. 北京：地震出版社，1995.

[48] ICLEI (International Council for Local Environmental Initiatives). 1995. Developing a Resilient City in Kobe, Japan, Local Strategies for Accelerating Sustainability, Case Studies of Local Government Success.
http://www3.iclei.org/localstrategies/summary.

[49] Iemura, H. 1998, Ductility and Strength Demand for Near Field Earthquake Ground Motion-Comparative Study on the Hyogo-Ken Nanbu and the Northridge Earthquake, Proceedings of the U. S. -Japan Workshop on Mitigation of Near-Field Earthquake Damage in Urban Areas,
http://bridge.ecn.purdue.edu/~vail/jtcc/workshop.htm.

[50] IISEE. 2002. Seismic Design Code Index.
http://iisee.kenken.go.jp/net/seismic_design_code/index.htm.

[51] Iwatate, Takahiro, et al. 2001. Report on damage Investigation due to the 2001 Kuch (Western India) earthquake (Mw 7.7). Comprehensive Urban Studies. No. 74, 2001, pp. 25-52.

[52] Iwatate, Takahiro, et al. 2000. Damage Characteristics of Civil

Engineering structures by the 1999 Ji - JI Earthquake, Taiwan. Comprehensive Urban Studies. No. 72, 2000, pp. 75 - 115.

[53] 日本建築学会，1985，《非構造部材の耐震設計指針・同解說および耐震設計・施工要領》（Recommendations for Aseismic Design and Construction of Nonstructural Elements）.

[54] Jin, Guoliang. 1980. Damage in Tianjin During Tangshan Earthquake, The 1976 Tangshan, China Earthquake, Papers presented at the 2nd U. S. National Conference on Earthquake Engineering held at Stanford University, August 22 - 24, 1979, EERI.

[55] Johnson, James J. , et al. 1998. EQECAT Loss Modeling Methodology.

[56] Johnson, Laurie A. 2000. Kobe and Northridge Reconstruction-A Look at Outcomes of Varying Public and Private Housing Reconstruction Financing Models. Presented at the EuroConference on Global Change and Catastrophe Risk Management: Earthquake Risk in Europe, IIASA, Laxenburg, Austria, July 8, 2000.

[57] Kameda, H. 1998. "Development of Earthquake and Tsunami Disaster Mitigation Technologies and Their Integration for the Asia-Pacific Region," Keynote Address, Proceedings of the Multi - lateral Workshop on Development of Earthquake and Tsunami Disaster Mitigation Technologies and Their Integration for the Asia - Pacific Region, EDM - RIKEN / STA, Kobe, September30 - October 2, 1998, EDM Report No. 2, pp. 6 - 15.

[58] Kameda, H. 2000. "Development of Master Plan for Earthquake and Tsunami Disaster Mitigation Appropriate to the Asia - Pacific Region," Proceedings of the Second Multi - lateral Workshop on Development of Earthquake and Tsunami Disaster Mitigation Technologies and Their Integration for the Asia-Pacific Region, EDM - RIKEN , Kobe, March 1 - 2, 2000, EDM Report No. 4, pp. 5-12.

[59] Kameda, H. 2000. General Report, EqTAP-A New Challenge for Realizing Safety and Sustainability against earthquake and Tsunami Disasters in the Asia - Pacific Region - Steps Toward the EqTAP Master Plan, 3rd EqTAP Workshop, Nov. 28 - 30, 2000, Manila, Philippines.

[60] Kameda, Hiroyuki. 2001. EQTAP, A New Challenge for Realizing Safety and Sustainability against Earthquake and Tsunami Disasters in the Asia - Pacific Region, Steps Towards the EQTAP Master Plan, Third Multi-lateral Workshop on Development of Earthquake and Tsunami Disaster Mitigation Technologies and Their Integration for the Asia - Pacific Region, EDM Technical Report No. 1.

[61] Kaplan, S. & Garrick, B. J. 1981. On the quantitative definition of risk, Risk Analysis, Vol. 1, No. 1, pp. 11-27.

[62] Katayama, Tsuneo. 2001. Lessons from the 1995 Great Hanshin Earthquake of Japan with Emphasis on Urban Infrastructure Systems.
http://rattle. iis. u-tokyo. ac. jp/kobenet/report/pub1. html.

[63] Kawase, H. T. Satoh and S. Matsushima. 1995. Aftershock Measurements and a Preliminary Analysis of Aftershock Records in Higashi-Nada Ward in Kobe after the 1995 Hyogo-Ken-Nanbu earthquake, ORI Report 94-04.

[64] Kenzo Toki. 2000. Confronting Urban Earthquakes, Report of Fundamental Research on the Mitigation of Urban disasters caused by Near-Field earthquakes.

[65] Kobayashi, K. and at el. 1995, The Performance of Reinforced Earth in the Vicinty of Kobe, during the Great Hanshin Earthquake, http://www. reco. anst. com/kobe% 20Earthquake/kobe-Earthquake. htm.

[66] Kobe Municipality. 2000. Kobe Recovery Records for the Great Hanshin Awaji Earthquake (in Japanese).

[67] Kreimer, Alcira & Munasinghe. 1991. Managing Natural disasters and the environment, The World Bank.

[68] Kuriyama, Toshio. 2000. Investigation on Building damages due to the 1999 Chi-Chi, Taiwan Earthquake. Comprehensive Urban Studies, No. 72, 2000, pp. 61-75.

[69] Kusano, Iku. 2000. Questionnaire Surveys of Local Governments Civil Engineering Staffs Experienced the Great Hanshin-Awaji Earthquake. Comprehensive Urban Studies, No. 72, pp. 171-184.

[70] Lagorio, Henry and Ye, Yaoxian. 1981. Proceedings of the PRC-USA Joint Workshop on Earthquake Disaster Mitigation Through Architecture, Urban Planning and Engineering, Beijing, China, Nov. 2-6.

[71] Li, Jianguo. 1999. Epidemiological Surveillance and Control in the event of a Major Disaster with Emphasis on Earthquakes, Second International Workshop on Earthquake and Mega-cities, pp. 205-213m, EMI.

[72] 刘恢先. 主编.《唐山大地震震害》.（一）（二）（三）（四）卷. 北京：地震出版社，1986.

[73] Lu, Shoude and Xu, Zhizhong. 1998. Earthquake Disaster Preparedness and Reduction in China, Multi-lateral Workshop on Development of Earthquake and Tsunami Disaster Mitigation Technologies and their Integration for the Asia-Pacific Region, No. 2, pp. 27-30, EDM, Japan.

[74] Mattingly, S. 2000. "International Collaboration on the Master Plan," Proceedings of the Second Multi-lateral Workshop

on Development of Earthquake and Tsunami Disaster Mitigation Technologies and Their Integration for the Asia - Pacific Region, EDM-RIKEN , Kobe, March 1-2, 2000, EDM Report No. 4, pp. 19-23.

[75] MCEER, 2000, The Chi-Chi, Taiwan Earthquake of September 21, 1999: Reconnaussance Report, Edited by George C. Lee and Chin-Hsiung Loh.

[76] McLain, Bill and et al. Kobe Earthquake: Lessons Learned. http://www.personal.psu.edu/users/i/x/ixy102/article.htm.

[77] MOC (Ministry of Construction). 1995. Report on Building Damage due to 1995 Hyogo-ken Nanbu Earthquake.

[78] MOC. 2002. http://www.cin.gov.cn/stand/ml/07.htm (In Chinese).

[79] MSN Money. 2000. The Basics-Get the facts on earthquake insurance.
http://www.moneycentral.msn.com/articles/insure/home/5153.asp.

[80] Naganoh, Masatake. 1998. Earthquake Insurance System before and after the 1995 Hanshin earthquake Disaster. The 5th Symposium on Earthquake Disaster Prevention. http://www.takenaka.co.jp/takenaka_e/tech_report/e1999/e99-o59.html.

[81] Nakabayashi, Itsuki, et al. 2001. A Comparative Study on Disaster Management and Reconstruction Strategy among Earthquake Disasters of Hanshin (Japan), Kocaeli (Turkey) and Chi-Chi (Taiwan). Comprehensive Urban Studies, No. 75, 2, pp. 5-24.

[82] Nakabayashi, Itsuki. 2001. How Shall Tokyo be Reconstructed after the next big earthquake?: The 1995 Great Hanshin-Awaji earthquake and Tokyo's Preparedness Plan for Urban Reconstruction. Comprehensive Urban Studies. No. 75, pp. 97-118.

[83] Nakabayashi, Itsuki. 2000. Feature as Urban Disaster of the 1999 Kocaeli Earthquake in Turkey and Some lessons. Comprehensive Urban Studies, No. 72, pp. 5-22.

[84] Nakabayashi, Itsuki. 2000. Lessons from the 1999 Chi-Chi Earthquake in Taiwan and Issues for Reconstruction. Comprehensive Urban Studies, No. 72, pp. 117-133.

[85] Nakashima, M. Post-Kobe Research in Japan on Steel Moment Frames and Their Beam-to-Column Connections, Proceedings of the U. S.-Japan Workshop on Mitigation of Near-Field Earthquake Damage in Urban Areas, http://bridge.ecn.purdue.edu/~vail/jtcc/workshop.htm.

[86] Nara, Yumiko et al. http://www.aepp.net/parikhNara.pdf.

[87] N. M. 纽马克和 E. 罗森布卢斯著．叶耀先、蓝倜恩、钮泽蓁等译．《地震工程学原理》．北京：中国建筑工业出版社，1986.

[88] Nishikawa, Takao. 2000. Characteristics of Ground Motion and damages of Buildings due to 921 Chi-Chi Earthquake, Taiwan. Comprehensive Urban Studies, No. 72, 2000, pp. 51-59.

[89] NIST (National Institute of Standards and Technology). 1996. The January 17, 1995 Hyogoken-Nanbu (Kobe) earthquake, Performance of Structures, Lifelines, and Fire Protection Systems. NIST Special Publications 901 (ICSSC TR16). It can be downloaded at http://fire.nist.gov/bfrlpubs/build96/art002.html.

[90] Novakowski, Nicolas. 2000. Land Use Planning in Earthquake-prone Areas. http://www.toprak.org.tr/isd/isd_39.htm.

[91] Okada, Norio et al. 2001. Modeling, Urban Diagnosis and Policy Analysis for Integrated Disaster Risk Management-Illustrations by Use DiMSIS, Niche Analysis and Topological Index. Proceedings of Japan-US Workshop on Disaster Risk Management for Urban Infrastructure Systems. May 15-16, 2001, campus Plaza Kyoto, Japan.

[92] Okada, Norio. 2000. Research Perspective for Project 2 (1): Management of Urban Disaster Risks i) Development of urban diagnosis methodology; ii) Application of GIS to urban diagnosis. Proceedings of 2000 Joint Seminar on Urban Disaster Management, Beijing China.

[93] Okada, T. & Nakano, Y. 1989. Reliability Analysis on Seismic Capacity of Existing Reinforced Concrete Buildings in Japan. Bulletin of Earthquake Resistant Structure Research Center, Univ. of Tokyo. Institute of Industrial Science, University of Tokyo.

[94] Okada, T. & Hisamatu, K. 1999. Investigation of Seismic Retrofitting of Existing RC School Buildings. AIJ.

[95] Okada, T. et al 2000. Improvement of Seismic Performance of Reinforced Concrete School Buildings in Japan. *12WCEE* Japan Building Disaster Prevention Association 1976, 1990. Seismic Evaluation Standard for Existing Reinforced Concrete Buildings. *JBDPA*.

[96] Okada, Tsuneo. 2000. Lessons on Building Performance from the Great Hanshin-Awaji Earthquake Disaster in 1995.
http://www.nd.edu/~quake/Beijing_Symposium/p-21/I-Okada.pdf.

[97] Okumura, K. 1995. Kobe Earthquake of January 17, 1995 and Studies on Active Faulting in Japan. Extended Abstracts, International School of Solid Earth Geophysics, 11th Course: Active Faulting Studies for Seismic Hazard Assessment.

[98] Otani, Shunsuke. 1996. Lessons Learned from the 1995 Kobe Earthquake Disaster: Necessary for Performance Based Design in Reinforced Concrete Construction.

http: //orbita. starmedia. com/ ~ martzsolis.

[99] Otani, Shunsuke. 1998. Earthquake Damage of Reinforced Concrete Buildings, Proceedings of the U. S. - Japan Workshop on Mitigation of Near-Field Earthquake Damage in Urban Areas, http: //bridge. ecn. purdue. edu/ ~ vail/jtcc/workshop. htm.

[100] Otani, Shunsuke. 1999. Disaster Mitigation Engineering? The Kobe Earthquake Disaster. Presented at JSPS Seminar on Engineering in Japan at the Royal Society, London, on September 27, 1999.

[101] Panel on Earthquake Loss estimation Methodology, Committee on earthquake Engineering, Commission on Engineering and Technical Systems, and National Research Council. 1989. Estimating Losses From Future Earthquakes Panel Report, National Academy Press.

[102] Person, Waverly. 1999. Hearing on the Turkey, Taiwan, and Mexico earthquakes: Lessons Learned.
http://comndocs. house. gov/committes/science/hsy293140. 000/hsy293140_1. HTM.

[103] PCIRO (Property and Casualty Insurance Rating Organization of Japan) . 1998.
Earthquake Loss Estimation Data Collection (in Japanese) .

[104] PRDU (Post-war Reconstruction and Development Unit) . 2002. Recycling and Sustainable Post - disaster Reconstruction.
http: //www2. york. ac. uk/dcpts/pol: /prdu/worksh/recyc. pdf.

[105] Quarantelli, E. L. 1997. Research Based Criteria for Evaluating Disaster Planning and managing. http: //www. udel. edu/DRC/Preliminary/246. pdf.

[106] Quarantelli, E. L. 1999. Disaster Related Social Behavior: Summary of 50 Years of research Findings. http: //www. udel. edu/DRC/Preliminary/pp280. pdf.

[107] Reinhard Mechler. 2003. Natural Disaster Risk Management and Financing Disaster Losses in Developing Countries,
http: //www. ubka. uni - karlsruhe. de/vvv/2003/wiwi/2/2. pdf.

[108] Roger E. School, Editor. 1982. EERT Delegation to the People' s Republic of China-An Information Exchange in Earthquake Engineering and Practice, Earthquake Research Engineering Institute (EERI) .

[109] SBHP (Seismology Bureau of Hebei Province) . 2000. Record of Decision Making for Disaster Rescue and Relief following Tangshan Earthquake, Beijing: Seismology Press (In Chinese) .

[110] SEAONC. 2002. About Us? Origin and History.
http: //www. seaonc. org/member/about/origin. html.

[111] SGH. 2002. Ji-Ji Taiwan Earthquake, A Report on Building Performance, Building Codes. http: //www. sgh. com/taiwan99/code. html.

[112] Sharma, Anshu. 2002. corporative Social Responsibility and Disaster Reduction? An Indian Overview. SEEDS, India.
http: //www. bghrc. com/DMU/DMUsetup/Projects/CSR%20and%20disaster%20reduction%20Indian%20overview. pdf.

[113] Shimbun, Asahi. 1996. Records of Great Hanshin - Awaji earthquake Disaster, Tokyo: Asahi Shimbun press (in Japanese) .

[114] Shin, Iwakiri and et al. 2001. History of Disasters in Japan. Tokyo: Japanese labolarey Center.

[115] Siembieda, William et al. 2001. Disaster Recovery? A Global Planning Perspective. http: //inteplan. org/pdf/recovery. pdf.

[116] SLA (State Land Agency) . 1996. Disaster Prevention White Book. Tokyo: Finance Ministry Press (in Japanese) .

[117] Spencer, Jr and Hu Y. X, Editors (2001), Earthquake Engineering Frontiers in the New Millennium, Proceedings of the China-U. S. Millennium Symposium on Earthquake Engineering, Beijing, 8-11 November 200, A. A. Balkema Publishers.

[118] SRHP (Seismology Bureau of Hebei Province) . 2000. Record of Decision Making for Disaster Rescue and Relief following Tangshan Earthquake, Beijing: Seismology Press (In Chinese) .

[119] Sun, Shaoping. 1980. Earthquake Damage to Pipelines, The 1976 Tangshan, China Earthquake, Papers presented at the 2nd U. S. National Conference on Earthquake Engineering held at Stanford University, August 22-24, 1979, EERI.

[120] Survivors. 2000. Family System Adjustment and Adaptive Reconstruction of Social Reality among the 1995 earthquake. Presented at the 25th Annual Hazards Research and Applications Workshop on July 10, 2000 in Boulder Colorado. http: //tatsuki - lab. doshisha. ac. jp/ ~ statsuki/papers/NaturalhazardWor? .

[121] Suzuki, kohei. 2000. Report on Damage of Industrial Facilities in the 1999 Kocaeli Earthquake, Turkey. Comprehensive Urban Studies, No. 72, 2000, pp. 23-37 .

[122] Tierney, Kathleen J. and Goltz, James. 1999. Emergency Response: Lessons learned from the Kobe Earthquake.
http: //www. udel. edu/DRC/preliminary/260. pdf.

[123] Tong, Sin-Tsuen et al. 1995. Seismic Retrofit of California Bridges,
http: //www. eqe. com/publications/revf95/cabridge. htm.

[124] Toyoda, Toshihisa. 1997. Economic Impacts and Recovery Process in the Case of the Great Hanshin Earthquake, Fifth U. S. /Japan Workshop on the Urban Earthquake Hazard Re-

duction, Pasadena.

[125] UNCRD, EAROPH, RITS, UNU. 1995. Innovative Urban Community Development and Disaster Management, Proceedings of the International Conference Series on Innovative Urban Community Development and Disaster Management, Kyoto, Osaka, Kobe, Japan, 1995.

[126] UNEP (United Nations Environment Programme) - IETC (International Environmental Technology Center. 1995, Rebuilding Kobe: A Chince for Innivative City Planning, INSIGHT, Spring5 Edition. http: //www. unep. or. jp/ietc/Publications/INSIGHT/Spr-96/2. asp.

[127] USGS. 1996. Damage to the Built Environment, USGS Response to an Urban Earthquake ? Northridge? 4. http: //geology. cr. usgs. gov/pub/open-file-reports/ofr-96-0263/damage? .

[128] Wang, John X. & Roush, Marvin L. 2000. What every engineer should know about risk engineering and management, Marcel Dekker, Inc. , New York .

[129] Whitman Robert W. and Lagorio Henry. The FEMA - NIBS Methodology for earthquake Loss estimation, FEMA.

[130] Ye, Yaoxian (叶耀先). 1979. Terremotos Destructivos Ocurridos en qnos recientes en China, REVISTA GEOFISICA, 10-11, pp. 5-22, MEXICO, 1979 .

[131] Ye, Yaoxian (叶耀先) & Liu, Xihui (刘锡荟). 1980. Experience in Engineering from Earthquake in Tangshan and Urban Control of Earthquake Disaster, The 1976 Tangshan, China Earthquake, Papers presented at the 2nd U. S. National Conference on Earthquake Engineering held at Stanford University, August 22-24, 1979, EERI.

[132] Ye, Yaoxian (叶耀先). 1980. Damage to Lifeline Systems and Other Urban Vital Facilities from the Tangshan, China Earthquake of July 28, 1976, Proceedings of 7th WCEE, Vol. 8, Turkey.

[133] Ye, Yaoxian (叶耀先). 1981. Architectural Design and Urban Planning for Seismic Region, Proceedings of P. R. C. - U. S. A. Joint Workshop on Earthquake Disaster Mitigation, Beijing (was translated into Turkish and published in ‘Deprem Arastirma Enstitusu Buteni, YIL: 8, SAYI: 35, Ekim 1981, 土耳其文).

[134] Ye Yaoxian (叶耀先) and Henry Lagorio, Editors, 1981, Proceedings of the PRC-USA Joint Workshop on Earthquake Disaster Mitigation Through Architecture, Urban Planning, and Engineering, Beijing, China, November, 1981.

[135] Neil M. Hawkins and Ye, Yaoxian (叶耀先). 1982, Relevance to American Practice of Chinese Experience on the Seismic Performance of masonry Structures, Proceedings of the Second North American Masory Conference, The Masonry Society.

[136] Ye, Yaoxian (叶耀先). 1982. Earthquake Performance of Strengthened Structures, Proceedings of USA-PRC Bilateral workshop on Earthquake Engineering, IEM.

[137] Ye, Yaoxian (叶耀先). 1984. Social and Economic Aspects of Mitigating Earthquake Disaster, Proceedings of CIB/W-73 International Conference, India.

[138] Ye, Yaoxian (叶耀先). 1984. Earthquake Disaster Mitigation Program Implementation, Proceedings of the International Conference on Disaster Mitigation Program Implementation, Jamaica, pp. 306-314.

[139] Ye, Yaoxian (叶耀先). 1984. Urban Earthquake Disaster Mitigation Through Architectural Design and Urban Planning, Proceedings of 8th WCEE, USA.

[140] Ye, Yaoxian (叶耀先). 1985. Seismic Strengthening of Existing Structures and Earthquake Disaster Mitigation, Proceedings of US-PRC-JAPAN Trilateral Symposium on Engineering for Multiple Natural Hazard Mitigation, SSB, Beijing.

[141] Ye, Yaoxian (叶耀先). 1986. Planning and Management for the Prevention and Mitigation from Earthquake Disasters in China, International Seminar on Regional Development Planning for Disaster Prevention, Japan.

[142] Ye, Yaoxian (叶耀先). 1986. Earthquake Damage to Brick Buildings and Their Strengthening Techniques, Proceedings of 10th Congress of CIB, Vol. 4, Paris.

[143] 叶耀先. 影响震后重建规划的因素和对策.《建筑学报》, 1988. 第10期.

[144] Ye, Yaoxian (叶耀先). 1989. Urban earthquake disaster mitigation through communication system in China, Proceedings of Yokohama International Conference on Urban Disaster Prevention, pp. 56-59, Yokohama, Japan .

[145] 叶耀先、钮泽蓁.《非结构抗震设计》. 抗震设计丛书. 北京: 地震出版社, 1991.

[146] 叶耀先. 恢复和重建.《城市减灾对策》. 北京: 地震出版社, 1991.

[147] 叶耀先. 震后恢复和重建决策.《第一届两岸地震学术研讨会论文集》. 北京: 地震出版社, 1992.

[148] 叶耀先等. 震后重建技术和政策, 中国建筑技术研究院研究报告, 1993.

[149] Ye, Yaoxian (叶耀先). 1994. Chapter 11, China,《International Handbook of Earthquake Engineering》, London, Editor: Prof. Mario Paz, USA.

[150] Ye, Yaoxian (叶耀先). 1995. Decision Making for Recovery and Reconstruction Following a Strong earthquake, Proceedings for Sino-US Symposium on Post-Earthquake Rehabilitation and Reconstruction, Kunming, China.

[151] Ye, Yaoxian (叶耀先). 1998. Research Needs on Urban Disaster Risk Assessment and Management, Multi - lateral Workshop on Development of Earthquake and Tsunami Disaster Mitigation Technologies and their Integration for the Asia-Pacific Region, pp. 198-203, EDM, RIKEN, Japan, 1998.

[152] Ye, Yaoxian (叶耀先). 1998. Research Needs on Mitigation of Seismic Risk in Urban Region Toward the 21st Century, Keynote Address on the Second Japan-China Joint Workshop on Prediction and Engineering, Hikone, Japan.

[153] Ye, Yaoxian (叶耀先) & Fujiwara, Teizo. 1998. Post - Earthquake Conflict for Urban Seismic Planning Comparing the 1976 Tangshan Earthquake and the 1995 Hyogoken - Nanbu earthquake, Proceedings of the 10th Japanese Earthquake Engineering Sumposium, Vol. 3, Japan.

[154] Ye, Yaoxian (叶耀先). 2000. "Some Revelations of Earthquakes on Disaster Management," Proceedings of the Second Multi-lateral Workshop on Development of Earthquake and Tsunami Disaster Mitigation Technologies and Their Integration for the Asia-Pacific Region, EDM-RIKEN, Kobe, March 1-2, 2000, EDM Report No. 4, pp. 25-29.

[155] Ye, Yaoxian (叶耀先) & Okada, Norio. 2000. Improving management of Urban Earthquake Disaster Risks, proceedings of China-US Millennium Symposium on Earthquake Engineering, China.

[156] Ye, Yaoxian (叶耀先). 2001. First Annual IIASA - DPRI Meeting. Integrated Disaster Risk Management Reducing Socio-Economic Vulnerability. IIASA. Laxenburg, Austria.

[157] Ye Yaoxian, 2005, Urbanization and Earthquake Disaster Reduction, Fifth Annual IIASA - DPRI Forum, Integrated Disaster Risk Management: Innovations in Science and Policy, International Academic Exchange Center, Beijing Normal University, Beijing, China, 14-18 September 2005, http://ires.cn/DPRI2005/PDF/16_ Ye%20Yaoxian.pdf.

[158] Yoshizawa, Akiyoshi. 1999. Kobe Earthquake and Disaster Relief Bill. Seminar on Lobbying, 29 August 1999, Quebec City, Canada.

[159] Zhu, Shilong and Xu, Zhizhong. 1999. Urban Earthquake Preparedness and Disaster Mitigation in China, Second International Workshop on Earthquake and Mega-cities, pp. 161-162, EMI.

[160] 邹其嘉等．唐山地震的社会经济影响，北京：学术书刊出版社，1990.

[161] 邹其嘉等．唐山地震灾区社会恢复与社会问题研究，北京：地震出版社，1997.

[162] Zuo, Delong. 2002. Soil Liquefaction in Earthquakes Its Effects on Structures and How to Avoid it, http://www.ce.jhu.edu/dzuo/earthquake/Earthquake-rpt01.